“十二五”国家重点图书
保障性住房产业化系列丛书

保障性住房产业化成套技术集成指南

住房和城乡建设部住宅产业化促进中心　主编

中国建筑工业出版社

图书在版编目（CIP）数据

保障性住房产业化成套技术集成指南/住房和城乡建设部住宅产业化促进中心主编. —北京：中国建筑工业出版社，2012.11

保障性住房产业化系列丛书

ISBN 978-7-112-14773-1

Ⅰ.①保… Ⅱ.①住… Ⅲ.①住宅-建筑设计-中国-指南 Ⅳ.①TU241-62

中国版本图书馆CIP数据核字（2012）第243263号

本书主要内容涵盖了保障性住房产业化成套技术，包括：建筑围护结构技术、管网技术、厨房技术、卫生间技术、智能化技术、太阳能热利用技术、供热采暖与空调系统技术、适老化设计技术等。各章节系统分析了住宅产业化成套技术的整体情况、发展趋势以及典型案例，总结了一系列适合保障性住房特点且符合“省地节能环保型住宅”要求的，相对成熟且适用的产业化成套技术。希望此书的出版可以推动产业化技术的广泛应用，有效提高劳动生产率，全面提高保障性住房的质量和性能。

责任编辑：赵梦梅　封　毅　周方圆

责任设计：赵明霞

责任校对：张　颖　刘　钰

保障性住房产业化系列丛书

保障性住房产业化成套技术集成指南

住房和城乡建设部住宅产业化促进中心　主编

*

中国建筑工业出版社出版、发行（北京西郊百万庄）

各地新华书店、建筑书店经销

北京红光制版公司制版

北京建筑工业印刷厂印刷

*

开本：787×1092毫米　1/16　印张：23　字数：570千字

2012年11月第一版　2012年11月第一次印刷

定价：**55.00**元

ISBN 978-7-112-14773-1

（22864）

本 书 编 委 会

主　　编：文林峰

副 主 编：刘美霞　尹德潜　王全良　徐盛发　刘洪娥

主要编写人员（排名不分先后）：

岑　岩　纪　勇　徐永刚　曹祎杰　代建功　黄友阶　陈志宇
王兴鹏　李建海　梁津民　王双军　王洁凝　邓文敏　黄　凯
刘　磊　刘学敏　王丽梅　邱晨燕　李利民　王安生　蒋志平
彭　健　李景峰　吴东航　杨大斌　鞠树森　王广明　叶茜红
蔡　明　陈冬保　郭　庆　曾　松　胡　伟　张　伟　胡伟朵
项旭东　陈媛媛　李自强　汝丽荣　朱　青　马保林　孙彦松
李福灿　杨永华　樊伟忠　袁新周　李　洵　王天昀　李文斌
段创峰　王和平　周立新

本书能够编写成功，还要感谢万斯达集团张波、山东大学土建与水利学院侯和涛、北京海林节能设备股份有限公司李海清和李琳、毅德寰宇有限公司 Karl Dixon 和虞向科、博洛尼家居用品（北京）股份有限公司吴怀民和张少光、苏州科逸住宅设备股份有限公司陈忠义和陈伟、清本元国际能源技术发展（北京）有限公司许丽和杨轶、浙江中财型材有限责任公司张世健和潘晓华、北京派捷暖通环境工程技术有限公司孙持录和王义堂、深圳市现代营造科技有限公司谷明旺、山东建筑大学市政与环境工程学院张克峰、山东建筑大学建筑城规学院杨倩苗、江苏省建筑设计研究院李玉虎、江苏新城地产股份有限公司高宏杰、曼瑞德自控系统（乐清）有限公司陈立楠、辐射供暖供冷委员会技术委员会张保红、新乐卫浴（佛山）有限公司黎定国和廖冶涵、浙江灵峰智能建筑设计有限公司丁信华、中益能低碳节能科技股份有限公司李荣明、惠达卫浴股份有限公司蔺志杰和宋子春、郑州开源科技有限公司刘东亮等单位和同志对本书编写的帮助和支持，我们表示衷心的感谢。

“保障性住房产业化系列丛书”出版说明

中国改革开放以来，随着经济的快速增长和住房改革的不断深化，特别是1998年停止了居民住房的实物分配制度后，房地产市场得到了高速发展，对于满足人民的住房需求、改善城镇家庭住房条件、拉动经济增长等方面发挥了重要作用。但随着城镇化进程的快速推进，住房供应结构性矛盾，住房保障制度不完善、低收入家庭住房困难等问题日益凸显。党中央、国务院高度重视保障性安居工程建设，《国民经济和社会发展第十二个五年规划纲要》提出未来五年我国将建设3600万套保障房，使全国保障性住房覆盖面达到20%左右。全国各地积极响应以解决中低收入家庭住房困难为核心目标的住房保障建设，保障性住房被提升到了前所未有的高度，以前所未有速度驶入发展快车道。

保障性住房产业化系列丛书拟出版的有且不限于以下分册：

《公共租赁住房产业化实践——标准化套型设计和全装修指南》；

《保障性住房产业化成套技术集成指南》；

《保障性住房低碳化技术应用和节能减排测算》；

《保障性住房厨房标准化设计和部品体系集成》；

《保障性住房卫生间标准化设计和部品体系集成》等。

保障性住房产业化系列丛书的推出，希望为快速发展的保障性住房勉尽微薄之力；也希望促进保障性住房的产业化建设方式，在一定程度上提高保障性安居工程建设水平，提高保障性住房的质量和性能；促进保障性住房的节能、节地、节水、节材和环境保护，鼓励凝聚国家财力的保障性住房能够尽可能增加耐久年限，促进保障性住房的可持续发展。

前　言

住房保障是政府公共服务的重要内容。近年来，我国致力于建立健全中国特色的城镇住房保障体系，在合理确定住房保障范围、保障方式和保障标准，完善住房保障支持政策，保质保量建设保障性住房等方面做了诸多努力。

未来五年，我国将建设3600万套保障性住房，使全国保障性住房覆盖面达到20%左右。伴随着传统住宅建设方式带来的施工周期长、质量通病严重、资源能源浪费等问题日益凸显，如何满足保障性住房大规模建设需要、实现保障性住房建设多快好省的战略目标是摆在我们面前关系经济发展全局的重大问题。住宅产业化是住宅产业现代化的简称，是住宅产业以工业化、信息化、低碳化为导向的现代化结构调整、转型和升级，通过构建新型住宅建筑体系和住宅部品体系，将住宅全寿命周期涉及的开发、设计、施工、部品生产、管理和服务等环节联结为一个完整的产业链系统，实现标准化基础上的多样化，工厂化生产基础上的装配化，模数化基础上的部品通用化，土建装修一体化基础上的低碳化，以提高住宅质量和性能，实现资源循环利用，建设省地节能环保型住宅。在我国资源、能源约束日趋严峻的情况下，社会各界已逐渐认识到必须采取机械化、社会化、低碳化的住宅产业化方式建造保障性住房，促进住宅产业生产方式升级换代，推动保障性住房可持续发展。

住房和城乡建设部住宅产业化促进中心多年来围绕发展和消费“节能省地型住宅”，孜孜不倦地推进住宅产业化成套技术的研究与推广，包括建筑与结构技术、节能与新能源利用技术、厨卫技术、管线技术、环境及其保障技术、智能化技术及施工建造技术等。为促进保障性住房可持续发展，中心组织编写国家“十二五”重点图书——保障性住房产业化系列丛书。丛书的第一本《公共租赁住房产业化实践——标准化套型设计和全装修指南》已于2011年9月出版。本书作为丛书的第二本，重点在于将保障性住房作为产业化成套技术系统集成、技术创新与转化和集约化生产的载体，把先进且适用于保障性住房的产业化成套技术加以集成。主要章节涵盖了保障性住房建筑围护结构技术、保障性住房管网技术、保障性住房厨房技术、保障性住房卫生间技术、保障性住房智能化技术、保障性住房太阳能热利用技术、保障性住房供热采暖与空调系统技术、保障性住房适老化设计技术等，系统分析了住宅产业化成套技术的整体情况、发展趋势以及典型案例，总结了一系列适合保障性住房特点且符合“省地节能环保型住宅”要求的成熟适用产业化成套技术，希望可以推动集约化、低碳化建设保障性住房，实现科技成果向生产力的转化，有效提高劳动生产率，全面提高保障性住房的质量和性能。

由于时间仓促和水平有限，参与者众多，不当或错误之处敬请广大读者批评指正，也希望读者多提宝贵意见和建议，共同探讨相关问题。

目　录

第1章　保障性住房与住宅产业化

1.1　我国保障性住房发展概况

从20世纪末提出的“居者有其屋”到十七大报告提出的“住有所居”，经过多年的探索，我国已经初步形成了包含廉租住房、公共租赁住房、经济适用住房、限价商品住房与棚户区改造的住房保障体系，“低端有保障，中端有支持”的住房保障政策框架日趋清晰。通过中央及地方出台一系列政策措施，我国住房保障工作取得了一定成效，低收入和部分中等偏下收入家庭的住房困难得到缓解，城镇人均住房建筑面积由1998年的18.7m^{2}提高到2010年的31.6m^2。保障性住房的大规模建设不仅有效改善了中低收入家庭住房条件，对促进经济增长与社会和谐也发挥了重要作用。

1.1.1　保障性住房发展历程

1998年《国务院关于进一步深化城镇住房改革加快住房建设的通知》的颁布，标志着福利住房向商品化住房的转变，也标志以经济适用房为主的多层次城镇住房供应体系的确立。我国在推进城镇住房商品化的同时，也在不断探索推进住房保障工作。2004年国务院发布了《中国的社会保障状况和政策》白皮书，明确指出住房保障与社会保险、社会福利、优抚安置和社会救助共同构成了我国的社会保障体系。2007年在总结以往住房建设经验的基础上，国务院印发了《关于解决城市低收入家庭住房困难的若干意见》（国发[2007]24号），要求把解决城市低收入家庭住房作为维护群众利益重要工作，作为政府公共服务的一项重要职责，并提出要多渠道解决低收入家庭的住房困难。2008年，国务院下发了《国务院办公厅关于促进房地产市场健康发展的若干意见》（国办发[2008]131号），意见的第一部分就提出要加大保障性住房建设力度。2010年，国务院印发了《国务院关于坚决遏制部分城市房价过快上涨的通知》（国发[2010]10号），通知中提出加快保障性安居工程建设等措施。2011年颁布的《国务院办公厅关于保障性安居工程建设和管理的指导意见》（国办发[2011]45号），更是将公共租赁住房作为保障性安居工程推进的重点，要求进一步加强和规范保障性住房管理。

“十一五”期间，我国不断加大住房保障资金投入力度，2007年全国安排廉租住房资金77亿元，超过历年累计安排资金的总和；2008年廉租住房保障资金首次被写入政府工作报告，当年中央财政安排保障性安居工程支出181.9亿元；2009年保障性住房支出达到550.56亿元，这一年，中央还加大了对财政困难地区廉租住房保障补助力度；2010年安排保障性安居工程专项补助资金达802亿元。资金的不断投入，为保障性住房建设提供了动力，“十一五”期间，全国开工建设各类保障性住房和棚户区改造住房1630万套，基本建成1100万套。到2010年底，全国累计用实物方式解决了近2200万户城镇低收入和部分中等偏下收入家庭的住房困难，实物住房保障受益户数占城镇家庭总户数的比例达到

9.4%，还有近400万户城镇低收入住房困难家庭享受廉租住房租赁补贴[1]。越来越多的群众切实改善了住房条件，实现了自己的安居梦。

根据《国民经济和社会发展第十二个五年规划纲要》，“十二五”期间，我国将建设城镇保障性安居工程住房3600万套，到“十二五”末，保障性住房的覆盖率将达到20%。保障性住房建设工作已经全面展开，我国进入了大规模保障性住房建设时代。

2011年我国保障性住房建设计划是1000万套，为实现这一目标，中央财政补助资金1030亿元，住房和城乡建设部代表保障性安居工程协调小组与各省、自治区、直辖市及新疆生产建设兵团签订了2011年保障性安居工程工作目标责任书，各地把任务落实到市县和具体项目上，按照中央要求，各地实施保障性安居工程，实行省级政府负总责、市县政府抓各级政府认真贯彻落实党中央的决策和部署。通过加强组织、精心安排、完善政策，2011年全国保障性安居工程住房实际开工建设1043万套，相比2010年的580万套，增长79.8%。2011年12月国务院召开了全国住房保障工作座谈会，住房和城乡建设部代表保障性安居工程协调小组跟各地方人民政府签订了2012年的目标责任书，明确了2012年全国新开工保障性住房超过700万套。2011年保障性住房结构图如图1.1-1所示。

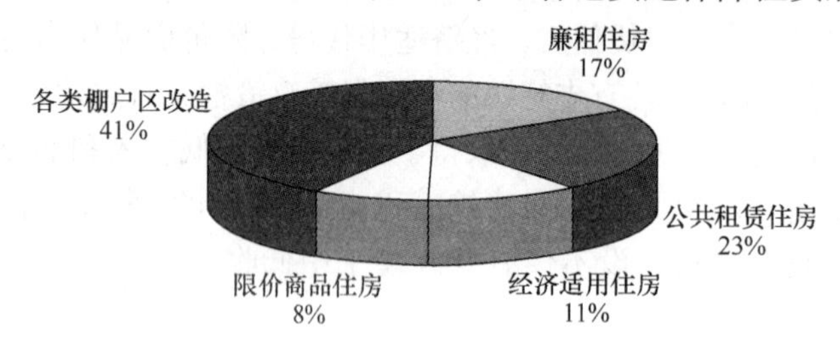

图1.1-1 2011年保障性住房结构图

1.1.2 保障性住房建设特点

保障性安居工程是一项重大的民生工程，也是完善我国住房政策和供应体系的必然要求。我国城镇保障性安居工程共有九个类别，包括四类住房和五类棚户区改造。四类住房有：廉租住房、公共租赁住房、经济适用房和限价商品房。五类棚户区改造有：林区棚户区改造、垦区危旧房改造、煤矿棚户区改造、城市棚户区改造和国有工矿棚户区改造。保障性住房的内涵是随着住房制度改革和保障性住房建设而不断发展完善起来的，针对不同的目标人群、不同的发展阶段、不同的需求来考虑的。

住房作为一种特殊商品，具有经济和社会双重属性，社会保障性住房是我国城镇住宅建设中具有特殊性的一种类型住房，它通常是指根据国家政策以及法律法规的规定，由政府统一规划、统筹，提供给特定的人群使用，并且对该类住房的建造标准和销售价格或租金标准给予限定，以保障低收入家庭的基本居住为职能，起到社会保障作用的住房。从这方面讲，主要体现住房的社会属性，具有准公共物品的特性。因而保障性住房在设计、规划和建设等方面具有区别于普通商品住房的特点。

1.1.2.1 政府主导，质量为先

保障性住房是重要的民生工程，其建设质量直接关系到民众的生命安全，也代表了政府的公信力，安全、耐久是首要要求。目前，保障性住房建设规模大、工期紧，必须确保规划设计水平和建设质量，满足基本住房需求，确保群众住得安心。若相关质量监管配套

[1] 国务院关于城镇保障性住房建设和管理工作情况，2011年10月25日

措施不到位，很可能会影响政策的实施效果。

住房是群众安身立命之所，要狠抓质量安全不松懈，建百年安居不动摇。住房和城乡建设部《关于做好2012年城镇保障性安居工程工作的通知》（建保〔2012〕38号）中提出，要加大基础设施投入，加强质量安全管理。要严把规划设计关、建材供应关、施工质量关、竣工验收关，切实加强项目管理，确保质量安全处于受控状态。要严格执行基本建设程序，完善相关手续，对手续不全、基础设施不配套、达不到入住条件的项目，不得组织验收；验收不合格的项目不得交付使用。

各类保障性住房作为政府提供的重要公共物品，除了严格执行国家的相关法规和标准规范外，还应体现当前国家发展战略和政策取向。保障性住房建设应按照发展省地节能环保型住宅的要求，推广新产品、新材料、新技术、新工艺，推进保障性住房的产业化发展，提高保障性住房的质量与性能，切实发挥保障性住房的保障功能。

1.1.2.2 建设量大，工期较短

自改革开放以来，我国的城镇化率年均增长约0.95%。预计未来10～15年，我国城镇化仍将保持年均0.8～1个百分点的增长速度，意味着每年将有近1000万人口从农村转移到城市，我国已经进入城镇化快速发展的时期。城镇人口的不断增加，使城镇低收入家庭、棚户区居民、新就业职工、新毕业大学生和外来务工人员住房条件困难问题日益突出，他们对改变住房状况有着强烈的期盼，保障群众的基本居住需求成为当务之急。

巨大的中低收入家庭住房需求使得必须在较短的时间内建设大量保障性住房。2008年，中央将保障性安居工程纳入应对世界金融危机的重大举措，大规模建设保障性住房。自此，我国进入大规模建设保障性住房的时代。2010年各类保障性住房和棚户区改造住房实际开工建设590万套，基本建成370万套，超额完成580万套的任务部署；2011年各类保障性住房和棚户区改造住房实际开工建设1043万套，基本建成432万套，超额完成1000万套的任务部署；2012年全国计划新开工城镇保障性安居工程700万套以上，基本建成500万套，截至5月底，已开工346万套，开工率为46.4%，基本建成206万套。到2015年底，全国建设保障性住房和棚户区改造住房3600万套，全国城镇保障性住房覆盖面达到20%以上（图1.1-2）。

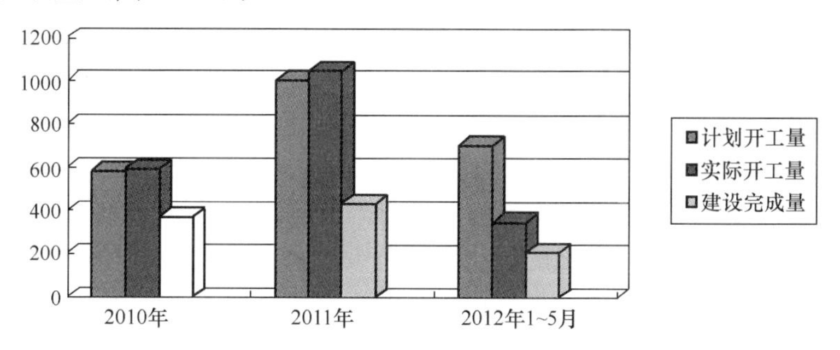

图1.1-2 近3年全国保障性住房建设量（万套）

注：2012全年计划开工量700万套，实际开工量和建设完成量是截至2012年5月底的数据

1.1.2.3 成本合理，经济适用

保障性住房是由政府主导，提供给中低收入家庭的政策性住房，因此相对于商品住宅而言，保障性住房无论是售价还是租金都低于其周边的商品住宅，体现了保障性住房保障

中低收入家庭居住的特点。为了避免造价过高，降低开发企业参与保障性住房的积极性，保障性住房的成本基本要控制在合理的范围内，这对于减轻政府负担、增强保障功能都是十分有意义的。

在保障性住房中，廉租住房的租金标准要严格按照维修费和管理费两项构成因素，并结合当地低收入家庭的经济承受能力核定。公共租赁住房的租赁价格综合考虑当地经济发展水平及供应对象的支付能力，按照低于本地区同一时期、同一地段、同一品质普通商品住房市场租金标准合理制定。经济适用房价格则是按照保本微利的原则，在综合考虑建设、管理成本和利润的基础上确定。限价商品房是政府控制土地出让价格，限定销售价格和套型面积，向城镇中等收入家庭供应的普通商品住房，其销售价格也在一定程度上低于普通商品住房。

1.1.2.4　面积有限，功能齐备

我国土地资源相对不足，大中城市普遍面临着人多地少的严峻形势，而需要住房保障的家庭又比较多，因此保障性住房的面积标准一定要服从于建设用地的约束条件，控制在一定的面积标准内。2011年9月，国务院办公厅下发的《国务院办公厅关于保障性安居工程建设和管理的指导意见》（国办发［2011］45号）提出要大力推进以公共租赁住房为重点的保障性安居工程建设，并要求单套建筑面积以40m^2左右的小户型为主，满足基本居住需要。为了合理、集约利用公共资源，国家对于其他类型的保障性住房面积规定是：新建廉租住房套型建筑面积控制在50m^2以内；经济适用住房单套的建筑面积控制在60m^2左右；限价商品房单套住房建筑面积控制在90m^2以内；林区、垦区、煤矿棚户区三口之家建筑面积40m^2，四口之家建筑面积50m^2。

由于保障性住房面积非常有限，因此内部空间功能齐备十分重要。在建设规模大、个性化需求较低的情况下，保障性住房采用标准化设计和工厂化建造可以有效提高建设质量，采用经典适用的套型设计，工厂化生产的部品、部件，利用现场施工装配化提高住宅的质量和性能，从而提高住宅建设效率的同时提升住宅品质，保证保障性住房的经济、适用。

1.1.3　保障性住房建设面临的困难和挑战

保障性住房作为政策性住房，与普通商品住房有很大区别，因此在开发建设过程中也遇到了不少挑战，有如下几个方面。

1.1.3.1　资金筹集任务艰巨

从国际经验来看，没有一个国家能单独依靠政府的力量满足居民的基本住房需求，都是在政府的主导下，通过实施积极的财政支持政策，大力吸引社会力量参与公共住房的建设、运营和管理。保障性住房建设工作作为我国重要的民生工程，较大的建设量也需要相应的资金投入。近几年，中央财政根据我国保障性安居工程建设的阶段性任务要求，在筹措资金方面投入巨大，2011年中央财政保障性住房支出1713亿元，为2010年的2.2倍[1]。同时，地方政府也在多渠道筹集资金，力争按时完成保障性住房建设任务。但是保障性安居工程所需资金数额巨大，仅仅依靠中央及地方政府财政资金的支持不足以保证保

[1] 政府工作报告——2012年3月5日在第十一届全国人民代表大会第五次会议

障性住房建设顺利完成，保证资金落实到位对于各级政府而言是严峻的挑战。如何拓宽融资渠道、高效分配资金、扩大住房建设资金来源是目前亟待解决的问题。

1.1.3.2 建设质量亟待提高

随着保障性住房建设规模的扩大，不少开发商积极参与到保障性住房建设中来。但由于保障性住房的售价或租金都较市场价格低，开发商的利润空间极其微薄，部分开发商为了营利而利用偷工减料、使用不合格的建筑材料等手段压缩成本。部分保障性住房存在施工质量不高、安全隐患较多、质量保证资料缺失较多等现象，其中建材部品出现质量问题是重要问题之一。此外，部分地区出现了保障性住房设计、施工、监理、验收质量把关不严的问题，这些都是保障性住房质量堪忧的原因。

面对保障性住房安全隐患较多、材料报验和工序验收把关不严、项目管理人员不到位等问题，各省市也加大了对保障性住房建设的重视程度，如 2010 年北京建设部门拆除了旧宫三角地保障房项目中混凝土强度未达到设计要求的 6 栋楼地上结构部分，2011 年广西建设部门对在保障房建设中违规使用“瘦身钢筋”的 6 家施工企业给予严肃查处，这些补救措施对于提高保障性住房的质量起到了一定作用，但未来预防质量问题的出现是更为紧要的任务。

1.1.3.3 规划设计有待改进

在用地紧缺的大中城市，保障性住房大多布局在相对偏远、交通不便的位置，部分保障性住房项目的供热、供水、供电等基础设施尚不完备，教育、医疗、商业等服务设备不完善。加之保障性住房面积有限，增加了在有限空间内实现布局完善的难度。很多开发、设计单位在努力缩短规划设计周期的同时，往往忽略了保障性住房项目应有的设计考虑。保障性住房小区规划设计比较粗放，住宅设计标准化、模数化意识薄弱，存在套型功能空间设计不合理、浪费面积等现象，对于针对中低收入家庭的公共空间设计也很不足。

保障性住房面积虽小，并不意味着功能缺失，保障性住房的户型设计应本着紧凑高效的原则，坚持户型小、功能齐、配套好、质量高、安全可靠的要求，加大对中小套型保障性住房的设计研究，特别是厨房、卫生间等功能空间的标准化设计，合理布局，科学利用空间，有效满足居住者各项基本居住需求，体现对被保障家庭的尊重与关怀，力争在有限的资源条件下提高保障性住房的居住品质，为中低收入家庭提供人性化的住所。

1.1.3.4 建材成本缺乏控制

由于受到建设规模和资金压力等因素的影响，保障性住房需要控制建设成本来确保建设任务的顺利完成。建设费用支出涉及规划、设计、施工、物业管理等诸多环节，而在保障性住宅的房屋造价组成中，建筑材料和部品成本所占的比重较大。保障性住房的成本控制非常重要，但不能一味强调降低成本。成本控制过度可能导致偷工减料、使用不合格的建筑材料等情况，进而出现安全隐患。这就要求在开发建设保障性住房的过程中合理控制成本，尤其是建材成本，以保证基本居住需要。

为完成五年内 3600 万套的建设任务，各地面临着任务重、时间紧、资金缺三重困难，要高标准、高水平、高质量地完成任务，就必须从源头上把好保障房建设的建材质量。由于我国地域广阔，保障性住房的建材采购由各个地方把控，在采购过程中局限性比较大。加上建材质量存在一定的地区差别，导致了建材采购在价格控制时无法形成有效差比。为确保高质量建设城镇保障性安居工程住房，在住房和城乡建设部住房保障司的支持下，住房和城乡建设部住宅产业化促进中心筹建的保障性住房建设材料、部品采购信息平台（以下简称“建材平台”）已于2011年9月正式运行。建材平台致力于为保障性住房提供性能价格比优良的部品和材料，通过推广应用新技术、新材料、新工艺、新方法，将有利于提高住房的质量和性能，降低建设成本，推进保障性住房的可持续发展。

1.2 住宅产业化的内涵与发展

1.2.1 住宅产业化的内涵

住宅产业化是住宅产业现代化的简称，是住宅产业以工业化、信息化、低碳化为导向的现代化结构调整和转型，是以新型住宅建筑体系和住宅部品体系为主体，通过将住宅生产全过程的开发、设计、施工、部品生产、管理和服务等环节联结为一个完整的产业链系统，实现标准化基础上的多样化，工厂化生产基础上的装配化，模数化基础上的部品通用化，土建装修一体化基础上的低碳化，以提高住宅质量和性能，实现资源循环利用，建设省地节能环保型住宅。

1.2.2 我国住宅产业化的发展

20世纪80年代，日本送给上海同济大学两套工厂化制造的模块化住宅，自此我国开始研究住宅产业化。1993～1994年间，住宅科研设计领域率先提出了“中国住宅产业化”的概念。1992年联合国环境与发展大会之后，我国发布了《中国21世纪议程》，其中便构思了住宅产业的雏形。1994年以后，从市场经济和解决居民住宅问题的角度出发，我国建设部开始使用“住宅产业”这一概念。1998年，我国成立建设部住宅产业化办公室，1999年更名为建设部住宅产业化促进中心，专项负责住宅建设和住宅产业化的专项工作。到目前为止，我国已探索并实践住宅产业化十余年。

1999年国务院转发了建设部等八部委《关于推进住宅产业现代化提高住宅质量若干意见的通知》（国办发（1999）72号），主要宗旨是为了满足人民群众日益增长的住房需求，加快住宅建设从粗放型向集约型转变，推进住宅产业现代化，提高住宅质量，促进住宅建设成为新的经济增长点。该文件系统地提出了推进住宅产业化工作的指导思想、主要目标、重点任务、技术措施和相关政策，是我国开展住宅产业现代化工作的纲领性文件，搭建起了住宅产业化的体系框架，对于促进我国住宅产业的健康、可持续发展具有重大意义。

我国政府高度重视住宅产业化的发展，加大对“节能省地环保型”住宅的建设力度，通过十余年的不断努力，住宅产业化在我国各项政策的支持和引导下，取得了较快的发展。在住宅产业政策的激励下，住宅产业市场化发展机制基本形成；在住宅性能认定制度和部品认证制度的保障下，住宅的质量与性能不断提高；在可持续发展理念的引导下，建设了一批节能省地型住宅；在国家住宅产业化基地的带动下，部分城市住宅产业化发展较快，龙头企业引领产业部品、部件发展；在科技创新的推动下，住宅部品体系初步形成；在网络技术的支撑下，住宅信息化整体水平显著提高。

1.3 在保障性住房中推行住宅产业化的必要性和可行性

住宅建设改善了居民的居住水平，对中国的经济发展也具有重要的战略意义。传统的住宅生产方式以劳动力密集型为主，资源消耗较大，如何通过各种资源的优化配置，更好地实现住宅建设多快好省的战略目标是摆在我们面前关系经济发展全局的重大问题。住宅产业化采用新型工业化的生产方式，通过建筑体系创新、构造优化、设备与部品研发、一次性装修等途径，能够推进节能环保和资源的循环利用，在提高劳动生产率的同时提升住宅的质量与品质，降低成本，实现住宅的可持续化发展，是机械化程度不高和粗放式建筑生产方式升级换代的必然要求。住宅产业化是实现住宅建设目标的重要途径，推进住宅产业化工作十分必要。

1.3.1 在保障性住房中推行住宅产业化的必要性

1.3.1.1 是支持“十二五”期间保障性住房大规模建设的需要

我国人口众多，正处于城镇化快速发展阶段，城镇人口不断增加，城镇低收入家庭、棚户区居民、新就业职工、新毕业大学生和外来务工人员住房条件仍然困难，保障群众的基本居住需求成为当务之急。2011 年，全国保障性安居工程住房实际开工建设 1043 万套，相比 2010 年的 580 万套，增长 79.8%；“十二五”期间我国城镇将建设保障性安居工程 3600 万套，覆盖面达 20%左右，基本解决城镇低收入家庭住房困难问题，同时改善一部分中等偏下收入家庭住房条件。

“十二五”期间要完成如此大规模的保障性住房建设量，时间紧、任务重，这就迫切需要采取机械化、社会化大规模生产的方式建造保障性住房。具体来说，要求研究、应用标准化的套型设计以便为规模化、工厂化、提高施工精度、解决质量通病提供基本条件；要求降低自然环境对施工的影响以利于提高建设速度；要求推进建筑部品的标准化和通用化以利于缩短建设周期等。归根到底，保障性住房的规模性要求其采取产业化方式建设。此外，住宅产业化通过大量采用机械设备替代手工现场作业，可以较好地避免构件尺寸不符合设计要求、裂缝、厨房和卫生间漏水、窗台板、外墙渗水，水电管线及消防设施存在安全隐患等传统施工方式存在的通病，全面提高保障性住房的质量和性能。

1.3.1.2 是克服资源、能源约束的需要

我国资源、能源总量相对丰富，但人均严重不足，克服资源、能源约束是保障性住房发展住宅产业化的重要目标之一。从土地资源看，人多地少的国情决定了我国城镇人均住宅占地面积不可能无限制增长，住宅建设必须采取有效的节地措施；从能源看，目前建筑总能耗约占我国社会总能耗的 37%左右，被列为工业耗能之后的第二大能源消耗领域，同时石油、天然气的进口依存度居高不下，决定了我国必须高度重视建筑节能；从水资源看，我国水资源严重短缺，人均淡水拥有量是世界人均水平的 25%，且城市水资源的 32%在住宅中消耗，全国 600 多个城市中有 2/3 缺水，水资源短缺已成为城市发展瓶颈；从建设材料资源看，在我国进行住宅二次装修过程中平均每户因拆改产生的建筑垃圾在 2 吨左右，多年来毛坯交房的方式造成了建设材料资源的大量浪费，且住户二次装修产生了严重的环境污染和安全隐患，迫切需要建设全装修成品住宅以减少建筑材料资源浪费。

1.3.1.3 是应对人口红利淡出、建筑工人短缺的需要

发达国家住宅的产业化、工业化发展的原始驱动力主要是劳动力成本过高，而前些年我国劳动力相对廉价，经济发展享受着人口红利带来的好处。近年来，人口红利逐渐消失，部分城市出现民工荒。除此之外，人口老龄化的问题将逐步显现，未来建筑工人资源将面临短缺的困境。

住宅产业化就是“像制造汽车一样建造房子”，即采用机械化的生产方式制造建筑部品，再采用机械化的手段进行搭接。机械化的生产效率将远高于工人手工作业，且住宅产业化的建造方式可将建筑部品生产等诸多环节转移至工厂中生产，不但大幅度提高农民工的生活工作条件，而且有利于农民工向产业工人的有序转变。

1.3.1.4 是加快转变住宅产业发展方式的需要

“十二五”规划以加快转变经济发展方式为主线，创新、品牌、开拓新市场、节能减排等将继续成为企业发展的关键词，而加速转型升级则是中国企业的首要任务。住宅产业是一个关联性很强的产业，与40多个行业、成千上万种产品相关联，有强大的带动作用。保障性住房产业现代化发展将促进提高保障性住房生产的劳动生产率，提高保障性住房的整体质量，降低成本，降低物耗、能耗，有力促进整个住宅产业的低碳转型。因此，依托保障性住房建设发展住宅产业化是住宅产业生产方式升级换代的要求，也是完成节能减排总体目标的重要手段。

1.3.2 在保障性住房中推行住宅产业化的可行性

1.3.2.1 社会经济的发展为推进住房产业化带来的巨大的机遇和空间

《国民经济和社会发展第十二个五年规划纲要》提出五年内建设3600万套保障性住房，保障性住房大规模集中建设为住宅产业化的实施与探索提供了一个良好契机。保障性住房的建设规模巨大，标准化程度较高，用户的个性化需求较低，为住宅产业化提供了难得的契机和发展空间。在政府主导的保障性住房建设工作中，如果能够尽快进行产业化探索，必将为推动住宅产业化整体进程获取宝贵经验。

保障性住房实施产业化，既是机遇，也是客观需求。住宅产业化需要合适的载体。保障性住房以政府作为主导、易于形成标准化的特点恰好符合产业化的要求。从目前我国实际情况来看，发展节能省地型住宅是住宅发展的战略目标，在今后的住宅建设中要追求经济效益、社会效益和生态效益的协同发展。因此，保障性住房的建设担负重任，必须实行产业化发展。

1.3.2.2 有些地方已出台了推进住宅产业化的支持政策

政策支持是推进住宅产业化的重要引擎。全国多个省市探索了住宅产业化的激励政策，已应用在一些保障性住房产业化建设项目中，取得了一定效果。北京、上海、深圳、河北、宁夏、江苏等省市通过推进住宅产业化的一些激励政策。相关金融、税收和土地等政策的出台有力推动了各地保障性住房产业化发展。例如，北京市《关于推进住宅产业化的指导意见》和《关于产业化住宅项目实施面积奖励等优惠政策的暂行办法》规定，给予3%的面积奖励；还规定“除了明确采用产业化建造方式的政策性住房项目，若开发建设单位申请采用产业化建造方式，在通过市建设、发展改革、规划、国土和财政主管部门审批后，由有关主管部门根据实际成本确定销售或租赁价格”。上海市在《关于本市鼓励装

配整体式住宅项目建设的暂行办法》中明确提出了“列入住宅产业化项目的保障性住房，由于实施装配式住宅方式而增加的成本，经核算后计入该基地项目的建设成本”。江苏省出台了《关于加快推进成品住房开发建设的实施意见》，提出从 2011 年起江苏省各地新建的保障性住房一律按成品住房标准建设，以强制性政策促进推广保障性住房全装修。

1.3.2.3　试点示范工程已积累良好的经验与基础

在保障性住房建设过程中，多个省市大力推进保障性住房产业化试点示范项目，通过试点先行，示范引路，带动保障性住房建设方式转型。经过多年来试点示范工程的探索，各地在住宅产业化相关技术的研发及应用上积累了良好的经验。如深圳万科龙华 0008 号地块保障性住房项目为住宅产业现代化示范项目，建筑面积达 20 万 m^2，采用了工业化建造技术、太阳能供热技术、热泵辅助加热补充热能技术、雨污分流、污水集中收集处理回用技术、轻型屋顶绿化技术、全装修技术等，为今后开展保障性住房产业化试点工程奠定了基础。

1.3.2.4　住宅产业化已有良好技术支撑

保障性住房产业化发展离不开住宅产业化技术，住宅产业化技术的研发、应用过程中企业扮演着重要角色。通过先进企业的住宅产业化实践，我国住宅产业化发展已经具备一定的实践基础和形成了一定的技术集成体系。近年来我国住宅产业坚持可持续的发展道路，通过“国家康居示范工程”和“住宅性能认定制度”的实施，建设了一大批“节能省地型”住宅，使开发企业以提高住宅品质为出发点，积极促进住宅质量和性能的全面提升，有效地促进了“省地节能型”住宅的建设和产业化成套技术的推广。通过已经批准的 27 个“国家产业化基地”，逐步形成了支撑住宅产业化发展的技术创新体系和规模化实施能力。目前，现有 27 个国家住宅产业化基地对住宅工业化结构体系进行了研发和应用；预制装配式钢筋混凝土结构体系、钢结构住宅、木结构工业化体系等技术均逐步应用并发展；同时，自保温承重、工厂预制、现场组装式的板块结构体系住宅推广应用的范围扩大，CSI 住宅建筑体系也已经建立。在科技创新的推动下，住宅部品体系初步形成，住宅信息化整体水平显著提高。住宅产业化集成技术和水平不断提高，住宅产业化基地研发能力和推广能力不断增强，这些都为保障性住房产业化的发展奠定了实践基础和提供了技术支撑。

1.3.2.5　公租房标准样图为套型设计标准化奠定了基础

保障性住房设计标准化是我国正在着力推行的工作，设计标准化有利于普遍提高保障性住房的设计水平，全面落实节能、节地、节水、节材和环境保护的要求。根据住房和城乡建设部工作安排，由中国建筑标准设计研究院等 26 家单位的技术骨干共同研究攻关、历经专家组多轮审查、修改和优选形成了供各地参考的《公共租赁住房优秀设计方案》，并于 2012 年 3 月 15 日在住房和城乡建设部、国家建筑标准设计网上正式颁布。公共租赁住房标准样图的颁布为保障性住房套型设计标准化奠定了基础，有利于为保障人群提供功能完备、性能良好的住房，体现出对保障人群的尊重与关怀。

1.3.2.6　上海市保障性住房性能认定试点保障性住房性能评价机制经验

2010 年 5 月，上海成为全国的保障性住房开展住宅性能认定的试点城市之一，并在保障性住房中全面启动该项工作。目前上海保障性住房开展住宅性能认定的项目已达 12 个，住宅建筑面积达 244.70 万 m^2。上海市住房保障和房屋管理局开展保障性住房性能认定工作的思路如下：首先，围绕《住宅性能评定技术标准》中的适用性能、环境性能、经济性能、耐久性能、安全性能，相继出台了《上海市保障性住房设计导则》及《上海市保障性住房建设导则》，同时市、区两级住房建设主管部门通过对“标准”和“导则”的学习和探索，有效地组织和引导住宅建设单位来实施、贯彻。其次，上海市房管局组织专家到项目建设单位进行辅导，市、区两级主管部门的负责同志，也深入项目建设单位分别听取意见、沟通思想、取得共识，提高了执行“标准”和“导则”的自觉性。再次，明确项目定位，积极做好各项基础准备工作。通过从设计抓起、重视全过程的管理，上海市保障性住房性能认定工作进展良好，已探索出一条可以推广向全国的保障性住房性能评价机制，对于提高保障性住房的质量和性能作用巨大。

1.3.2.7 “建材平台”的建立将为保障性住房提供性能价格比优良的建材产品

保障性住房建设，规划设计是龙头，建材部品是关键。为解决保障性安居工程中部品质量良莠不齐和供求双方信息不对称的难题，住房和城乡建设部在2011年7月7日下发了《关于建立保障性住房建设材料、部品采购信息平台的通知》，在住房和城乡建设部住房保障司的支持下，由住房和城乡建设部住宅产业化促进中心组织建立了保障性住房建设材料部品采购信息平台，以提高保障性住房的建设质量和性能，降低建设成本，推进保障性住房的可持续发展。自平台推出以来，社会反响非常强烈。平台要求供需双方实名注册，保证信息的真实可靠；要求入库产品符合保障性住房建设需要，并具有国家认证认可监督管理委员会批准的认证机构颁发的产品认证证书，保证产品质量优良；要求入库企业承诺产品价格优于市场价，保证保障性住房以较低成本获得适宜的建材产品。由于平台入库企业及产品有信誉保证，因此各地保障性住房建设单位可以放心的从平台里选用性能价格比优越的产品。

1.4 在保障性住房中推行住宅产业化的发展现状和主要问题

住宅产业化应用于保障性住房建设，形成了相互之间的促进机制。一方面住宅产业化的发展可以加快保障性住房政策的实施效果，另一方面巨大的保障性住房需求也将促进住宅产业化快速发展。虽然先进的住宅产业化在我国已发展了十多年，但是工厂化住宅的建设面积占我国住宅总建筑面积的比例依然非常小，我国的住宅建设方式始终没有得到彻底的转变，依然存在住宅产业的认知度不够高、相关法律法规不完善等问题，亟须政府发挥相关调控作用，从政策上进行激励和强制，引导、推动住宅产业化的发展。

1.4.1 在保障性住房中推行住宅产业化的发展现状

未来5年是住宅和房地产业发展的战略转型期，加快推进住宅产业化不仅是住宅产业自身转型升级的内在要求，也是构建资源节约型、环境友好型社会的必然选择。随着保障性住房的大规模建设，我国保障性住房的产业化工作取得了一些进展。部分省市已意识到保障性住房建设是发展住宅产业化的重要契机，纷纷探索了促进保障性住房产业化发展的激励政策并应用于试点项目中。北京、上海、深圳等地通过在法律的框架下建立制度保证激励政策的实施，适时制定保障性住房建设和产业化发展的计划，以及出台金融政策、税收政策、土地政策等多种激励政策。同时，通过试点先行、示范引路，保障性住房产业化试点工作开展顺利，北京、上海、重庆等地的实践对于全国范围内推行保障性住房产业化试点具有一定示范意义。此外，多个城市尝试在保障性住房建设中开展住宅性能认定的工作试点，通过住宅性能认定这一手段，不断提高新建保障性住房的整体质量和综合性能。

1.4.2 在保障性住房中推行住宅产业化的主要问题

在保障性住房中推进住宅产业化还存在一些障碍，主要有对保障性住房产业现代化发展重视程度不高、激励政策缺位、相关标准规范的制定滞后于建设等。

1.4.2.1 对保障性住房产业化发展重视程度不高

保障性住房产业化发展，将形成保障性住房建设与住宅产业化工作推进之间的互利局面。然而，在各地保障性住房大规模快速建设的同时，很多保障性住房建设管理部门对保障性住房产业化发展重视不够，保障性住房主管部门、住宅产业化推动部门缺乏协调联动机制。由于保障性住房是否是节能省地型，是否采用产业化成套技术，不是保障性住房相关机构的考核内容，因此绝大多数保障性住房相关机构忙碌于为各种各样的机构检查准备报告，忙碌于在较短的工期内完成建设任务量，忙碌于筹措资金和相关分配工作，对于是否用产业化方式还是传统方式，未给予足够的重视，只有少数省市意识到保障性住房采取住宅产业化是住宅建筑发展的必然趋势，将发展保障性住房产业化作为建设质量、性能优良的保障性住房的重要途径。

具体表现为相当多的省市及其保障性住房主管机构和人员，对于保障性住房推进住宅产业化的必要性和紧迫性认识不到位，重视程度不够，实践中工作力度不足。由于保障性住房建设是政府主导的民生工程，迫切希望各级保障性住房机构能够转变保障性住房的建设方式，促进我国住宅产业结构的转型升级，促进农民工向住宅产业工人的转变，促进粗放型建造模式向集约型生产模式的转变，促进建筑工地湿作业向现场装配化的转变，以产业化方式确保住宅的质量和性能。

1.4.2.2 全面推动保障性住房产业化发展的激励政策缺位

由于目前我国保障性住房尚未规模化地采用标准化的产业化成套技术和产品，应用的范围不广，虽然能够提高质量和性能，但目前产业化建造方式的价格略高于传统的建造方式，而保障性住房是政府为中低收入住房困难家庭所提供的限定标准、限定价格或租金的住房，企业参与保障性住房建设的利润空间较低，没有相应的资金承担采用产业化建设方式所增加的成本。如万科等住宅产业化龙头企业普遍反映由于没有相关政策支持，有积极性发展住宅产业化的企业在产业化实践过程中面临着重重困难，极大地制约了住宅产业化的深入发展。

保障性住房建设只依赖政府补贴无法实现可持续发展，必须吸引民营企业和资本参与保障性住房建设。然而，尽管近两年北京、上海、沈阳等城市出台了一些激励政策，但是缺乏针对保障性住房产业化发展的全局性激励政策。比如北京市在商品房建设中落实土地出让向产业化建造方式倾斜政策，实施面积奖励，对于最需要政策支持的产业化保障性住房项目反而不实行此项政策。因此，房地产开发企业、规划设计单位、施工单位等在采用产业化方式建设保障性住房过程中面临诸多困难，积极性不高，急需政策扶持。国家政策需为这一市场体制的运行保驾护航，这些政策包括产业政策、财政政策、税收政策、土地政策、金融政策等等。只有政策先行，保障性住房产业现代化才能得到更有力的推进。

1.4.2.3　相关标准、规范滞后于保障性住房产业化建设

目前北京、沈阳、深圳、上海等地正在大力开展保障性住房产业化试点工作，而相关标准、规范的制定严重滞后于保障性住房产业化建设，不利于该项工作的科学发展。科学严谨的设计施工规范、验收标准等的缺位，将使产业化试点项目的发展遇到瓶颈，也会使保障性住房的适用性、环境性、经济性、安全性、耐久性等性能难以保证。又如部品体系方面，多年前出台的模数协调标准已不适用于今天的部品发展。长期以来对模数协调的研究和应用主要集中在房屋建筑的结构构件及配件的预制及安装方面，对成千上万的住宅产品、设备和设施开发、生产和安装缺少模数协调的应用和指导，导致住宅部品的开发和引进随意性大，品种和规格杂乱。保障性住房产业化建设以部品的标准化、系列化和模数化为基础，部品标准的缺失使建筑与部品模数难以协调，部品集成和配套能力弱，配套性和通用性较差，不利于保障性住房产业化发展。

1.4.2.4　责任追踪机制的不完善

1999年，国务院办公厅公布了《关于加强基础设施工程质量管理的通知》，提出了建立工程质量终身责任制的要求。十余年来，国内建筑市场不断完善，工程质量不断提高，说明建设工程质量管理机制的确立发挥了一定作用。然而，由于缺乏建材部品、装修工程的质量责任追踪机制，近年来由于建材部品及室内装修质量不合格造成的住房质量问题层出不穷，却没有相关制度来约束建材部品厂商、装修单位的行为。

例如，作为我国房地产龙头企业的万科集团，在保障性住房建设、全装修一体化等方面均走在业界前端，却因安信地板甲醛超标等事件将全装修住房推向了风口浪尖。同样，对保障性住房建设所用的建材部品、室内装修工程质量的质疑也将极大地阻碍保障性住房采用产业化部品部件以及成品住宅交房。因此，对于产业化方式建设的保障性住房，不仅需要建设工程质量责任追踪机制，还应建立健全建材部品、装修工程责任追踪机制。

1.4.2.5　保障性住房性能认定尚未全面推广

经过多年发展，我国商品住宅性能认定制度取得了一定成就，对于促进住宅技术进步、提高住宅质量、推动住宅产业化及节能减排发挥了重要作用。保障性住房建设规模大，保障人群多，住宅性能评定的适用性、环境性、经济性、安全性、耐久性对保障性住房来说尤为重要。2010年建办保函［2010］316号发布《关于开展保障性住房性能认定试点工作的通知》，确定上海市作为保障性住房性能认定试点城市。急需扩大保障性住房进行性能认定的城市，从试点走向全面推广。目前绝大多数地方割裂地看待保障性住房建设工作与住宅性能认定工作，没有住宅性能认定指标约束的情况下，对保障性住房的各方面性能关注度不高。

1.4.2.6　保障性住房产业化科技攻关工作资金支持不足

很多地区已建设了相当规模的保障性住房，但对保障性住房来讲，住宅产业化建造方式还是新生事物。新生事物的发展需要一个过程，在产生发展的初期如果没有政府的科技攻关投入，相关标准、规范的缺失会极大地阻碍其健康发展。近几年来，由于国家没有专项资金支持保障性住房产业化技术研发，全国各地的保障性住房产业化试点项目还处于“摸着石头过河”阶段。毫无疑问，缺乏科学严谨的设计施工规范、验收标准等将使产业化试点项目的发展遇到瓶颈，也会使保障性住房的适用性、环境性、经济性、安全性、耐久性等性能无法保证。

目前有一些城市已进行了一些产业化住宅试点项目的探索，亟须相应的标准、规范来推动试点项目的顺利进行。如北京市公安局半步桥公共租赁住房产业化试点项目，深圳市龙华扩展区 0008 地块保障性住房产业化试点项目，济南市三箭汇福山庄、鲁能领秀城 CSI 住宅试点项目。同时部分城市也提出了一些产业化试点项目推广的目标，如北京市提出 2012 年住宅产业化面积将达到全年住宅建设面积的 7%，重点在公共租赁住房中试行住宅产业化；“十二五”末济南市 CSI 住宅建筑面积将力争达房地产年度开发总量的 30% 以上；上海市提出逐步实现全市新建公共租赁房和内环线以内新建住宅全面采用装配式整体住宅方式建造保障性住房产业化试点建设需要科技攻关资金的支持，亟须国家加大住宅产业化科技攻关投入，鼓励行业专家、技术人员共同协作，为保障性住房产业化建造提供强有力的技术支撑。

1.4.2.7 对保障性住房产业现代化概念缺乏正确理解

住宅产业化概念本身包含多种内涵，且随着经济社会发展其内涵也不断地丰富和拓展，保障性住房产业化发展过程中应鼓励对住宅产业化有多种理解，在不同发展阶段因地制宜地发展保障性住房产业化。然而，各地方实践中大量存在将“住宅产业化”片面理解为单纯的“混凝土预制部品部件工厂化”的现象，一旦认为本地没有成规模的预制厂，没有相应的技术储备，没有条件搞“混凝土预制部品部件工厂化”，就不再涉足于住宅产业化。在我国保障性住房建设中，尤其是公共租赁住房，开发主体是政府及其委托的相关单位，迫切需要通过标准化、模数化、规模化提高保障性住房的质量和性能，却因为长久以来对“住宅产业化”概念的片面理解而止步不前。

此外，部分专家认为我国住宅产业化基础薄弱、进展缓慢，原因在于混淆了“住宅工业化”与“住宅产业化”两个概念。住宅工业化是指对住宅建造方式的改造，而住宅产业化是对整个住宅产业的改造，推动住宅工业化是实现住宅产业化的第一步，但并非全部。我国所提出的住宅产业化是一个开放的范畴，是随着时代的发展而不断丰富的，而不仅限于预制装配式这一狭窄的技术范畴。既然各省市都在建设和消费住宅，就都可以因地制宜地发展适合本地的住宅产业现代化模式，探索应用适合本地的各种各样的住宅产业化技术，探寻保障性住房产业化发展路径。

1.4.2.8 相关技术人员对产业化技术的掌握程度与保障性住房产业化要求不相匹配

目前，保障性住房建设、设计、施工、管理等单位对于保障性住房和住宅产业化的不熟悉和不了解，使得实际工程中出现了很多问题。并且住宅产业化的发展离不开基层技术人员的技术支持，技术人员住宅产业化相关技术储备上的不足也严重阻碍了以产业化方式建设保障性住房，代建企业及其建设人员不熟悉预制结构体系，设计及建造过程中难以应对新出现的问题。应对保障性住房建设相关的开发、设计、部品生产、施工、监理、检测等单位的负责人、技术人员进行保障性住房产业化技术培训，包括保障性住房产业化的相关政策、技术标准和要求，应当加深对推行住宅产业化重要意义的认识，使其在技术储备上、认知观念上做好准备，以利于大范围推广保障性住房产业化。

1.5 在保障性住房中优先推广应用的产业化成套技术体系

目前我国住宅仍然大部分采用粗放型的建设模式，建造生产率低，规模效益差，资源浪费严重。由于传统陈旧的技术仍在被大量地采用，新材料、新部品的优越性未能得到充分发挥，新型建筑结构体系仍处在摸索阶段，科技贡献率低。在这样的背景下保障性住房建设进入了新的关键时期，因此亟须通过对成套技术的研发、创新和推广，将产业化成套技术应用于保障性住房建设中，积极推广新技术、新工艺、新材料、新设备，通过系统和技术创新，促进形成保障性住房产业现代化建设模式，推进我国住宅产业的健康持续发展。

1.5.1 在保障性住房中推广应用产业化成套技术的内容

为贯彻《国务院办公厅转发建设部各部门关于推进住宅产业现代化提高住宅质量若干意见的通知》（国办发［1999］72号）的精神，将住宅产业化成套技术概括为以下几方面：建筑与结构技术、节能与新能源利用技术、厨卫技术、管线技术、环境及其保障技术、智能化技术及施工建造技术等七大技术体系。

1.5.2 在保障性住房中推广应用产业化成套技术的要求

在保障性住房中推广应用的产业化成套技术，应以发展循环经济，建设节能省地型住宅为目标，以节地、节能、节水、节材和环境保护为重点，推进保障性住房技术与部品的标准化、系列化、通用化，提高部品的配套整合水平，加快对传统住宅产业的更新改造，构筑保障性住房资源节约的技术集成体系，推动住宅生产方式和增长方式的改变。保障性住房产业化成套技术体系应满足以下要求。

1.5.2.1 符合标准化和通用化要求

在推进住宅产业化的各项工作中，标准化和通用化是一项关键性基础工作。由于我国的住宅产业化发展历程较短，住宅产业未形成符合标准化的通用建筑体系。今后一段时期，仍要加强基础性工作，要建立材料、部品的标准体系，逐步实现住宅部品通用化。推动住宅部品的标准化和模数化，不断发展完善通用住宅建筑体系。通过住宅部品的工厂化和批量化生产，形成丰富的部品系列，再通过社会化供应，大大降低保障性住房的生产成本，提高劳动生产率，并有效解决由于粗放的建设方式造成的跑、冒、滴、漏等质量通病，促进住宅产业现代化进程。

1.5.2.2 符合集成化和成套化要求

我国住宅产业技术主要以单项技术和部品的研发和应用为主，虽然很多单项技术和部品的性能已经达到国际领先水平，但由于未形成完整的技术体系，缺乏配套性、系统性，所以对提高我国住宅的整体质量和性能没有取得应有的效果。因此，在保障性住房建设过程中，我们加强对单项技术和部品的集成，将先进的技术和部品，通过标准化和模数化手段集成为先进适用成套技术体系。通过现代化的建造方式，将成熟适用的住宅成套技术有机地整合，形成完整保障性住房产业化成套技术系统。完善住宅技术和部品的认证和淘汰制度，及时淘汰住宅建设中的落后技术、部品和施工工艺。提高保障性住房的建设效率和质量。

1.5.2.3 符合四节一环保的要求

传统的住宅建筑施工过分依靠劳动力，资源浪费现象严重，且易对环境造成污染。《国务院办公厅关于保障房建设和管理的指导意见》（国办发［2011］45号）中提出在保障性住房规划设计中，要贯彻省地、节能、环保的原则，落实节约集约用地和节能减排的各项措施。所以，在保障性住房建设中使用和推广的技术应符合节能、节地、节水、节材和环境保护的要求，达到通过工厂化、标准化和通用化要求，提高保障性住房的建设质量，节约能源和资源的消耗，减少粉尘和污水的排放，充分地体现经济、社会、生态的综合利益，符合保障性住房的发展要求。促使保障性住房走资源节约型和环境保护型的道路，促进住宅产业的可持续发展。

1.5.2.4 推广应用重点实用技术

在保障性住房建设中，保温隔热技术、轻质隔墙技术、防水技术等，对提高保障性住房的质量和性能具有重要意义。所以在保障性住房产业化成套技术中，应重点推广应用这些重点实用技术，并加强保障性住房建造成套技术体系的研究和发展。其中厨房和卫生间作为住宅的两个重要居住空间，具有管道多、结构复杂、防水要求高，设计施工难度大等特点，是住宅建设之中的重中之重。应加大对保障性住房的厨房、卫生间标准化设计和建造研究。在综合考虑住宅平面布局、面积尺寸、设备配套、管道布置以及装饰装修等种种因素，实现模数化和标准化的预制式整体厨房和卫生间，通过集装箱式运输，集成化安装施工，不仅省时省力，还可以大量减少传统高能耗及高污染建筑材料的使用，如水泥、瓷砖、砂石、聚氨酯等，具有显著的节能环保效益。

（第 1 章　保障性住房与住宅产业化，参与编写和修改的人员有：
住房和城乡建设部住宅产业化促进中心：文林峰、刘美霞、刘洪娥、王洁凝）

第2章　保障性住房建筑与结构体系产业化成套技术

2.1　概述

长久以来，住宅结构主体都是住宅施工建设的重要部分。随着传统结构体系建造过程消耗和占用大量能源、土地、水、建筑材料的问题不断凸显，以节能、节地、节水、节材和环保为要求的住宅产业化方式逐渐成为社会各界关注的焦点。在大规模建设的保障性住房中，如果采用产业化的结构体系，将有利于降低建设过程中的资源、能源投入量，节约人力成本，加快实现保质保量建设保障性住房的目标。

2.1.1　基本概念分析

这里所说的“结构体系”是指包括设计、生产、施工的成套技术，并不单指结构本身，为了进一步明确结构、结构形式、结构体系的关系，下面对几个基本的概念进行定义。

“结构”是指承受建筑物或构筑物自重和外来作用的主体部分，是建筑实现各项功能最基本的载体，也是建筑之所以成立的基础条件，按照组成结构的基本材料特征，可以分为砌体结构、混凝土结构、钢结构、木结构、轻钢结构、特种结构（如膜结构、悬吊结构等）。

“结构形式”是指某种结构在受力方面的技术特征，如框架结构、排架结构、剪力墙结构、框架—剪力墙结构、板柱结构、筒体结构、框—筒结构等结构形式，其中混凝土结构由于其基础材料具有可塑性的特点，与钢筋一起配合使用可以做成多种结构形式，如钢筋混凝土框架结构、钢筋混凝土剪力墙、钢筋混凝土框架—剪力墙结构，是现代建筑采用最多的结构形式，成为了建筑市场的主流。采用不同的结构和结构形式能够满足不同的建筑功能需求，设计阶段一般需要按照“安全适用、经济美观、绿色环保”的原则，根据项目的基本特点选用合理的结构和结构形式，例如机场候机楼、高铁车站、单层厂房等大空间、大跨度建筑适合采用钢结构（甚至是预应力钢结构），而不适合采用砌体结构或木结构，轻钢结构、木结构等适合于低层的小开间跨度建筑，如别墅、会所等小型建筑，但不适用于高层建筑和大跨度建筑；如果采用了不合理的建筑结构形式往往在建筑的功能、性能、经济性方面难以满足预定的目标，这是建筑结构设计的基本常识，往往在进行建筑方案的概念设计时已经基本确定，在此不再赘述。

“结构体系”是指结构形式与施工工法的结合，也就是实现某种结构形式的技术手段，包括设计、生产、建设过程的全系统解决方案，是住宅产业化和建筑工业化的技术路线。本文所说的“新型结构体系”，不单指“结构形式”，更重要的是谈“工法”和“建造方式”，例如一栋剪力墙结构的混凝土住宅，其结构形式为剪力墙结构，当采用传统现浇为主的方法施工时，我们就说这栋楼采用的是现浇混凝土剪力墙结构体系，这是以往最常见的；当采用预制装配为主的施工工法时，我们就说这栋楼采用的是预制装配式剪力墙结构体系，同一栋建筑如果采用不同的结构体系，其设计手段、生产工艺、施工工法、建设管理完全不同，全过程所产生的资源消耗、建设周期、建筑质量差异很大，可以这样理解：结构体系的概念同时包括了建筑的技术特点（结构形式）和建设过程的工法特点（建造方式），在满足同样建筑功能需求的情况下，采用不同的结构体系会产生不同的建筑价值，因此，建筑结构体系的创新和应用，代表了建筑科技水平和管理水平的进步与发展，甚至是行业转型和变革的关键。

2.1.2 国内外结构体系发展现状

我国的城市住宅呈现出不断向高层发展的趋势。按照高层住宅的特点，适合的结构形式为混凝土结构、钢结构、钢—混凝土混合结构。其中混凝土结构建筑一般以框架结构、剪力墙结构、框架—剪力墙结构为主，这类房屋的刚度好、造价相对较低，在风力和地震作用下变形较小，私密性和居住舒适性较好，符合中国人普遍的居住习惯，因而赢得了广大消费者的青睐，成为了住宅建设的主要建筑形式，但湿法作业为主的施工方式也存在施工周期长、质量难控制、污染程度高等缺点；钢结构建筑一般以框架或排架结构居多，这类房屋的自重轻、抗震能力强，可工厂化预制，并以干法施工为主，具有质量好控制、施工速度快等优点，但在水平作用下变形大，再加上钢材的耐腐蚀性能和耐火性能不如混凝土材料，以及造价相对较高，目前还难以成为主流的住宅建筑形式；钢—混凝土组合结构能够发挥两种结构的优势，随着住宅逐渐向高层和超高层发展，这种新的结构形式也具有了一定的生命力，其中一种做法是在混凝土结构中加入型钢，即劲性混凝土结构，另一种做法是用钢筋混凝土做核心筒，外围采用钢框架，既保持了一定的经济性，又可提高建设的速度。

对于混凝土建筑，从施工生产的角度来看，建筑物的主体一般由梁、板、墙、柱等基本构件以及围护结构组成，而不同的构件和围护结构具有不同的施工特点，其施工生产所需要的物资和人力消耗水平差异较大，施工质量控制的难度也不相同，施工速度也有很大差别。例如：在传统的混凝土结构施工中，梁、板、阳台等水平构件的施工，由于需要搭设满堂的脚手架和模板才有工作面，占用了较多的人力和物资资源，而墙、柱等垂直承重构件施工时占用场地相对较小。总体上来说，传统工法由于受到场地、天气、人员等条件或因素的影响，在建筑质量方面会存在许多的质量通病，例如：构件的尺寸、垂直度偏差，混凝土的胀模、蜂窝麻面，抹灰空鼓及表面龟裂甚至开裂等，这些质量通病的长期存在是由施工工法所决定的。如果将现浇施工的工法改变为预制为主的施工工法，把现场难以施工的部分构件转移到工厂里预制加工成半成品，就可以消除大部分的质量通病，从而提高建筑物的整体质量水平，同时能加快建设的速度、降低物料和人工的消耗水平。

目前我国城市住宅主流的建筑形式以混凝土结构高层建筑为主，结构形式以剪力墙结构和框架—剪力墙结构为主，20 世纪 70、80 年代也曾发展过以预制为主的装配式大板居住建筑（《装配式大板居住建筑设计和施工规程》JGJ 1—91），具有施工速度快、质量水平高、节约材料的特点，涌现了许多大型的预制构件厂，基本上形成了完整的结构体系，在各大城市的住宅建设中发挥了积极的作用。但由于受到当时经济水平和基础性材料的影响，对房屋的构造做法和生产工艺、安装工法研究不足，在房屋的防水防渗、节能、隔声等性能方面普遍存在较大缺陷，很快就被市场淘汰，大量的房屋预制构件厂关停并转，至今大量的住宅建设仍是以现浇施工为主的方式。1999年国务院发布了《关于推进住宅产业现代化提高住宅质量的若干意见》（国办发［1999］72号）文件，作为纲领性文件明确了推进住宅产业现代化的指导思想、主要目标、工作重点和实施要求，住宅产业化和建筑工业化重新起步。在住房和城乡建设部住宅产业化促进中心的指导下，结合节能墙改、绿色建筑等内容共同推进，许多企业也相继投入资金和技术力量，进行技术和生产的研究。但由于人才和技术的断档，预制装配式方面的技术沉淀几近消亡，因此发展缓慢，较国外先进水平相比还存在较大的差距，各种国外的结构体系成为了大家学习和模仿的对象。

从横向看，欧美日等发达国家的住宅产业化发展水平较高，但存在多种不同的结构体系，而且差异很大。如欧洲以多层预制混凝土结构体系为主，美国以钢结构＋预制外墙挂板的高层结构体系为主，日本的普通住宅多为独栋别墅，一般多为轻钢结构或木结构，城市高层住宅以钢结构或预制框架＋预制外墙挂板体系为主，新加坡、香港的住宅多数为高层混凝土建筑，特别是保障性住房（公屋、居屋、组屋）一般采用预制剪力墙结构体系，这是由于各国的资源状况、经济水平、生活习俗、技术标准差异很大，因此存在着不同的结构体系选择。不难发现这些结构体系都有一个共性，那就是工业化程度较高，大部分的生产都是在工厂里完成，减少了现场施工的湿法作业工作量，都达到了“施工快、质量好、省人工”的目的。我国地域辽阔，各地的自然条件和经济发展水平差异很大，在住宅产业化发展的过程中，将不可避免地出现多种结构体系并存的情况，再加上我国正处在城镇化发展过程之中，市场规模之大是其他国家所不具备的优势条件。因此，我们在学习各种国外的结构体系和技术手段时，一定要进行消化吸收和创新发展，结合国情进行相应的技术改造，切忌生搬硬套，要因地制宜、与时俱进地对各种结构体系和技术系统加以改进和灵活运用。

国内各地经过多年的不断实践，出现了许多新型的住宅结构体系和技术系统，如预制装配式钢筋混凝土结构体系、PK（拼装快速）系列混凝土结构体系、SI（主体填充分离）住宅体系、钢结构住宅体系、薄板钢骨结构体系、预制夹心三明治保温外墙系统、轻质条板内隔墙系统、SP预制大跨度楼板系统等，这些结构体系和技术系统的应用，分别适用于不同的住宅建设领域，能够充分发挥建筑工业化的优势，在提高建筑质量、加快建设进度、降低资源消耗、减少环境污染方面起着决定性作用。加大新型住宅结构体系的推广力度，是完成国家“十二五”期间保障性住房建设任务的重要手段，也是贯彻中央“转方式、调结构”和“可持续发展”精神的具体体现，对于促进我国建筑业从资源密集和劳动力密集型向技术密集型的过渡和转变具有重要意义，也符合全世界工业化发展的潮流，纵观国外建筑工业化的发展历史，正是由于保障性住房的建设促进了各国建筑工业化的发展，我国目前大量的保障性住房建设需求，对于建筑工业化的发展是一个良好的契机，本章重点介绍各种成熟的结构体系特点，为我国的保障性住房产业化发展指明方向。

2.2　现浇钢筋混凝土结构体系

2.2.1　现浇钢筋混凝土结构的发展历程

现浇钢筋混凝土结构是指在现场原位支模并浇筑，以混凝土为主并配置受力普通钢筋的结构。一般情况下钢筋混凝土结构板在受力过程中，钢筋承受的是拉力，混凝土承受的是压力。现浇钢筋混凝土结构具有坚固、耐久、防火性能好、比钢结构节省钢材和成本低等优点。混凝土是由胶凝材料水泥、砂子、石子和水及掺和材料、外加剂等按一定的比例拌合而成。

1774年，英国人在艾地斯东（Eddystone）这个地方采用石灰，黏土，砂和铁渣混合，研制出初期的混凝土，并利用这种材料来建造灯塔，成本低廉并且结构非常牢固，取得初步成功。1824年英国人约瑟夫—阿斯帕丁（Joseph・Aspdin）研究出胶性水泥的方法，根据采用的石灰石取自波特兰岛，而起名为“波特兰水泥”。波特兰水泥的廉价、高度可塑性和高强度，都使之立即成为建筑行业最喜欢的新材料。1849年，法国人J. L. 朗姆波（Lambot. J. L）和1867年法国人J. 莫尼尔（Monier. J）先后在铁丝网两面涂抹水泥砂浆来制作小船和花盆。1856年大规模炼钢方法——贝塞麦（Bessemer）转炉炼钢法发明，钢材越来越多地应用于土木工程。1884年德国建筑公司购买了莫尼尔（Monier. J）的专利，进行了第一批钢筋混凝土的科学实验，研究了钢筋混凝土的强度、耐火性能，钢筋与混凝土的粘结力。1886年德国工程师M. 克嫩（Coenen. M）提出钢筋混凝土板的计算方法。与此同时，英国人W. D. 威尔金森（Wilkinson. W. D）提出了钢筋混凝土楼板专利；美国人T. 海厄特（Hyatt. T）对混凝土梁进行试验；法国人F. 克瓦涅（Coker. F）出版了一本应用钢筋混凝土的专著。1890年前后，欧洲和美国都开始广泛采用现浇钢筋混凝土建造房屋，使之成为20世纪建筑的主要手段。

经过100多年来的钢筋混凝土体系研究，现在世界各国都拥有了完善的计算方法和规范要求。我国的钢筋混凝土结构发展比较曲折，新中国成立前几乎是空白，20世纪60年代边学习苏联的经验、边完善提高，20世纪70年代自己动手搞科研、编规范，20世纪80年代规范的设计水准力争赶上世界先进水平。近30年来，我国在钢筋混凝土基本理论与计算方法、可靠度与荷载分析、单层与多层厂房结构、高层建筑结构、大板与升板结构、大跨度结构、结构抗震、工业化建筑体系、电子技术在钢筋混凝土结构中的应用和测试技术等方面取得了很多成果，为修订和制定有关规范和规程提供了大量的数据和科学依据。现今已编制出一批针对钢筋混凝土结构的标准、规范、规程等，这些规范和规程积累了我国半个世纪以来丰富的工程实践经验和最新的科研成果，把我国混凝土结构设计方法提高到了当前的国际水平。随着新材料、新技术的研究、开发和推广应用，工程结构的建造取得了惊人的巨大成就，创造了一个个新的纪录，有的已达到国际先进水平、或已进入国际先进行列，有的甚至暂居领先地位。钢筋混凝土结构的应用范围日益扩大，无论在地上还是地下，乃至海洋、工程构筑物很多用混凝土建造，因为它的耐久性和耐火性都非常优越，钢筋混凝土已成为现阶段应用最多的一种结构形式。

2.2.2 现浇钢筋混凝土结构对于保障性住房的适用特点

保障性住房是指政府为中低收入住房困难家庭所提供的限定标准、限定价格或租金的住房，一般由廉租住房、经济适用住房和政策性租赁住房构成。从定义可以看出，保障性住房需要满足成本低价、安全可靠、施工简单、维护方便经济等基本要求。

现浇钢筋混凝土结构的优点分析：

（1）灵活方便：现场浇筑可以根据需要进行施工和临时调整。

（2）取材容易：混凝土所用的砂、石一般易于就地取材，另外，还可有效利用矿渣、粉煤灰等工业废料。

（3）合理用材：钢筋混凝土结构合理地发挥了钢筋和混凝土两种材料的性能，与钢结构相比，可以降低造价。

（4）耐久性：密实的混凝土有较高的强度，同时由于钢筋被混凝土包裹，不易锈蚀，维修费用也很少，所以钢筋混凝土结构的耐久性比较好。

（5）耐火性：混凝土包裹在钢筋外面，火灾时钢筋不会很快达到软化温度而导致结构整体破坏。

（6）可模性：根据需要，可以较容易地浇筑成各种形状和尺寸的钢筋混凝土结构。

（7）整体性：整浇或装配整体式钢筋混凝土结构有很好的整体性，有利于抗震、抵抗振动和爆炸冲击波。

从以上分析可以看出，现浇混凝土结构完全符合保障性住房的基本要求。

2.2.3 现浇钢筋混凝土结构在保障性住房的应用

现浇钢筋混凝土结构在建筑工程中的应用范围极广，各种工程结构都可采用钢筋混凝土建造，我国的高层建筑主要采用钢筋混凝土材料。现阶段国家现行的标准、规范基本都是对现浇钢筋混凝土结构的规定和研究成果，因此现阶段的保障性住房和商品住房一样，基本也都是采用现浇钢筋混凝土结构。现浇钢筋混凝土结构主要有框架结构、框架—剪力墙结构、剪力墙结构、筒体结构等各种结构体系，均适用于保障性住房建设。

2.2.4 现浇钢筋混凝土结构工法的效益分析

现浇钢筋混凝土结构工法具有成本低、安全可靠、施工简单、维护方便等优点。现浇钢筋混凝土结构技术的研究和推广推动了整个建筑行业的建造技术发展，对我国现代化建设具有重要意义。

随着钢筋混凝土结构的不断研究和完善，钢筋混凝土结构高层建筑越来越高，省地效果越来越明显，高强混凝土和高强钢筋的不断推广，使建筑的节材效果也得到了充分体现。混凝土所用的砂、石一般易于就地取材，还可有效利用矿渣、粉煤灰等工业废料灰等工业废料。就地取材减少了大量的材料运输成本，这对于材料的成本控制也起到了关键性作用。另外由于现浇钢筋混凝土结构工法已有100多年的经验积累，其施工操作、工程管理等方面已经非常成熟，因此土建部分的建造成本相对较低。

2.3 装配式混凝土结构体系

混凝土结构的工业化施工工法主要有预制构件技术、大模板现浇技术、免模板技术三个发展方向，或者综合采用三个方面的技术，其中预制混凝土构件技术（PC技术）是主流的发展方向。

从国内正在兴起的各种新型住宅结构体系来看，普遍具有“工厂生产＋装配式施工”为主的特征，由于生产方式的转变，工厂作业的工艺条件比施工现场相对稳定，有利于质量控制，装配式安装的施工方法可以加快现场建设速度，同时节省了大量劳动力，减少材料消耗，在规模化建造的情况下，能够节省工程造价。

目前新型住宅结构体系主要有装配式混凝土结构体系、钢结构体系、钢—混凝土结构体系。其中：

(1) 装配式混凝土结构体系包括预制装配式剪力墙结构、预制装配式框架结构、预制装配式框架—剪力墙结构，主要的预制构件产品有预制梁、预制柱、预制墙、预制楼板、预制楼梯、预制阳台等，所有构件既可以全预制，也可以采用部分预制与现浇叠合的形式。

(2) 钢结构体系也分为钢框架结构体系、格构式钢剪力墙结构体系、薄板钢骨体系，主要的构件产品为预制钢梁、钢柱，围护结构可以采用模块化半成品组装。

(3) 钢筋—混凝土结构体系包括劲性混凝土结构体系、混凝土核心筒—钢框架结构体系。劲性混凝土构件可以做成预制件，通过现场局部现浇来形成整体；混凝土核心筒可以预制或者现浇，钢框架梁、柱可以在工厂加工。

2.3.1 装配式混凝土结构体系住宅的发展历程

第二次世界大战以后，欧洲各国都面临着严重的房荒问题，同时也缺乏熟练的技术工人。为了在尽量短的时间内解决住房问题，自20世纪50年代初，欧洲许多国家开始研究工业化建筑体系。最初的工业化建筑体系，是利用在现场的流动工厂生产预制构件，建筑设计类似于传统住宅。至20世纪50年代末，开始了构件的工业化生产，同时开始发展开放体系，在此期间，工业化建筑不断增加，更重要的是，它占住宅建设的百分比在急剧上升。经过了长期的发展，各国形成了自己的预制装配式工业化体系。

自1959年我国在北京进行前苏联拉古钦科薄壁深梁式大板建筑的第一次试点以后，预制装配式工业化住宅建筑体系开始在我国得到发展。在前苏联混凝土大板建筑的基础上，先后发展了粉煤灰大板、振动砖板、少筋混凝土大板、钢筋混凝土大板、内板外砖等结构形式。但是，自20世纪80年代中期，大板建筑规模开始出现了严重的滑坡，至20世纪90年代初，原有的生产大板的预制厂基本全部停产、转产。与此同时，预制构件的生产也出现了较大的滑坡。其主要的原因并不是它的抗震性能差的问题，实际上它面临的最重要的问题是外墙的防水、防渗技术比较落后。近年来国内各地开展了预制技术体系的研究，特别是“十二五”期间，国家加大了保障性住房建设力度，为预制装配式结构体系的运用和发展提供了广阔的平台。

2.3.2 装配式混凝土结构体系住宅的特点

国内住宅项目以钢筋混凝土结构为主，由于住宅房屋开间小的特点，使得剪力墙结构成为了国内住宅项目的主流形式，因此预制剪力墙的技术研究成为了装配式混凝土房屋技术开发的重点，也是即将颁布的《装配式混凝土结构技术规程》（JGJ 20XX—XX）中的主要内容。再加上我国是地震高发国家，并且建筑抗震的技术路线与国外有很大的差异，装配式结构的整体性显得尤为重要。新版《规程》的基本思路是以“装配整体式结构”为主，最终形成的装配式混凝土结构房屋会在最大程度上“等同于现浇”，这也将造就我国的PC技术将与国外有较大差异，其中的关键性技术将在后面详细介绍。

(1) 装配式混凝土结构体系的主要技术特点是用“装配式的施工”实现“整体式的结

构”。目前国内推行的装配式混凝土结构，在施工方式上以“装配化”施工方法为主，预制构件之间的节点部位通过合理的钢筋构造和现浇混凝土连接成为整体，与传统的现浇混凝土结构房屋相比，只是将“湿法作业”变为“干法作业”，而建成的房屋结构在整体性方面与现浇结构基本相同，用不同的技术手段实现了基本相同的结果。

（2）装配式混凝土结构体系在设计、生产、安装过程中，“标准化”贯穿始终。这主要体现在设计标准化、生产工艺标准化、施工工法标准化，设计的标准化能够提高构件的重复率，降低了生产难度和减少了生产成本，使得构件生产工艺标准化，能够提高生产效率和构件质量，构件尺寸精度的提高有利于现场的装配施工，从而实现现场作业程序的标准化，提高了现场施工的速度，实现节省人工和降低造价的目的，因此“标准化”是装配式混凝土结构体系的技术核心，标准化的设计是实现的关键和重点。这里所说的设计“标准化”不是指构件形式千篇一律，使得建筑外观和城市面貌毫无个性和变化，而是在设计阶段要通过模数化、系列化、定型化等技术手段，在满足建筑功能和建筑效果的前提下，综合地考虑到生产及安装的技术特点和作业程序，使得生产工艺标准化、作业方法标准化，起到将设计、生产、施工技术连贯起来的作用，将复杂的施工操作变得更加简单、容易，用标准化的生产程序来保证构件质量，以干法为主的装配施工作业取代传统的湿法作业，以保证建筑主体的成品质量。

（3）装配式混凝土结构体系可以最大限度地利用“技术集成”的手段，改变了建设程序，其中设计过程对结果起到了决定性作用。

①在设计思想上和设计手法上的变化：进行建筑设计时就要考虑到预制构件的生产和安装特点，以便进行构件的拆解设计，尽量减少构件的种类和规格，降低预制构件模具的投入；同时要根据构件装配施工的特点，将连接节点标准化，以减少现场施工难度，结合预制构件的特性，可将表面装饰和构件生产进行一体化结合，减少装修费用，这样可以综合地降低工程造价。

②设计图纸的变化：传统现浇结构的设计一般分专业进行设计，专业之间的交叉较少，建筑设计的模数化观念不强。装配式混凝土结构设计则不同，必须按照模数规律设计，才有可能更好地实现经济性。图纸除了反映建筑的总体情况，还必须有反映单个构件情况的构件详图，综合反映每一个构件中各专业的内容，例如预制外剪力墙设计时，必须全面反映构件的模板、配筋、埋件、门窗、保温、防水、水电预埋、表面装饰等情况，只有这样，预制厂才能够一次性完成各专业的工作。

③作业程序的变化：以上这些变化是因为生产方式的变化而产生的，传统的建筑生产方式是“先主体施工、后装饰水电施工”的顺序进行，而装配式混凝土结构的生产方式是“先生产构件、后现场装配施工”，彻底打破了传统现浇施工的工序和流程，多个专业的多个工序可以在构件厂里进行集成生产，并且质量更好、成本更低，因此在装配式混凝土结构体系里所说的“集成”，实现的是“1＋1＞2”的效果。

④装配式混凝土结构体系的重点是预制构件的生产工艺和装配式施工的安装工法。在设计标准化的前提下，合理工艺和工法应该简化生产和安装程序，有利于质量控制、减少人工和材料的消耗，提高生产和施工的效率，综合降低工程造价。建筑的预制构件一般包括竖向构件和水平构件。采用传统现浇的施工方法时，水平构件的施工往往需要搭设满堂的脚手架和模板，会消耗大量的人工和物料，如果将水平构件预制就可以节约材料和人

工，例如预制楼板（含预制叠合楼板）、预制梁（含预制叠合梁）的运用是节省时间和降低造价的主要措施；垂直构件的施工往往占地不大，但是质量难以控制（容易发生胀模和烂根）。例如剪力墙、框架柱等，如果采用预制剪力墙或预制柱，可以提高建筑的质量，现浇楼梯段施工复杂且成品保护很困难，如果采用预制楼梯段不但质量标准，而且可以即安即用；非承重的内隔墙如果采用中小型砌块施工不但速度慢，而且一般需要抹灰，如果采用工业化生产的轻质条形墙板，可加快施工速度并省去抹灰，还可以减少墙体的厚度增加室内净面积。

装配式混凝土结构体系住宅一般以剪力墙结构和框架—剪力墙结构为主，其中主要的预制构件包括预制剪力墙、预制柱、预制楼板、预制梁、预制阳台、预制楼梯等。

装配式混凝土结构较传统建筑体系的根本差别，在于设计前期需重点考虑标准户型的设计和搭配，对建筑主体结构按照模块化、标准化、规格化的原则进行系统合理的拆分设计，以便于在工厂内通过工业化方式生产制造相应部品构件。保障性住房的标准户型和平面布置较为固定，有利于采用预制装配式工业化施工的方式。由于预制构件在工厂生产，渗水渗漏部分得到了有效监控，减少了现在模板和现浇混凝土湿作业，提高了建造速度，缩短了施工工期，确保了住房建筑质量。同时利用保障性住房数量巨大的优势，进一步完善标准化设计，实现构件的规模化生产，形成产业链，提高模具的周转率，降低了生产成本，实现住房建筑造价有效控制。

2.3.3 装配式混凝土结构体系建筑的主要构件

按照组成建筑的构件特征和性能划分，装配式混凝土结构建筑的基本预制构件包括：

（1）预制楼板（含预制实心板、预制空心板、预制叠合板、预制阳台）；

（2）预制梁（含预制实心梁、预制叠合梁、预制 U 型梁）；

（3）预制墙（含预制实心剪力墙、预制空心墙、预制叠合式剪力墙、预制非承重墙）；

（4）预制柱（含预制实心柱、预制空心柱）；

（5）预制楼梯（预制楼梯段、预制休息平台）；

（6）其他复杂异形构件（预制飘窗、预制带飘窗外墙、预制转角外墙、预制整体厨房卫生间、预制空调板等）。

各种预制构件根据工艺特征不同，还可以进一步细分，例如预制叠合楼板包括预制预应力叠合楼板（南京大地为代表）、预制桁架钢筋叠合楼板（合肥宝业西韦德为代表）、预制带肋预应力叠合楼板（PK 板）（济南万斯达为代表）等，预制实心剪力墙包括预制钢筋套筒剪力墙（北京万科为代表）、预制约束浆锚剪力墙（黑龙江宇辉为代表）、预制浆锚孔洞间接搭接剪力墙（中南建设为代表）等，预制外墙从构造上又可分为预制普通外墙（长沙远大为代表）、预制夹心三明治保温外墙（万科、宇辉、亚泰为代表）等，总之，预制构件的表现形式是多样的，可以根据项目特点和要求灵活采用，在此不一一赘述。各种预制构件的典型样式如图 2.3-1～图 2.3-27 所示。

2.3.3.1 预制楼板、预制阳台

预制楼板的使用可以减少现场施工支护模板的工作量，节省人工和周转材料，具有良好的经济性，是预制混凝土建筑降低造价、加快工期、保证质量的重要措施。其中预应力楼板能有效发挥高强度材料作用，可减小截面、节省钢材，是节能减碳的重要举措。

图2.3-1　预制桁架钢筋叠合楼板（合肥宝业西韦德）

图2.3-2　预制预应力叠合楼板（南京大地）

图2.3-3　预制带肋预应力叠合楼板（万斯达PK板）

图2.3-4　全预制实心楼板（现代营造、快而居）

图2.3-5　预应力空心楼板（SP大板）

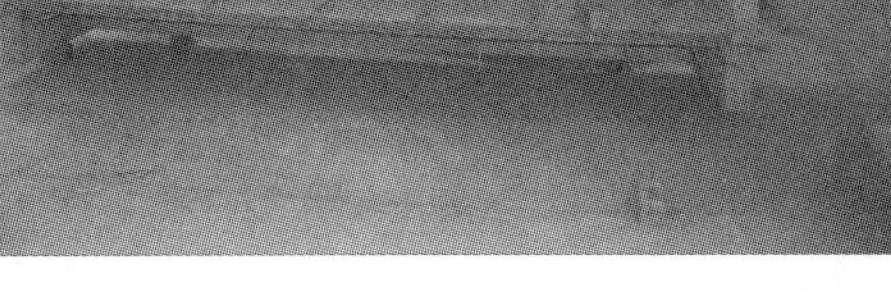

图 2.3-6 预制叠合阳台（万科、榆构）

图 2.3-7 全预制阳台（香港永易通）

预制楼板的生产效率高，安装速度快，能创造显著的经济效益。

2.3.3.2 预制梁

预制梁为主要的水平承重构件，与预制楼板同为免模板技术，具有较好的经济效益和广阔的发展空间。

图 2.3-8 预制预应力梁（宁波世纪鲁班）

图 2.3-9 预制叠合梁（快而居）

图 2.3-10 预制 U 形空心梁

图 2.3-11 双面预制叠合梁

2.3.3.3 预制墙

在住宅中墙体较多，采用预制墙体可提高建筑性能和品质。从建筑全生命周期来看，可节省使用期间的维护费用，同时减少了门窗洞口渗漏风险，降低了外墙保温材料的火灾危险性，延长了保温及装饰寿命，可以减少外墙脚手架的使用、提高施工速度，有利于现场施工安全管理，具有良好的间接效益。针对国内住宅的特点，预制墙体和预制楼板将是工业化住宅构件的主要产品。

图 2.3-12　预制实心剪力墙（宇辉）

图 2.3-13　预制空心墙（快而居）

图 2.3-14　预制叠合式剪力墙（西韦德）

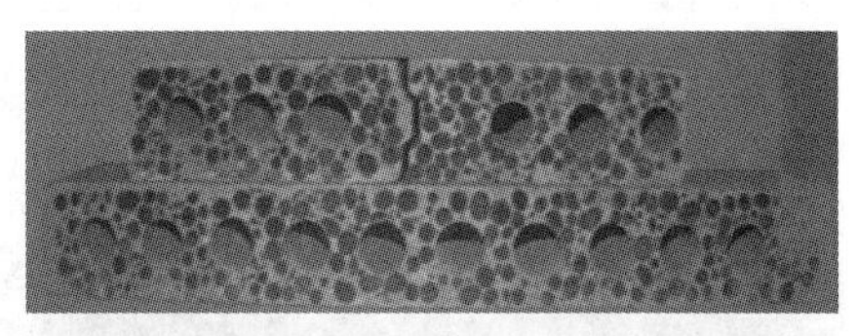

图 2.3-15　陶粒空心条板（建华）

图 2.3-16　预制夹心保温外墙
（北京榆构、万科）

图 2.3-17　预制保温装饰一体外墙
（现代营造、快而居）

图 2.3-18 香港工法外墙挂板
（深圳万科）

图 2.3-19 日本工法外墙挂板
（北京万科）

2.3.3.4 预制柱

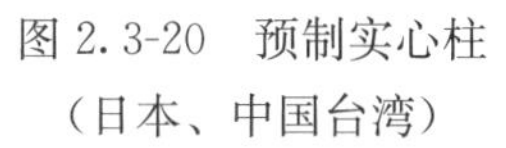

图 2.3-20 预制实心柱
（日本、中国台湾）

图 2.3-21 预制空心柱
（快而居）

2.3.3.5 预制楼梯

图 2.3-22 预制成品楼梯

图 2.3-23 楼梯成品保护（香港）

2.3.3.6　其他复杂异形构件

预制飘窗、预制带飘窗外墙、预制转角外墙、预制整体厨房卫生间、预制空调板等。

图 2.3-24　预制保温飘窗（万科）

图 2.3-25　预制带飘窗装饰外墙（永易通）

图 2.3-26　预制转角外墙
（香港普遍做法）

图 2.3-27　预制整体卫生间
（中海海龙、有利华）

预制复杂异形构件虽然预制生产成本不低，但往往是由于现场施工难度大、质量难以保证。在有一定数量的前提下，可以转移到工厂预制，不但可以保证质量、提高现场施工速度，在大批量生产时还有一定的经济优势。

2.3.4　装配式混凝土结构体系的预制构件生产

国内住宅产业化发展较快，全国预制构件厂配套不足，未来几年各地的建筑预制构件厂数量将呈现几何数量级增长。从目前情况看，预制构件的投资规模及设计产能有不断扩大的趋势，预制构件厂的投资规模、设计产能、工艺设计、设备选型、运输方式等因素都是众多投资者关注的重要因素。

总体来说，预制构件厂的投资必须因地制宜，房屋预制构件由于受到运输条件的制约，一般产品覆盖半径不超过200公里，否则将失去经济性。再加上我国地域辽阔，各地经济水平发展不平衡，以及气候条件、资源条件不同，采用的结构体系和安装工法差异，都会导致产品特点和生产工艺不同，因此各地的预制构件厂将会有很大的不同，具有一定的地域特色，相互之间只能借鉴参考，难以完全照搬照抄。

预制构件生产的核心关键是生产工艺形式和工艺流程，必须根据构件形式进行单独的设计。采用不同的工艺形式，在工厂投资、生产效率、成本摊销方面的差异很大。比如采用类似于香港、日本常用的固定工位方式生产，设备投入相对较少，但模具摊销非常高，会造成构件成本很高；如果采用欧洲普遍的流水线生产方式，工厂的一次性投资较高，但是模具和设备可长期使用，生产效率较高，因此折旧摊销和人工成本较低，能够降低构件成本，但复杂异形构件很难在流水线上生产。

（1）固定工位法生产方式：一般模具摆放在场内固定位置，所有的生产过程围绕模具进行，其特点是建材和操作人员是流动的，也就是钢筋、混凝土等建材和操作人员按照工艺顺序轮番在模具上作业，模具使用寿命一般为100～200次。

（2）流水线生产方式：需要投资流水生产线，其特点是模台（也就是工作平台）是随着工业顺序流动的，而每一个工序的操作人员是相对固定的，钢筋摆放、混凝土浇筑、振捣等操作是在固定的位置由相对固定的人来操作，可降低劳动强度、提高生产效率，有利于提高工人的熟练程度，节省人工，通用模台使用寿命一般为2000～3000次以上。

下面简单介绍两种生产方式的流程情况。

2.3.4.1 固定工位生产方式工艺流程

模具清理、模具组合、钢筋及门窗布置、预埋件安装、隐蔽工程检查、浇筑混凝土、人工振捣、收面及养护、缺陷修补、成品摆放（图2.3-28～图2.3-37）。

图2.3-28 模具清理组合

图2.3-29 钢筋及门窗布置

图2.3-30 预埋件安装

图2.3-31 隐蔽工程检查验收

图 2.3-32　混凝土浇筑

图 2.3-33　混凝土振捣

图 2.3-34　构件表面收光

图 2.3-35　缺陷修补及构件美容

图 2.3-36　构件存放养护

图 2.3-37　构件装车出货

香港工法预制外墙大多数为复杂异形构件，其模具较为复杂，模具的组合方式多采用螺栓固定，不同的构件需要采用不同的模具来生产，难以共模生产，且模具寿命较短，构件的模具摊销成本较高，在模具的通用化方面还需要进一步变革和改进；值得学习借鉴的是：香港对生产过程的质量控制较为严格，构件产品质量在全球范围都具有良好的口碑，同时构件之间进行现浇连接，房屋整体性较好，符合国内以装配整体式结构为主的发展潮流。

2.3.4.2 流水线生产方式工艺流程

模具清理、边摸摆放、钢筋布置、预埋件安装、浇筑混凝土、自动振捣、自动收面、立体养护、成品摆放（图 2.3-38～图 2.3-56）。

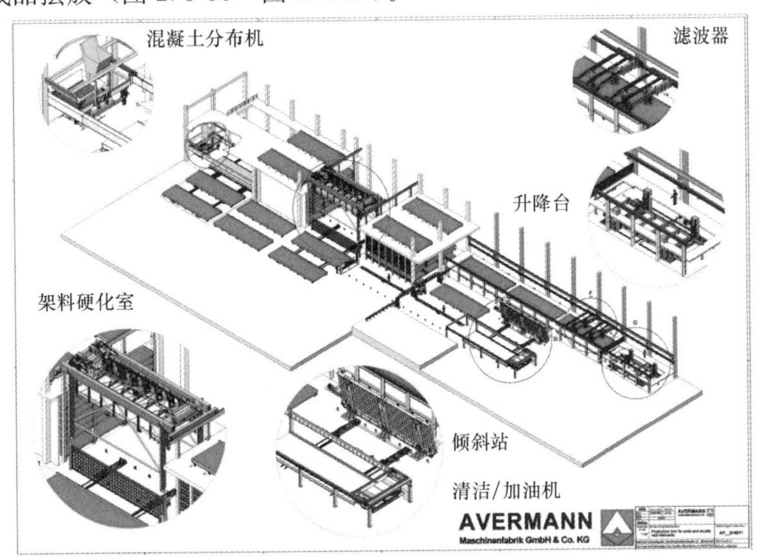

图 2.3-38 德国 AVERMANN 公司的流水线工艺布置示意图

图 2.3-39 预制构件厂干净整洁

流水线生产方式工厂虽然一次性投入较大，但模具和设备投资可长期摊销，生产效率高且大量节省人工，因此构件成本较低，但国内的预制构件形式比欧洲复杂，其先进的自动化流水线难以发挥效率，必须对构件边模进行改进；值得学习借鉴的方面有：机械化流水线方式、通用化模具、磁性固定装置、立体养护方法，但结构体系方面不可照搬照抄。

图 2.3-40　清理后的模台

图 2.3-41　边模组合（机械臂自动操作）

图 2.3-42　脱模剂、钢筋保护层、门窗洞固定

图 2.3-43　钢筋摆放（预埋件通过磁铁固定）

图 2.3-44　混凝土自动布料

图 2.3-45 混凝土电控布料（自密实混凝土）

图 2.3-46 混凝土全自动布料（自密实混凝土）

图 2.3-47 混凝土自动振捣找平

图 2.3-48 混凝土自动振捣找平

图 2.3-49 混凝土表面压光

图 2.3-50 混凝土表面辊压

图2.3-51　混凝土自动振动台（垂直振动）

图2.3-52　混凝土自动振动台（水平振动）

图2.3-53　立体蒸养窑及装窑车（德国）

图2.3-54　立体蒸养窑及装窑车（万斯达、快而居）

图2.3-55　成组立模批量生产

图2.3-56　预制构件成品出货

以上是房屋预制构件两种主流的生产主式，明显地流水线方式机械化和自动化程度较高，这主要是由于欧洲人工成本较高、寒冷地区施工期短所产生的需求。由于流水线的生产效率很高，目前欧洲已经出现产能过剩的现象，而美国、日本的城市化进程已经基本完成，住宅建设的市场规模较少，因此在美国和日本的自动化流水线不多，我国的住宅建设正处在发展的高峰期，房屋预制构件流水线的发展情况已经引起了越来越多房地产和建筑企业的关注。

还有一种“游牧式”工厂的形式，也就是流动的预制工厂，机械化程度也很高，但工厂并不固定，随着所承接的项目不断搬迁，也是一种不错的方式，在此不再赘述。

到底应该采用何种形式进行预制构件的生产并没有一个统一的标准答案，应该因地制宜、因项目而异，并结合企业的自身条件来确定。

2.3.5 装配式混凝土结构体系的预制构件安装工法

用预制构件进行房屋建设，首先保证了组成房屋的基本构件的质量和生产效率，而成品房屋的性能、质量、施工效率是通过工地现场的装配式施工，也就是安装工法所决定的，不同的安装工法决定了不同的设计思路、生产工艺、房屋性能。我国高层住宅多为混凝土结构，并以剪力墙结构为主，主要预制构件为预制墙体、预制楼板，目前主流的工法为“后安装工法”（又称为“日本工法”）和“先安装法”（又称为“香港工法”），前者形成的是装配式结构，后者形成的是装配整体式结构，其外墙功能和性能存在较大差异。

在美国、日本和中国台湾地区的装配式住宅，主体结构大量采用钢结构或预制框架结构，施工顺序一般为先进行主体施工、后进行外墙装配的方式，故称为“后安装法”。预制的外墙往往是作为非承重的挂板使用，对于主体及构件的尺寸精度要求较高，施工操作的工艺要求也较高，否则构件之间会出现“误差积累”而无法安装，并且由于构件之间宏观缝隙的存在，在解决保温、防水、隔声方面有很高的要求，采用后安装法装配施工时往往建安成本较高。

在新加坡和中国香港地区的装配式住宅，主体结构一般采用现浇混凝土结构，施工顺序为先安装预制外墙、后进行内部主体现浇的方式，故称为“先安装法”。预制的外墙既可作为非承重墙，也可作为承重的结构墙，由于先将墙体准确地固定在设计的位置，主体结构的混凝土在现场浇筑，待现浇部分完全固结后形成整体的结构，因此对预制构件的尺寸精度要求不高，降低了构件生产的难度，同时每一次浇筑混凝土都是“消除误差”的机会，提高了成品房屋的质量，而且整体式的结构提高了房屋防水、隔声的性能。

欧洲国家普遍不存在地震，其装配施工方法以装配式与整体式相结合的方法为主。装配式的施工方法有利于加快施工速度，整体式的结构能够提高房屋性能，但由于构件之间普遍采用“弱连接”的构造方法，建筑物抵抗水平力作用的能力存在一定的局限性，不适合于我国的地震区。当用于低烈度区的低、多层房屋的建设时，具有生产效率高、施工速度快、建安成本低的优势，我国部分地区可参考借鉴。

下面通过图示简单介绍几种不同工法之间的特点和区别（图 2.3-57～图 2.3-78）。

2.3.5.1 日本工法（后安装工法）的施工特点

图2.3-57 柱顶钢筋伸出露面

图2.3-58 柱底预留钢筋套筒

图2.3-59 美国外墙挂板施工

图2.3-60 外墙挂板及安装埋件

图2.3-61 先主体、后外墙

图 2.3-62 外墙挂板安装

图 2.3-63 后安装法墙板预制体之间的缝隙

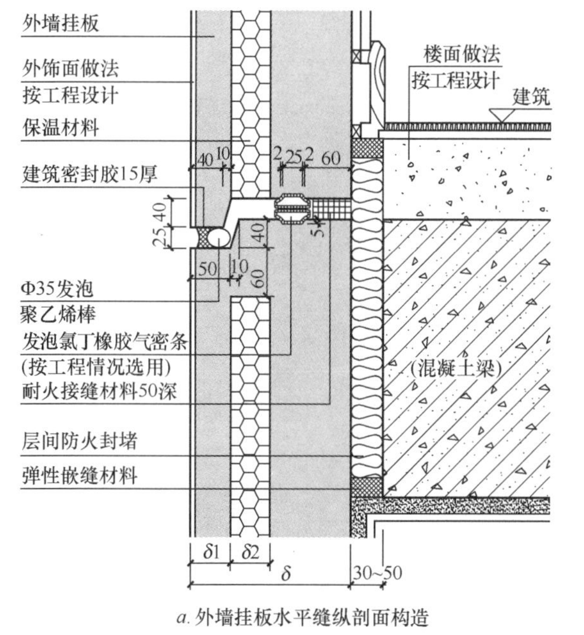

a. 外墙挂板水平缝纵剖面构造

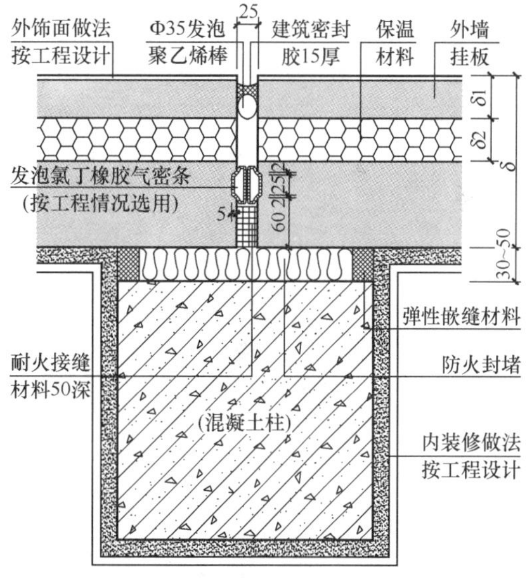

b. 外墙挂板垂直缝横剖面构造

图 2.3-64 外墙挂板水平、垂直缝剖面构造

从以上图片可以看出：采用后安装墙板的“日本工法”，为了保证安装顺利，预制外墙与主体结构之间存在宏观的缝隙，一般人为地设计留有 20mm 的安装间隙，需要用填缝材料封堵，需要采用高可靠度的材料进行密封，不但增加了造价，也增大了渗漏的风险。

2.3.5.2　香港工法（先安装工法）的施工特点

图 2.3-65　构件伸出连接钢筋

图 2.3-66　每层施工先吊装预制构件

图 2.3-67　预制构件之间通过钢筋连接

图 2.3-68　封模浇筑混凝土

图 2.3-69　预制构件与现浇结构连接成整体，没有宏观缝隙，增强了防水性能

从以上图片过程中可以看出：采用先安装墙板的“香港工法”，构件之间通过现浇连接，每一次现浇都是消除误差的机会，形成的结构具有良好的整体性，在保证隔声防水性能的同时，节省了大量的密封材料，可有效降低成本。

2.3.5.3 欧洲叠合整浇结构体系的工法特点

图 2.3-70 双层预制叠合式剪力墙+桁架钢筋叠合板体系

合肥西韦德引进德国的双面预制叠合式剪力墙+叠合楼板体系，是典型的免模板技术与预制技术的结合，该工法施工速度快、节省模板和支撑、房屋整体性好，具有很好的抗震性能和良好的经济性，其技术体系值得进一步消化吸收使之适合于国内住宅发展需要。

主要的技术特点见下图：

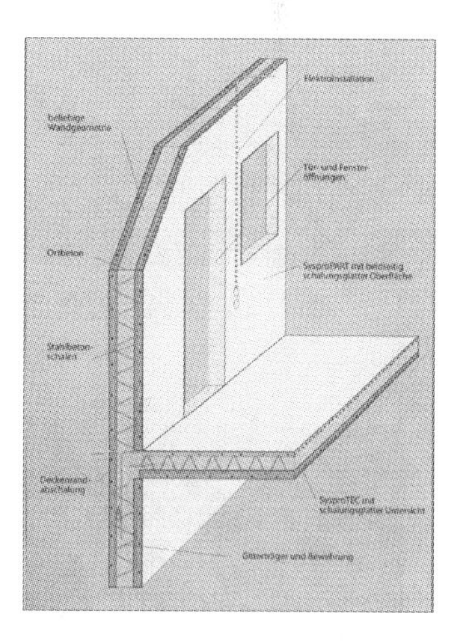

图 2.3-71 楼面与墙板整体连接构造图示

2.3.5.4　欧洲弱连接整浇体系特点

图 2.3-72　构件伸出钢丝绳环套

图 2.3-73　钢丝绳环套大样

图 2.3-74　墙体之间的构造关系

图 2.3-75　局部的现浇连接

图 2.3-76　连接后的墙体之间具有一定的整体性

图 2.3-77　欧洲弱连接整浇体系施工现场图

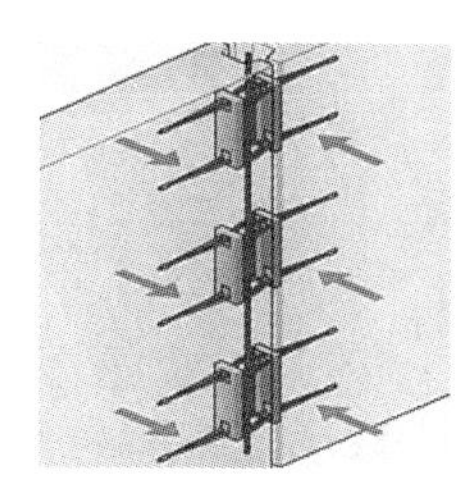
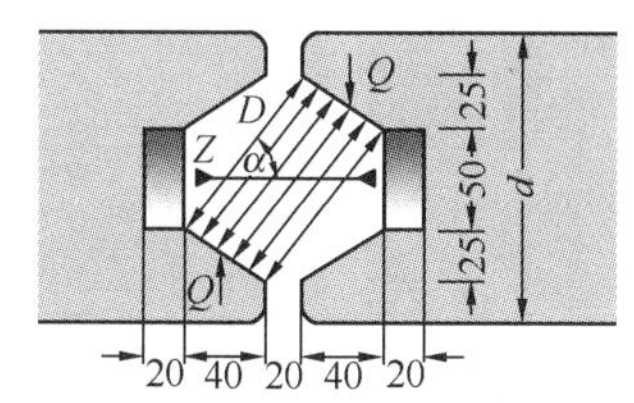

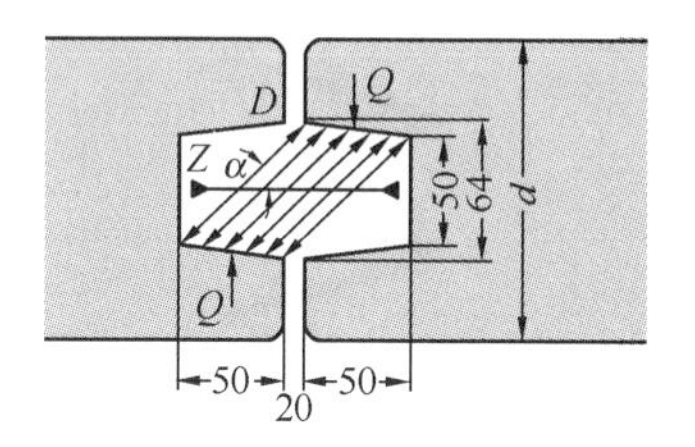

图 2.3-78　弱连接整浇构造的受力原理

先安装墙体再整浇，自始至终不需要外脚手架，节省大量的成本，综合了日本工法与香港工法的优势，在低烈度地区或多层住宅领域具有综合优势。

2.3.6　装配式混凝土结构特殊工艺及关键技术

2.3.6.1　预制构件钢筋连接技术

（1）灌浆套筒钢筋连接技术（图 2.3-79）

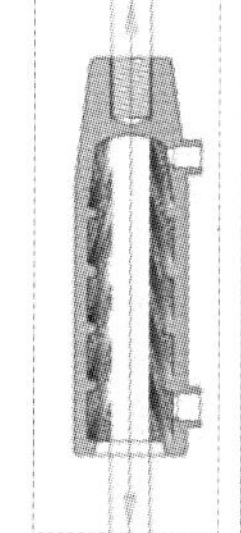
受力原理

钢筋连接示意

构件生产时埋入套筒

安装灌注完成后封堵灌浆孔

图 2.3-79　灌浆套筒钢筋连接技术

预制构件中已经预埋了部分钢筋，要实现预制与现浇相结合，预制构件之间的钢筋就必须相互联系，或者与现浇部分的钢筋进行连接。在装配整体式结构住宅中，最常见的是预制剪力墙或预制柱上、下钢筋之间的连接，以及预制梁纵向钢筋的连接，其连接的可靠性决定了结构的整体性能。

灌浆套筒是预制墙柱纵筋连接的常用技术，该技术在国外已经过数十年的发展、经过无数工程的实践检验，已经非常成熟。一般为球墨铸铁产品，由于国内预制住宅还未普及，目前仍以机械加工套筒为主。其原理为：在灌浆套筒中注入高强度无收缩灌浆料，通过灌浆料形成的压力，将一根钢筋的应力通过套筒传递到另一端的钢筋。

（2）螺旋箍筋约束浆锚钢筋搭接技术（图 2.3-80）

（3）预留孔洞钢筋搭接技术（图 2.3-81）

在柱子、墙体中预留孔洞，插入钢筋后将孔洞灌实，上、下钢筋满足搭接长度。

（4）预制构件钢筋机械式连接及锚固技术（图 2.3-82～图 2.3-84）

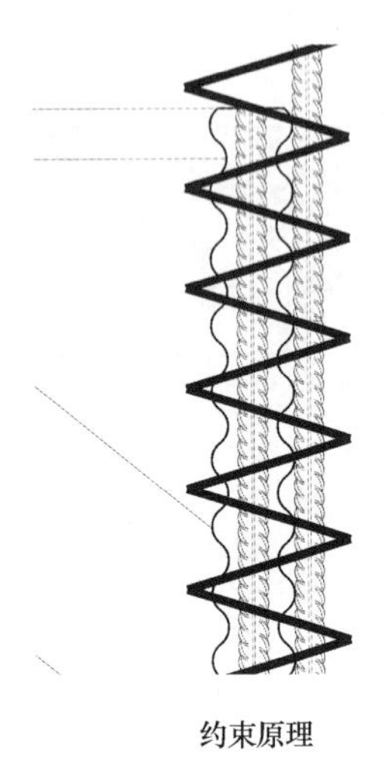

约束原理

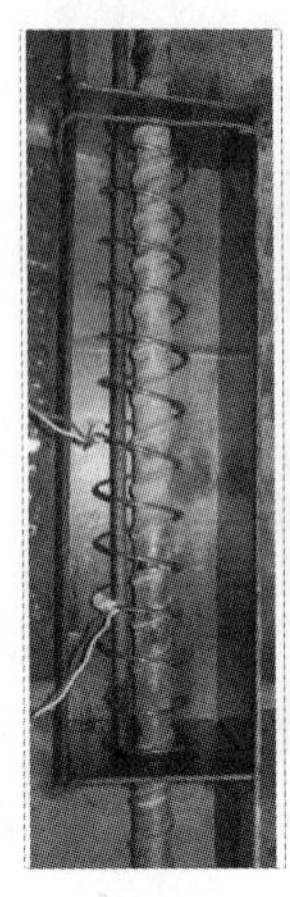

螺旋箍筋

灌浆施工

图 2.3-80　螺旋箍筋约束浆锚钢筋搭接技术

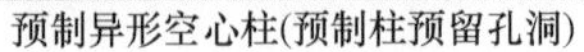

预制异形空心柱(预制柱预留孔洞)

预制空心墙 (预制墙预留孔洞)

图 2.3-81　预留孔洞钢筋搭接技术

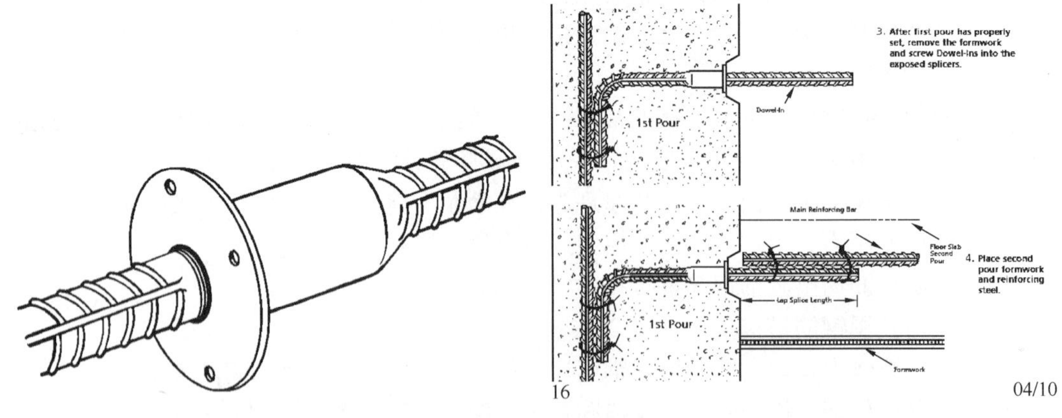

图 2.3-82　现场钢筋与预制构件钢筋机械式连接

预制构件的钢筋已经预埋在硬化的混凝土里，现场钢筋难以连接，采用机械式的接头，简单实用、操作方便，可以加快施工速度，在欧美日国家使用较普及。

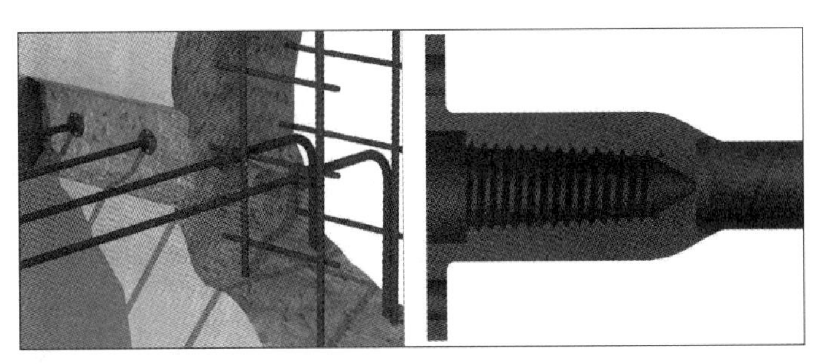

图 2.3-83 特制的钢筋端头（美国）

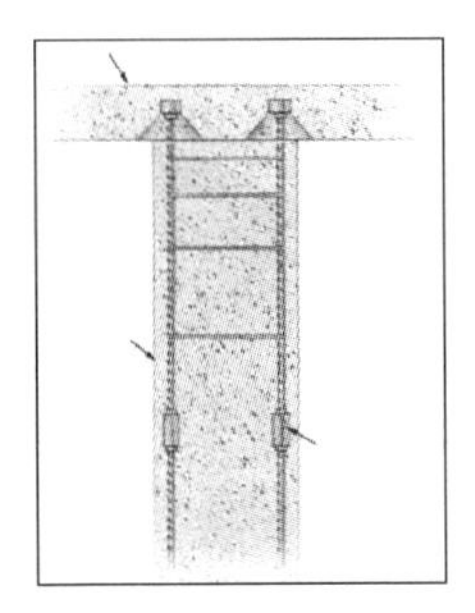

图 2.3-84 特制的附加锚固端头

2.3.6.2 新旧混凝土连接技术

（1）露骨料混凝土粗糙面技术

露骨料混凝土是指使混凝土表面露出石子、粗砂等骨料，形成粗糙面的一种技术手段。主要用于施工缝处理、预制装配式结构构件连接、构件表面装饰施工等。当混凝土表面露出天然级配骨料的纹理，新混凝土中的砂浆才能充分握裹住旧混凝土的骨料，使两次浇筑的混凝土骨料尽量接近，保证共同工作的性能，有关实验表明：在新旧混凝土连接成为整体的力学实验中，露骨料混凝土的效果优于拉毛、键槽、凿毛的效果。因此，露骨料混凝土技术是一种能使“新旧混凝土连接成为整体”的关键技术。生产过程中需要使用露骨料混凝土专用药剂，露骨料混凝土粗糙面的制作成本低于 10 元/m^2，是一项提高质量、节省人力的技术。

图 2.3-85、图 2.3-86 为制作方法和使用效果：

①在模具表面需要露骨料的部位，均匀地涂刷药剂

②自然晾干，药剂形成一层胶膜附着在模具表面，可组装模具

③浇筑混凝土，养护至脱模强度，拆除模具，用水冲洗接触药剂表面

④去除灰砂，表面露出石子、粗砂等骨料，形成粗糙面

图 2.3-85 露骨料混凝土粗糙面技术制作方法

图 2.3-86　露骨料混凝土粗糙面技术使用效果

（2）混凝土键槽连接技术（图 2.3-87～图 2.3-90）

图 2.3-87　墙板四周伸出钢筋并带有键槽

图 2.3-88　键槽形式

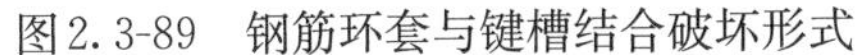

图2.3-89 钢筋环套与键槽结合破坏形式

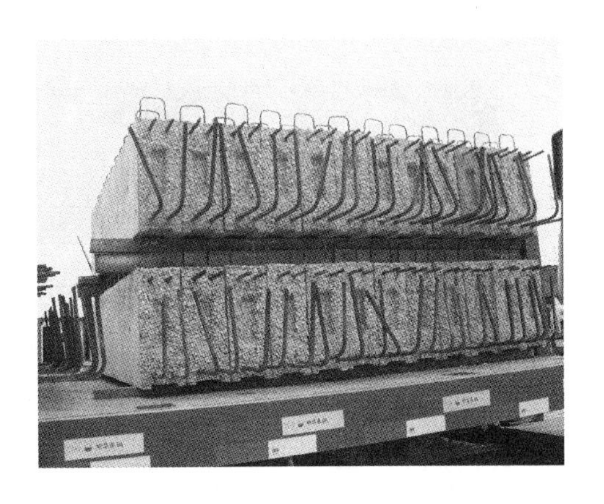

图 2.3-90 在露骨料粗糙面加上键槽形式

2.3.6.3 夹心三明治保温外墙技术

有机保温材料往往具有易燃的特性，如果将保温材料夹在两层混凝土之间，形成预制夹心三明治保温外墙，这种外保温形式既避免了冷热桥的出现，又解决了保温材料的防火问题，在欧洲和美洲被大量采用。为了使三层构造之间成为整体，需要使用高强度、低导热性能的保温连接件。目前被广泛使用的连接件有两类，一类为 GFRP 保温连接器，热导热率很低，适用于任何地区；另一类为不锈钢材料，适用于非寒冷地区（在严寒地区其冷热桥仍可出现结露现象）。表 2.3-1 是不同材料的热传导率比较：

不同材料的热传导率 **表 2.3-1**

材料	热传导率（W/M×K）	材料	热传导率（W/M×K）
GFRP 材料连接器	1.0	低碳钢 Mild Steel	52.64
不锈钢 Stainless Steel	26.25	混凝土 Concrete	1.80

（1）GFRP 复合连接器形式（图 2.3-91～图 2.3-96）

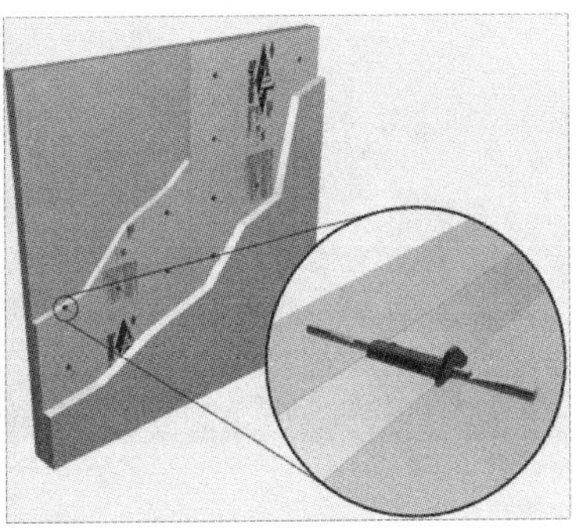

图 2.3-91 美国 Thermomass 连接器及夹心三明治构造

图 2.3-92　在预制厂将保温材料用 Thermomass 连接器固定在两层混凝土之间

图 2.3-93　普通连接器保温外墙热损失状况

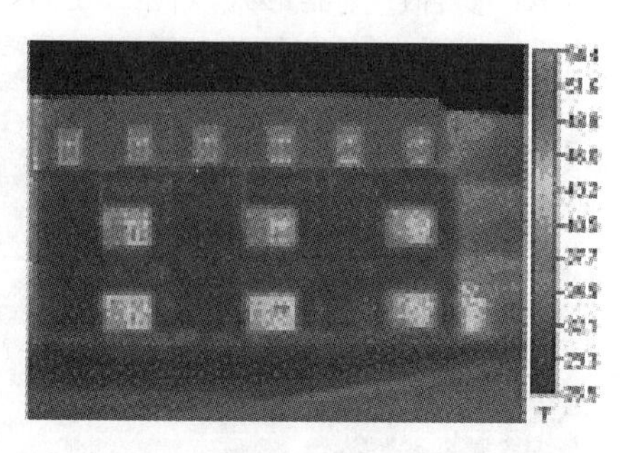

图 2.3-94　Thermomass 连接器保温外墙热损失情况

通过以上红外热成像图片可以看出，普通连接器热传导损失严重。

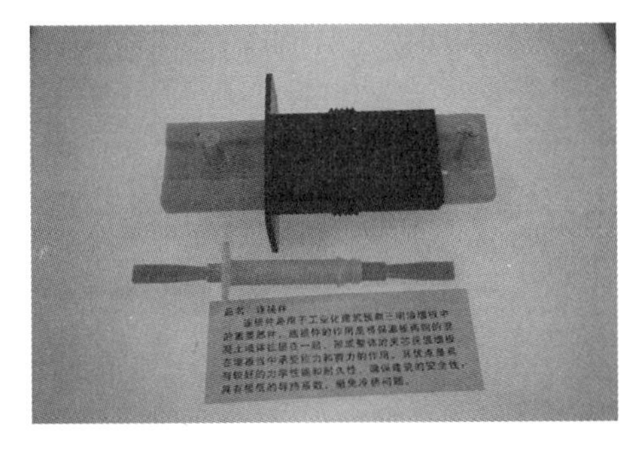

图 2.3-95 Thermomass 及国产 GFRP 保温连接器

图 2.3-96 国产 GFRP 连接器使用效果

(2) 其他保温连接件形式（图 2.3-97～图 2.3-100）

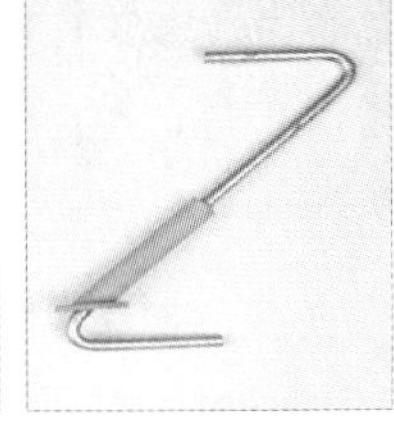

图 2.3-97 宇辉电镀复合连接器

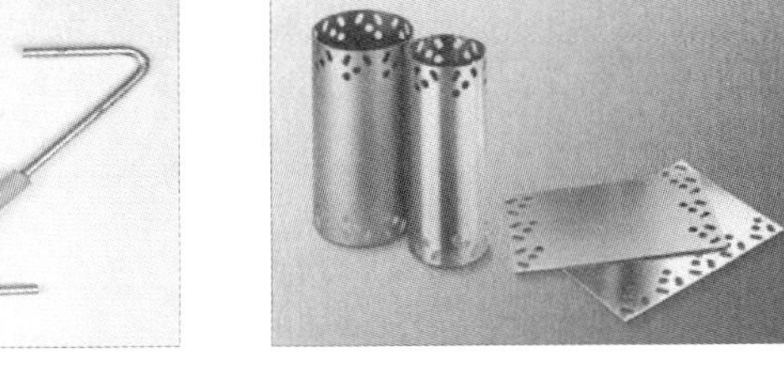

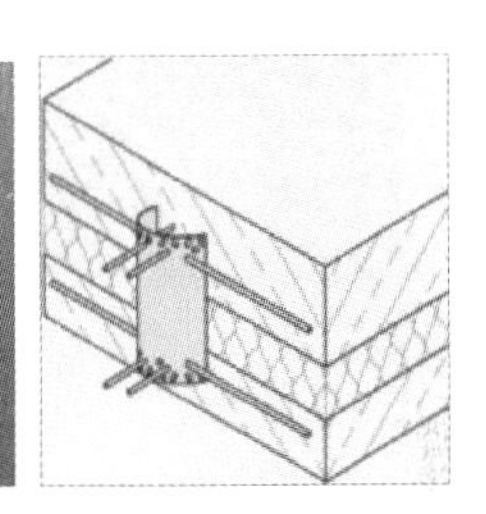

图 2.3-98 哈芬不锈钢保温连接器

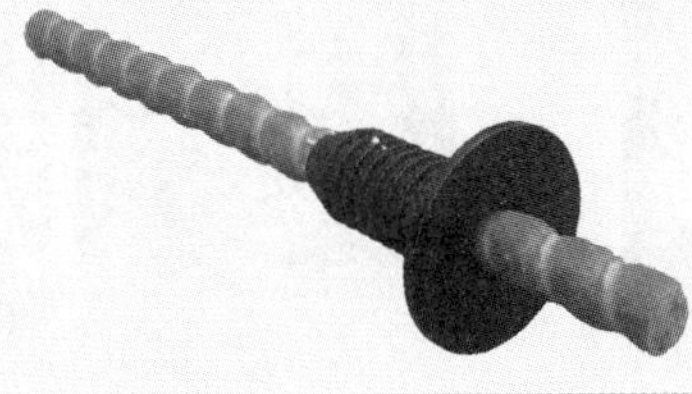

图 2.3-99 快而居 GFRP 保温连接件（U 型、I 型）

图 2.3-100 连接件用法

2.3.6.4 外墙构件及装饰施工集成技术

预制外墙除了维护、隔声、防水等功能外，往往需要进行装饰。如果将门窗、保温、外装饰等工序在预制构件厂内完成，现场施工就可以节省大量的时间，同时可以减少外脚手架的使用。由于工厂里的装饰作业条件优于施工现场，装饰质量和效果更有保证，外墙预制构件与保温、装饰一体化集成是发展趋势。

(1) 预制装饰一体成型技术（图 2.3-101、图 2.3-102）

图 2.3-101 厂内粘贴瓷砖效果（瓷砖胶粘贴）

图 2.3-102 预制清水镜面混凝土效果（原生态）

(2) 反打工艺构件装饰面一体成型技术（图 2.3-103～图 2.3-109）

图 2.3-103　艺术混凝土墙面

图 2.3-104　照片影像刻画在水泥面上

图 2.3-105　照片影像墙面

图 2.3-106　水泥里面的自己

图 2.3-107　艺术墙面

图 2.3-108　从混凝土表面剥离胶具模

图 2.3-109 建筑融入自然

制作原理如图 2.3-110 所示（以中山永易通厂区为例）：

①用凸凹的石板铺砌围模

②将模具胶倒入模内

③模具胶硬化后剥离

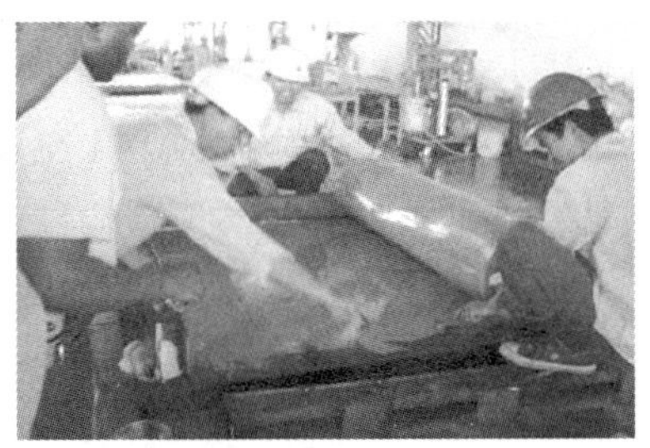

④将模具胶衬在模具底部

⑤每天可批量复制生产多块

⑥预制构件成品

图 2.3-110 制作原理

预制混凝土住宅能否做出个性化的建筑？只要充分发挥混凝土在凝固前的可塑性，就可以做出任何手工无法达到的效果，也可以做出逼真的仿瓷砖、仿石材效果，从而节省装饰材料，并且一体化的构造避免了瓷砖脱落的风险。由于外墙瓷砖是高能耗产品，无法作为常规的建筑垃圾由大自然分解，在欧洲和我国香港地区，从环保的角度出发，开始尽量避免外墙使用瓷砖，而是用混凝土和涂料仿砖来替代，这是大势所趋。从图 2.3-111 可以看出，呆板并不是预制房屋的代名词，而是取决于设计者的思维方式，正是混凝土的可塑性给了设计者以艺术想象的空间。随着住宅产业化和建筑工业化的发展，可以预见在不远的将来，我国的城乡建筑将以崭新的外貌迎接世人的检验。

图 2.3-111　预制构件安装完成的护坡墙效果（香港）

（3）GRC 装饰与构件一体化复合技术

GFRC 是指采用玻璃纤维增强的水泥复合材料（国内称 GRC），在国内一般用于生产后安装的装饰构件，如窗眉、腰线等局部装饰构件，在国外一般与钢框结合用于生产非承重的外墙壳，配合钢结构主体使用。中建海龙创新地把 GRC 表面与预制构件结合在一起运用，形成了具有漂亮外观造型的预制构件，有效地将构件和装饰相结合（图 2.3-112～图 2.3-114）。

图 2.3-112　正面是 GFRC 装饰材料

图 2.3-113　背面是普通混凝土材料

图 2.3-114 建设的成品房屋实景效果

2.3.6.5 专用预埋件、吊具及磁性固定装置（图 2.3-115～图 2.3-121）

图 2.3-115 预制构件专用埋件（锚栓）

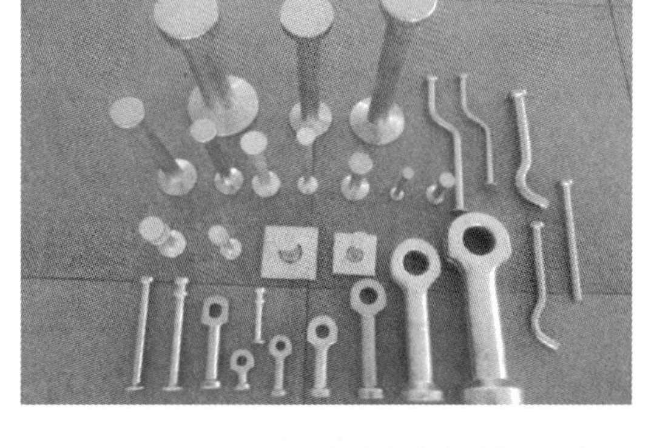

图 2.3-116 预制构件专用吊钉

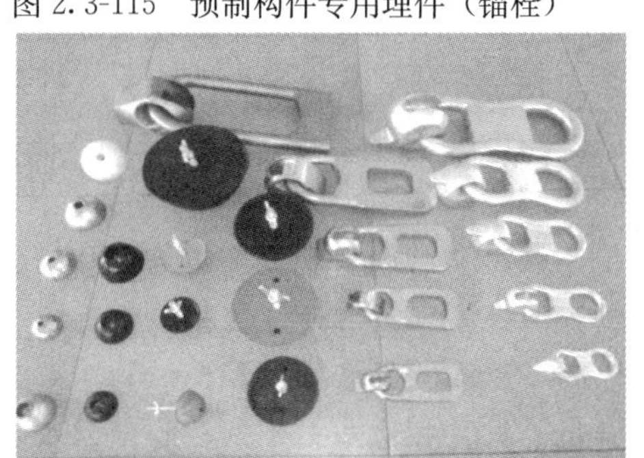

图 2.3-117 吊钉预埋器及专用吊具

图 2.3-118 边模固定磁盒

图 2.3-119 磁性固定边模

图 2.3-120 预埋锚栓磁性吸盘

图 2.3-121 磁盒专用撬棍

技术进步的表现之一是工具的进步，在提高工作效率的同时，也促使生产方式的革命。运用稀土永磁体制作的磁盒来固定预制构件边模，可以避免在模台上钻洞，从而延长了构件模具的寿命，可以大大降低模具的摊销成本，将对预制构件的模具制作行业带来革命性的变化，从而大大降低预制构件成本，提高装配整体式建筑的经济性。

2.3.7　装配式混凝土结构在保障性住房的应用

预制装配式住宅在国内属于起步阶段，国内企业纷纷从日本、德国、法国、美国、澳大利亚等国家引进各种不同的技术工法。目前所发展的预制装配式混凝土结构，是完全满足国家现行标准要求的。根据种类来区分，可分为预制装配式框架结构、预制装配式框架—现浇剪力墙结构、预制装配式剪力墙结构等。

2.3.7.1　预制装配式框架结构

（1）工法特点：

预制装配式框架结构，是指柱全部采用预制构件、梁采用叠合梁、楼板采用预制叠合楼板的结构体系。此种结构体系的技术难点在于预制构件之间或者预制构件与现浇构件之间的节点和接缝，必须确保这些节点和接缝的承载力、刚度不低于现浇混凝土结构。

（2）工法原理：

以标准层每层、每户为单位，根据结构特点和便于构件制作与安装的原则，将结构拆分成不同种类的构件（如墙、梁、板、楼体等），并绘制结构拆分图。相同类型的构件尽量将截面尺寸和配件等统一成一个或少数几个种类，同时对钢筋都进行逐根的定位，并绘制构件图，这样便于标准化的生产、安装和质量控制。

梁、板等水平构件采用叠合形式，既构件底部（包含底筋、箍筋、底部混凝土）采用工厂预制，面层和深入支座处（包含面筋）采用现浇。外墙、楼体等构件除深入支座处现浇外，其他部分全部预制。每施工段构件现场安全部安装完成后统一进行浇筑，这样有效地解决了拼装工程整体性差、抗震等级低的问题。同时也减少现场钢筋、模板、混凝土的材料用量，简化了现场施工。

构件的加工计划、运输计划和每辆车构件的装车顺序紧密地与现场施工计划和吊装计划相结合，确保每个构件严格按实际吊装时间进场，保证了安装的连续性。构件拆分和生产的统一性保证了安装的标志性和规范性，大大提高了工人的工作效率和机械利用率。这些都大大缩短了施工周期和减少了劳动力数量，满足了社会和行业对工期的要求以及解决了劳动力短缺的问题。

外墙采用混凝土外墙，外墙的窗框、涂料或瓷砖均在构件厂与外墙同步完成，很大程度上解决了窗框漏水和墙面渗水的质量通病，并大大减少了外墙装修的工作量、缩短了工期（只需进行局部补修工作）。

（3）应用实例：

万科第五园工程是采用预制装配式框架结构。该项目位于深圳市龙岗区坂田片区万科第五园住宅区内，建筑面积为654.3m^2，建筑总高度为9.3m，建筑耐火等级为一级，抗震设防烈度为7度，除柱和少量现浇楼板外，墙板、楼板、楼体等均为预制构件，其中楼板为叠合板，采用预制板和现浇的叠合构造。

沈阳万科春河项目采用日本鹿岛装配式框架结构的先进技术，项目总占地面积8.14万m^2，建筑面积 43 万 m^2。项目立柱、横梁、框架等全部采用工厂化预制，运到施工现场后，吊装到位，有效地缩短建设工期，综合效率最低可以提高 30%，同时解决工地散装水泥、施工噪声污染等问题，起到环保节能的作用，并可以改变北方冬季不能进行土建施工的传统。项目施工现场图如图 2.3-122 所示。

图 2.3-122　沈阳万科春河项目施工现场图

2.3.7.2　预制装配式剪力墙结构

(1) 工法特点：

预制装配式剪力墙结构是国内主要的一种新型结构体系，它包括外部叠合现浇墙和内部部分现浇剪力墙，外部挂板和轻质填充墙体系以及全预制装配或大部分预制装配剪力墙结构体系，简化连接的多层预制装配式大板结构体系。

预制装配式剪力墙结构体系的竖向构件剪力墙、柱采用预制，水平构件梁、板采用叠合形式；竖向构件连接节点采用浆锚连接，水平构件与竖向构件连接节点及水平构件间连接节点采用预留钢筋叠合现浇连接，形成整体结构体系。

(2) 工法原理：

预制装配式剪力墙结构体系的工法与预制装配式框架结构体系的工法基本相同，主要核心技术在于结构连接方式的不同。由于受力部位不同，预制装配式框架结构体系的墙体虽然也是预制的，但其与梁柱的连接方式不同，在竖向的结构中并不承重。

预制装配式剪力墙结构体系的工法首先依据项目的设计情况进行构件拆分，拆分过程中重点考虑构件连接构造、水电管线预埋、门窗、吊装件的预埋及施工必需的预埋件、预留孔洞等。按照建筑结构特点和预制构件生产工艺的要求，将原传统意义上现浇剪力墙结构拆分为带装饰面及保温层的预制混凝土墙板、带管线应用功能的内墙板、叠合梁、叠合板、柱、带装饰面及保温层的阳台等部品，同时考虑方便模具加工和构件生产效率、现场施工吊运能力限制等因素。

设计拆分完成后，进行构件的模具设计和制造，工厂化预制构件采用标准化设计模板，形成标准模具。在拆解构件单元设计图的基础上，将模具设计设计成统一的组合卧式钢模具。在墙体预制过程中，由于采用卧式加工，构件预制工艺置入外饰面层、粘贴层、保温层与结构层同时加工整体预制。粘贴层、保温层与结构层内设断热件连接工艺，控制了传统工艺常出现的“冷桥”现象，并通过合理蒸汽养护，形成结构、保温、装饰一体化预制构件。在楼梯预制过程中，采用工具式模具一次成型，同时也可加入装饰面，其中预制楼梯平台与预制楼梯梁搭接并和楼梯踏步整体现浇，而楼板平台四边钢筋留有一定锚固长度，楼梯踏板构件的两端与预制楼梯梁搭接处与楼体平台梁现浇混凝土连接。在叠合板预制过程中，在保证钢筋位置准确度的前提下，加入各种功能管线，且预制部分的楼板可以作为后浇楼板的模板，为增加预制部分楼板的刚度可以使用钢筋桁架，确保预制楼板运输吊装过程中的安全。

预制构件运输到工地现场后，使用起重机械进行吊装，完成内外墙体和各种连梁的安装后，进行墙体灌浆和叠合板安装，水电安装队伍对工厂预制的水电线路进行整体连接，然后进行支模板和负筋等绑扎，最后浇筑混凝土。

（3）应用实例：

黑龙江宇辉建设集团在哈尔滨承建了多个项目，采用了预制装配式剪力墙结构体系的工业化生产方式（图2.3-123），其中哈尔滨洛克小镇小区14号楼项目建筑面积1.8万m^2，建筑层数18层；哈尔滨保利房地产综合开发公司建设的政府廉租住房松北住宅小区40号楼项目建筑面积11306m^2，建筑层数13层。

图2.3-123 黑龙江宇辉建设集团的预制装配式剪力墙结构体系建设项目图

中南建设集团股份有限公司在南通市海门中海世纪城33号楼地下1层、地上10层，高度32.5m，总建筑面积4556m^2，剪力墙结构。基础和地下室采用现浇钢筋混凝土结构，地上部分采用预制装配式剪力墙结构体系。

2.3.7.3 预制装配式框架—现浇剪力墙结构

（1）工法特点：

预制装配式框架—现浇剪力墙结构体系，一般称为“香港工法”，也可称为“先装法”。其特点在于在进行建筑主体施工时，把预制墙板先安装就位，用现浇的混凝土将预制墙板连接为整体的结构。其主体结构构件一般为现浇混凝土或预制叠合混凝土结构，先安装法的预制墙板既可以是非承重墙体，也可以是承重墙体，甚至是抗震的剪力墙。在施工过程中，用现浇混凝土来填充预制构件之间的空隙而形成“无缝连接”的结构，大大降低了构件生产和现场施工的难度，更易于市场推广，也增强了房间的防水、隔声性能。

（2）工法原理：

预制装配式框架—现浇剪力墙结构体系中预制构件的制作方式与前两者的体系基本相同。按此结构体系工法，针对各种类的预制混凝土件特点进行优化设计。预制混凝土构件在工厂采用钢模具生产，考虑到经济性原则，设计过程中需考虑如下几点：

①模数协调设计。

预制混凝土构件的工厂化率很高，生产时钢模板规格数量、利用率直接影响工业化生产成本，所以要求设计过程中按模数化、标准化设计，并尽量在构件的拆分设计中统筹考虑相似构件的统一性，如外墙的门窗洞口统一，梁、柱的截面统一，阳台构件的外观尺寸统一等。

②各专业精细化协同设计。

预制混凝土构件作为定型成品与结构主体组装，与此相关的各专业预留洞口、预埋管线等与构件生产同步，所以要求土建、设备各专业进行精细化、一体化协同设计。各专业设计图纸要表达精细、准确，即互为条件，又互相制约。

比如一个预制构件与栏杆、空调板、百叶、雨篷等构件相连时，以及一些设备管道的预留洞口、管线吊点埋件等，在预制构件上都需要精确定位，以防止和此预制构件相连的构件定位冲突。

③构件编号定位。

因为我们把一栋建筑部分或接近全部都拆分成构件在工厂生产，那么我们需要对构件进行编号并定位好在整栋建筑的位置，这样在后期安装时才会准确有序。

④连接方法的简单有效。

因为每个构件是在工程现场组装在一起才能形成一个具有功能的整体，构件之间的连接方式直接影响到组装后的效果和安装时工人的劳动强度，所以对构件的连接件设计需要简单而有效。

⑤构件分析。

预制混凝土住宅技术主要可分为结构建造技术和装修技术。而结构建造技术又大致分为两个部分，第一部分是预制混凝土构件的生产技术，第二部分是预制混凝土构件的组装技术。

第一部分 PC 构件的生产过程，是指将钢筋笼放置在模具中，形成一个待浇的模具，再将生产好的混凝土注入模具，并通过养护，最后形成构件的过程。因工厂的生产条件及操作面使得构件的精度、强度等综合品质得到很大提升。同时，完成浇筑的构件能得到蒸汽等更好的养护，相较于传统的水淋养护，能使构件的品质得到大幅提升。

第二部分是预制混凝土构件的组装技术。在传统方式（现浇方式）下，混凝土工程是采用现场绑扎钢筋、现场加工的木质模板、现场浇筑混凝土的程序完成的。而在预制方式下，施工现场会根据设计方案的不同，采取不同的连接方式把前文所述的 PC 构件连接（组装）在一起。所谓不同的连接方式包括：通过金属连接件的机械式连接、通过插拔构件并灌浆的套筒连接、通过现场浇筑混凝土的节点现浇式连接等。

⑥构件制作。

PC 构件的主要制作流程可分为：模板制作、钢筋笼制作、钢筋笼吊装定位、

预埋件安装定位、混凝土浇筑、脱模、构件养护堆场、成品检查、模板清理后重复以上步骤进行下一构件的重复生产。

⑦施工流程（图 2.3-124）：

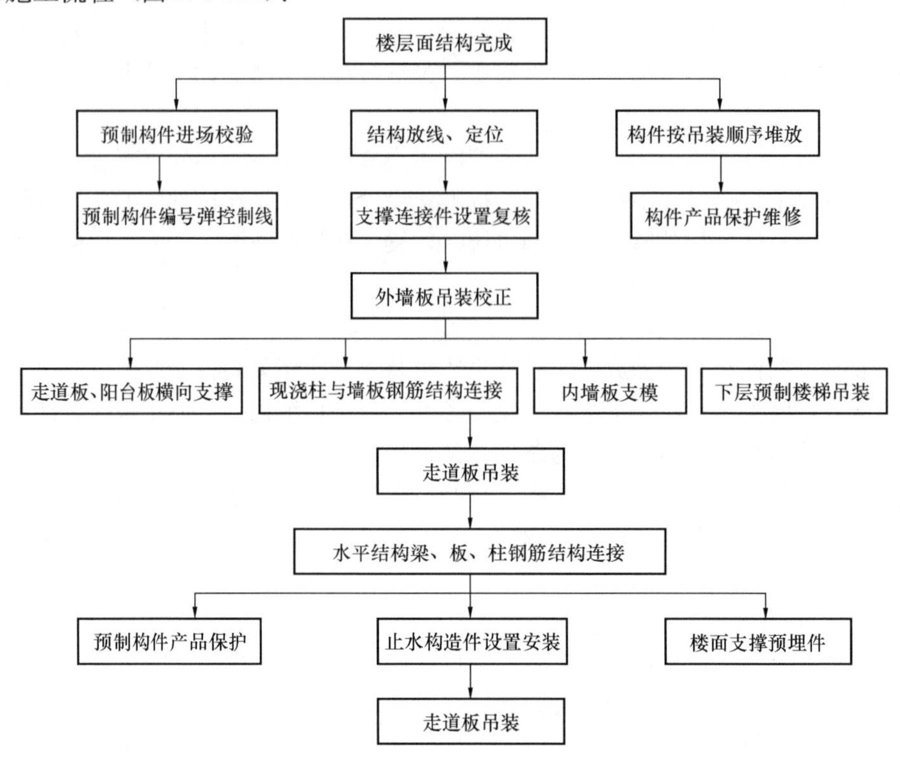

图 2.3-124 预制装配式框架—现浇剪力墙结构体系施工流程图

（3）应用实例：

深圳市龙华扩展区 0008 地块保障性住房即龙悦居三期，位于深圳市龙华区，项目用地面积 50134.3m^2，总建筑面积约 21.6 万 m^2，容积率 3.5；项目由六栋保障性住房组成，设计成外廊与内廊相结合的高层住宅，均为 80m 高的绿色建筑。项目俯视图、效果图如图 2.3-125、图 2.3-126 所示。

项目所采用工业化体系为预制装配式框架—现浇剪力墙结构体系，内浇外挂，单体建筑的直接外墙、楼梯、室外走廊采用工业化预制混凝土构件。项目的场地、建筑单体等内容的设计从设计之初即充分考虑并结合工业化建造系统的特点，总图规划设计即为工业化生产施工过程中构件的运输、堆放、吊装预留了足够的空间；标准层预制混凝土构件拆分方案遵循构件设计标准化、模具数量最小化、连接节点简单化的原则，外墙以每个单体户型模块为一个基本单位设计预制混凝土外墙构件，山墙面为 PCF（带饰面预制混凝土复合外墙）构件。

由于采用了预制装配式框架—现浇剪力墙结构体系，每一标准层仅需传统住宅项目 1/3 的施工人员，使用传统项目 2/3 的时间即可完成。项目自 2010 年 9 月正式开始施工，截至 2011 年 11 月，总建筑面积 21.6 万 m^2 的建筑历时 14 个月即已实现主体结构的全部封顶。

在项目成本方面，除体系自身所带来的工期缩短的成本优势外，基于预制装配式钢筋混凝土结构体系对设计进行优化，对构件和部品的标准化设计与模数化设计在确保立面效果的同

图 2.3-125 深圳市龙华龙悦居三期俯视图

图 2.3-126 深圳市龙华龙悦居三期效果图

时，有效地减少了构件生产模具数量，降低了预制阶段对工艺和时间的要求，实现了成本的大幅降低。在建造阶段，将工业化建造方式相对于传统方式的增量成本降至 230 元/m^2。

在整个建造过程中，减少施工用水量、混凝土损耗、钢材损耗约 60%，减少木材损耗、施工垃圾、装修垃圾约 80%，节能约 50%以上，实现了很高的环保效益。

2.3.7.4 预制装配整体式混凝土框架结构

（1）工法特点

预制装配整体式混凝土框架结构主要的结构主要表现为“框架结构＋预制外墙”形式，有时结合保障性住房建筑高度的要求，可以结合部分现浇剪力墙形成“预制框架＋预制外墙＋现浇剪力墙核心筒”的结构形式。在保障性住房中的适用特点如下：

①由于住宅套型主要功能空间采用框架结构形式，内部空间分隔墙体为非受力体，一般采用较轻的墙体材料，空间布置比较灵活，在结构布置相同的情况下较容易实现户型的可拼装式组合，以适应保障性住房户型面积要求相同，内部布置要求多样化的要求，提高了保障性住房的适用性。

②预制框架结构体系的主要特征是将框架结构的构件拆分成梁、柱、楼板、阳台、楼梯等基本预制结构体，单个构件重量较小，有利于预制生产、运输和吊装，同时构件的标准化有利于提高预制构件模板的重复利用率，降低生产成本。

③上海城建预制框架体系的结构连接处选择在梁柱节点处，垂直构件连接采用套筒灌浆连接，可以实现操作简便、可靠性高等特点；梁柱节点与楼板叠合层、梁的叠合层一起现浇，形成整体的刚度，达到抗震等同现浇的目的。

④外墙作为结构体的荷载，不作为主要受力构件，保障性住房中一般采用预制混凝土墙板。预制墙板与结构体的连接采用干法或湿法连接，必定有一个部分与主受力结构体铰接。结构受力体遇到外部荷载发生形变时，墙板之间可以发生错动或滑动变形，但墙体本身不发生破坏。

（2）工法原理

上海城建在上海地区率先展开预制装配整体式混凝土技术研发与实践以来，为了在保障性住房中更好地应用上述技术，提出了“标准营造”的技术体系。

“标准营造”体系的重点解决了以下几个方面的问题：

①标准化、可组合的户型

保障性住房应摆脱商品住房追求变化和丰富立面效果的设计思路，回到以解决户型为核心的设计思路上来。保障性住房要实现可变化的标准户型和可组合的标准户型以适应保障性住房的多样性需求。

基本户型采用6600mm跨距，辅助采用3300mm跨距，外形方正，无自遮挡，采光和日照条件较好；外墙周长最小，有利于节省外墙预制工程量和建筑节能。墙板采用内缩式构造，外凸梁柱可以设置空调机室外隔板和设置东西面垂直外遮阳，有效减少了凸出梁柱对室内空间的影响；同时南向天然外遮阳对建筑物整体节能有利（图2.3-127～图2.3-129）。

②通用化、参数系列化的构件体系实现多种户型和楼型的住宅产品

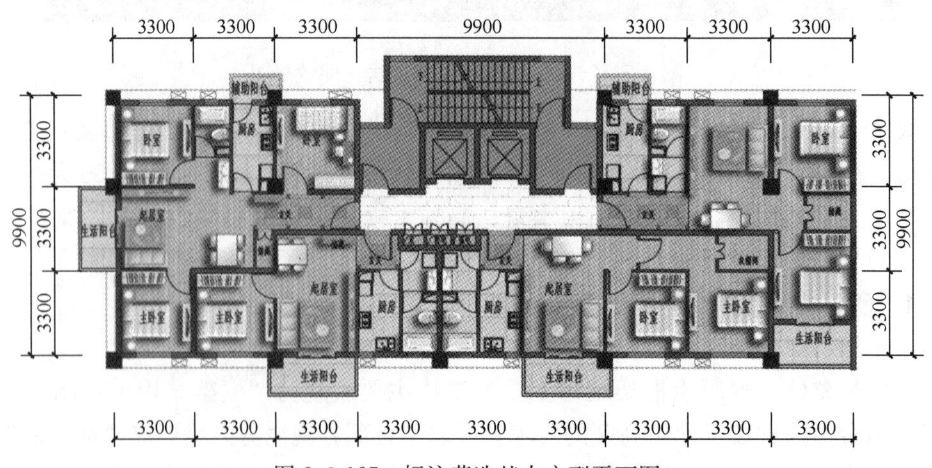

图2.3-127　标注营造基本户型平面图

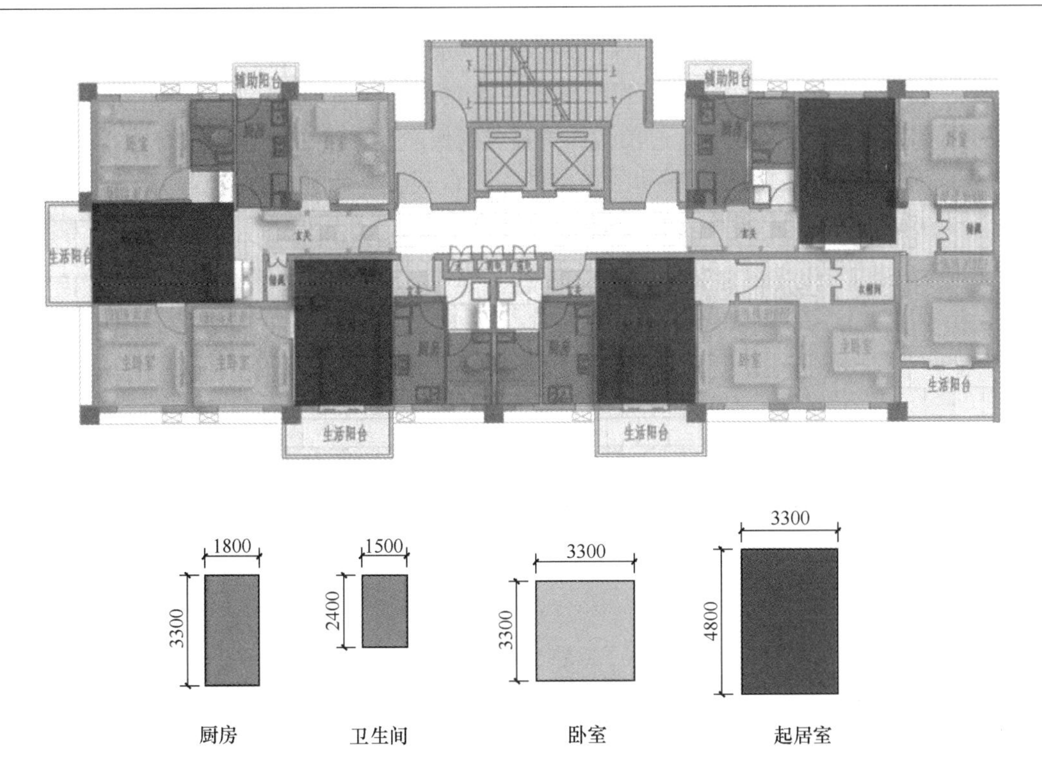

图 2.3-128 标注营造基本户型内部空间的模块化组合示意图

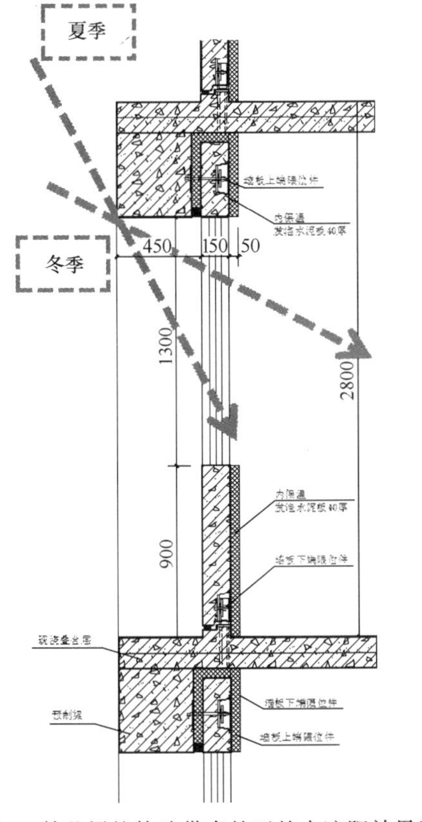

图 2.3-129 外凸梁柱构造带来的天然自遮阳效果示意图

建立一系列的通用化、参数化构件标准和统一的通用构件系统实现多种户型和楼型的住宅产品可以提升通用构件的重复利用数量，有利于实现通用构件的社会化大生产和采购，降低预制住宅的生产成本。通用构件拼装成的保障性住宅必定具有相同的外立面“基因”，可以通过外表面颜色和材质和附加构件如阳台板、空调板、百叶等的设置实现个性化需求。标准营造扩展户型详见图 2.3-130。

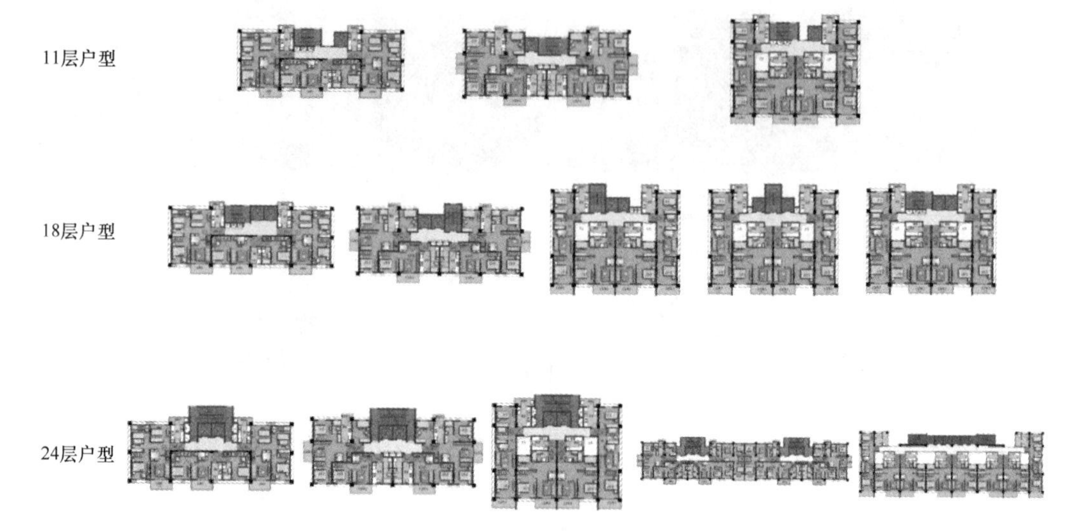

图 2.3-130 标准营造扩展户型

标准构件有立柱、叠合梁、墙板、叠合板，楼梯，阳台六种构件，每种构件的规格控制在 2 种以内，可以提高模板的重复利用率、降低模板的摊销费用，从而降低生产成本。标准营造构件拆分详见图 2.3-131。

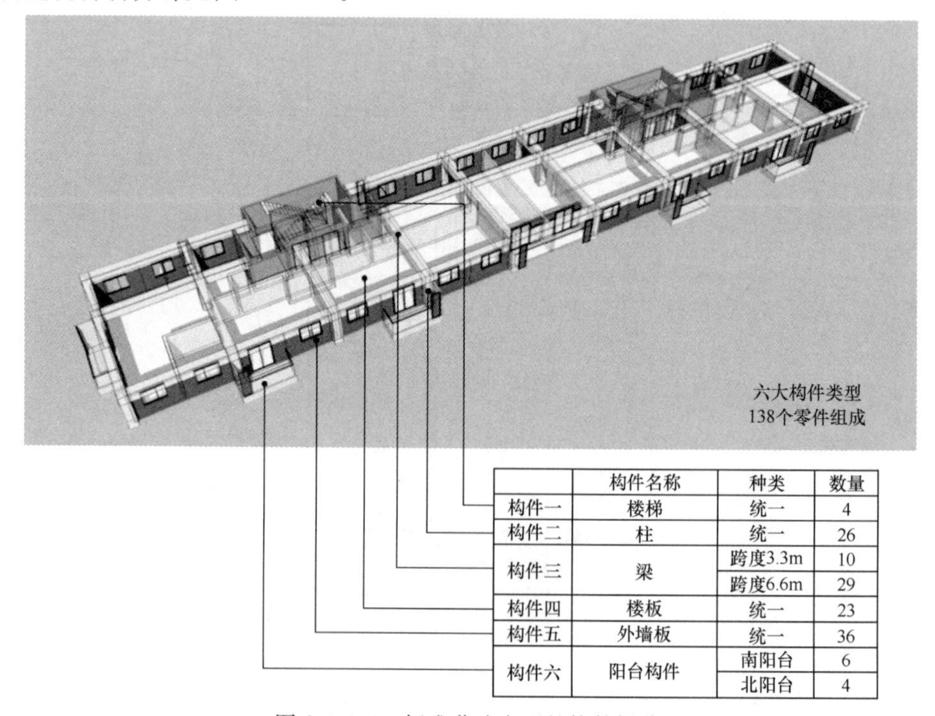

	构件名称	种类	数量
构件一	楼梯	统一	4
构件二	柱	统一	26
构件三	梁	跨度3.3m	10
		跨度6.6m	29
构件四	楼板	统一	23
构件五	外墙板	统一	36
构件六	阳台构件	南阳台	6
		北阳台	4

图 2.3-131 标准营造户型的构件拆分

A. 标准立柱

标准尺寸为 60mm×600mm，可采用预制柱或现浇柱，立柱配筋设计详见图 2.3-132。

方柱形状和受力性能上四个方向完全相同，更有利于构件梁、墙体的标准化，提高模板的利用率。

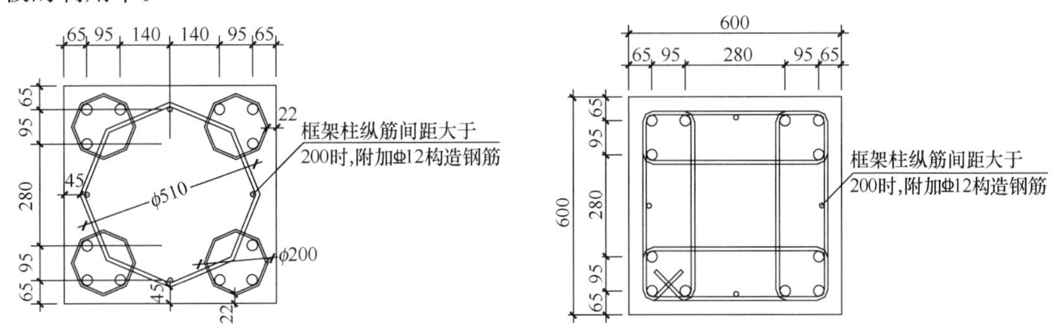

图 2.3-132 预制多螺旋箍筋方形立柱和现浇钢筋混凝土方形立柱（单位：mm）

B. 标准墙板

采用 150mm 厚预制混凝土外墙板或 200mm 厚预制夹心保温墙板，造价要求高时采用单板+内保温的方式，造价允许时可采用预制夹心保温墙板。标准墙板详见图2.3-133。

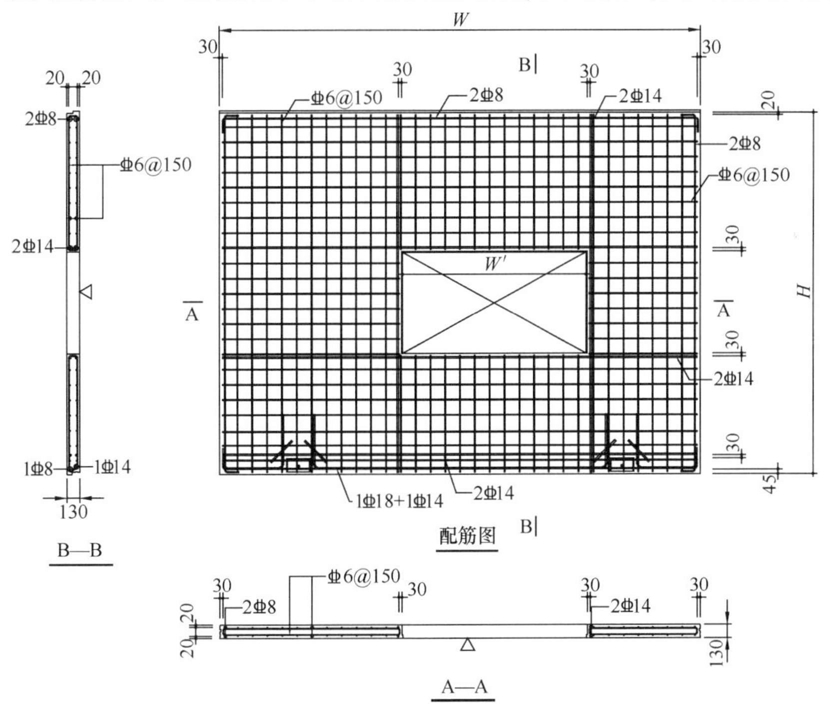

图 2.3-133 标准墙板设计图（单位：mm）

C. 标准楼板

采用叠合楼板，板厚 140mm（60mm 预制+80mm 现浇），详见图 2.3-134。

D. 标准楼梯

采用标准的预制楼梯，详见图 2.3-135。

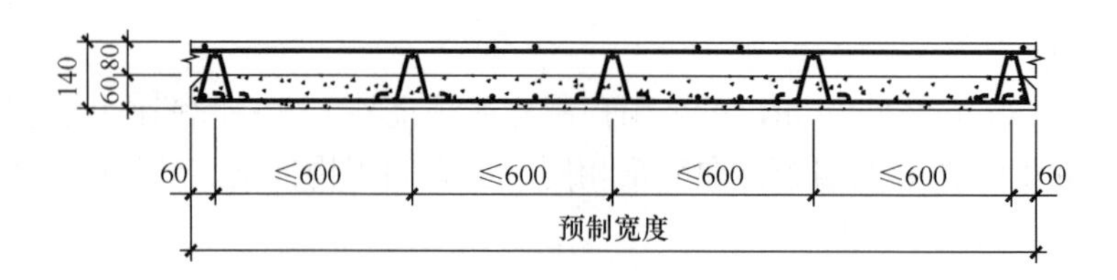

图 2.3-134　叠合楼板设计图（单位：mm）

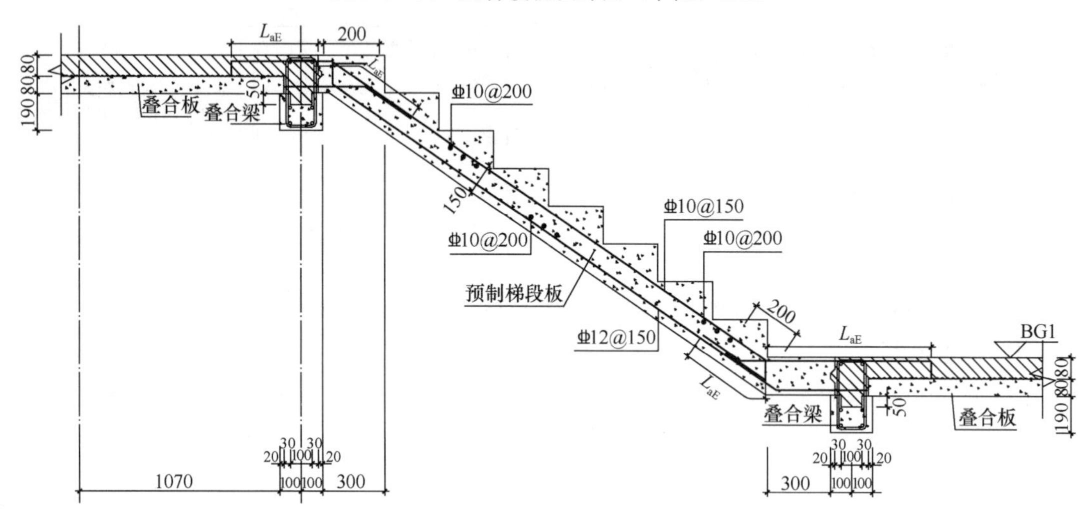

图 2.3-135　标准预制楼梯设计图（单位：mm）

E. 标准阳台版

采用标准尺寸的悬挑叠合阳台板，详见图 2.3-136。

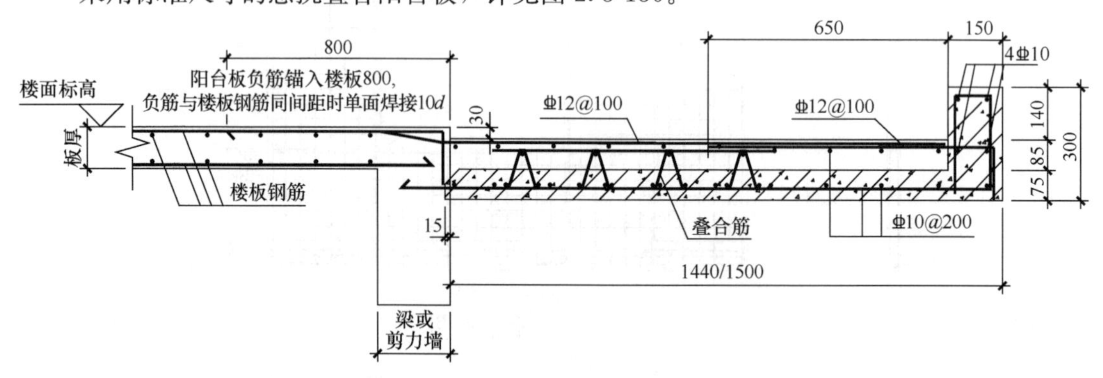

图 2.3-136　标准预制叠合阳台板设计图（单位：mm）

③简化的结构布置

结构布置尽可能简化，最大程度地减少次梁的数量，构件的规格尽可能的标准化。标准营造结构布置平面图详见图 2.3-137。

④预制率可扩展的技术体系

预制率高低与成本的关系密切，“标注营造”体系实现了预制率的可定制，结合项目的成本情况采用适当的预制率，同时标准化的设计也能实现现浇部分的标准化，以降低建造成本。预制率与构建预制方案关系详见表 2.3-2。

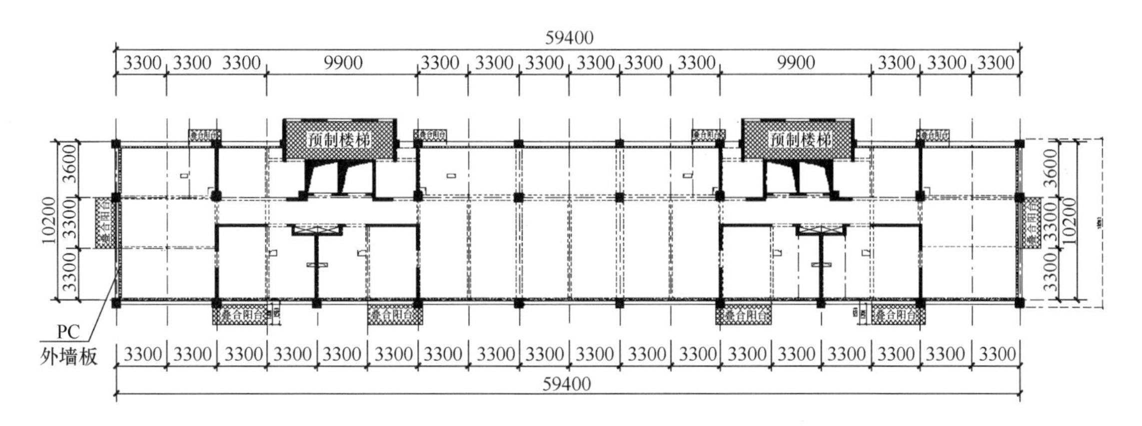

图 2.3-137 结构布置平面图（单位 mm）

预制率与构件预制方案 **表 2.3-2**

	方案一	方案二	方案三	方案四	方案五
外墙	28.00m³	28.00m³	28.00m³	28.00m³	28.00m³
梁（挂墙板）		18.60m³	18.60m³	18.60m³	18.60m³
梁（内部）			27.40m³	27.40m³	27.40m³
阳台板	5.00m³	5.00m³	5.00m³	5.00m³	5.00m³
楼梯	9.00m³	9.00m³	9.00m³	9.00m³	9.00m³
楼板				48.10m³	48.10m³
柱					45.60m³
剪力墙					
预制总体积	42.00m³	60.60m³	88.00m³	136.10m³	181.70m³
PC 率	15.22%	21.96%	31.88%	46.14%	61.59%
方案描述	低 PC 率	较低 PC 率方案	中等 PC 率	高 PC 率	高 PC 率

注：工程量统计以标准营造基本户型住宅楼标准层为例。

（3）造价分析

由于目前尚无预制住宅相关的定额，价格估算参考上海城建集团目前所做工程的构件以及安装工程单价，但均未考虑因预制而带来的脚手架费用减少、后期使用维护成本降低以及工期节省带来的造价节省。

预制构件的构件主材费参考上海城建物资公司提供的单价，考虑到“标准营造”的预制构件采用社会化大规模生产，模具的利用率大幅提高，构件的价格暂估下浮约 10%。

预制构件的构件安装费参考上海城建市政集团提供的单价，考虑到“标准营造”的社会化大规模生产和工人熟练程度的不断提高，价格暂估下浮约 10%。预制与传统方式造价比较见表 2.3-3。

预制与传统方式造价比较表　　**表 2.3-3**

<table>
<tr><th>序号</th><th>名称</th><th>施工方式</th><th>与传统比较每平方米增加（元）</th><th>方案一
15.22%</th><th>方案二
21.96%</th><th>方案三
31.88%</th><th>方案四
46.14%</th><th>方案五
61.59%</th></tr>
<tr><td rowspan="2">1</td><td rowspan="2">外墙</td><td>砌块</td><td rowspan="2">160</td><td rowspan="6">198元</td><td rowspan="8">239元</td><td rowspan="10">301元</td><td rowspan="12">368元</td><td rowspan="14">542元</td></tr>
<tr><td>预制+安装</td></tr>
<tr><td rowspan="2">2</td><td rowspan="2">阳台板</td><td>全现浇</td><td rowspan="2">22</td></tr>
<tr><td>预制+安装</td></tr>
<tr><td rowspan="2">3</td><td rowspan="2">楼梯</td><td>全现浇</td><td rowspan="2">16</td></tr>
<tr><td>预制+安装</td></tr>
<tr><td rowspan="2">4</td><td rowspan="2">梁（挂墙板）</td><td>全现浇</td><td rowspan="2">41</td><td rowspan="2"></td></tr>
<tr><td>预制+安装</td></tr>
<tr><td rowspan="2">5</td><td rowspan="2">梁（内部）</td><td>全现浇</td><td rowspan="2">62</td><td rowspan="2"></td><td rowspan="2"></td></tr>
<tr><td>预制+安装</td></tr>
<tr><td rowspan="2">6</td><td rowspan="2">楼板</td><td>全现浇</td><td rowspan="2">67</td><td rowspan="2"></td><td rowspan="2"></td><td rowspan="2"></td></tr>
<tr><td>预制+安装</td></tr>
<tr><td rowspan="2">7</td><td rowspan="2">柱</td><td>全现浇</td><td rowspan="2">174</td><td rowspan="2"></td><td rowspan="2"></td><td rowspan="2"></td><td rowspan="2"></td></tr>
<tr><td>预制+安装</td></tr>
<tr><td>8</td><td>剪力墙</td><td>全现浇</td><td></td><td></td><td></td><td></td><td></td><td></td></tr>
</table>

2.3.8　装配式混凝土结构体系的效益分析

工业化住宅采用预制装配式结构体系工法，通过产业技术升级，其生产建设全过程相对于传统施工项目具有工期短、质量高、能耗少、污染小的优点，有利于优化劳动力配置、提高生产和产品安全性。对预制装配式不同工法技术的研究和推广能推动整个建筑行业的建造技术发展，对建设资源友好型和环境节约型社会具有重要意义，从社会、经济、环境三方面来论述住宅产业化所带来的效益。

2.3.8.1　社会效益

传统的粗放式住宅生产方式资源、能源消耗大、建筑垃圾多、环境污染严重，造成了巨大的社会资源浪费。而住宅产业化能够整合产业链的各个环节，提升产业经济整体水平。并带动建筑、房地产、建材、冶金、轻工业、化工、机械、电子、能源、金融、交通、市政等10多个行业、40多个相关产业的发展，有效地拉动国民经济增长。以投入产出表的测算结果来看：住宅产业诱发系数为1.93，投入1万元诱发相关产业产出1.93万元；住宅产业100个人的就业，可在其他部门增加200人就业；住宅产品100元钱消费，可拉动130～150元钱的消费。

此外，预制装配式工业化生产住宅在施工周期及便利性方面具有明显优势：

（1）生产效率提高，施工周期缩短。

预制装配式工业化生产住宅效率将提高2-3倍，施工周期缩短50%。由于大部分混凝土构件都提前设计，并在工厂制造和养护，装修、景观可随主体同步开展，现场作业被大大简化。以预制楼板吊装工作为例：工人的现场基本操作步骤仅定位、就位、安装3步，现场施工使用吊车、省去外墙脚手架、高空作业量减少了近 90%，可控制性更强，吊装一块楼板的平均时间仅为 15 分钟。建造周期大大缩短的同时，也将为企业带来运作效率的提高。

根据施工组织方案的不同，预制装配式结构的主体施工与安装可以做到 6 天一层或者 5 天一层。传统现浇工艺主体施工速度也能做到的 6 天一层或者 5 天一层，但是两个时间概念有很大的不同。传统施工工艺是先主体现浇一直做到结构封顶，然后再砌筑外墙，然后是门窗安装，从上往下做外装修，最后是内装修，这样几个反复下来，一栋 18 层的住宅楼的工期大约是 18 个月。而工业化的预制装配式结构住宅则是外墙随着结构主体的安装，同时就完成了门窗的安装和外装修工程，因为这些本来已经在预制工厂内就做成一个整体了。在主体安装进行到 4 层的时候，一层的内装修也可以进场施工了。建筑主体封顶之时距离整栋建筑全部完工也就不远了。这样来看，一栋 18 层的住宅楼的工期大约是 10～12个月，可以节省 30%左右的工期，其带来的社会效益不言自明。

（2）解决严寒地区冬季施工问题。

对于该地区建筑企业而言，采用工业化技术，可增加约 2 个月的施工时间，可施工周期比由 8∶4 变为 10∶2。增加了施工时间，意味着项目跨年度施工现象可进一步缓解，当年的工程当年完工，设备周转率加快，人力资源的协调配比更为从容。

同时，采用预制装配式工业化方式进行建造，对于工人及企业的转型具有极大的推动作用。技术的升级将引导大量农民工进行转岗升级为产业工人，工种的升级使之社会地位得到相应提高，工作热情得以被充分调动，技能进一步得到提升，劳动价值得到充分的挖掘与体现，薪酬待遇提升空间加大，实实在在改善工人的薪酬待遇水平；机械化施工的普及以及大量现场作业被转移到工厂内进行，一定程度上减低了工作的危险性，大大改善工人的就业环境。企业将获得稳定的产业工人队伍，工人素质的提升以及工种细分能够有效提高业务水平，企业建造质量得到基础保障的同时，对于工人的管理及培训难度大大降低。

最后，对于消费者而言，将是预制装配式工业化建造带来的住宅质量总体提高的直接受益者。传统施工方法靠手工搭模板、现场浇筑水泥，按照国家有关规定，传统施工方法制作的混凝土构件尺寸误差允许值为 5～8mm，然而在实际工程中误差值往往达到 2～3cm。而工业化住宅的大部分混凝土构件都在工厂机械化生产，现场施工误差可以以毫米计，在与建造部品的衔接安装及施工细节做法上，采用外墙与窗框工厂整体预制、墙与屋面利用构造防水节点处理，使得房屋整体性和密闭性加强，作为住宅常见的外围护结构渗漏问题将得到很大改善；施工精度的提高，加上门、窗等制造业全过程质量管理体系的引入相配合，有效提高住宅总体质量，对住宅性能能够起到稳定的作用。这一系列的变化，直接受益的是广大消费者，而企业也会因质量的提高而获得更大市场、赢得更多利益。

2.3.8.2 经济效益

谈及预制装配式工业化住宅的经济效益，可以以其全生命周期成本作为一个基本衡量标准。纵观一个项目的全生命周期，其成本主要包括建造成本、使用成本和维护成本。与传统住宅相比，预制装配式钢筋混凝土结构体系在设计、构件制作、工程管理等方面复杂于常规项目，因此这些部分成本相对较高，其费用较传统项目约高出 15%～20%；而因工厂预制带来的构件质量及品质较高，从而大大降低了后期装饰及维护方面的成本。目前，根据部分项目的成本估测数据与标准接近的传统住宅项目进行比较可以得出：在建造过程中，预制装配式工业化住宅比传统住宅增加了约8%～10%；在后期使用维护过程中，预制装配式工业化住宅比传统住宅降低了近40%的费用；在此基础上，对全生命周期进行统计综合计算可以看到，工业化住宅成本较传统住宅下降约一个百分点。预制装配式钢筋混凝土结构体系工法的成本比较如表2.3-4。

预制装配式钢筋混凝土结构体系工法的成本比较表　　　　**表2.3-4**

	传统住宅（元/m^2）	工业化住宅（元/m^2）	工业化住宅/传统住宅
建造成本	5317	5821	1.09
购置费用	912	912	1
使用、维修成本	1168	736	0.63
大修费用	530	398	0.75
全生命周期成本	7927	7867	0.99

在建筑工业化的起步阶段，预制装配式工业化生产方式在前期投入阶段略高于传统建造方式，而在使用、维护阶段成本低于传统住宅；而随着产业链的日趋成熟完善，

在住宅的全生命周期评价过程中，工业化住宅的成本优势将会越来越明显地体现出来。

2.3.8.3　环境效益（节水、节地、节材、节能、环保）

住宅的产业化使能耗大幅减少，提升经济效益和生态效益的同时，减少施工用水量、混凝土损耗、钢材损耗，减少木材损耗、施工垃圾、装修垃圾，具有很高的环境效益。

2.3.9　小结

国内装配整体式混凝土结构住宅技术正在逐渐成熟和完善，其工业化的生产方式即将成为住宅产业化的主流发展方向。在推广普及的过程中，需要熟悉现有的新型结构体系，并结合国情和当地情况以及企业自身条件，充分学习、消化和吸收国内外先进技术并进行自主创新，不断地积累经验，灵活地加以运用。预制混凝土行业是一个看起来容易、做起来有难度的行业，在国内产业链还不成熟的情况下，既要避免盲目引进国外技术和产品，又要防止闭门造车、走不必要的弯路，同时应加强企业之间横向的联合，充分发挥现有的人才和资源优势，掌握好现有的技术，快速形成生产力。

多年来住宅产业化的发展瓶颈是结构体系的创新和发展，住宅产业化的核心是生产方式的变革，是先进生产力淘汰落后生产力的持续过程，需要社会各界齐心协力、持之以恒地加以努力。

2.4　钢结构住宅体系

2.4.1　钢结构住宅体系的发展历程

现代科学技术的高速发展，以及人们对住宅功能齐全、使用方便、居住舒适、安全节能、有益健康等方面的要求，使国内外钢结构住宅逐步替代木结构住宅及砖结构住宅，成

为住宅产业的一支新生力量。

2.4.1.1 国外钢结构住宅发展状况

日本作为世界上遭受地震袭击最多的国家之一，特别重视居住者的生命和财产安全，追求住宅良好的抗震性。在遭受1923年关东大地震后，日本政府痛下决心提高建筑物的抗震能力，于1924年就出台了世界上首部《建筑物抗震规范》，并对每栋建筑抗震性能进行了精确计算。尤其经历了1995年神户大地震，震中兵库县实施了“不死鸟”计划，要求建筑物遭受8级地震不倒；日本政府则提出了“零死亡”计划；中央防灾会议于2005年制定了《建筑物抗震化紧急对策方针》，建筑及其部品的抗震化率到2015年达到90%。因此，抗震性能卓越的钢结构、轻质材料等各种最先进的防震手段被广泛应用，并且所有老式建筑几乎全部采用X、K、Y等不同形状的钢结构框架进行加固。到20世纪90年代末，日本预制装配住宅中木结构占18%，混凝土结构占11%，钢结构占71%，其新建建筑大都采用了钢结构。2011年“3·11”特大地震，日本住宅建筑经受住了9级特大地震的严峻考验，钢结构住宅卓越的抗震性能再一次被事实所证实。

美国是最早采用钢框架结构建造住宅的国家和地区之一，越来越多的房屋开发商转而经营钢结构住宅。1965年轻钢结构在美国仅占建筑市场15%，1990年上升到53%，而1993年上升到68%，到2000年已经上升到75%。

在澳大利亚，钢框架住宅占全部住宅数量的30%。到2000年，这个比例达到50%。英国、德国、法国、意大利、芬兰等国都有本国成熟的钢结构住宅体系，钢结构住宅占有较大的市场份额。

在发达国家，尽管低层独立式住宅是居住建筑的主流，但是越来越多的多高层甚至超高层建筑也都采用钢结构住宅体系。

2.4.1.2 我国钢结构住宅发展状况

我国的国情是人多地少、资源缺乏，低层低密度的小住宅不可能成为中国住宅产业发展的主流，相比之下多、高层住宅有着更广阔的市场前景。

早在1999年，国务院办公厅《关于推进住宅产业现代化，提高住宅质量的若干意见》就提出要积极开发和推广使用钢结构住宅。1999年5月经国务院批准，建设部与当时的国家冶金工业局联合成立了建筑用钢技术协调组（后更名为“建筑用金属部际联席会议”），围绕推广钢结构开展了多方面的工作。2001年12月建设部颁布《钢结构住宅建筑产业化技术导则》，对钢结构住宅的建筑设计、结构设计、建筑设备、钢结构防护以及工厂化生产与施工安装等事项做出了原则性规定。2004年3月18日建设部发布的《关于推广应用新技术和限制、禁止使用落后技术的公告》，又把钢结构住宅体系列为住宅产业化领域的推广技术。2005年，建设部颁布《关于发展节能省地型住宅和公共建筑的指导意见》，明确树立了建筑节能节地节水节材的目标，成为新型钢结构住宅研究开发的新坐标。

近年来，各地已建成一大批钢结构住宅。从技术体系方面划分，大致有钢框架-混凝土核心筒（剪力墙）体系、钢—混凝土组合结构体系、框架体系、框架—支撑体系和轻钢龙骨（冷弯薄壁型钢）体系。如北京金宸公寓（12层）、亦庄开发区青年公寓（6层）、上海陆海城（23～25层）、中福城（18层）、天津丽苑小区（12层）、马钢光明新村（18层）、济南东方丽景（26层）、库尔勒钢结构住宅（9层）、武汉世纪家园（24层）、包头万郡大都城（33层）、乌鲁木齐巴哈尔路棚户区改造项目（26层）、杭州钱江世纪城公租房（40层138米超高层）以及众多低层独户式和联排式住宅等。

与此同时，我国钢结构住宅科研工作也在深入开展。自2001年以来，建设部先后分3批下达钢结构科研项目46项，围绕发展钢结构住宅的关键技术问题展开攻关。天津市承担的“现代中高层钢结构住宅体系研究”和“钢—混凝土组合结构住宅建筑体系研究”两项课题，在结构体系优选、抗震技术研究、节点连接试验、楼盖技术研究、外围护结构选用等方面取得了一系列成果，并围绕这两种体系建设了20万m^2的钢结构住宅试点工程。山东莱钢集团也一直致力于“H型钢钢结构建筑体系”课题研究。其他还有清华大学、湖南大学、同济大学、马钢、宝钢以及上海、济南、北京等地的设计院所也积极参与钢结构住宅的研究实践。

以杭萧钢构为代表的民营钢结构企业，多年来一直致力于推动钢结构住宅产业发展。在深入考察发达国家钢结构住宅的基础上，结合我国国情和住宅建筑的不足，就构件选型、三板体系（楼板、内墙板及外墙板）、生产组织及施工管理等方面进行了十余年的技术研究，并形成了独创性的整体解决方案——采用冷弯成型高频焊接矩形钢管混凝土柱、高频焊接H型钢梁、贯通式横隔板梁柱连接节点、钢筋桁架楼承板、整体式轻质灌浆内墙及整体式轻质灌浆节能外墙等，以及厚涂型防火涂料外包CCA板防火防腐措施等。先后承担了国家经贸委《高层建筑钢—混凝土组合结构开发与产业化》、住房和城乡建设《新型钢结构住宅体系的研发与产业化》等科研课题研究，并获得“钢结构住宅”国家发明专利及专利50多项，建成了国内首个具有自主知识产权和完整配套体系、年产1000万㎡钢结构住宅的“国家住宅产业化基地”，并成功进行了100多万平方米的工程实践。

在取得一系列科研成果的基础上，我国新型钢结构住宅体系的研发与产业化主要研究内容与钢结构住宅相关的技术标准制订工作得到了政府部门的高度重视。据统计，我国现行和正在积极制订中的用于建筑钢结构的各类技术标准共有90项，这些技术标准发布后，将为钢结构住宅在我国的普及敞开大门。

目前，我国采用钢结构住宅的比例还很少。据统计，我国目前住宅年竣工面积为12亿～14亿m^2，其中钢结构住宅的所占比例不足1％，而发达国家一般都在40％以上，两者相去甚远，但同时表明我国钢结构住宅具有广阔的发展空间。

2.4.2 钢结构住宅体系对于保障性住房的适用特点

为了解决中低收入家庭住房困难问题，党的十七大提出在经济发展的基础上，更加注重社会建设，着力保障和改善民生，提出了“住有所居”的目标，并倡导发展和消费“节能省地型住宅”，这为我国住宅建设发展指明了方向。

因此，保障性住房作为由各级政府主导的民生工程，其在规划、设计和建设中更要符合节能省地型住宅的要求，积极树立榜样，引导我国住宅建筑转变传统粗放式生产方式。积极采用工业化、社会化大规模生产的产业化方式建造保障性住房，通过产业生产方式，保证工程质量、缩短施工周期、降低建设成本、减少能源消耗、延长住宅寿命，实现保障性住房的可持续发展。

保障性住房中大规模推广运用钢结构住宅成套体系，具有显著的社会经济效益。其建筑构件大规模生产工厂化、现场整体装配机械化、配套部品系列化、职能设备系统集成化以及质量检测高科技化等，钢材可以重复利用，节能能源和保护生态环境，符合绿色低碳建筑的要求。

2.4.2.1 实现保障性住房建筑低碳环保、节能减排和可持续发展[1]

(1) 建设过程充分体系节能减排要求。

建筑钢结构保障性住房，其水泥、砂石等物料需求量和总运输量较钢混结构减少约50%，施工占地减少1/2以上，现场水电用量减少1/2~2/3，施工尘土和噪声降低30%以上，外运渣土量减少约50%，建造过程中钢结构住宅的CO_2综合排放量较传统钢混结构减少35%以上。由于采用具有自保温的轻质节能墙体，其保温性能为传统钢混结构的3倍，使用能耗降低约30%。

(2) 充分体现民生工程与转变经济增长方式的有机统一。

推行钢结构住宅，可大幅减少水泥、砂石、模板和脚手架等资源的消耗，有利于保护耕地、持续满足节能环保等诸多方面发展要求。按每年全国新建房屋20亿m^2的规模，如果15%采用钢结构体系，则每年可节约用水20万~30万吨、节约土地5万~6万亩、节约水泥40万~50万吨、节约标准煤500万~600万吨、减排二氧化碳1500~1800万吨。如果我国钢结构住宅市场份额增长10个百分点，每年减少的污水排放量相当于10个西湖水的总量，减少木材砍伐相当于9000ha森林，节约用电相当于葛洲坝水电站一个月的发电量。

(3) 建筑材料大多数可回收再利用。

目前，我国建筑垃圾已占到城市垃圾总量近四成，每年我国城镇所产生的建筑垃圾高达4亿t。而钢结构住宅改建和拆迁较为容易，其中70%的材料均可再利用，其建筑垃圾较钢混结构减少2/3以上，大大减少对环境的污染，减少资源消耗和温室气体排放。

2.4.2.2 提升保障房的安全性和舒适度

(1) 营造安全的家园，体现“建筑呵护生命”的第一要义。

自古以来，人类筑巢而居，正是出于安全的需要。而当今社会，地震灾害导致建筑物倒塌，造成人员伤亡和财产损失。

我国地震分布广、频率高、强度大、灾害重。自1900年以来，我国地震灾害致死人数达到55万人之多，占全球地震致死人数的53%，究其原因正是房屋倒塌造成了重大人员伤亡和财产损失。与此形成鲜明对照的是，墨西哥自1985年8.1级地震后，新修建筑物均被要求能够抵抗8级地震。因此，墨西哥2012年3月20日7.8级地震创造了“零死亡”奇迹。

据台湾对1999年9.21大地震房屋倒塌情况分析，钢筋混凝土结构倒塌高达52.5%，钢结构仅为0.6%。日本2011年3.21大地震中统计，因房屋倒塌造成的人员伤害微乎其微。因此，作为民生工程和居住人口密度较大的保障性住房，我们必须高度重视建筑物的抗震减灾能力，而钢结构住宅就是防震减灾的首选结构体系。

(2) 提升房屋品质和舒适度。

钢结构保障房由于柱截面小、墙体薄，可增大4%~10%的有效使用面积，有效提高房屋的利用率；由于采用具有自保温的复合墙体，无需额外的外墙保温措施，可规避外墙

[1] 姚兵《求真务实 科学严谨 做好钢结构住宅产业化的研究—姚兵同志在“2012年全国钢结构行业大会”上的讲话》，《中国建筑金属结构》杂志，总第353期2012年第5期第5页

保温材料耐火性能差和耐久性差导致的安全隐患。同时，复合墙体不结露，能提供干爽、舒适的生活空间等。

（3）钢结构住宅可按需进行功能改造。

钢结构保障性住房，由于采用大柱网、大跨度的框架结构体系，户内无承重墙，空间可变性较强。因此，可根据时代发展需要，灵活地实现建筑的功能再造与户型调整，从而更好地满足不同阶段住户的需要，充分发挥建筑的使用价值，延长建筑的使用年限。

2.4.2.3 树立住宅产业现代化典范，促进住宅建设转型升级

（1）缩短建设工期，实现快速交房目标。

钢结构住宅施工，多采用工厂化生产的预制部品构件、现场装配化施工，各项工序可立体交叉作业，较钢混结构施工工期缩短30%～50%。施工作业受天气和季节因素影响较少，可实现工厂化制作与安装平行进行，部分标准化住宅体系可随订货、随建造，全天候进行装配作业，大大缩短建造周期，可快速实现实物供应，有效改善民生。

（2）可降低建设成本。

尽管钢结构住宅用钢量略高于钢混结构，但混凝土用量减少1/2～2/3以上；非主材造价比钢混结构降低50%以上，人工费降低20%左右，建造有效使用面积增加4%～10%，地下停车位数量可增加10%～20%；钢结构住宅自重较钢混结构减轻30%～50%，桩基工程和基础造价减少30%，建设工期缩短，减少资金占用与利息支出等。

（3）可促进社会进步和带动相关产业发展。

在量大面广的保障性住房中推广运用钢结构住宅体系，可有效带动钢铁、机械制造、工业化设计、材料回收等一系列相关产业链的升级。改变房地产行业传统的、粗放的发展方式，减少对劳动力和资源的过度依赖，鼓励大量的建筑领域劳动力向技术密集型产业方向发展。通过培养、提高技能，形成有社会保障的产业工人，提高工人的薪酬待遇，有助于缓解建筑工地“用工荒”难题。

（4）扩大建筑用钢量将有效推动冶金行乃至整个国民经济。

我国是当今世界第一钢铁大国，据工信部公布数据显示，2011年粗钢产量达6.83亿吨，在钢铁企业库存不断增大、产能过剩矛盾日益突出的情况下，如果在保障性住房建设中有300～500万套采用钢结构住宅体系，每套建筑面积按照50m^{2}推算，总建筑面积将达1.5～2.5亿m^2，建筑用钢量可达1400～2400万吨。则将十分有利于拉动内需，带动相关产业的发展，并可以把钢铁资源存在住宅建筑产品之中，为钢铁企业寻找新的市场出路，为建筑业落实中央经济工作会议精神，培育新的可持续发展经济增长点。

2.4.3 钢结构住宅体系在保障性住房的应用

针对钢结构住宅的特点，需对保障性住房建筑平面布置、结构体系、构件选型及其相关配套产品的选用做相应设计考虑，以达到较佳的使用性能和经济指标，努力实现社会资源与环境的可持续发展。

以下就两个具有代表性的保障性住房项目作以介绍。

2.4.3.1 乌鲁木齐某棚户区改造工程13号楼

（1）工程概况：

该项目由浙江杭萧钢构股份有限公司承建，全套采用钢结构住宅产业化成套技术体系。工程位于乌鲁木齐沙依巴克区，为棚户区改造安置工程，地下一层、地上十八层，长51.38m，宽12.38m，标准层层高2.9m；总建筑面积11607.44m^2，其中地上建筑面积10994.20m^2，地下建筑面积613.24m^2。项目效果图如图2.4-1。

图2.4-1 乌鲁木齐某棚户区改造工程13号楼效果图

（2）结构体系和结构构件：本工程采用钢框架—支撑结构体系，支撑布置在外墙及分户墙等部位，尽量避开门窗。框架梁和次梁的布置以满足建筑要求为前提，避免出现在房间内，以免影响后期的室内装修及使用。

柱采用冷弯成形高频焊接矩形钢管混凝土柱，全线采用电脑控制，实现不停机连续高速生产，采用在线切头、对焊、组立、焊接、探伤检测、剪切、矫正等先进工艺。其相对于由四块钢板焊接而成的矩形钢管，该高频焊接矩形钢管柱仅有一条通长焊缝，焊接变形影响范围小，焊接质量稳定，材料损耗少。其产业化程度高，实现高速、标准化、大规模生产。

钢梁采用的高频焊接H型钢，其生产过程实现了全自动化，其产品质量不受人为因素影响，生产效率高，焊缝质量稳定。

梁柱连接节点采用直通横隔板式连接，相对于内隔板式连接节点，该节点避免了柱壁内外两侧施焊引起柱壁板变脆的缺陷，柱壁不会发生层状撕裂，从而提高了节点的延性性能，并提高建筑物的抗震性能。

楼盖采用钢筋桁架混凝土楼板，标准层楼板板厚120mm。钢筋桁架模板是将楼板中的钢筋在工厂利用专用设备加工成钢筋桁架，并将钢筋桁架与压型钢板焊接成一体的组合模板。

（3）相关配套产品：

针对乌鲁木齐的气候特点，选用保温隔热性能优良的墙体材料：

①墙体均采用CCA板灌浆墙。CCA板灌浆墙体以CCA板作为两侧面板，以轻钢龙骨作为骨架连接固定，中间填充泡沫混凝土及岩棉板。

②CCA板是以纤维素、水泥、砂、添加剂、水等物质为主要原料，经混合、成型、加压、蒸汽养护等工序而成，在特定高温水热环境中蒸压养护，生产稳定的托贝莫来石晶体和硬硅钙石晶体，其物理性能得到大幅提升，是100%不含石棉及其他有害物质的绿色环保板材。

③岩棉板的导热系数不低于0.04W/（m^2·K），其性能指标满足《建筑用岩棉、矿渣棉绝热制品》GB/T 19686—2005要求。由于岩棉本身属憎水材料，泡沫混凝土灌浆料具有较好的保水性，而且在泡沫混凝土和岩棉板之间加设塑料薄膜隔汽层，因此不会造成施工水分渗入岩棉的现象。

④外墙采用CCA板夹芯灌浆墙体，墙厚为272mm，龙骨腹板中部进行开孔。经计算，墙体传热系数为0.359 W/(m^2·K)。内墙采用CCA板灌浆墙体。其中，有防火及隔声要求的分户墙、楼电梯间墙墙厚为166mm，隔声量为46db，耐火极限＞3小时；用于住宅套内分室墙厚度为91mm，耐火极限3小时，满足房间隔墙耐火极限大于0.75小时的要求。

⑤为减小轻钢龙骨处热桥带来的不利影响，外墙龙骨腹板中部开八排孔。由于龙骨开孔，龙骨传热断面减小，热流传递路径加长，降低了龙骨处热桥的不利影响。

⑥钢柱、钢梁等结构性热桥部位采用厚涂型防火材料、岩棉板、CCA板进行保温处理后，钢柱、钢梁热桥部位的传热阻分别为2.832 (m^2·K)/W 、3.408 (m^2·K)/W，满足规范最小传热阻需达到1.584(m^2·K)/W的要求。同时经计算，墙体平均传热系数传热系数K=0.359W/(m^2·K)，符合乌鲁木齐居住建筑外墙传热系数不大于0.39W/(m^2·K)的规定，满足乌鲁木齐新建居住建筑节能65%的要求。同时，与原方案200mm厚现浇混凝土墙以及梁、柱、楼板外贴90mm厚XPS板的保温性能相当。

（4）本工程特点分析：

①本工程建设地点乌鲁木齐抗震设防烈度为8度，为高烈度区，结构体系选用抗震性能优良的全钢结构；同时，采用新型轻质墙体减轻建筑自重，降低地震作用，从而达到减轻地震灾害，保证人民生命财产安全的目的。

②建设地点与构件加工工厂距离较远，构件运输距离超过3800km，本工程在设计中充分考虑了构件运输长度，加之构件类型均为矩形管和H型钢，易于安排装车运输，因此运输成本得到了较好控制。

③乌鲁木齐气候独特，对建筑产品的保温隔热有较高的要求，本工程采用与钢结构配套的CCA板新型轻质墙体等材料有效地解决了该问题。由于CCA板灌浆墙具有轻质、保温、隔热，隔声、防火、防潮（水）等优点，所以较薄的墙体就能满足使用要求，由此也增加了房间套内使用面积。不同墙体套内使用面积对比如表2.4-1。

采用不同墙体套内使用面积对比表　　表 2.4-1

楼　　号	采用墙体类别	单元套内使用面积合计（m^2）
13 号楼	CCA 板灌浆墙	299.08
	加气混凝土砌块墙	281.48
	增加使用面积	6.25%

由上表可知，采用 CCA 板灌浆墙比原设计采用的加气混凝土砌块墙套内使用面积可增加约 6.25%。

④通过采用以上钢结构技术及产品，本工程±0.000 标高以上自重为 181928.5kN〈含折减后的活载〉，折合到单位建筑面积上分别为 11.10kN/m^2，而传统混凝土结构单方自重约为 14～17kN/m^2，可见采用钢结构可减轻重量约 26.1%～53.1%。减少了地震作用，同时也减小了桩基的直径，节省材料用量。

2.4.3.2 杭州钱江世纪城公租房 16 号楼

（1）工程概况

该项目由杭萧钢构承建，全套采用了钢结构住宅产业化成套体系。位于杭州钱江世纪城，为钱江世纪城人才专项用房一期项目，为超高层住宅，地下三层、地上四十层，标准层层高 3m。本工程总建筑面积 92795.2m^2，其中地上建筑面积 69982.6m^2，地下建筑面积 22812.6m^2。剖面图、效果图如图 2.4-2、图 2.4-3。

（2）结构体系和结构构件

本工程采用钢框架—核心筒结构体系。边柱距核心筒距离较远，为 12m 左右，因此采用钢梁优势比较明显，特别是设备管线可以穿过钢梁腹板预留的洞口，在保证楼层净空的同时有效降低建筑层高。

柱采用的矩形钢管为高频焊接钢管，标准层钢柱截面边厂为 700～800mm。

钢梁采用高频焊接 H 型钢。

梁柱连接节点采用直通横隔板式连接。

楼盖采用钢筋桁架混凝土楼板，标准层楼板板厚 120mm。

（3）相关配套产品

墙体均采用 CCA 板灌浆墙。外墙 250mm 厚，住宅内分户墙 75mm 厚。

（4）本工程特点分析

本工程为钢结构住宅体系在超高层小户型住宅项目上的应用，由于无套内承重墙体，钢结构带来的布局灵活在这种小户型住宅中体现得尤为突出。矩形钢管混凝土柱断面小，CCA 板灌浆墙较薄，住宅有效使用面积较传统形式住宅增加 5%左右，特别是地下车库排布数量较之混凝土结构增加 15%。

2.4.4 钢结构住宅体系的效益分析

钢结构住宅与传统钢筋混凝土结构的综合经济效益对比分析，我们从钢结构住宅建设工期缩短、有效使用面积增加、自重减轻导致的地基成本降低、外墙保温节能措施免除等收益角度进行直接对比。

2.4.4.1 对比分析

下面，我们以某钢结构住宅小区 5 号、7 号楼组团为研究对象，对钢结构和混凝土结构两种方案进行了对比，具体见表 2.4-2。

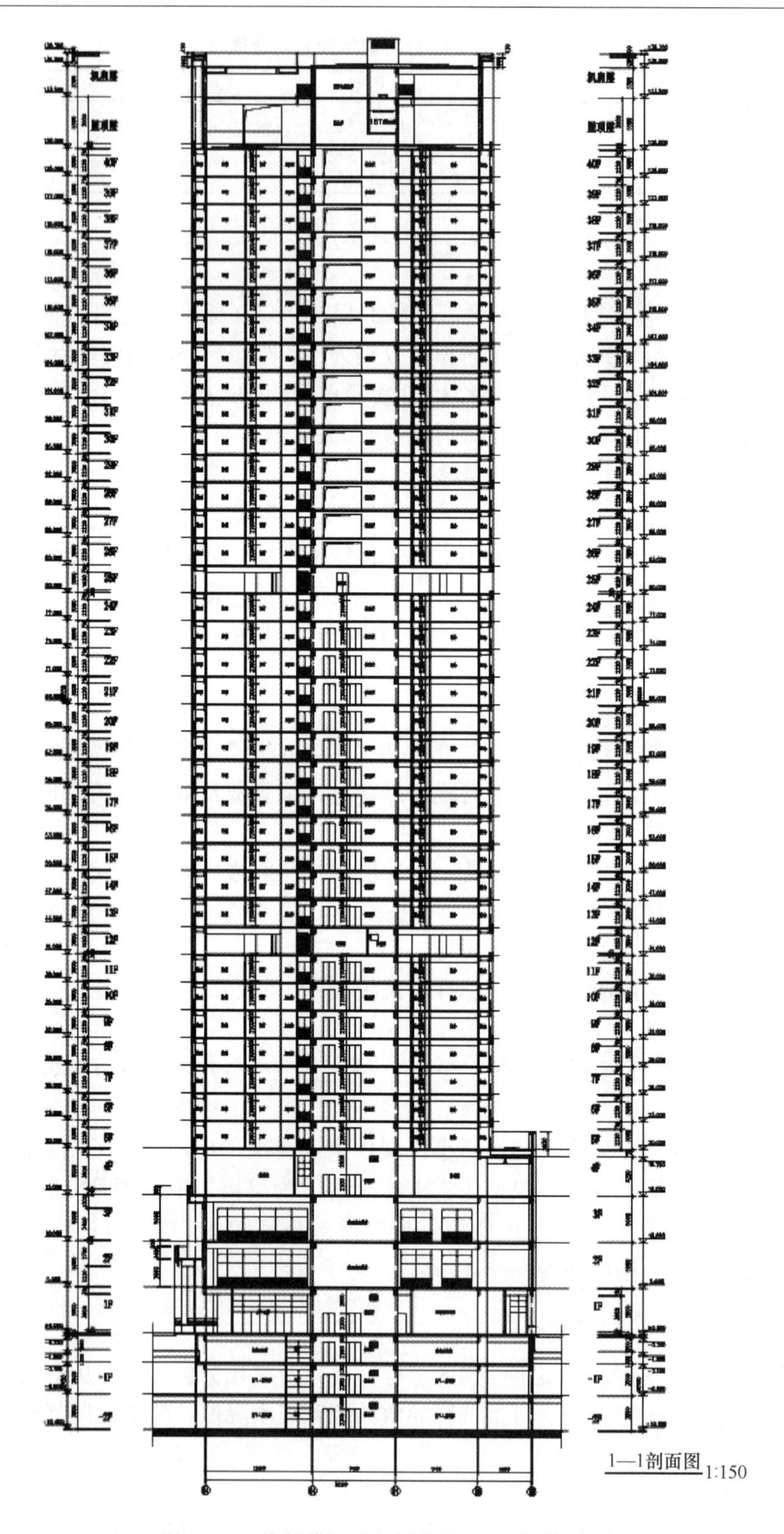

图 2.4-2　杭州钱江世纪城公租房 16 号楼剖面图

图 2.4-3 杭州钱江世纪城公租房 16 号楼效果图

两种结构对比 **表 2.4-2**

结构形式	钢结构（实际施工）	全混凝土结构（对比方案）*
层数	地下室 1 层，地上：5 号楼 24 层，7 号楼 23 层	
建造年份	2006～2007 年	
工期（日）	203	308*
结构体系	钢框架—混凝土核心筒	短肢剪力墙
剪力墙厚度（mm）	200～250	200～250
柱截面尺寸（mm）	350×350×8～14	独立柱 400×400

续表

结构形式		钢结构（实际施工）	全混凝土结构（对比方案）*
梁截面尺寸（mm）		H400×120～180	350～570×200
楼板		钢筋桁架混凝土现浇板、普通现浇板，厚度120mm为主	普通现浇板，厚度以100mm，120mm为主
基础形式		均采用先张法预应力管桩基础	
总建筑面积（m^2）		总建筑面积44805，其中地上部分39444，地下部分5361	
主要材料消耗用量	混凝土（m^3）	15592.45	24290.542
	水泥（t）	1239.8	1377.66
	砂（t）	1764.72	3444.2
	碎石（t）	1444.64	3100.8
	钢筋（t）	1798.47	3607.45
	型钢（t）	1985.93	0
	砖（t）	219.7	859
	混凝土砌块（t）	383.65	4053.9
	EPS材料（t）	5.92	10.8
	CCA板（m^2）	90188	0

*：混凝土方案是为对比需要专门进行设计的，其工期是参照当地以及国内其他地区相似规模住宅建筑的施工周期确定的。

从以上数据可以看出，钢结构住宅体系施工速度快，并且钢结构的钢材全部可以循环再生利用，因此建造钢结构住宅单位面积的能源消耗比混凝土建筑下降达18.6%，单位面积的CO_2排放量较混凝土方案降低约30%，较钢筋混凝土结构可直接减少约37.38%的矿物和天然资源。

2.4.4.2　经济效益

对于开发企业而言，钢结构住宅也将带来直接经济效益，主要包括：

施工工期缩短对成本的影响。

由于钢构件实现了生产线连续化加工制作，减少了现场工作量，且可以实现不同分项工程的立体交叉作业，因而可以使施工周期缩短34.09%。

两种结构体系施工速度的比较见表2.4-3。

施工速度比较　　　　**表2.4-3**

结构体系	钢结构	钢筋混凝土结构
有效施工周期（日）	203	308
相对提前工期（%）	34.09	0

施工周期的缩短，将减少资金占用、降低银行利息成本。假设贷款6000万，按照年利率6%（未考虑在基准利率基础上上浮）计算，开发企业可获得的收益见表2.4-4。同时，由于施工周期的缩短，还可以节省数额可观的扰民费和项目管理费用等，并实现提前交房。

利 息 节 约 **表 2.4-4**

结构体系	钢结构	钢筋混凝土结构
提前工期（日）	105	0
计算公式	6000×6%×105/365	0
利息节约（万元）	103.56	0

2.4.4.3 自重减轻对成本的影响

主体结构不同，基础的费用也不同，见表 2.4-5。

基 础 费 用 比 较 **表 2.4-5**

结构体系	钢 结 构	钢筋混凝土结构
基础形式	均采用先张法预应力管桩基础	
基础造价（万元）	273	383.4
单方基础造价（元/m^2）	509.23	715.17
相对节省的基础费用（元/m^2）	205.94	0

注：仅计入桩基造价，不包含土方开挖、地下室底板浇注等项目。

两种体系中，钢筋混凝土结构基础造价较高，而钢结构由于混凝土用量大幅度减少，建筑自重显著减轻，从而节省基础造价。尤其在我国地表承载力不高的东南沿海地区，以及地震高烈度设防地区，钢结构基础造价差异会更加悬殊。

2.4.4.4 使用面积增加的影响

由于钢材强度高，当荷载相同时，可跨越混凝土结构无法实现的跨度，同时梁柱截面小、占用面积小并且复合墙体较薄，因而套内使用面积增大。

若按套内建筑面积计价，并以每平方米直接造价 2000 元计算，则在相同的套内总建筑面积的情况下，开发商可以减少投资的收益见表 2.4-6。

使用面积增加的收益 **表 2.4-6**

结构体系	钢结构	钢筋混凝土结构
面积利用率	80.80%	75.67%
可增加的面积率	5.13%	0
可增加的面积（m^2）	2298.50	0
减少投资的金额（万元）	459.70	0

当然，这在小户型保障性住房中，套内有效使用面积增加尤为重要，使住户成为真正的直接受益者，充分体现党和国家关注民生工程和民心工程的精神。

2.4.4.5 外墙保温措施费用

按照现行建筑节能 65%的要求，钢结构住宅因采用 CCA 整体轻质灌浆节能外墙，其具有良好的保温节能效果，不需要额外的保温措施即可达到节能要求。

而钢筋混凝土结构需采取外墙保温措施。若按外墙总面积约 13500m^2，以华中地区保温措施综合费用约为 150 元/m^2 计，则外墙保温综合费用为：13500m^2 × 150 元/m^2 = 202.5 万元。在我国北方严寒地区，其成本还将有更大幅度地增加。

2.4.4.6 开发企业的综合经济效益分析

通过以上分析，可进一步算出两种不同结构体系在建筑面积相同的情况下，按照套内有效使用面积计价时的综合经济效益，见表2.4-7。

开发企业的综合经济效益 表2.4-7

结构体系	钢 结 构	钢筋混凝土结构
利息节约（万元）	103.56	0
增加面积减少投资的金额（万元）	459.70	0
节省基础费用（万元）	110.4	0
外墙保温措施费（万元）	0	202.5
相对总收益（万元）	876.16	0
单位面积收益（元/m²）	195.55	0

注：地下停车位增加10%～15%的经济价值未做单独核算。我们还可以从钢结构建筑的抗震减灾性能的大幅提升、全寿命周期钢材可回收再利用的价值、施工过程中对环境的有效保护，以及建筑在后期运行中能源消耗大幅减少等角度进行进一步的研究分析，钢结构住宅还有更多的社会、经济和环境效益。

2.5 其他体系类型

2.5.1 模块化轻钢结构体系

2.5.1.1 模块化轻钢结构体系简介

建筑的模块化体系是以“模块单元体”为基本工厂化预组装部品，在工厂内制造并组装成型，然后整体运输到建设现场，以吊装的方式拼装成整个房子的建筑交付模式。一个模块单元体既可以是一整个房间或若干个房间，也可以是组成一个大房间的局部。模块单元体在项目现场互相拼接，最终形成完整的建筑。模块化轻钢结构体系示意图如图2.5-1。

轻钢结构框架是组成模块单元体不可或缺的部分。钢结构凭借其强度高、耐久性好、重量轻以及尺寸稳定的特点，成为单元体的内部骨架结构，其外部可以附着其他建筑材料作为围护结构以及表面装修或装饰。结构框架必须稳定和牢固，以使得产品在运输过程和吊装过程中，房间内设施和装修免遭破坏。

2.5.1.2 模块化轻钢结构体系结构体系特点

模块化轻钢结构体系主要实现两个目的：一是满足作为完整的建筑结构，所要达到的规范和使用方面的要求；二是组成单个模块单元体的局部结构，要满足自身结构整体性，以及在运输、吊装过程中的牢固性和稳定性。

（1）材料使用。模块化轻钢结构体系采用普遍使用的Q235或Q345等级的钢材，局部结构构件也可以使用其他等级的钢材。模块化轻钢结构体系的围护结构主要以板材为主，并配合保温隔声材料等构成复合墙板或楼板，其材料的选用通常受经济性和设计规范的影响。

（2）结构形式。模块一般采用框架结构，以实现内部空间的自由划分和灵活的墙体门窗洞口布置。

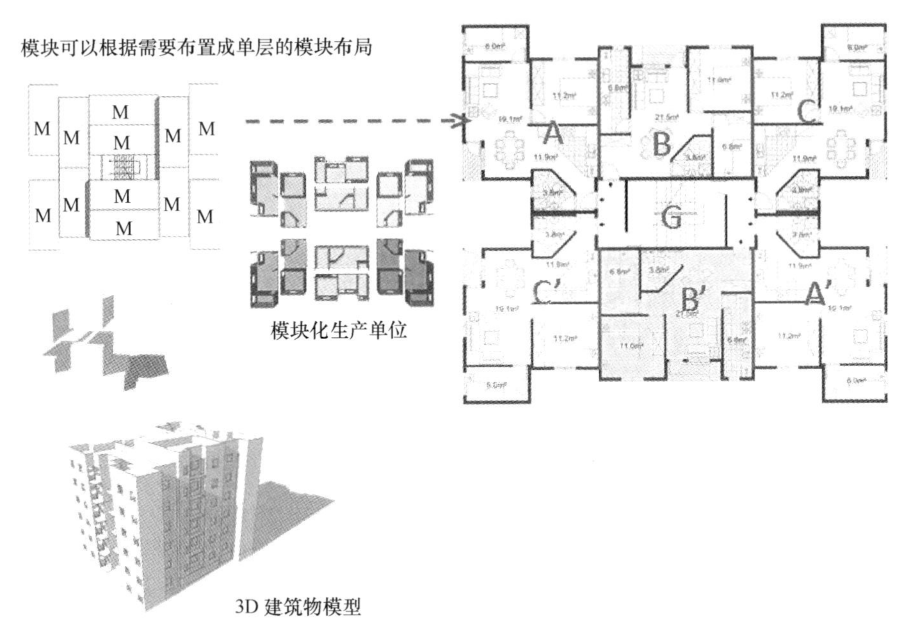

图 2.5-1　模块化轻钢结构体系示意图

(3) 力学形式。结构体系的稳定性是通过相邻模块的对角和垂直的支撑系统所提供。该系统由屋顶和基础之间的交叉支撑钢板形成，从而将来自风荷载、地震力等水平力作用传递到基础上。

(4) 连接方式。相邻模块采用结构螺栓连接。模块结构与基础的连接一般采用预埋螺栓的形式。

(5) 尺寸要求。单个模块单元体的尺寸通常受运输的条件和经济性影响，通常单个的平面尺寸控制在 4m 宽 12m 长的范围内。

(6) 构成形式。单元体可以是四面围合的独立房间，也可以是半敞开式的，若干个模块组成一个大房间的形式。所有模块单元体均可按照永久性、半永久性建筑的建筑规范要求进行设计和安装，同时也能够满足拆卸异地重新安装或重复利用的需求。

(7) 生产组装。作为整体的模块化单元，其内部的水电管网都可以在工厂内连接成整体完备的系统，房间内的楼板、墙面、天花板等装修装饰也能在工厂内施工完成。

(8) 辅助要求。由于轻钢结构自重轻，相比钢筋混凝土结构的建筑所需的基础埋深可以更浅，条形基础或桩基础都适用于模块化结构体系。

轻钢结构模块体系一般适合建造低层或多层民用建筑，针对中高层建筑，模块生产方式可以在工厂内组装完成建筑内复杂的部分，例如卫生间厕所、设备间等。此类模块单元可以是非主体结构承重构件，只需要满足自身结构稳定性和运输吊装过程中的牢固性，它跟传统建造方式结合，附着在多层或高层承重结构中，既保证了该部件的质量，同时也减少了现场复杂工作。

2.5.1.3　模块化轻钢结构体系在保障房建设中的优势

模块化建造方式的驱动力主要体现在四个方面：

(1) 实现快速交付。

模块化建造方式能够实现规模经济，针对需要大批量生产的、平面布局进行模块化设计与分割的、并且同一种类型需求量很大的建筑项目，能够在生产线重复性生产加工，单元成本降低。同时，工厂化预制将包括结构、围护、管道设施、装修等一次性安装到位，不需要进行现场的二次装修或施工。在现场进行结构连接与连接处覆盖之后，可以直接交钥匙入住使用。

（2）工厂生产条件下对产品质量的保障。

模块化单元以及房间中的关键部件和服务设施能够在工厂流水线中组装完成，工业化的质量管理体系，以及室内可控的施工建造条件，能更好地确保房屋的质量和性能。轻钢结构由于其利于加工性、精度可控性以及连接方便等特点，更利于这种体系的应用。

（3）节省投资。

在保障建筑质量的前提下，提高建造速度，是模块化建造方式在大批量建设项目中的突出优势。一般来估算，模块化轻钢结构体系要比传统钢筋混凝土体系节约整体项目周期30%～50%。交付速度的提高，能够提高项目资金的流动性，减轻项目资金压力，并且能够快速扩建。而质量和耐久性的提高，有助于减少后期维护成本和质量投诉。

模块化轻钢结构产品的预制构件和部品通常都是在分散的各个工厂进行生产和组装的，不受项目本身场地条件的限制，现场的施工工作内容较少，从而能减少现场的施工设施配置与投入。

（4）更加环保和具有可持续性。

通常建筑施工现场总被认为是脏乱和扰民的场地，影响周边现有居民的生活和交通出行。尤其项目是分期建设、分批入住的情况下，也希望能减少对先期完工和入住居民的施工影响。模块化轻钢结构现场施工的简单性和快速性，缩短的现场工作周期，以及大量减少的现场废水、废气以及噪声等，都对整体项目施工的环境影响作出积极贡献。

2.5.2　PK预应力混凝土叠合板楼（屋）盖结构体系

2.5.2.1　混凝土叠合板的发展历程

混凝土叠合板是由预制混凝土薄板与后浇混凝土叠合而成，预制混凝土薄板在施工阶段承受施工荷载与楼板自重，兼做楼板模板；在使用阶段，与后浇混凝土叠合层形成整体、共同承受设计荷载，满足结构与抗震要求。与普通现浇混凝土相比，可节省模板，缩短施工工期；与预制空心板比较，整体性好，抗震性能强。

国外从20世纪40年代开始，将钢筋混凝土叠合结构用于房屋建筑中，20世纪50年代后，混凝土叠合结构在建筑上的应用得到较大发展，如波兰采用一种称为DMSZ式叠合楼面，英国采用“什塔尔唐”叠合楼面、“比藏”式预应力扳（即预应力混凝土薄板）以及MyKo式楼面。20世纪60年代初期，前苏联用预应力薄板制作混凝土叠合式装配整体楼盖，并成功地应用在前苏联南方地区的抗震结构上；20世纪70年代法国和德国也开始广泛采用预应力薄板制作混凝土叠合式装配整体楼盖。近年来日本除开发半预制结构体系外，还在工业厂房、公共建筑和多高层建筑的楼盖中采用多种形式的PC叠合板。20世纪70年代以后，世界发达国家混凝土叠合式整体结构向构件定型化、结构体系化发展，并在工程实践中取得明显了经济效益和社会效益。

混凝土叠合结构在我国工业和民用建筑的应用开始于20世纪50年代末，1957年开始生产预应力棒、预应力板和双层空心板等装配式构件，并应用于民用建筑上。1961年同济大学研制了一种装配式密肋楼盖，预制部分为工字形小梁和薄板，面层现浇混凝土，经过试验，预制部分和现浇部分能很好地共同工作，是一种较好的楼面结构形式。到了20世纪70年代，民用建筑中预应力混凝土预制小梁和现浇板相结合的混凝土叠合楼面得到广泛发展，先后在天津、浙江、广东建造了一批采用装配整体式结构的房屋，经济效益较好，并且在国家标准《钢筋混凝土结构设计规范》TJ 10—74中列入了有关叠合构件设计方法的条款。期间，中国建筑科学研究院等单位试验成功用冷拔低碳钢绞线生产预应力混凝土叠合楼板，为这种结构扩大了应用范围。1975年浙江省标准设计站出版了预应力混凝土预制小梁与现浇板叠合的屋面图集。自20世纪80年代起，叠合结构开始应用于高层建筑楼盖中，如北京国际大厦、西苑饭店、武汉金源超界中心、梅地亚中心等20多栋建筑[1][2]。

预应力混凝土实心平板为不带肋预制板件，在运输及施工中易折断，预应力反拱度难以控制，施工过程中需设置支撑、施工工艺复杂。现行国家标准《叠合板用预应力混凝土底板》GB/T 16727—2007、国家建筑标准设计图集《预应力混凝土叠合板》06SG439—1中叠合板的预制部分均为平板，施工时需设置支撑，不宜双向配筋，自重大，降低了这种结构的经济效果，影响了其推广使用。为此，近年来中国学者在预制实心平板的基础上，针对预制板件的结构形式作了大量的创新研究，主要形式有：预应力混凝土实心平板、预制键槽形混凝土芯板、预制单矩形肋部分叠合混凝土底板、预制双矩形肋混凝土底板、预制单T形肋混凝土底板、预制双T肋混凝土底板、预制夹心混凝土底板、预制空腹混凝土底板、自承式钢筋桁架混凝土底板、预制波形底板等。同时期国外的研究主要集中于新型材料在叠合板中的应用及不同材料的组合，如：纤维增强复合材料混凝土叠合板、纤维增强水泥混凝土叠合板、活性粉末混凝土叠合板、复合砂浆钢丝网混凝土叠合板、钢纤维混凝土叠合板、轻骨料混凝土叠合板、压型钢板—混凝土叠合板、橡胶集料混凝土叠合板、木—混凝土叠合板及竹—混凝土叠合板等。

中国学者将预制混凝土实心平板改进为带肋的薄板，提高了薄板的刚度和承载力，增加了薄板与叠合层的粘结力，且可将底板变得更薄，减轻自重。但由于只能单向配筋，垂直于底板板长方向的抗裂性仍然不好，且荷载采用单向板传力模式，计算模型仍不合理。吴方伯等提出以预制预应力混凝土矩形带肋薄板为永久模板（以下简称“PK板”）[3]，如图2.5-2所示，在板肋预留矩形孔洞中布设横向穿孔钢筋及在底板拼缝处布置折线形抗裂钢筋，再浇筑混凝土叠合层形成预制带肋薄板混凝土叠合板，如图2.5-3所示。

2.5.2.2 PK板叠合板对于保障性住房的适用特点

由山东万斯达集团有限公司生产的PK预应力混凝土叠合板是在混凝土薄板上设置带孔的矩形或T形肋，再浇筑混凝土叠合层形成的整体叠合板。按板肋形状，PK板可分为

---

[1] 吴学辉，预应力混凝土叠合板刚度非线性有限元分析及挠度计算，天津大学硕士学位论文，2007

[2] 刘轶，自承式钢筋桁架混凝土叠合板性能研究，浙江大学硕士学位论文，2006

[3] 吴方伯，黄海林，陈伟，周绪红，预制带肋薄板混凝土叠合板件受力性能试验研究，土木建筑与环境工程，2011，33（4）：7-12

两种，即T形肋截面及矩形肋截面，如图2.5-4、图2.5-5所示。

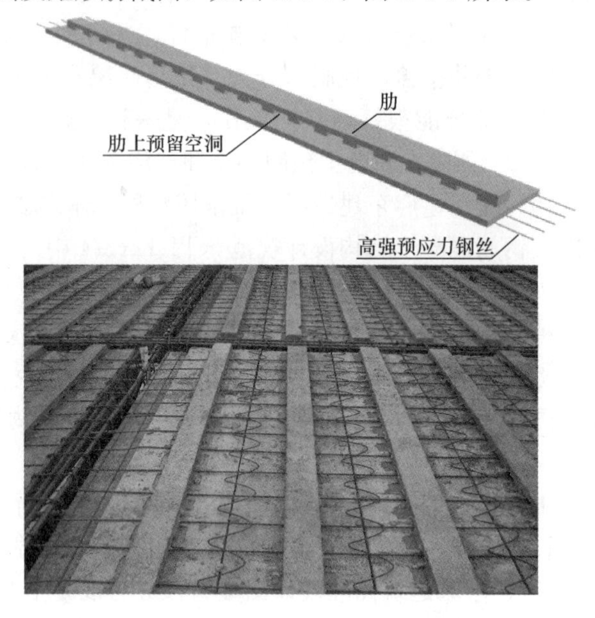

图2.5-2　PK预应力混凝土矩形带肋薄板

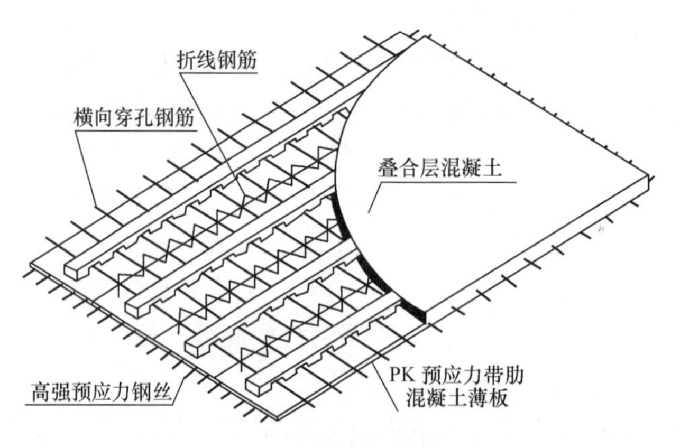

图2.5-3　PK预应力混凝土叠合板

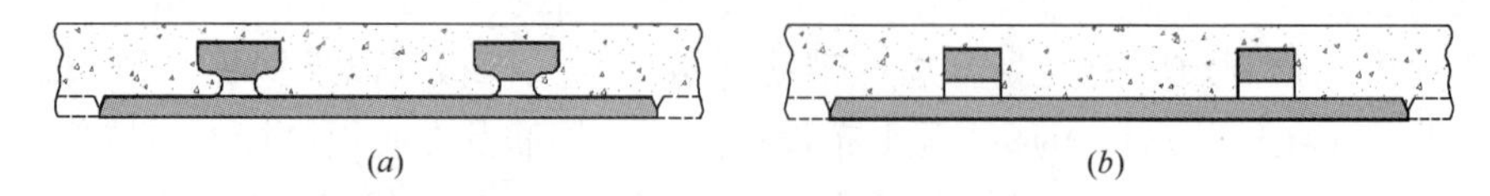

图2.5-4　PK板种类

(a) 双T形肋截面带肋叠合板；(b) 双矩形肋截面带肋叠合板

新型PK预应力混凝土叠合板的主要优点如下：

(1) 适用性强。PK叠合板的标志宽度以1000mm为主，辅以400mm、500mm宽度；跨度为2.1～6.6m，涵盖了一般建筑中的所有跨度；预制薄板厚度（30mm）可根据受力及构造需要进行调整，设计时可灵活选用；除预制跌肋薄板自重与叠合层自重外，其上的可变荷载可为2.0～10.0kN/m^2，能够满足多种建筑功能需要。

(2) 抗弯承载力高。PK叠合板每500mm加一条T形或矩形肋，使其整体抗弯刚度

(*a*)

(*b*)

(*c*)

(*d*)

图 2.5-5 山东万斯达集团有限公司的 PK 板生产及现场安装

(*a*) 混凝土下料机；(*b*) 预应力钢丝梳理机；(*c*) PK 板生产线；(*d*) PK 板施工现场

大大提高，如 4040mm 跨度的 PK 板极限抗弯承载力达到了 $11kN/m^2$。

(3) 新旧混凝土结合最佳，性能最优。PK 板 T 形肋或矩形肋上预留的孔洞在浇筑上部叠合层混凝土时可形成销栓作用，增加了新旧混凝土的接触面积和握裹力，使 PK 板与现浇混凝土叠合层形成完美的受力整体。另外，PK 板是在工厂内预制生产的，混凝土的徐变收缩已经完成了一部分，叠合层的混凝土现场浇筑，当叠合层的混凝土产生收缩徐变时，使其与 PK 板的结合力更好，从而有效地避免了现浇混凝土容易开裂的质量通病。

(4) 可按双向混凝土板设计。PK 板 T 形肋或矩形肋留有孔洞，横向非预应力钢筋可穿过孔洞布置，按双向混凝土现浇板进行结构设计，横向钢筋的保护层厚度为 30mm（即薄板厚度）。

(5) 经济效益高。PK 板的薄板仅有 30mm，而目前国内同类产品均在 70mm 左右，因此，可极大地减少预制混凝土楼板重量，降低运输与安装成本。另外，PK 板预应力钢筋采用消除应力螺旋肋钢丝（$\Phi^{H}4.8$），构造钢筋采用 HRB400 级钢筋，可以节约楼板钢材 10%～20%，从而降低楼板成本。

这种新型带 T 形肋或矩形肋的预应力混凝土叠合楼盖体系具有工厂化制作，规模化生产，大量节省人工，施工速度较快，建筑质量可控性高，并能大量节约脚手架、模板，降低噪声污染，减少建筑垃圾等优点，经济效益显著[1]。

保障性住房包括租赁房与限价商品房，在结构设计方面除须满足国家相关规范要求外，还应具有经济性和施工快速的特点。考虑到国内土地供应紧张，保障性住房一般为高层建筑，目前常用的结构体系主要为混凝土结构，普通现浇混凝土楼板和屋面板；但随着住宅产业化及装配式住宅技术的发展，钢结构和钢—混凝土组合结构在保障性住房中的应用会越来越普遍。将PK预应力混凝土叠合板用做保障性住房的楼板和屋面板，则完全满足经济性、施工周期短和实用的要求。

2.5.2.3　PK板叠合板在保障性住房的应用

为了指导PK预应力混凝土叠合板在保障性住房的工程设计、施工与验收，国家出台了行业技术规程《预制带肋底板混凝土叠合楼板技术规程》JGJ/T 258—2011，山东省推出了标准图集《PK预应力混凝土叠合板》L10SG408。以下就PK预应力混凝土叠合板在混凝土结构和钢结构保障性住房中的应用做简单介绍。

首先，PK板叠合板的设计要满足制作阶段、施工阶段和使用阶段的不同要求，如图2.5-6所示，应对PK板及浇筑叠合层混凝土后的叠合板按二阶段受力分别进行计算，施工阶段的可变荷载可按实际情况确定；其次，PK板叠合板在短暂设计状况、持久设计状况下均应按承载能力极限状态进行计算，并应对正常使用极限状态进行验算；最后，PK板叠合板应满足相应的构造措施及抗震要求。

2.5.2.4　PK板叠合板工法的效益分析

PK预应力混凝土叠合板的工法如图2.5-7所示。

从上图可以看出，与现浇钢筋混凝土楼板相比，PK预应力混凝土叠合板省去了脚手架和模板，大部分工作在工厂预制完成，因此，施工质量高、工期短、人工费用少，符合保障性住房快速、经济、实用的要求。

PK预应力混凝土叠合板与普通现浇混凝土板的效益比较如表2.5-1所示。

PK预应力混凝土叠合板与现浇楼板的技术与经济比较　　表2.5-1

板型 / 指标	普通现浇混凝土楼板	PK预应力混凝土叠合楼板	备　注
产业化程度	低	高	
整 体 性	好	好	
抗 裂 性	一般	好	
楼盖自重	重	重	两者相同
模板与脚手架	多	无模板，脚手架减少70%	
钢材用量	多	节约15%～20%	
工 期	较长	约缩短1/3	
人 工	多	约减少30%	
工程造价	高	约降低5%～10%	
社会效益	一般	节能、污染少	

[1] 陈璐，吕忠珑，侯和涛，张波，王怀德，钢结构住宅预应力混凝土叠合板（PK板）现场抗弯性能研究，钢结构，2012，27（156）：6-9

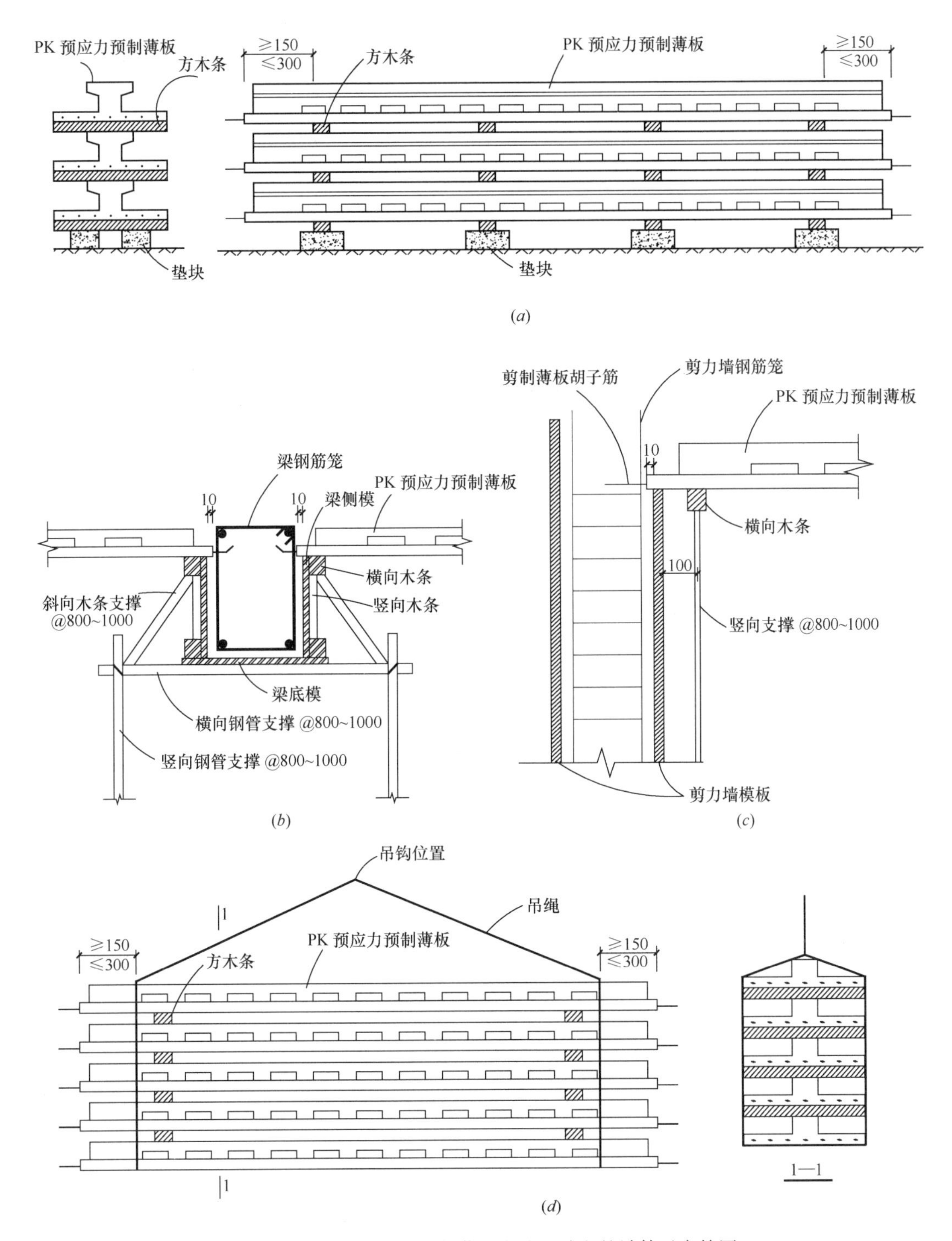

图 2.5-6 PK 预应力预制薄板在施工阶段的计算示意简图

(*a*) PK 预应力预制薄板施工现场堆放示意图；(*b*) 梁边 PK 预应力预制薄板支撑示意图；(*c*) 墙（柱）边 PK 预应力预制薄板支撑示意图；(*d*) PK 预应力预制薄板吊装示意图

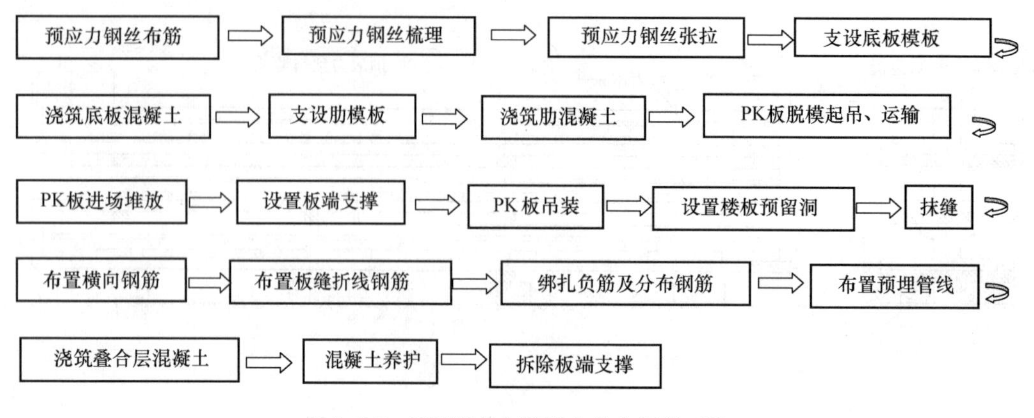

图2.5-7　PK预应力混凝土叠合板的工法

（第2章　保障性住房建筑与结构体系产业化成套技术，参与编写和修改的人员有：
深圳市人居环境委员会：尹德潜、岑岩、邓文敏
济南市住宅产业化发展中心：王全良、李建海、张伟
江苏省住房和城乡建设厅住宅与房地产业促进中心：徐盛发、王双军、胡伟朵
浙江杭萧钢构股份有限公司：郭庆、李文斌
上海城建集团：胡伟、段创峰
万斯达集团：张波
山东大学土建与水利学院：侯和涛
毅德寰宇有限公司：Karl Dixon、虞向科
深圳市现代营造科技有限公司：谷明旺
山东建筑大学市政与环境工程学院：张克峰
山东建筑大学建筑城规学院：杨倩苗
江苏省建筑设计研究院：李玉虎
江苏新城地产股份有限公司：高宏杰）

第3章　保障性住房建筑围护结构产业化成套技术

3.1　建筑围护概述

建筑围护是指围合建筑空间，抵御环境不利影响的构配件，主要包括墙体、门、窗、屋顶等。建筑围护的设计是否合理对建筑耗能、环境性能、室内空气质量与用户所处的视觉和热舒适环境有很大的影响。有资料表明，提高围护结构保温隔热性能所增加的投资，完全可以由节省的能源费用来补偿，一般情况下改善维护结构节能性能所增加的费用仅为总投资的3%～8%，而节约的能源可达20%～40%[❶]。

根据在建筑物中的位置不同，建筑围护结构可以分为外围护结构和内围护结构。外围护结构包括外墙（结构与保温）、屋面、外门窗等，用以围合空间、抵御风雨、温度变化、太阳辐射等；内围护结构如隔墙、楼板和内门窗等，起分隔室内空间的作用。建筑围护结构除应满足建筑的承重、抗震等力学性能外，还应具有保温、隔热、隔声、防水、防潮、耐火、耐久等性能。

保障性住房建筑围护结构产业化成套技术主要包括外墙产业化技术、节能门窗产业化技术、屋面产业化技术和轻质内隔墙产业化技术。

3.2　外墙产业化成套技术

3.2.1　发展现状与趋势

我国既有住宅多为钢筋混凝土框架结构、钢结构，因此填充外墙的功能主要是围护、保温与隔热。为贯彻国家建材局、建设部、国土资源部、农业部、国家墙体材料革新建筑节能办公室（墙办发［2000］06号）“在住宅建设中逐步限时禁止使用黏土实心砖”的规定，墙体砌体逐渐出现了混凝土、加气混凝土、各种工业废料、粉煤灰等多种替代材料；外墙保温大多使用发泡聚苯板薄抹面外保温系统。

外墙是建筑围护结构的主要组成部分，目前保障性住房多采用砌块填充墙＋EPS外保温的外墙做法。随着施工人工费增加和施工质量要求的提高，产业化外墙是未来保障性住房建设的必然选择，应优先选用产业化程度高的外墙体系，使用低耗能、低污染的新型材料。

目前，外墙体系的发展趋势是复合墙体和一体化墙体，将填充外墙的围护、保温、装饰等功能复合成为多功能、一体化的墙板或外墙体系。通过规模化的工厂化制造，不仅可以缩短施工时间、提高施工质量，而且可以有效降低成本，有利于保障性住房的可持续发展。

---

❶ 西安建筑科技大学绿色建筑研究中心．绿色建筑［M］．北京：中国计划出版社，1999

外墙保温技术的发展对建筑节能至关重要，其核心问题是保温材料选用和保温体系开发应用，应当注意开发高效节能的防火材料与成套技术体系（含施工体系）。未来几年内保温材料的发展趋势是选用岩棉外墙外保温、泡沫玻璃外保温、酚醛外保温及墙体自保温等新型材料。另外，在外墙构造、施工方面，需要考虑防火、抗震方面的问题。防火隔离带可以阻止火灾大面积燃烧，其应用是外保温技术发展的一大趋势。

外墙产业化成套技术体系主要开发新型结构体系和施工工艺，比如保温砌块墙技术、预制混凝土外墙夹芯保温技术、喷涂硬泡聚氨酯复合胶粉聚苯颗粒外墙外保温系统、现浇混凝土外墙与外保温板整体浇注体系、板式幕墙、保温装饰一体化技术等，并推广应用这些新型技术体系，力争提高外墙的保温隔热性能，促进保障性住房产业化程度的发展。

3.2.2　外墙产业化成套技术

3.2.2.1　现浇混凝土外墙与外保温板整体浇注体系

现浇混凝土外墙与外保温板整体浇注体系是将工厂标准化生产的EPS模块经积木式插接组合成现浇混凝土剪力墙的外侧免拆模板，用组合钢模板做内侧模板，通过连接桥将两侧模板连接成截面尺寸准确的空腔构造，经支护在其内浇筑混凝土，达到拆模强度后拆除内侧钢模板和外侧支撑，所形成的EPS模块现浇混凝土复合墙体体系，如图3.2-1～图3.2-3所示。

图3.2-1　模块与钢模板通过连接桥组合成空腔构造图

图3.2-2　成型后的复合墙体

图3.2-3　拆模后的复合墙体大样

该体系是浇混凝土与EPS模块复合为一体的免拆模板形式，其独有的节点构造有助于确保房屋整体建筑节能达到65%标准，同时提高建筑物耐久年限，实现保温层与结构墙体同寿命。与传统框剪结构相比，现浇混凝土外墙与外保温板整体浇注体系每平方米降低工程成本50元，建设工期缩短30%。

3.2.2.2　板式幕墙体系

板式墙体系可在工厂内预制，同时集成外围护支撑、保温、窗、外装饰面、内装饰面等各类组成部分，可以做到一次成型、一次安装以及吊装成体系的产业化干式施工，近年来在各地保障房项目中已有广泛应用。

该体系是建筑外墙发展的一个重要方向，主要优点是体系内各个功能层分开，可以充分发挥材料的性能优势，比如：外层防护层采用吸水率低、耐久性好的板材，可不用另做装饰；选择热阻值非常高的保温材料做体系的保温层，使整个墙体保温性能非常好；而具有呼吸功能的石膏板做内侧用板，使室内的干湿环境非常宜人。这种体系施工是干作业机械化施工，人工劳动强度较低，有利于推动住宅产业化发展。

【工程实例】

(1) 工程简介

工程名称：莒县中心小学

建筑面积：3 万 m^2

施工条件：完全干作业

施工时间：20 天

(2) 外墙结构构造

采用金邦板幕墙板复合外围护体系，如图 3.2-4 所示。

(3) 施工过程

①在结构体系上固定安装热镀锌 50mm×30mm×2.0mm 薄壁方管作为幕墙的安装龙骨；

②在室内侧安装 12mm 厚纸面石膏板；

③在龙骨间填充岩棉作为保温层；

④安装防潮及龙骨热断桥结构；

⑤外挂金邦板做外侧幕墙；

⑥竖向板缝嵌硅酮耐候密封胶做防水处理。

(4) 使用性能

隔音性能达到 50dB；墙体热阻 2.2m^2·K/W；耐火极限 1.85 小时

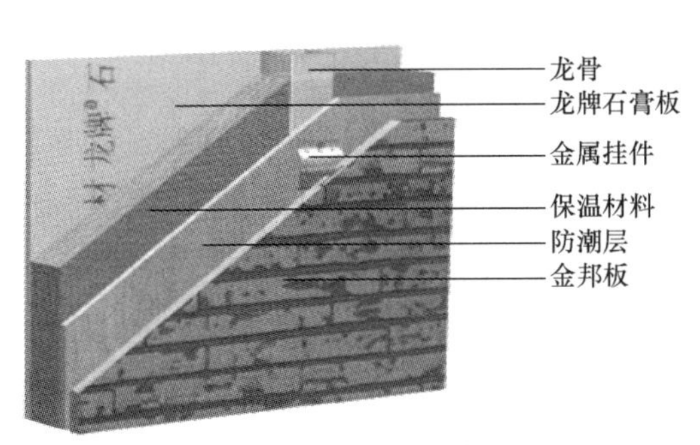

图 3.2-4 金邦板幕墙板复合外围护体系示意图

图 3.2-5 莒县中心小学外墙施工过程

图 3.2-6 莒县中心小学建成后外观

3.2.2.3 外墙保温装饰一体化技术

保温装饰板是一种集保温、装饰于一体的多功能复合保温板，它具有轻质高强、防火隔热、保温防潮、豪华美观、施工简单方便、性价比高等显著特点。该系统对传统外墙保温装饰材料提出了巨大的挑战。保温装饰板不仅彻底解决了目前铝单板、铝塑板幕墙价格昂贵、施工复杂、维修困难的问题，还解决了聚苯颗粒薄抹灰和聚苯板薄抹灰外墙保温系统易燃、易开裂、易鼓包、易发花、易脱落、施工复杂等无法克服的技术难题。保温复合装饰系统，广泛适用于中国寒冷地区、夏热冬冷地区的公共建筑、商业建筑的保温节能装饰和旧建筑墙面的翻新改造。具有装饰效果好、施工简单快捷、饰面层抗开裂等优点，已经在市场上被大量应用，是未来外墙保温装饰的发展趋势。

保温装饰一体化板由“TDD真空绝热板/XPS板/EPS板/岩棉保温板/聚氨酯板＋无机树脂板＋饰面材质”三部分组成，饰面层可以制成仿瓷砖、仿天然石材、仿木纹、仿铝板幕墙等高档装饰材料的装饰效果，可以满足不同的建筑的外立面要求，见图3.2-7。

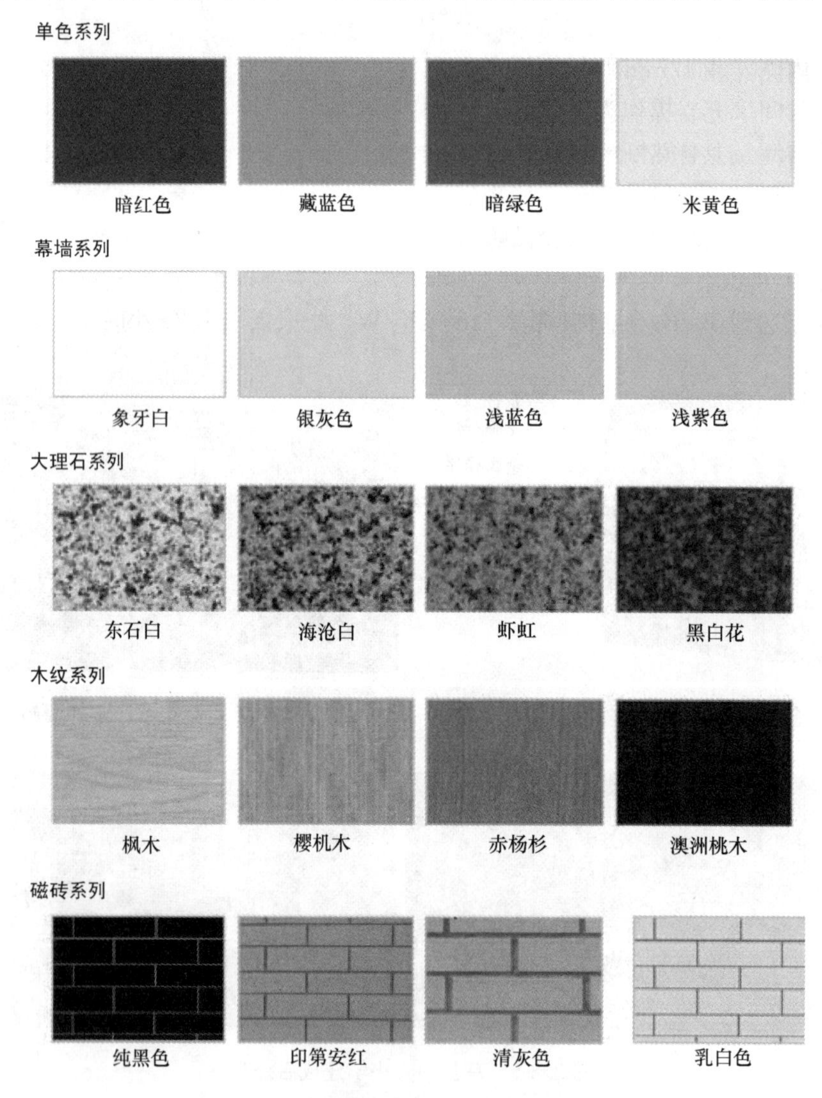

图3.2-7 保温装饰一体化板不同的饰面材质

3.2.2.4 保温砌块墙体应用技术

随着墙材革新和建筑节能的不断推进，砌块类制品多通过改变孔型及构造、在内部填充或夹芯保温材料，来达到一定的保温效果。这种与保温材料复合而成的砌块具有强度高、节能、外饰安全等优点。但目前进入市场的保温砌块产品多存在手工制作、质量稳定性差、复合的保温材料与砌块块体热工性能不均衡等问题。

混凝土砌块自保温墙体是一种材料实现外墙保温和围护两种功能的墙体，优点是不影响房屋使用面积、施工方便、工期短、与复合保温墙体相比造价低，是一种发展前景良好的建筑保温结构工法。由于部分地区节能设计标准的提高和近年各地发生的有关外墙外保温的事故逐渐增多，使自保温砌块墙体有了新的发展机遇。目前，应用比较多的是夹芯混凝土自保温砌块。

由于采用夹芯保温结构时，主体墙不可能再做内外保温层，要尽量使用导热系数小的混凝土做砌块基材，否则，虽然平均热阻达到要求，但砌块砌筑时相邻砌块的边壁会产生新的热桥，在严寒或寒冷地区如果使用不当，会产生严重的漏热甚至引起受潮结露等现象。因此，研究开发新的砌块基材是其研究方向。目前使用较多的是陶粒混凝土做基材的夹芯砌块[导热系数 0.23W/(m^2·K)],其建造自保温墙体，传热系数可达到节能 65%标准的要求。

在应用夹芯混凝土自保温砌块时，砌块孔型的设计不能照搬空心砌块的设计思路，应专门进行研究。在进行设计时，空心砌块应尽量设置多排孔，充分利用空气层增大砌块热阻，使得相同砌块体积具有最大的热阻；夹芯砌块的孔型设置应尽量简单整齐，以充分利用夹芯的高效保温材料的热阻，提高砌块的热阻，减小砌体的传热系数。[1]

【工程实例】

（1）工程简介

工程名称：徽商金属有限公司办公综合楼

时间：2007 年 4 月

建筑节能计算面积：13737.8m^2；建筑表面积：7748.36m^2；建筑层数：11；建筑体积：53311.8m^3；体形系数：0.145。

（2）围护结构节能构造

①主体墙：保温砂浆（20mm）＋科新复合保温砌块（190mm）＋砂浆（20mm)；构造柱、圈梁、过梁：内贴 40mm 挤塑聚苯板；外墙平均传热系数：K=0.878W/（m^2·K)。

②其他部分

屋面：40mm 挤塑聚苯板；

地面：30mm 挤塑聚苯板；

外窗：单塑料框，双玻＋6mm 空气层＋双玻。

（3）使用效果

从工程实际应用情况来看，科新保温砌块墙体作为外围护结构，可达到外墙传热系数限值，实现了围护结构节能 50%的标准。另外，其施工方便，与外墙外保温相比，节约

---

[1] 曹双梅，许志中，我国外墙自保温体系发展前景及应用研究，四川建筑科学研究，2010（6)：325～327

了工期及施工费用。从产品质量方面看，未出现外墙开裂、空鼓、结露等现象。[1]

3.2.2.5　预制混凝土外墙夹芯保温技术

预制混凝土外墙采用夹芯保温技术是将保温材料放在中间形成复合夹芯保温板，该技术是世界各国致力研究的重点。

（1）采用非金属连接件夹芯保温技术

采用非金属连接件连接内外层混凝土板，由于连接件改用非金属材料，明显降低了连接件的热桥效应。由于非金属材料的导热系数非常小，可大幅降低两层混凝土板之间连接的热传导，两层板之间的保温材料厚度可减少到50mm，可以达到北京地区65%保温节能要求；检测报告表明该系统的热工技术指标可达到热阻R=1.7m^2·K/W，传热系数K=0.54W/（m^2·K）。

非金属连接件夹芯保温技术，可以消除金属连接件80%以上的热损失，有效解决了金属连接件热桥问题，并且具备较好的耐火耐高温性能，该技术是我国未来复合保温墙板的发展方向。

【工程实例】

天津东丽湖阅湖苑住宅是北京榆构与万科合作的首个住宅产业化工程（图3.2-8和图3.2-9）。该工程为三栋十一层工业化住宅，层高2.9m，建筑总高为33.25m。采用现浇混凝土框架结构外挂板体系建造，总面积为1.8万m^2，外墙采用无热桥的清水混凝土复合保温板，标准墙板的尺寸为2875mm（高）×3250mm（宽），复合板总厚度210mm，由三层组成：内层钢筋混凝土板厚度为110mm，保温层采用50mm厚挤塑聚苯板，外饰面层的钢筋混凝土板厚度为50mm，内层混凝土板通过使用Thermomass MS系列玻璃纤维复合材料连接器承担着饰面层的荷载。

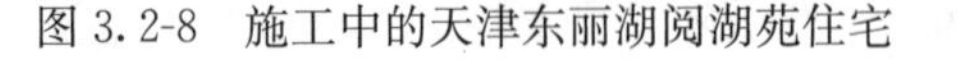

图3.2-8　施工中的天津东丽湖阅湖苑住宅

图3.2-9　吊装中的清水混凝土复合保温板

（2）采用预制混凝土外模板的夹芯保温技术

采用预制混凝土板作为外模板，在预制板内侧放置保温材料，通过对拉螺栓与内模板

[1] 张纪黎，安毅亭，章茂木，科新保温砌块的研究及应用，新型墙材，2008（9）：30～32

连接，现场浇筑混凝土剪力墙形成装配整体式保温板，如图 3.2-10 所示。该技术适宜在抗震要求较高地区的高层建筑中应用，目前在日本和中国香港等地应用较广，在我国的应用可追溯到 1995 年建成的北京国际俱乐部扩建工程。

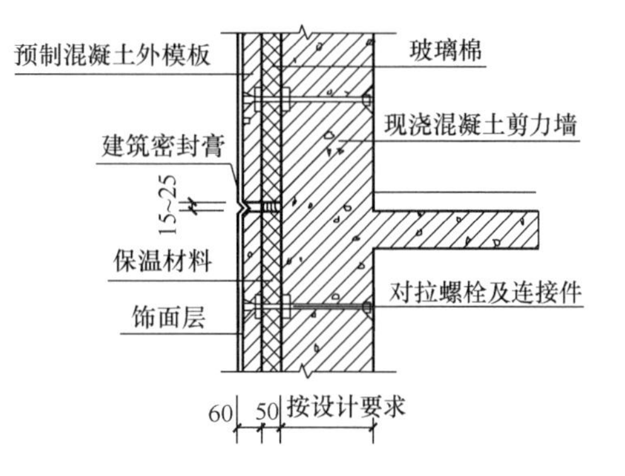

图 3.2-10 预制混凝土外模板的夹芯保温技术结构图

3.2.2.6 喷涂硬泡聚氨酯复合胶粉聚苯颗粒外墙外保温系统

喷涂硬泡聚氨酯外墙外保温系统是适应低能耗节能建筑要求的新型外墙保温技术。该技术充分考虑了我国的建筑国情和气候特点，利用现场喷涂硬泡聚氨酯的高效保温效果和防水性以及胶粉聚苯颗粒保温浆料的找平抗裂作用，配合柔性的抗裂技术路线形成了涂料和面砖两种饰面体系，适用于新建居住建筑、公共建筑及既有建筑节能改造的混凝土和砌体结构外墙外保温工程。

涂料饰面保温系统的基本构造如图 3.2-11，面砖饰面保温系统的基本构造如图 3.2-12。

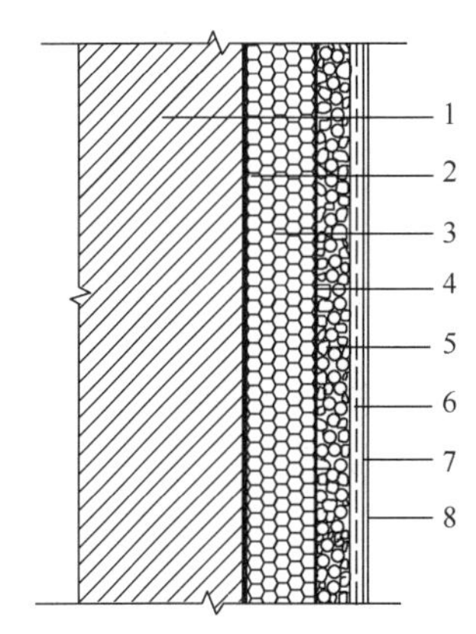

图 3.2-11 涂料饰面保温系统构造示意图

1—基层墙体；2—聚氨酯防潮底漆；3—聚氨酯硬泡体保温层；4—界面层；5—胶粉聚苯颗粒保温浆料找平层；6—抗裂砂浆复合耐碱玻纤网格布；7—柔性耐水腻子；8—外墙涂料

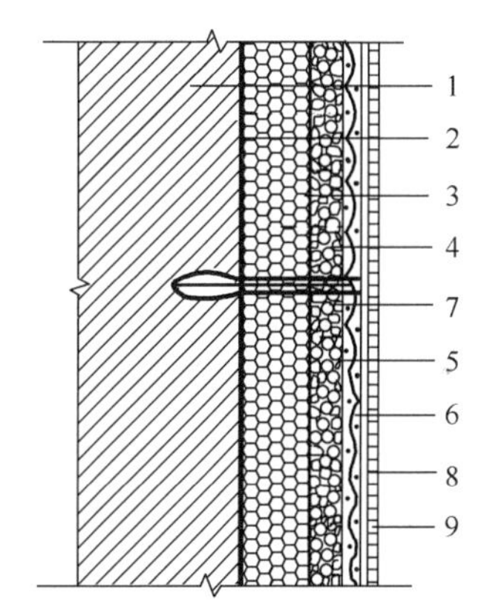

图 3.2-12 面砖饰面保温系统构造示意图

1—基层墙体；2—聚氨酯防潮底漆；3—聚氨酯硬泡体保温层；4—界面层；5—胶粉聚苯颗粒保温浆料找平层；6—抗裂砂浆复合热镀锌四角电焊钢网丝；7—用塑料膨胀锚栓双向锚固；8—面砖粘结砂浆；9—面砖

聚氨酯是具有防水和保温隔热功能的泡沫塑料，与传统板材类（EPS 板、XPS 板等）保温隔热材料相比，具有以下优点：

（1）导热系数低

硬泡聚氨酯是目前已知的导热系数最低的保温材料，25℃时的导热系数仅为 0.024W/（m^2·K），是 XPS 导热系数的 0.8 倍，是 EPS 导热系数的 0.57 倍。这意味着在满足相同节能改造要求的前提下，硬泡聚氨酯的厚度最小；或者在同样厚度的前提下，使用硬泡聚氨酯的节能改造效果最好。

（2）无缝结合

喷涂硬泡聚氨酯是在现场连续喷涂成型的，因此，硬泡聚氨酯形成了连续的整体，之间没有接缝。此外，由于一定密度的喷涂硬泡聚氨酯具有高达92%以上的闭孔率，自身吸水率极低，因此具备一定的防水功能，这对既有建筑的节能改造，特别是屋面或墙面本身存在漏水的既有建筑改造来说，可谓一举两得。

其他板状保温材料如XPS板，尽管本身的闭孔率高达95%以上，吸水率也低于2%，但由于存在搭接缝，其本身不具备防水功能。

（3）施工速度快

喷涂硬泡聚氨酯是在现场用专用的喷涂设备直接喷涂到基层上发泡成型的，由于聚氨酯本身与基层具有极强的粘结能力，因此不需要额外固定，从而加快了施工速度。据测算1台机器1天的理论喷涂面积在屋面上可以达到800～1000m^2，在墙面上也能达到400～600m^2。这是依靠胶粘剂和固定件固定的板材类保温材料无法实现的。因此，应用喷涂硬泡聚氨酯的节能改造方案施工周期短，可以大大减少对居民生活的影响[1]。

该系统具有优异的保温、隔热、防火、抗震、耐候、抗风压、抗裂、憎水、透气性能且施工简便的特点，是一种高效率的，性价比优异的外墙外保温系统。

3.3　内隔墙产业化成套技术

3.3.1　主要内隔墙体系

内隔墙是指在房屋建筑中只承受本身自重，仅用于室内平面空间分隔的内墙。由于内隔墙基本不承重，因此建造时使用的都是轻质墙体材料。我国目前的内隔墙技术已经形成了比较完整的砌块体系、龙骨体系及整体式墙板体系三类体系。

现有的三类隔墙体系中，砌块体系的材料与施工基本与围护结构体系相似；龙骨体系中，龙骨材料主要有轻钢龙骨、木龙骨等，覆面材料主要有纸面石膏板、硅钙板等；整体式墙板体系亦已有产业化成套技术并有相关产品问世，是工厂化程度最高的体系之一。以下重点介绍主要的内隔墙体系。

3.3.1.1　纸面石膏板内隔墙体系

纸面石膏板是以天然石膏和护面纸为主要原材料，掺加适量纤维、淀粉、促凝剂、发泡剂和水等制成的轻质建筑薄板。纸面石膏板分为：普通纸面石膏板、耐水纸面石膏板、耐火纸面石膏板、防潮纸面石膏板、吸声用穿孔纸面石膏板等。

纸面石膏板轻钢龙骨内隔墙体系采用轻钢龙骨为骨架，纸面石膏板为面板，内填岩棉。由于骨架中可以预排管线，后期维护成本也较低，技术十分成熟，是目前应用最为广泛的内隔墙体系。纸面石膏板韧性好、重量轻、隔声、隔热、不燃，尺寸稳定，表面平整，可以锯割，便于施工，主要用于吊顶、隔墙、内墙贴面、天花板、吸声板等。

---

[1] 王嘉琪. 喷涂硬泡聚氨酯在既有建筑节能改造中的应用. 建筑节能，2010（4）：41～42

3.3.1.2 轻型砌块内隔墙体系

轻型砌块有加气混凝土砌块、轻集料混凝土小型空心砌块、混凝土小型空心砌块、石膏空心砌块、粉煤灰空心砌块等。其重量轻、强度高，而且耐水抗渗、隔声防火、保温隔热、绿色环保、施工快捷，多年来受到国家墙改政策的大力支持和市场的广泛认同，已成为新型建筑材料的一个重要组成部分。

3.3.1.3 轻质条板内隔墙体系

轻质隔墙条板包括轻集料混凝土条板、水泥条板、石膏条板、硅镁加气水泥条板、粉煤灰泡沫水泥条板、植物纤维复合条板、聚苯颗粒水泥夹芯复合条板、纸蜂窝夹芯复合条板等。

轻质隔墙条板具有隔音效果好、耐火、耐磨、抗划、绿色环保等优势，与普通黏土砖相比，降低建筑物自重15%～20%，工效可提高5倍，节约施工成本，降低工程综合造价费用20%～25%，并且增加室内使用面积10%左右，达到建筑节能65%的标准要求，便于后期的墙体改造，且无苯、甲醛等有害气体释放。

3.3.1.4 石膏空心砌块隔墙体系

石膏空心砌块隔墙体系以建筑石膏为主要原材料，加入纤维增强材料或轻集料、发泡剂等经加水搅拌、浇注成型和干燥制成的轻质建筑石膏制品。它具有隔声防火、施工便捷等多项优点，是一种低碳环保、健康、符合时代发展要求的新型墙体材料。

3.3.2 内隔墙产业化成套技术发展趋势

3.3.2.1 生产、施工工艺装备较快发展

我国的内隔墙材料的生产与施工工艺处于一个快速发展的阶段，如纸面石膏板生产机组在产品质量、能源消耗、建设投资、节能减排方面已具备世界先进水平。1980年内隔墙材料的产量50万m^2，1993年达到2200万m^2，进入21世纪之后，更是实现了跨越式发展，2009年产量达到12.5亿m^2，2010年达到15.25亿m^2。截至2011年底，我国内隔墙材料全年产量达到18亿m^2，成为仅次于美国的纸面石膏板生产大国，自动化生产线也从第一条年产400万m^2发展到了年产5000万m^2。

3.3.2.2 节能、环保、舒适是发展主线

随着世界经济环境的变化和我国社会经济发展的进一步深化，循环经济、节能减排、和资源综合利用已成为我国建筑建材行业的战略目标。发展低能耗、保温隔热性能好的新型墙体材料，不仅可在生产环节节约能源，还可以使建筑功能得到有效改善，在建筑物使用过程中降低能耗。如我国纸面石膏板的生产已完全能够做到废品废料100%回收利用，不会造成渣土排放污染；纸面石膏板生产过程的能源消耗经过不断改造，已达到煤耗在0.4kg/m^2以下的国际先进水平。在利用工业废料、开展循环经济方面取得新的实质性突破，一条年产3000万m^2的纸面石膏板生产线每年可以消纳30万t的脱硫石膏，相当于减少400万t含硫量为5%的煤所排放的二氧化硫。

3.3.3 内隔墙产业化成套技术典型案例

北京万国城Moma的内墙采用轻钢龙骨加石膏板的结构，内空的部分填置岩棉和穿走线管线，这种隔墙方式区别于传统的陶粒板隔墙。其优点主要有，第一，施工标准化程度高、速度快；第二，平整的石膏板在做好接缝处理后不易开裂；第三，隔声性也很强，

分室墙的隔噪数值为 40dB，分户墙隔噪系数为 52dB，大大高于其他材料的分户墙结构。

3.4　门窗产业化成套技术

窗户作为建筑外围护结构的开口部位，不但要满足人们采光、日照、通风、视野等基本要求，还要具有优良的保温、隔热的性能，才能为人们提供舒适、宁静的室内环境，才能满足节约能源、保护环境，改善热舒适条件，提高生活水平，促进可持续发展的要求。

门、窗是建筑物围护结构系统的重要组成部分，具有分割建筑内外空间和围护功能，同时兼具美观、通风、采光等实用功能，其按材质演变可分为木、钢、铝合金、塑料门窗等几大系统，具体形式一般可按用途、开启方式和构造进行分类。

一般而言，框、扇、挺等型材作为门窗的主要构件，再配以五金配件共同实现门窗整体功能，如图 3.4-1。门窗的物理、力学性能决定于主型材结构的合理设计，就门窗性能与型材断面结构的关系而论，多腔室优于单腔室；多道密封优于单道密封；大断面优于小断面；厚壁型材优于薄壁型材。

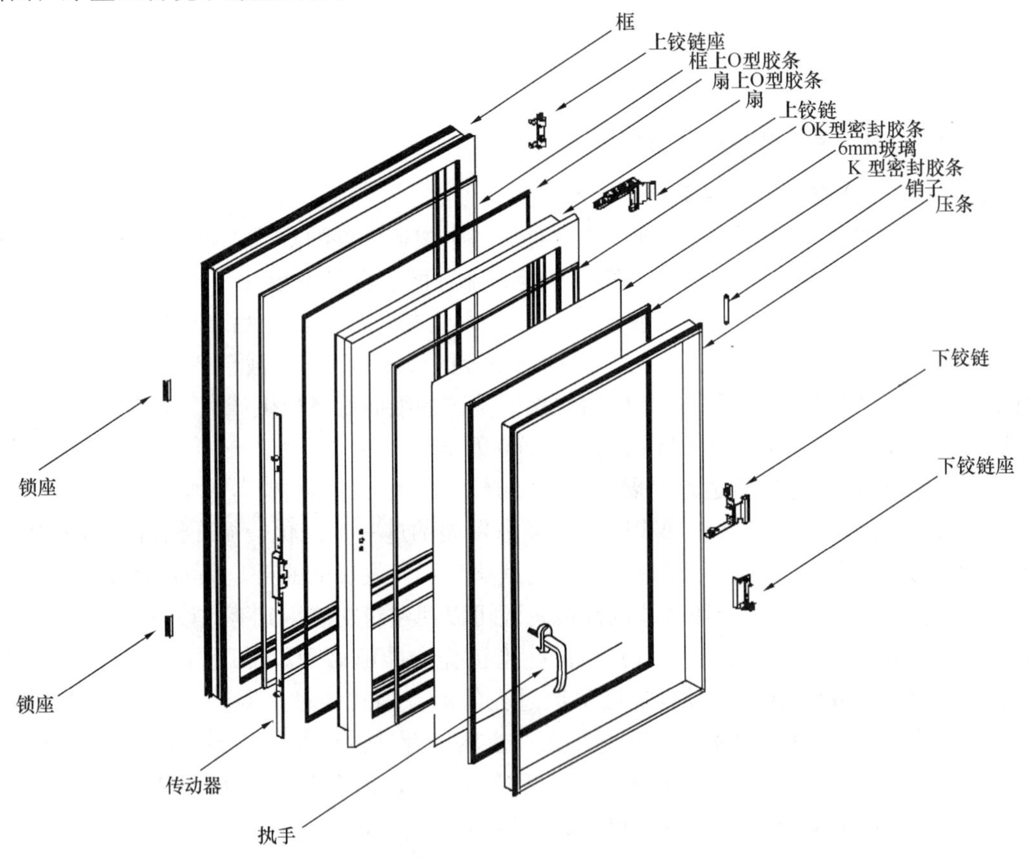

图 3.4-1　门窗的构造组成

3.4.1　国内现代建筑门窗发展历史

我国建筑门窗是在 20 世纪发展起来的。20 世纪 80 年代是传统钢门窗的全盛时期，市场占有率在1989年达到了70%。在铝合金门窗20世纪70年代传入我国以后，因其质轻、外表美观得到普及推广，钢窗逐渐失去了领先地位。铝合金门窗色彩较丰富，但保温性、隔热性较差，隔音效果不强。塑钢门窗是在20世纪80年代发展起来的，刚开始的塑窗色彩单一，仅有白色型材，但由于其材质导热系数低，成窗隔热保温，密封隔声，在国内门窗市场占据了重要地位。总体来说，大概可以归结为从木门窗一统天下到钢门窗代替木门窗取得大发展，再到铝合金门窗、塑钢门窗、玻璃钢门窗等多种材质门窗百花齐放的发展概貌，是一个由单一向多元方向发展的过程。2008年，我国门窗建设面积超过5.5亿m^2，其中塑料门窗超过2.5亿m^2；木门行业2008年总产值500亿元左右，增幅在20%以上。

总体来讲，国内现代建筑门窗的发展是随着门窗性能的提升而不断进步。木窗从原始的实木发展到运用现代科学工艺处理的硬度适中的集成材，钢窗从单一的空腹钢窗向彩板钢窗、节能钢窗、特种钢窗延伸；普通铝合金已迈入断桥节能窗时代，塑钢窗则从单一色彩向彩色塑钢和节能塑钢门窗系统不断发展。

作为住房重要部品之一的建筑门窗，其产业化水平对促进建筑业技术进步和集约化发展，提高工程质量和文明施工水平，节约资源、能源，降低工程造价等方面具有重要的促进作用。一般来说，门窗产业化的发展经历了起步阶段、加速发展和理性发展三个阶段。在门窗产业化发展的起步阶段，由于各种行业规范、标准均没有制定，市场也不规范，对细节注重不够，门窗的产业化前景并不乐观。随着住房产业化的不断发展，墙体、门窗等支撑结构部品的产业化也有了很大的发展，一些能够满足节能要求的高性能门窗被广泛应用在框架住宅结构上，具有较高性价比的塑钢窗开始逐渐取代沿用多年的铝合金窗、钢窗和木窗。但该阶段由于没有明确的政策引导和标准规范，各种住房部品各自为政，导致接口不匹配等问题日趋严重。

门窗产业化发展现阶段的最大特点就是对其质量要求的各种认定出台，新技术不断涌现，旧产品明令淘汰，并提出了门窗系统功能的集成。具体来讲，具有抗风压、气密、水密、保温、隔热、隔声等良好性能的塑料门窗被市场广泛接受，并在住宅中大量应用；另外，一直存在的门窗的型式和尺寸与建筑模数相协调、接口与土建施工相匹配、五金件、固定件、密封材料与门窗相配套等问题也逐渐受到重视。

总之，现阶段属于门窗产业化理性发展时期，应在模数协调的指导下开发定型化、配套化、系统化、系列化的门窗系统部品，提高门窗系统的可选择性和互换性，同时，随着住宅装修一体化的发展，对建筑门窗的集成化提出了更高的要求，门窗系统的集成化也是现阶段门窗产业化工作的重点。

3.4.2 门窗产业化发展趋势

纵观近年来建筑市场的发展变化，门窗正向着大窗型、高层化、色彩丰富、结构复杂的趋势发展。同时，各项产业政策及法规政令也在不断影响着门窗的发展。特别是近些年被日益广泛重视的建筑节能问题，逐渐成为影响新型节能门窗发展应用的核心问题。2012年北京市建委规定各类住宅建筑外窗传热系数(K值)不大于2.0W/(m^2·K)，部分严寒地区也提出了各类住宅建筑外窗传热系数(K值)不大于2.1 W/(m^2·K)的要求。随着政府对建筑节能产品的强力支持和推广，节能门窗将是未来建筑的首选。

作为节能性能最为优良的塑料门窗，其应用已获得大量的成功检验，正成为新型节能门窗系统个性化时代发展的主要方向。如北新建材针对严寒地区的节能要求开发的五腔三道密封平开窗，使用三玻中空玻璃后，使整窗传热系数降低到 2.0W/(m^2·K)以下，使用 low-E 玻璃，传热系数则更降到 1.7 W/(m^2·K)，完全满足了我国严寒地区的建筑节能要求。

3.4.3　门窗产业化成套技术

3.4.3.1　塑钢门窗

塑钢门窗是以聚氯乙烯（PVC）树脂为主要原料，加上一定比例的稳定剂、改性剂、着色剂和紫外线吸收剂等助剂，应用挤出法加工成型材，然后采用切割、熔接等方式加工成门窗框和扇，再配装上密封条、毛条和五金件等附件制成门窗。为增加塑料型材的性能，在型材内腔还填加钢衬加强件，因此称其为塑钢门窗。

目前，德国的塑钢门窗无论是技术水平还是发展速度都处于世界领先地位。塑料门窗最早是于20世纪50年代由德国首先开发成功的。1955年，德国诺彼尔公司成功开发出塑料窗框用异型材，赫斯特公司进而研制出 PVC 塑料窗，经过50多年的努力和产品技术水平的不断提高，塑料门窗以其保温、隔热、隔声、耐腐蚀等诸多优势，在欧洲乃至世界迅速推广应用。在政府的大力推动下，塑料门窗的质量迅速提高，标准和规范逐步完善，最终形成了规模巨大、高速发展的产业。经过不断改进和完善，现在西欧各国都能工业化生产 PVC 塑钢门窗，并制定了 PVC 塑料异型材、整体窗的技术标准，建立了较完善的安装与施工规范，型材的挤出生产有专用的设备和原料，整体窗的组装设备也已系列化，在安装与施工过程中还发明了一些简单实用的专用工具。近些年来，在混料、挤出、组装等工艺及装备上逐步引入计算机进行控制、监督与检测，生产工艺和技术更趋完善。经过50年的推广应用，建筑设计人员和用户对 PVC 塑钢门窗都有了正确的认识，塑钢门窗的市场占有率越来越高。

1982年原西德 PVC 塑料门窗的使用量占所有门窗的43%～45%，近年来德国塑钢门窗的使用量已达52%，如果加上所更换的旧门窗，则占有率达65%。奥地利的异型材挤出技术也比较发达，型材的加工专用设备比较先进，可与德国并驾齐驱。1986年奥地利的塑钢门窗使用量为40%，近年来达48%，瑞士、英、法、意等国家也都在10%～20%。美国、加拿大在20世纪70年代积极引进该项技术后加快了塑钢门窗的生产，美国在1980年以后，塑钢门窗的销售量每年以10%～15%的速度增长。

目前，国外塑料门窗主要有两大体系，分别为欧式体系和北美体系。前者以德国的塑料门窗为代表，主要是大断面，型材壁厚一般在2.5～3.0mm之间，腔体的作用分明，结构为3～5个腔体，以白色型材为主，彩色化的处理以覆膜为主。后者以美国的塑料窗为代表，早期引进德国技术，经过吸收和创新，从而形成了从配方到断面设计再到组装加工的一套完整体系。产品的特点是断面复杂、腔体较多，型材壁厚1.8～2.0mm，一般不加入增强型钢，依靠网状的内筋结构进行增强，以白色型材为主，个别会用彩色喷涂的方法进行表面处理。

在我国，经过“六五”、“七五”期间的技术攻关和生产引进，目前全国已有引进和国产的塑料异型材生产线300多条，生产能力为10万 t，生产企业有50～60家；塑料门窗组装厂有 500 家以上，组装能力达 1000 万 m^2 以上。塑料门窗在国内建筑市场的占有率逐步上升，新建建筑市场的占有率在 2009 年达到 50%，北方采暖地区部分大中城市已达 70%，严寒地区大中城市的应用率已达 90%以上。

3.4.3.2 隔热铝门窗

隔热断桥铝合金窗是在老铝合金窗基础上为了提高门窗保温性能而推出的改进型，通过断热条将铝合金型材分为内外两部分阻隔了铝的热传导。断热铝材节能效果比较好，使用范围比较广，它不仅保留了铝型材的优点，同时也大大降低了铝型材传热系数。断热铝材是在铝合金型材断面中使用热桥技术使型材分为内、外两部。目前有两种工艺：一种是注胶式断热技术（即浇注切桥技术），这种技术既可以生产对称型断热型材，也可以生产非对称型材。由于利用浇注式处理流体填补成型空间原理，其成品精度非常高。另一种是断热条嵌入技术，即采用由聚酰胺 66 和 25%玻璃纤维（PA66GF25）合成断热条，与铝合金型材在外力挤压下嵌合组成断热铝型材。这种型材具有以下优点：①不仅强度高（接近铝合金），而且它的机械性能好、隔热效果佳。由于隔热条的加入使型材形成多种断面形式，有良好的强度。②隔热条中的玻璃纤维排列有序，能够长时间承受高拉应力和高剪切应力，隔热条的线形膨胀系数接近铝，有非常好的加工性能。③内、外型材可以由不同颜色和表面处理方式的型材组成，增强了装饰效果；并且可抗多种酸、碱化学物质的腐蚀。其缺点为：断热铝材造价较高，应用不是很普遍。

欧洲四种典型系统的传热系数在表 3.4-1 中有描述。现在设计的断热铝合金门窗将会比以前的更加复杂，并使用更宽的隔热条来提高隔热性能，填充发泡材料来减少热传递和热辐射。

四种断热铝合金门窗等级的典型设计 **表 3.4-1**

$U_w \leqslant 3.5W/(m^2 \cdot K)$	$U_w \leqslant 2.8W/(m^2 \cdot K)$	$U_w \leqslant 2.0W/(m^2 \cdot K)$	$U_w \leqslant 1.6W/(m^2 \cdot K)$
隔热等级 RMG 2.2	隔热等级 RMG 2.1	隔热等级 RMG 1	超隔热等级 NO RMG
典型设计： · 隔热条宽度：18mm · I 形隔热条 · 简易密封，冷暖腔空气对流	典型设计： · 隔热条宽度：25mm · C 形和 T 形隔热条 · 连接隔热条密封，冷暖腔独立	典型设计： · 隔热条宽度：34mm · 带挡臂和空腔的隔热条 · 空腔密封，减少空气对流	典型设计： · 隔热条宽度：45mm · 带空腔的隔热条 · 空腔密封，使用泡沫材料解决空气对流
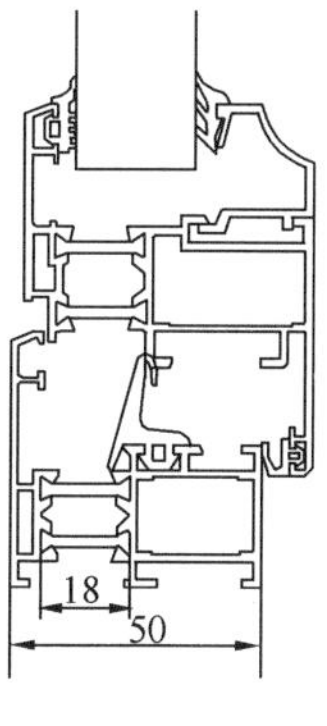 18 50	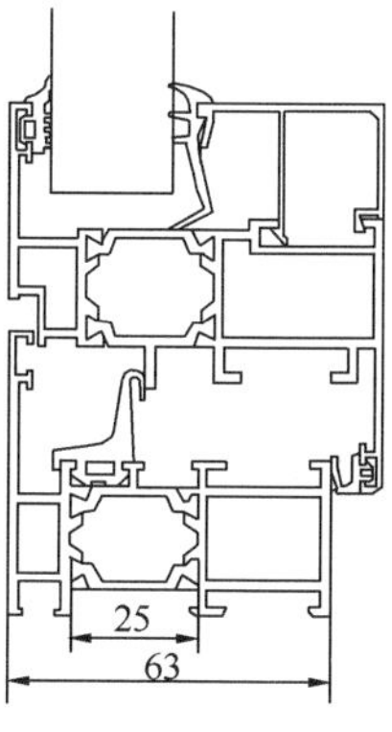 25 63	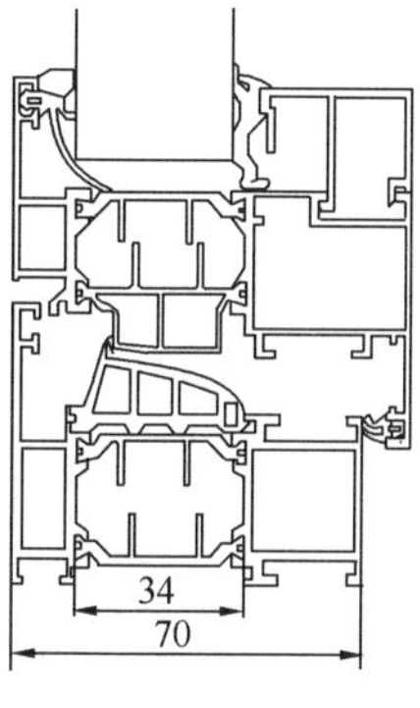 34 70	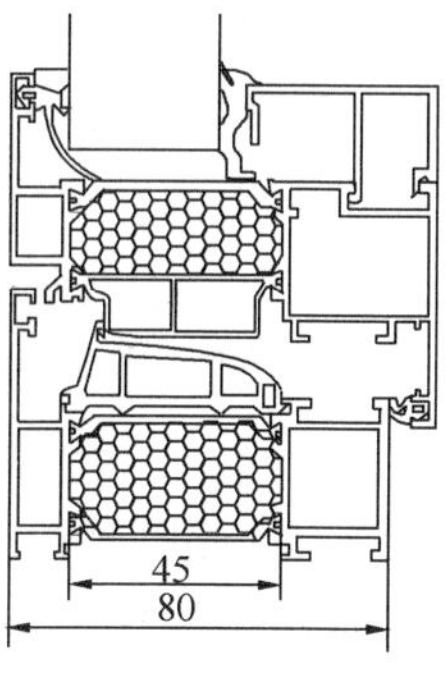 45 80

图3.4-2显示了从1965年第一套断热铝门窗系统问世至今，断热铝门窗系统断热条的选择过程。贴附、修剪、滚压和几种不同材料的混合的连接方式都曾在市场上出现，箭头的厚度显示了各系统的市场占有率，水平线表示该系统不再使用。

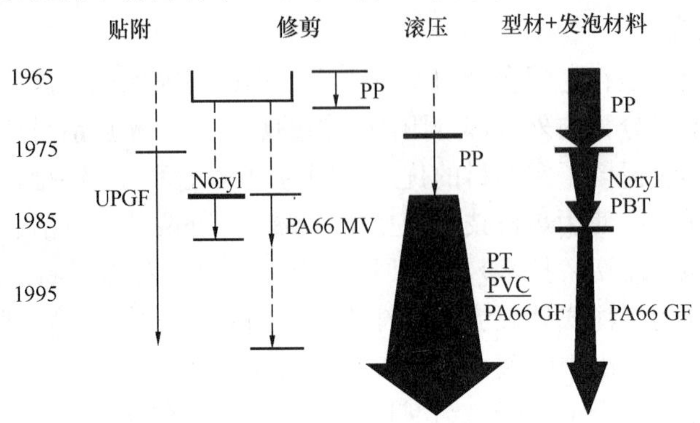

图3.4-2　断热区域材料的发展

市场占有率的增多或减少的原因如下：

（1）UGGF（带玻璃纤维的树脂），高加工成本；

（2）Noryl（热塑性塑料），耐久性差；

（3）PA66 MV（带矿物填料的热塑性塑料），高加工成本；

（4）PP（热塑性塑料），荷载下的高延长率、易导热；

（5）ABS（热塑性塑料），抗UV（紫外线）性差；

（6）PVC（热塑性塑料），易导热，耐久性差；

（7）PA66 GF（带玻璃纤维的热塑性塑料），抗腐蚀性好，耐久性好，公差小。

目前，国内外的断热型材专用断热条主要采用聚酰胺尼龙（PA66 GF）。由于其膨胀系数与铝材的膨胀系数相差悬殊、高温和机械荷载下会位移等缺点，PVC断热条在欧洲和中国已被禁用。

3.4.3.3　玻璃钢门窗

玻璃钢门窗是以玻璃纤维及其制品为增强材料，以不饱和聚酯树脂为基体材料，通过拉挤工艺生产出空腹型材，经过切割、组装、喷涂等工序制成门窗框，再装配上毛条、橡胶条及五金件制成的门窗。玻璃钢门窗是继木、钢、铝、塑后又一新型门窗，其综合了其他类门窗的优点，既有钢、铝门窗的坚固性，又有塑钢窗的防腐蚀、保温、节能性能，更具有自身的独特的隔声、抗老化、尺寸稳定等性能，被誉为21世纪建筑门窗的“绿色产品”。我国的玻璃钢门窗起源于冬季寒冷的北方，受地方政策的影响，目前市场主要集中在华北、山西和上海等地，而在华南、江浙等地却应用很少。

从1994年黑龙江美城集团首次引进生产线开始，玻璃钢门窗在中国也已经走过了17个年头。但其市场占有率较低，主要原因是国内的玻璃钢门窗技术不成熟，生产工艺的不完善和技术工人的缺乏，制约了玻璃钢门窗的推广和普及。

3.4.3.4　保障性住房门窗的应用要求

保障性住房是由政府主导的重要民生工程，按照发展省地节能环保型住宅的要求，保障性住房的门窗应严格执行国家的节能标准，率先使用节能环保的新技术、新材料。与国护墙体相比较，窗户是轻质薄壁构件，是建筑保温、隔热、隔声的薄弱环节。建筑能耗的70%以上是由于围护结构的热损失造成的，其中门窗就占了50%左右。提高门窗的节能性能对于保障性住房的建筑节能有重要意义。因此，作为住宅产业化的核心技术之一的门窗成套技术直接影响着我国保障房产业化节能技术的发展水平和前途。

保障性住房非常适合采用产业化方式生产建造，作为国家“十二五”投入的重点，保障性住房的产业化发展必将进入一个加速阶段。与此同时，保障性住房门窗也应适应产业化发展的需要，即通过产业化的方式实现门窗优质品牌的订单式生产，这样既可以很大程度上提高性能、降低造价，又可以形成统一标准的专业化维护，有效地确保保障性住房的质量和性能。

此外，由于保障性住房的套型面积较小，成本约束较大，所以用于保障性住房的门窗产品应满足价格经济实惠、性价比高的要求，另外还要结实、耐用，以满足保障房整体性能和品质的要求。

塑料门窗成套技术是目前技术比较成熟，具有广泛应用前景，且符合国家产业发展方向的成套技术。在保障性住房的建设中，应充分考虑塑料门窗成套技术与建筑一体化的有机结合，实现塑料门窗成套技术作为保障房建设的标准产品和完整的建筑安装技术，从而实现在不增加造价的前提下提高保障性住房品质的目的。

综上所述，保障性住房推广门窗成套技术，尤其是塑料门窗的成套技术，有利于解决保障性住房建设存在的问题，使住房建设节能减排、降低成本，提高品质；同时，保障性住房门窗成套技术的广泛应用可以带动住宅整体产业的升级换代和住宅产业的可持续发展，推进节能环保技术的应用，实现低碳宜居城市的建设。

3.4.4 门窗产业化成套技术典型案例

【案例1】（图3.4-3）

图3.4-3 太原丽华苑住宅住区

项目名称：山西省省政府公务员住宅住区（太原丽华苑住宅住区）

项目面积：建筑面积为50万m^2，门窗面积6万m^2。

技术概况：采用北新塑钢60平开窗，配置5+9A+5中空玻璃、北新五金。

【案例2】（图3.4-4）

图3.4-4 北京天通苑住宅住区

项目名称：北京天通苑住宅住区（北京市经济适用房住宅住区）

项目面积：建筑面积为450万m^2，门窗面积近60万m^2。

技术概况：采用北新88塑钢推拉窗及60平开窗，配置5+9A+5中空玻璃、北新五金。

【案例3】（图3.4-5）

图3.4-5 山西省大同市保障性住宅项目庆祥里住宅住区

项目名称：山西省大同市保障性住宅项目庆祥里住宅住区

项目面积：建筑面积为20万m^2，门窗面积近5万m^2。

技术概况：采用北新塑钢88推拉窗及60平开窗，配置5+9A+5中空玻璃、北新五金。

3.5 屋面产业化成套技术

屋面是房屋最上层外围护结构，由面层、防水层、保温隔热层、基层等构成，其建筑功能是抵御自然界的风霜雨雪、太阳辐射、气温变化和其他外界的不利因素，以使室内空间有一个良好的使用环境。

3.5.1 屋面产业化成套技术的要求

屋面产业化成套技术在满足遮风、挡雨、蔽日等防御外侵的作用的同时，还应满足功能、结构、建筑艺术等要求：

（1）防雨防漏

屋面应该把雨水与屋顶很好地隔离开来。否则雨水渗入屋内，会损坏房屋内的装修及设施，以致人们无法居住使用，还会损坏整个房屋结构，缩短房屋的使用寿命。

（2）隔热保温

随着人们生活水平的提高，对居住条件自然提出更高要求，居住舒适性是居室重要指标之一。要想舒适，房屋的隔热保温性能必须良好，屋面就担负着这一重任。

（3）装饰性

屋面是建筑的第五个立面，各种各样新颖别致的屋面材料的推出及先进的建筑技术的出现，建筑屋面的多样化已展现在我们面前。

3.5.2 屋面产业化成套技术的构成

屋面成套技术主要将面层、防水层、保温隔热层有机组合。从屋顶外部形式看，可分为平屋顶、坡屋顶和空间曲面屋顶。从屋面的功能来看，可分为上人屋面和非上人屋面。从屋面防水构造看，可分为卷材（柔性）防水屋面、刚性防水屋面、涂膜防水屋面和瓦类防水屋面。从保温隔热层的设置来看，可分为顺置式屋面和倒置式屋面。从防水和保温的是否分层来看，可分为单层屋面和叠层屋面。

3.5.2.1 屋面保温隔热

屋面保温隔热层主要是隔绝外界温度，保障屋内温度不会因外界温度的升高而使屋内温度发生大的变化。一般是在南方等炎热的地区设有隔热层，在北方一般是保温层为主。

（1）屋面保温：

屋面用保温材料应具有吸水率低，表观密度和导热系数较小，并有一定的强度的特点。主要分为以下几种：

①松散材料保温层

松散材料保温层是根据设计规定的材料品种及厚度铺设。如膨胀蛭石、膨胀珍珠岩、矿棉、浮石等。松散保温材料应分段分层铺设，其顺序宜从一端开始向另一端铺设，并进行适当压实，每层铺设厚度不宜大于150mm。压实厚度应根据设计规定。

②板状材料保温层

外观整齐，厚度应根据设计要求确定，使用前应按设计要求检查其表观密度导热系数，含水率及强度。

A. 泡沫混凝土板：表观密度不大于500kg/m^3，抗压强度应不低于0.4MPa。

B. 加气混凝土板：表观密度为500～600kg/m^3，抗压强度应不低于0.2MPa。

C. 聚苯板块：表观密度为≤45kg/m^3，抗压强度应不低于0.18MPa，导热系数为0.043W/（m·K）。

③整体保温层

一般为水泥珍珠岩、水泥蛭石等在现场人工拌和浇筑而成的整体，分层分段铺设，虚铺厚度一般为设计厚度的1.3倍。

（2）屋面隔热：

屋面隔热构造主要分为以下几种：

①架空层屋面：架空层宜在通风较好的建筑上采用，不宜在寒冷地区采用，高层建筑林立的城市地区，空气流动较差，严重影响架空屋面的隔热效果。

②蓄水屋面：蓄水屋面是在刚性防水屋面上设置蓄水层，是一种较好的隔热措施。其优点是可以利用水蒸发时带走水层中的热量，消耗晒到屋面的太阳辐射热，从而有效减少了屋面的传热量、降低屋面温度，是一种较好的隔热措施。但蓄水屋面不易在寒冷地区、地震地区和震动较大的建筑物上采用。

③反射屋面：利用表面材料的颜色和光滑度对热辐射的反射作用，对平屋顶的隔热降温也有一定的效果，适用于炎热地区。如果通风屋面中的基层加一层铝箔，则可以利用其第二次反射作用，对屋顶的隔热效果将有进一步的改善。

④种植屋面：种植屋面是利用屋面上种植的植物来阻隔太阳光照射，能够防止房间过热。此外，种植屋面还可以调节当地微气候，吸收灰尘和噪声，吸收周围有害气体，杀灭空气中的各种细菌，使得空气清洁，增进人体健康。

3.5.2.2 屋面防水

屋面用防水分为两大类：柔性防水材料及刚性防水材料。柔性防水包括卷材、涂膜、油毡。刚性防水包括细石混凝土、防水砂浆、瓦屋面。柔性防水层适用于北方的冬夏温差较大的地区，刚性防水层多用于南方。随着生活水平的提高，屋面防水常使用多种防水技术的组合。

3.5.2.3 屋面落水

屋面落水系统提出两个方面，一个是直式落水口，第二是横排落水。直式落水的特点是：密封性好、安装快捷、安装费用低、系统相容性好、整体效果好、极好的耐候性。横排落水适用于建筑平屋面用，安装简单，但整体效果较差。

3.5.3 主要屋面产业化成套体系

3.5.3.1 瓦屋面体系

金邦瓦是以水泥、硅砂为基材，以无机矿纤维和有机纤维的复合纤维为增强材料，经定量自动配料给料、充分混合后在专用的模具内经真空高压过滤成型、养护、彩色涂装、包装等工序加工而成。该生产线自动化水平高、生产工艺参数均通过PLC进行控制，产品质量稳定，改变了传统的采用干硬性混凝土经滚压式成型的水泥瓦粗糙、瓦型单调、人工费用较高等缺点。

根据设计要求的不同，金邦瓦屋面系统又分为保温、隔热通气、装饰三个子系统。

(1) 金邦瓦屋面保温系统

该系统可根据热工、节能的设计要求，提供多种屋面结构形式满足用户要求（图 3.5-1）。

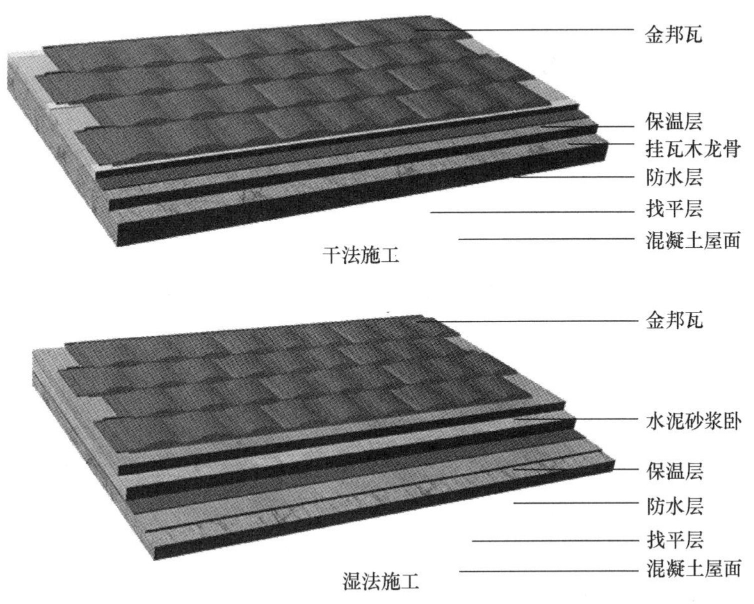

图 3.5-1 金邦瓦屋面保温系统构造

(2) 金邦瓦屋面隔热通气系统

该系统适用于钢、木结构，可使屋面系统始终保持干燥和持续良好的运行，从而延长建筑寿命，降低维修成本，适用于夏热冬冷和夏热冬暖地区（图 3.5-2）。

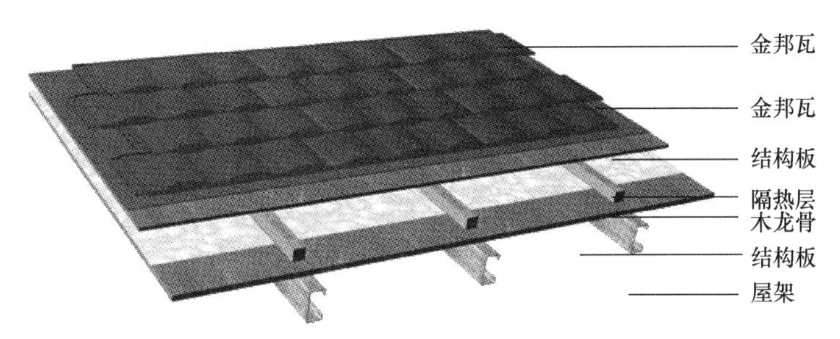

图 3.5-2 金邦瓦屋面隔热通气系统构造

(3) 金邦瓦屋面装饰系统

由于金邦瓦具有立体彩瓦的外观及轻质高强的特点，非常适用于屋面平改坡及钢结构工程，以降低屋面荷载及工程造价，如图 3.5-3。

图 3.5-3　金邦瓦屋面装饰系统构造

3.5.3.2　单层屋面系统

（1）概述

单层柔性屋面系统是相对于叠层和多层系统，采用单层柔性防水层的屋面系统，通常包括结构层、隔气层、保温层、防水层等屋面层次，采用机械固定、满粘或空铺法等不同方式将各层次依次结合起来。其中结构层包括传统的混凝土结构、钢结构或木质结构；隔气层包括聚乙烯（PE）膜、铝箔等；保温层包括岩棉、XPS、EPS或聚异氰脲酸酯板（Polyiso）等；防水层包括热塑性PVC、TPO卷材，热固性EPDM卷材以及部分高性能改性沥青卷材。与其他屋面相比，单层屋面系统有诸多优点：自重轻、防水保温性能好、施工快捷、易检修、寿命长、长期性价比优、保温性能均衡，能够满足节能建筑的要求。在钢结构屋面，能够彻底解决传统屋面系统的渗漏水问题、冷桥结露问题、噪声问题、多曲面构造问题等。近两年单层屋面系统应用工程规模逐步扩大，2011年单层屋面的标准规范、实验方法等相继出台，极大地推动了单层屋面技术大发展。在欧美，单层保温防水屋面已经有了几十年的历史，且占据了一定数量的屋顶市场份额，是屋面系统发展的趋势。

（2）丹顶单层屋面保温防水系统

丹顶单层屋面保温防水系统（SPR）是一种在轻钢屋面上铺设保温隔热材料和柔性防水卷材的屋面系统，组成如图3.5-4。

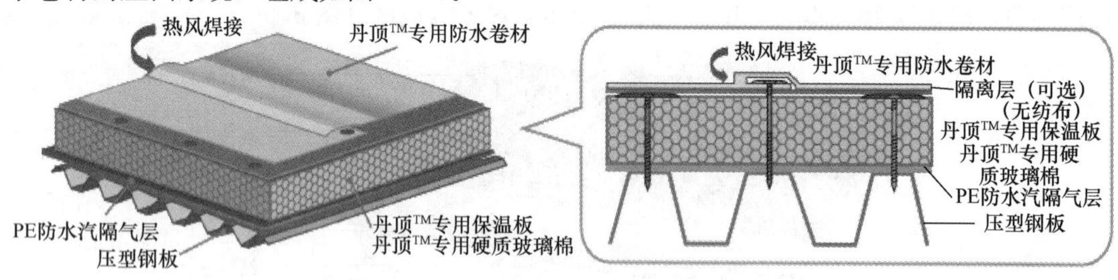

图 3.5-4　丹顶单层屋面保温防水系统的组成

欧文斯科宁采用新一代科学配方和先进的压延法工艺生产流程，设计开发了特别用于轻钢屋面单层保温防水系统用途的高性能PVC卷材，从卷材的耐久性、结构拉伸性能、讯号警示层的设置到卷材双层双色的选择、夹筋及表面纹理等各个细节方面着手，针对暴露式的轻钢屋面使用工况设计并提供最优质的专用PVC卷材。

欧文斯科宁丹顶™系列之PVC高分子防水卷材是在精确控料、混炼后经压延工艺形成的高性能防水卷材。针对不同的项目需求提供三大主要种类的PVC卷材：

H类多层双色匀质复合型（Homogeneous Laminated）H100系列；

L类多层双色带纤维背衬复合型（Laminated Backing）L100系列；

P类多层双色聚酯纤维织物内增强型（Polyester Fabric Reinforced PVC）P100系列。

三种防水卷材的性能指标 **表3.5-1**

主要性能指标	指　　标		
	H100系列	L100系列	P100系列
中间织物上面树脂层厚度（mm）≥	—	0.40	
最大拉力（N/cm）≥	—	120	250
拉伸强度（MPa）≥	高于现行国标要求	符合国标要求	
最大拉力时伸长率（%）≥	符合现行国标要求		符合标准要求
断裂伸长率（%）≥	200	150	—
热处理尺寸变化率（%）≤	2.0	1.0	0.5
低温弯折性	符合标准要求		
不透水性	符合标准要求		
抗穿孔性	符合标准要求		
接缝剥离强度（N/mm）≥	4.0或卷材破坏 高于现行国标要求	3.0	
热老化	符合标准要求		
耐化学性	符合标准要求		
人工气候老化	符合标准要求		

（第3章　保障性住房建筑围护结构产业化成套技术，参与编写和修改的人员有：
北新集团建材股份有限公司：陈志宇、项旭东、陈媛媛、李自强
卓达集团蓝岛新型建材科技有限公司：纪勇、李利民
江苏省住房和城乡建设厅住宅与房地产业促进中心：徐盛发、王双军、胡伟朵
济南市住宅产业化发展中心：王全良、李建海、张伟
北京振利节能环保科技股份有限公司：黄凯、朱青
浙江中财型材有限责任公司：张世健、潘晓华
株式会社吴建筑事务所：吴东航
中益能低碳节能科技股份有限公司：李荣明
山东建筑大学市政与环境工程学院：张克峰
山东建筑大学建筑城规学院：杨倩苗
江苏省建筑设计研究院：李玉虎
江苏新城地产股份有限公司：高宏杰）

第4章　保障性住房管网产业化成套技术

4.1　管网产业化成套技术发展概述

随着国民经济的快速发展、人们生活水平的不断提高，人们对住宅品质的要求也越来越高。在保障性住房小区中，包括给排水、冷热水、供热采暖、燃气、电气等在内的管网系统，往往由于铺设面积大、布置复杂，且绝大部分都设置在地下，管网之间的相互交叉碰撞问题频发，造成管网维护困难，且给居民生活带来很多不便。此外，传统住宅的厨房、卫生间位置固定，大小尺寸不可改变，给排水等管线上下贯通不可移动，存在出现故障或维修时对上下住户相互干扰等难以解决的问题；强、弱电管线预埋在结构体内，管线出现问题或更换管线难度较大，有时会破坏结构主体，形成安全隐患；内隔墙大多为结构承重体，而且又预埋了管线，不可移动和改造。因此，改进传统管网系统技术，探寻新型管网成套技术，是目前延长保障性住房管网系统寿命的主要抓手。

CSI住宅采用结构体和填充体完全分离的技术，所有管线不再埋入结构体内，每层均有一个200～300mm的架空层，给设备管线提供了铺设条件。厨房、卫生间位置不再固定，内部配置可随着科技的发展及产品的不断更新换代，随用户需要更换。尽管现阶段CSI住宅建筑体系无法全面推广，CSI住宅的管网体系已比较成熟，完全可以结合非CSI住宅建筑体系的住宅解决传统管网系统的技术瓶颈问题，代表了住宅管网系统发展的方向。

4.1.1　管道系统性不断增强

国内过去对建筑内给排系统不够重视，常常是单独去开发一个产品，如管材结构，缺乏系统的试验研究，建筑内给水排水系统进步较慢。近年来管网成套技术发展很快，如冷热水管网系统，包括普通的冷热水管道系统、地板采暖系统、散热器采暖系统等。总的发展趋势是逐步重视系统的研究，通过配套设计的管材、管件、辅助装置和设备形成完善可靠的管道系统，并系统性地研究管道系统的水力现象、气味排除、降低噪声、节水节能、建筑布局、多层建筑的互相干扰等问题。这从根本上规范了管道行业的发展，促进管道系统的快速发展，“十一五”期间，管道综合增长率在20%以上。

4.1.2　管道系统种类不断增加

国外较为先进的一些管道系统，近年来国内均实现了产业化，国内可选择的各种档次的管道系统越来越多，比如建筑排水系统，有单立管系统、降噪排水系统、同层排水系统等。

4.1.3 新材料、新技术应用和国外差距不断缩小

新材料管道品种技术进步较大，塑料与塑料、塑料与金属复合材料管道发展较快，交联聚乙烯（PE-X）、超高分子量聚乙烯（UHMWPE）、耐热聚乙烯（PE-RT）、改性聚氯乙烯（PVC-M）等材料用量也有很大的增加。在产品结构上，实壁管、波纹管、肋筋管、芯层发泡管、内螺旋管等结构的管材均有生产应用。

4.1.4 CSI 管网系统等新型管网系统优势凸显

CSI 住宅以实现住宅主体结构百年以上的耐久年限、厨卫居室均可变更和住户参与设计为长期目标，具备一定的可变更、可维修和可持续优化性。CSI 住宅管网系统避免了将不同使用年限的管线、门窗、分接器等部品和主体结构埋设在一起，造成改造和装修时开墙凿洞、破坏主体结构，影响主体结构的使用寿命。因此，CSI 住宅管网系统是一种优势明显的新型管网系统，方便维修维护，且大大降低了运营维护成本，有利于提高住宅的耐久性，提升住宅的可持续居住性，减少住宅重复建设，减轻住宅建设和使用过程中资源消耗的压力。

4.2 CSI 管网系统

4.2.1 CSI 住宅建筑体系整体情况

4.2.1.1 CSI 住宅建筑体系简介

CSI 住宅是将住宅的支撑体部分和填充体部分相分离的住宅建筑体系，其中 C 是 China 的缩写，表示基于中国国情和住宅建设及其部品发展现状而设定的相关要求；S 是英文 Skeleton 的缩写，表示具有耐久性、公共性的住宅支撑体，是住宅中不允许住户随意变动的一部分；I 是英文 Infill 的缩写，表示具有灵活性、专有性的住宅内填充体，是住宅内住户在住宅全寿命周期内可以根据需要灵活改变的部分。CSI 住宅是针对当前我国住宅建设方式造成的住宅寿命短、耗能大、质量通病严重和二次装修浪费等问题，在吸收支撑体（SAR）和开放建筑（Open building）理论特点的基础上，借鉴日本 KSI 住宅和欧美住宅建设发展经验，确立的一种新型的具有中国住宅产业化特色的住宅建筑体系。通过 S（Skeleton 支撑体）和 I（Infill 填充体）的分离使住宅具备结构耐久性，室内空间灵活性以及填充体可更新性等特点，同时兼备低能耗、高品质和长寿命的优势。

CSI 住宅以实现住宅主体结构百年以上的耐久年限、厨卫居室均可变更和住户参与设计为长期目标。CSI 住宅具有 SI 住宅的一般特性，将填充体与支撑体部分分离，具备一定的可变更、可维修和可持续优化性，可以有效延长住宅寿命，提升住宅的可持续居住性，减少住宅重复建设，减轻住宅建设和使用过程中资源消耗的压力，是可以留给子孙后代的优良绿色资产。同时，CSI 住宅的推广有利于实现住宅建造的工业化施工，改善住宅综合品质，增加住宅科技含量，满足居民对住宅的功能舒适度和套型多样性的要求。

4.2.1.2 CSI 住宅建筑体系对管道系统的要求

（1）管线分离与管道井设计

应在公共空间设置竖向集中管道井，包括给水、排水、热水、强电、弱电、通风等，由竖向管井引入户内标准接口。管道井的设置位置应结合整体厨房、整体卫浴位置设计，为户型灵活性和可变性提供条件；管道井应为给水、排水、采暖、燃气、电气、通风、排烟等管道提供空间，管道井平面形状、尺寸须满足管道检修、更换的空间要求；管道井内上下层间的分隔应满足防火规范的要求。

（2）给水排水管道设计

给水、排水管道应与结构体分离；共用给水、排水管道立管应设在独立的管道井内；套内排水管应同层敷设，在本层套内接入排水立管和建筑排水系统，不应穿越楼板进入另一户空间。

①给水系统

给水系统由套外给水立管、套内分水器、套内管线和套内用水部品组成，设计时应统筹考虑；给水分水器应设置在架空地板层内等便于维修管理的位置。分水器每个出水口供水压力应相同；套内给水、热水、中水管道应布置在架空地板内；宜采用DN20带套管的标准化给水管连接分水器和用水部品，分水器与用水部品的管道应一对一连接，中间不出现接口；套内水平给水、热水、中水管道，应严格区分外套管的颜色。

②排水系统

排水系统由套外排水立管、套内集水器或旋流器、套内用水部品组成，设计时应统筹考虑；排水集水器或旋流器宜设置在分户墙内架空地板处，同时应设置方便检查维修的装置；排水横支管应选用内壁光滑的标准化排水管道，管径宜为75mm，中间不宜有接口，并应设置必要的清通附件；排水横支管长度不宜超过5m；超过5m时，应设置环形通气管，与通气立管连接；集水器或旋流器与用水部品的管道应一对一连接，中间不出现接口；套内排水管道宜敷设在架空地板内，并采取可靠的隔声、减噪措施；整体卫浴、厨房的排水管宜与排水集水器或旋流器连接后，再接入排水立管。

（3）采暖管道系统

供暖主管道应设在套外公共区域，套内供暖管路系统应与结构体分离。供暖系统由套外主管道、套内分、集水器、套内供暖管路系统及设备组成，设计时应统筹考虑；采暖系统的设计及设备选择应满足分户热计量的要求；热力分水器宜设置在套内墙架空地板上面或其他便于维修管理的位置；采暖热水管道宜敷设在架空地板内；室内供暖散热设备应设置温度控制阀；套内采暖系统应从分、集水器接出，每个散热设备的供回水管道分别接自分、集水器。

（4）通风管道系统

在条件允许的情况下，鼓励分户设置独立的通风系统；设计使用共用通风系统时，纵向主通风管道应设在套外公共区域；套内横向通风管道宜敷设在架空地板内。

通风系统由通风管道、套内防倒流标准接口、整体厨房、整体卫浴内通风设施及其他通风设备组成，设计时应统筹考虑；进户风管应在室内设置防倒流标准接口，卫生间排风、厨房排烟和负压通风系统应设置相应的防倒流设施；风管应采用阻燃、无毒材料制作，风管之间的接头和接缝应严密光滑；房间宜设置微量户式负压通风系统，排风口与排风系统采用标准接口连接，在靠外墙房间的合理位置设置对应的标准新风口进风。

（5）电气管道系统

电气管线埋设应与结构体分离。强、弱电主干线缆宜在公共管道井桥架内分别敷设。

①强弱电系统

强电系统包括套外主管网、套内配电箱、套内配线系统及用电设备，设计时应统筹考虑；弱电系统包括套外主管网、套内弱电箱、套内弱电线路及设备，设计时应统筹考虑。

②电气线路

电气线路应采用符合安全和防火要求的敷设方式配线，导线宜采用铜线，每套住宅宜采用单相配电方式，进户线截面不应小于 10mm^2；套内线缆沿架空夹层敷设时，应穿管或线槽保护，严禁直接敷设；线缆敷设中间不应有接头；内隔墙内布线时，宜优先采用带穿线管的工业化内隔墙板。

③住户配电箱

每套住宅应设住户配电箱，住户配电箱应设置具有过载保护、短路保护等功能的电源总断路器，并可同时断开相线和中性线；住户配电箱应安装在进户处实体墙上，不应装在可变的轻质隔墙上；住户配电箱至架空地板应预留接线管，接线管直径根据户型大小、可能的设备数量设置，不宜小于 50mm；整体卫浴应设局部等电位联结或预留局部等电位联结的接地端子；套内线缆架空地板敷设时，不宜与热水、可燃气体管道交叉。

4.2.2 CSI 管网产业化成套技术发展趋势

CSI 住宅建筑体系的管道系统有利于对住宅进行定期维护、修缮，以长久保持住宅的正常使用功能，同时有利于定时对住宅设备设施进行优化升级、给住宅加入新的功能，以不断提升居住环境，维持甚至提高住宅的资产价值。对于保障性住房来说，管道系统的耐久性尤其重要。CSI 住宅建筑体系将为保障性住房的可持续发展提供新的平台，也是未来现代化住宅的发展方向，促进先进适用建筑体系和通用化住宅部品体系的形成，延长保障性住房使用寿命，提升居住舒适度，使保障性住房真正成为优良的社会财富和家庭财产。

4.3 给水排水管网系统

4.3.1 住宅建筑排水管网整体情况

4.3.1.1 居住区排水系统

居住区排水系统主要排出三类水：生活污水、生活废水与雨水。其中，生活污水是指居民在日常生活中产生的污水，包括洗衣、洗澡、厨房等家庭排水；生活废水主要为生活废料和人的排泄物，一般不含有毒物质，但含有大量细菌和病原体；雨水指大气降水，包括液态降水（雨、露）和固态降水（雪、冰雹、霜），通常指降雨。

排水系统是指在某一区域内用来排水的管道、沟渠以及处理设施、附属构筑物的集合，通俗地讲，把某一地区的排水管渠、检查井、泵站、处理厂等所有排水设施看成一个整体，就是排水系统。根据生活污水、生活废水和雨水是采用一个管渠系统来排除还是采用两个或两个以上各自独立的管渠系统来排除，排水系统的体制可以分为合流制和分流制两种类型。

（1）合流制排水系统，是将生活污水、生活废水和雨水混合在同一管渠内排除的系统。最早出现的合流制排水系统，是将排除的混合水不经处理就直接排入水体，国内外很多老城市以往几乎都是采用这种合流制排水系统。

（2）分流制排水系统，是将生活污水、生活废水和雨水分别在两个或两个以上各自独立的管渠（管道、沟渠）内排除的系统。污水排水系统经过处理排入水体，雨水排水直接就近排入水体。

居住区排水系统是选择分流制排水系统还是合流制排水系统，应综合考虑污水污染性质、污染程度、室外排水体制是否有利于水质综合利用及处理等因素来确定。

4.3.1.2 建筑内部排水系统的组成

一般建筑物内部排水系统由下列部分组成：

（1）卫生器具或生产设备受水器。

（2）排水管系。由器具排水管连接卫生器具和横支管之间的一段短管、除坐式大便器外，其间含存水弯，有一定坡度的横支管、立管；埋设在地下的总干管和排出到室外的排水管等组成。

（3）通气管系。有伸顶通气立管，专用通气内立管，环形通气管等几种类型。其主要作用是让排水管与大气相通，稳定管系中的气压波动，使水流畅通。

（4）清通设备。一般有检查口、清扫口、检查井以及带有清通门的弯头或三通等设备，作为疏通排水管道之用。

（5）抽升设备。民用建筑中的地下室、人防建筑物、高层建筑的地下技术层等建筑物内的污、废水不能自流排至室外时必须设置污水抽升设备。如水泵、气压扬液器、喷射器将这些污废水抽升排放以保持室内良好的卫生环境。

（6）室外排水管道。自排水管接出的第一检查井后至城市下水道或工业企业排水主干管间的排水管段即为室外排水管道，其任务是将建筑内部的污、废水排送到市政管道中去。

（7）污水局部处理构筑物。当建筑内部污水未经处理不允许直接排入城市下水道或水体时，在建筑物内或附近应设置局部处理构筑物予以处理。我国目前多采用在民用建筑和有生活间的工业建筑附近设化粪池，使生活粪便污水经化粪池处理后排入城市下水道或水体。污水中较重的杂质如粪便、纸屑等在池中数小时后沉淀形成池底污泥，三个月后污泥经厌氧分解、酸性发酵等过程后脱水熟化，再进行中水处理或进入市政污水处理厂。

4.3.2 建筑排水管网产业化成套技术发展趋势

近年来，建筑排水管网材料不断更新，工艺日趋完善，系统可选择性越来越多。

4.3.2.1 同层排水技术

同层排水技术是相对于我国传统的隔层排水技术而言的，其特点是卫生间内卫生器具排水管不穿越楼板，排水横管在本层套内与排水立管连接，只有排水立管穿越楼板，管道的维护和检修在本层套内就能解决，不需要到下一层疏通排堵。

同层排水系统在欧洲、日本已经广泛使用了多年，在我国最早出现是在20世纪90年代，如《住宅设计规范》GB 50096—1999第6.1.6条规定：住宅的污水排水横管宜设在本层套内。《建筑给水排水设计规范》GB 50015—2003第4.3.8条规定：住宅卫生间的卫生器具排水管不宜穿越楼板进入他户。以上条文都表达了同一个概念，住宅卫生间排水设计宜采用同层排水。

同层排水与隔层排水相比，具有一定的产业化优势，如表4.3-1所示。

同层排水与隔层排水对比 表 4.3-1

对比项＼排水方式	隔层排水	同层排水
排水立管	穿越楼板	穿越楼板
排水支管	穿越楼板	不穿越楼板，在楼板上敷设
排水时噪声	较大，对下层用户干扰大	较低，对下层用户干扰小
产权问题	产权不明晰，检修时需到下一层	产权明晰，检修在本层完成
对建筑要求	需避开下部对卫生和防水有严格要求的场所	防水处理到位可不受限制
防火安全	管道穿越楼板，当楼下发生火灾时可能会蔓延到楼上	管道不穿越楼板，当楼下发生火灾时不会蔓延到楼上

4.3.2.2 同层排水的形式

（1）局部降板式

我国主要采用局部降板排水方式，它的做法是将卫生间的楼板降低1～400mm，用作管道敷设空间。按设计标高和坡度将管道敷设完成后，用填充物（如焦渣、混凝土等）填实作为垫层，垫层上用水泥砂浆找平后再做防水层和面层（图4.3-1）。

局部降板式的关键是要做好楼板的防水措施，可从以下几方面注意：①降板层和地面层都应做好防水施工；②应尽量缩短排水横管与排水立管的距离；③可在降板最低处设置侧排地漏，以排除降板内的积水，地漏外部应包扎过滤网，避免固体颗粒通过地漏排至管道中。

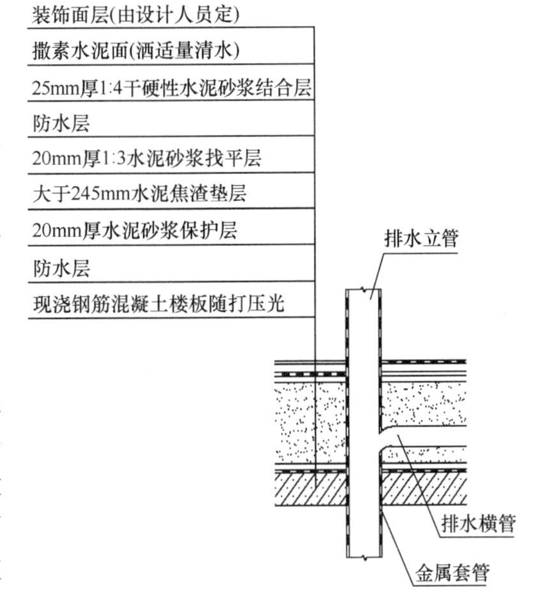

图4.3-1 局部降板式土建施工示意

（2）墙体敷设式

墙体敷设方式在欧洲已经广泛使用了三四十年，是一种使用面广，技术相对成熟的排水方式。它是在卫生洁具后方砌一堵假墙，在假墙内设置隐蔽式支架并敷设给排水管道。具体做法是把坐便器的水箱部分、洗脸盆的电子感应装置等组装成支架并将其固定，接着安装给排水管道、卫生洁具，最后砌筑假墙作伪装。安装完毕后，明露部分只有卫生洁具本体和水龙头，完全看不到明露的排水管，给人以整洁、干净的感觉（图4.3-2、图4.3-3）。

（3）集水器式

日本卫生间同层排水技术以设置排水集水器为特点，将卫生洁具排水支管接入排水集水器，集中排放污水。集水器的水流断面为蛋形、椭圆形或圆形，上部有检查口，材质采用透明的PVC-U，以便于观察和清通（图4.3-4）。排水集水器设置在楼板的架空层内，高度为300mm，升高后的卫生间地面与卧室、起居室的地面相平。

图 4.3-2　墙体敷设式隐蔽式支架

图 4.3-3　墙体敷设式施工完成后效果

（4）管道墙式

把厨房中的给水排水管道、热水管道、燃气管道以及电气线路等专业工种进行管线的集成，形成商品化供应的产品。该产品的应用是由新型材料制成的隔墙，预先在工厂进行合理的设计，将各管线装入隔墙的适当位置内，同时在该隔墙上预留一定数量的管道及电气线路安装接口，并且各个接口可以通过变径件来改变管径尺寸大小，实现设备与不同位置、不同直径的接口连接。隔墙的几何尺寸根据实际工程确定，在工厂加工后的隔墙，搬运到建筑现场进行安装。具体产品见图 4.3-5。

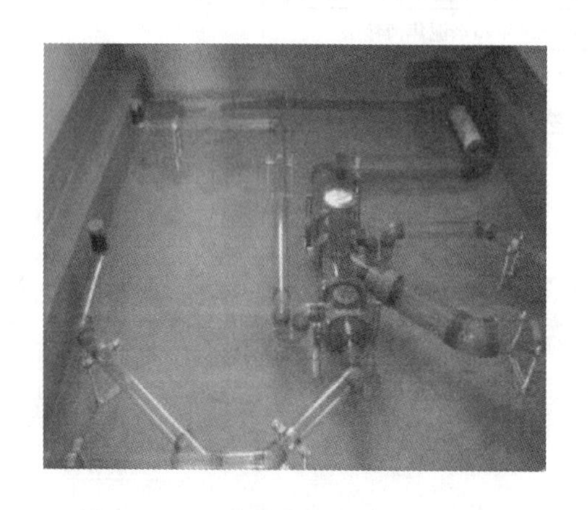

图 4.3-4　日本排水集水器式同层排水

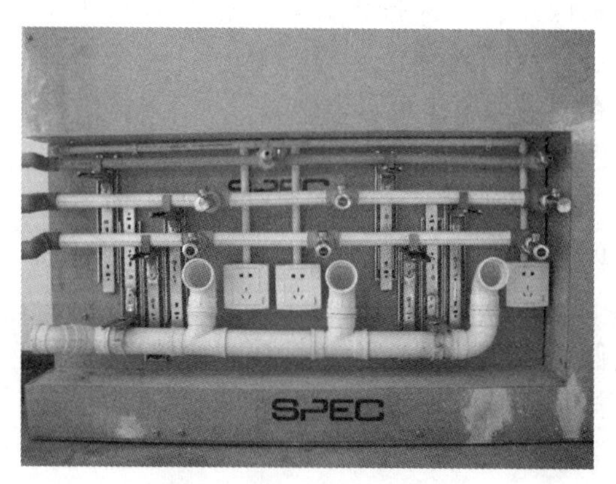

图 4.3-5　管道墙综合技术的应用

管道墙提高了现场装配化程度，对日后各种管线的局部维修带来了方便。管线设计与橱柜、厨房等设备不匹配的问题，可以通过管道墙来解决，也为今后调整厨房功能使用时创造条件。从本质上解决了管线、接口不匹配的问题。

4.3.2.3　其他排水系统

目前随着管道行业的不断发展，各种排水系统不断被开发，主要以高层、降噪、单立管等排水方式为主，主要包括高层雨水排放管道系统、超静音排水管道系统、螺旋降噪特殊单立管系统、虹吸雨水排水系统等，均是近年来推展很快的管道系统，这些管道系统比传统的金属管道系统不但造价相对低廉，而且安装施工方便快捷，使用寿命更长，具有优良的性能。

（1）高层雨水排水系统是排水管道能够使用在 50～100m 的高层，其承压、排放性能良好，安装方便快捷，耐腐蚀性好，尤其在内排式、重力有压流下最适宜使用。管道本体重量轻，同比长度铸铁管轻 80%左右，搬运装卸方便，采用柔性承插连接或胶水连接，方便快捷，工程造价低。主要采用塑料管道，无需任何防腐。

（2）螺旋降噪特殊单立管系统管道内壁主要采用特殊螺旋筋结构，配合单立管专用旋流配件，直接一根管路实现排水、排气功能，节约成本，而且管道螺旋排水降低水流噪声，舒适方便。

（3）虹吸雨水排放系统最早应用于欧洲，从 20 世纪 60 年代起步，发展到现在已经有近 50 年的历史了，而我国直到 20 世纪 90 年代初才从德国引进。经过十几年大量的试验和深入的研究，我国已经成功的研制出压力流（虹吸）屋面雨水排放系统。

虹吸式雨水排放系统适用于工业厂房、库房、公共建筑的大型屋面雨水的排放。目前，很多高层住宅项目也广泛的采用该系统。其关键技术为不掺气的新型雨水斗，该种雨水斗采用特殊的构造，使雨水在进入雨水排放系统前得到整流，最大限度地将空气隔离在雨水排放系统之外，为系统内形成满管流提供条件。

虹吸式屋面雨水排放系统采用特殊设计的雨水斗，使雨水在很浅的天沟水深状态下，即可在管道中形成满流状态。利用建筑的高度与落水的势能，在管道中造成局部真空，使雨水斗及水平管中的水流获得附加压力，造成虹吸现象。

图 4.3-6 长沙麓谷和沁园保障房项目

总之，虹吸雨水系统是近年来我国从欧洲引进的一种新型的雨水排放技术，经过这些年的发展，已经取得了实质性的成果，也得到了广泛的应用，特别是针对一些工业厂房、库房、公共建筑的大型屋面雨水的排放，该系统有着得天独厚的优势。随着房地产行业的不断发展，在客户对居住空间品质要求越来越高的形势下，在高层建筑住宅中引入虹吸雨水系统必将成为一种趋势（图 4.3-6）。

4.4 建筑冷热水管道系统

4.4.1 建筑冷热水管网整体情况

4.4.1.1 系统介绍

建筑内部给水系统是将城镇给水管网的水引入室内，经配水管送至生活、生产和消防用水设备，并满足用水点水量、水压和水质要求的冷热水供应系统。

4.4.1.2 产品分类

目前适用于建筑内冷热水系统的管材主要有金属管、塑料管和复合管。金属管主要包括钢管、铸铁管等，焊接钢管耐压、抗振性能好，且单管长，接头少，重量比铸铁管轻，有镀锌钢管（白铁管）和非镀锌钢管（黑铁管）之分，前者防腐、防锈性能较后者好。铸铁管性脆、重量大，但耐腐蚀、经久耐用，价格低。

塑料管主要有无规共聚聚丙烯（PP-R）、交联聚乙烯（PE-X）以及聚丁烯（PB）、Ⅰ型和Ⅱ型耐热聚乙烯（PE-RT）等。塑料管具有耐化学腐蚀性强，水流阻力小，重量轻，运输、安装方便等优点，而且使用塑料管还可以节省钢材，节约能源。无规共聚聚丙烯（PP-R）是目前最常用的建筑冷热水管道系统，其膨胀力小，不易变形，保温性能好，价格较低，但其弹性模量较大，无法做盘管，接头多，易脆裂，而且目前国内很多声称生产管道级PP-R原材料厂家较多，市场上PP-R管材的质量也参差不齐。交联聚乙烯（PE-X）耐压性、保温性能良好，管材韧性好，可做盘管，但目前国内尚无PE-X专用料，基本依靠进口，而且其生产工艺不易控制，连接方式采用机械连接，安全性上较差。Ⅰ型和Ⅱ型耐热聚乙烯（PE-RT）在性能上与PE-X相似，不过连接方式采用热熔连接，相对更安全而且其生产工艺比较成熟。Ⅱ型较Ⅰ型在耐热性以及承压性上都有所提高，但价格较PPR管要高。聚丁烯（PB）是目前冷热水使用性能最好的塑料管材，其原料只有Basell公司生产，价格较高。

复合管主要包括铝塑复合管和钢塑复合管，其兼具塑料管和钢管的优点。但其在价格上要高于塑料管，性能上要低于钢管，而且各种复合管本身也有其缺点，如稳态管施工复杂，钢塑管防腐措施复杂等，因此目前室内冷热水管道系统仍以塑料管居多。

4.4.1.3　冷热水用管道简介

建筑冷热水按用途分主要有建筑内饮用、烹调、盥洗、洗涤、淋浴等生活用水。根据水质需求，可分为：饮用水（优质水）、杂用水、建筑中水系统等。

自2000年原建设部发布通知禁止使用镀锌钢管用于室内给水管道系统以来塑料管道系统在建筑内冷热给水系统中使用的越来越广泛，其以重量轻、耐热性好、保温性好、连接牢固、耐腐蚀、卫生无毒、寿命长、造价适中、光滑通畅、卫生环保的特点在室内冷热水系统中迅速得到人们的认可（图4.4-1）。

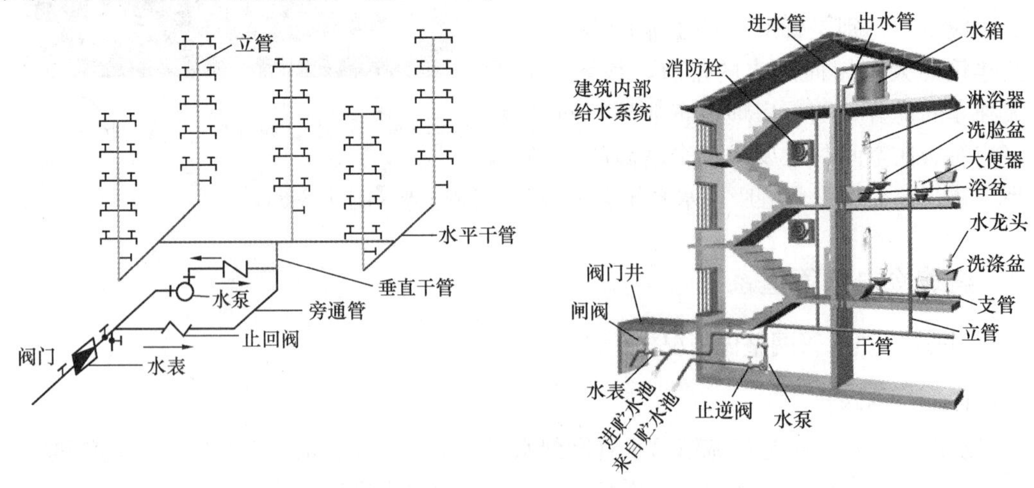

图4.4-1　给水系统的组成

4.4.2　建筑冷热水管网产业化成套技术发展趋势

整体来看，冷热水管道在从传统的金属管道向塑料管道或钢塑复合管道方向发展，这主要是塑料材料技术的进步和钢塑复合加工技术的发展所决定的，目前市场上主要产品有PPR管道、PE-RT管道、PB管道等，另外PPB管道、CPVC管道也有应用。

4.4.2.1　PPR稳态管管道

PPR稳态管与传统的PPR管道相比，解决了线性膨胀系数偏大易变形的问题，管道尺寸稳定性好，另外其高温耐压性能有所提升，适用于有较高要求的冷热水管道系统，其具有不渗氧、杜绝藻类生长、膨胀系数小、明装不变形、刚度高、韧性好、耐高温、抗紫外线，防止材料老化、保温节能，更经济[导热系数0.23～0.24W/(m·K)]、连接牢固、不渗漏、安装方便等特点，稳态管主要用于热水管道系统，而且可用于给水主立管，是普通PPR管道系统的升级版本，但其施工相对复杂，需做剥皮处理，因此无剥皮塑铝稳态管项目成为开发的重点，也将逐渐代替普通稳态管系统。

4.4.2.2　Ⅱ代PE-RT管道系统

PE-RT管道是一种采用特殊的分子设计和合成工艺生产的一种中密度聚乙烯，它采用乙烯和辛烯共聚的方法，通过控制侧链的数量和分布得到独特的分子结构，来提高PE管的耐热性。由于辛烯短支链的存在使PE的大分子不能结晶在一个片状晶体中，而是贯穿在几个晶体中，形成了晶体之间的联结，它保留了PE管的良好的柔韧性，高热传导性和惰性，同时使之耐压性更好，相比最初使用的Ⅰ代PE-RT管道系统，Ⅱ代产品可以满足更高的静液压强度要求，具有更好的高温耐压性能，是理想的冷热水管道。其具有优良的耐温性能，适用温度为－70～90℃、优良的隔热性能，导热系数低、较长的使用寿命，可安全使用50年以上、抗化学耐腐蚀性能。良好的环保性能，可回收、良好的恢复形状记忆性能；抗振动，耐冲击；水力特性优良。

4.4.2.3　PB管道系统

PB管材（聚丁烯）是一种高分子惰性聚合物，诞生于20世纪70年代，PB树脂是由丁烯-1合成的高分子综合体，是具有特殊密度（0.937）结晶体，是具有柔软性的异性质体。属于有机化工材料类的高科技产品，它具有很高的耐温性、持久性、化学稳定性和可塑性，无味、无毒、无嗅，温度适用范围是－30～＋100℃，具有耐寒、耐热、耐压、不生锈、不腐蚀、不结垢、寿命长（可达50～100年），且有能长期耐老化特点，是目前世界上最尖端的化学材料之一。在世界上许多国家已经普遍使用，有“塑料中的黄金”的声誉。PB主要采用优质的荷兰Basell和日本三井PB原料，但是中国大陆经过几年的发展在生产PB管和运用上已处于世界的领先水平（图4.4-2、图4.4-3）。

（1）它除了具有其他塑料管的抗冻、不结垢等共性以外，在众多管材中，它是最优秀的耐压管材。其长期使用环向应力承受能力最高。在介质20℃、系统压力16bar，介质70℃、系统压力10bar及介质95℃、系统压力6bar三种不同情况下都可保证安全、可靠运行50年，安全系数1.5。

（2）水力损失极小。由于PB材料具有高的耐热强度，故在确定管子壁厚方面，在所有塑料管中PB管可以有最小的壁厚而不影响安全可靠性。这样与外径尺寸相同的其他塑料管相比，PB管具有内径最大的优点。使液体具有良好的流动性和相对大的流量，从而

图 4.4-2　溧阳市长阳安置小区

图 4.4-3　有东新园 E 区经济适用房

节约了水力、能源和原材料。其导热系数仅为钢管的 1/250、铜管的 1/1700，故其保温效果强。

（3）最优秀的饮用水管材。聚丁烯是一种高惰性的聚合物材料，具有很高的化学稳定性。微生物不能寄生滋长，是目前世界上最符合卫生标准的饮用水给水管材。

（4）耐磨性能最佳。PB 管材的耐磨性能已被证明比其他热可塑性管材的性能高。特别是在 82℃的高温下也具有长期的持久力。在 23℃时，PB 管比 PE 管的耐磨性高出 2.6 倍。在 82.2℃时，PB 管比 PE 管耐压性能高出 60 倍。

（5）极强的抗温度应力能力。以同样直径 32mm，长 10m，温差 50℃的管材作膨胀力的试验，聚丁烯为 48kg，聚丙烯为 178kg，交联聚乙烯为 253kg，聚氯乙烯 310kg，铜 15kg，钢 2050kg。

4.5　供热采暖管网系统

4.5.1　供热采暖管网整体情况

4.5.1.1　传统的采暖系统

我国采暖主要用在北方地区，传统采暖主要以暖气片为主，之前没有 PPR、PE-RT 等耐高温塑料管材时，北方市场暖气片的主管主要是以钢管为主，不断地发展过程中，出现了耐高温的塑料管如：PPR 管材、PPR 稳态管、PE-RT 管材等等，这些管材均可以作为暖气片采暖的主管。

暖气片采暖主要集中在北方，主要以集中供热的方式进行供暖，所以在每个住宅楼中都有总的供回水主管。规定在每层住宅楼的供暖主管分配不能超过三户。在连接暖气片采暖主管时，直接将主管连接到总的供回水主管上。

4.5.1.2 地暖

（1）地暖简介

地暖是地板辐射采暖的简称，是以整个地面为散热器，采用温度不高于60℃的热水或发热电缆，将暗埋在地板下的盘管系统内加热整个地面，利用地面自身的蓄热和热量向上辐射的规律由下至上进行传导，来达到取暖的目的。

地热辐射采暖与传统采暖方式相比，具有舒适、节能和环保等诸多特点。目前这项技术已被大量应用于民用住宅和医院、商场、写字楼、健身房和游泳馆等各类公共建筑以及花坛、厂房、足球场、飞机库和蔬菜大棚等建筑系统的保温，甚至应用于室外道路、屋顶、楼梯、机场跑道和各类工业管线的保温。

通过低温热水向上辐射热量供热的供暖方式与普通散热气供暖方式相比具有很多优点：

①舒适、卫生、保健。地面辐射供暖是最舒适的供暖方式，室内地表温度均匀，室温由下而上逐渐递减，给人以脚温头凉的良好感觉；不易造成污浊空气对流，室内空气洁净，水分散失减少，克服了散热器采暖给人带来的口干舌燥等不足；改善血液循环，促进新陈代谢。

②节约空间、美化居室，可省去安装暖气片和暖气管道所占的空间，增加使用面积2%～3%，减少卫生死角。

③热源选择比较广泛，可以利用地下热水、工业余热、供热管网、家用供热源等。

④热稳定性好。供暖地面层及混凝土层蓄热量大，热稳定性好，在间歇供暖的条件下，室内温度变化缓慢。

⑤高效节能、运行费用低。辐射供暖方式较对流供暖热量集中在人体受益的高度内；传送过程中热量损失小；可实行分层、分户、分室控制，用户可根据情况进行调控，有效节约能源。地热辐射采暖与其他采暖方式相比，节能幅度大约是20%，如果采用分区温控装置，节能幅度可以达到40%。

⑥增加地面厚度，且加气（泡沫）混凝土具有良好的吸声作用，因而具有良好的楼层隔声效果。

⑦使用寿命长：设备不受室外温度的影响，低温地面供暖中塑料管材或发热电缆埋入地下，稳定性好、不腐蚀，无人为破坏，使用寿命与建筑物同步。较对流供热节约维护和更换费用。

（2）地暖的分类

①地面辐射供暖按照供热方式的不同主要分为水暖和电暖，从铺装结构上分为湿式地暖和干式地暖两种；从功能上分为普通地暖和远红外地暖；从表面饰材上分为地板型地暖和地砖型地暖。

②水暖（即低温热水地面辐射供暖）是以温度不高于60℃的热水为热媒，在加热管内循环流动，加热地板，通过地面以辐射和对流的传热方式向室内供热的供暖方式。

③电暖是以发热元件为发热体，用以铺设在各种地板、瓷砖、大理石等地面材料下，再配上智能温控器系统，使其形成舒适环保、高效节能的采暖方式。电暖又有发热电缆采暖、碳晶地暖和电热膜采暖之分。其中电热膜地面供暖系统，由于技术尚未成熟，目前国内尚无国家规范。

④湿式地暖是指用混凝土把地暖管道包埋起来，然后在混凝土层之上再铺设地面、瓷砖等地面材料。如图 4.5-1 所示。

⑤干式地暖因无需回填层，相对于普通地暖减少占用层高（一般占用层高在 4cm 及以下）又名超薄地暖，又因不需要豆石回填相对于普通地暖安装方式故取名干式地暖。如图 4.5-2 所示。

图 4.5-1　湿式地暖及回填铺装图

图 4.5-2　干式地暖铺装图

干式地暖是一种基于干式地暖模块内铺设管材的一种新型地暖方式。干式地暖模块包括导热层、隔热层，导热层位于隔热层的上方，导热层与隔热层固接，导热层与隔热层上对应设有地暖盘管槽，地暖盘管槽为倒 Ω 形管槽。省去了管卡，也不需使用胶水覆膜固定，既不占层高又保障地板弹性和良好的舒适度。

⑥远红外水地暖是将远红外技术与低温辐射地暖技术有机结合，通过配置安装远红外地暖发射层（远红外模块或反射布等），使普通水地暖系统具备发射远红外线的功能，在舒适地暖功能的基础上，实现地暖系统的理疗保健功效。远红外地暖系统是以内能发射为主热辐射为辅的热传递方式。可大幅提高地暖热量利用率和升温时间，使地暖系统更舒适更节能。

（3）水暖和电暖的比较

地暖全称为地面辐射供暖，目前分为水地暖与电地暖两种，分别有干式和湿式两种铺装方式。按照目前的《地面辐射供暖技术规程》JGJ 142—2004 来看：水地暖是以温度不高于 60℃的热水为热媒，在埋置于地面以下填充层中的加热管内循环流动，加热整个地板，通过地面以辐射和对流的热传递方式向室内供热的一种供暖方式；电地暖是将外表面允许工作温度上限为 65℃的发热电缆埋设在地板中，以发热电缆为热源加热地板，以温控器控制室温或地板温度，实现地面辐射供暖的供暖方式。

水地暖的构成有：锅炉，分集水器，地面盘管，干式地暖模块、地面辅材、温控器，及部分弯头等配件。

电地暖的构成有：发热电缆，温控器，地面辅材、干式电地暖模块。

（4）水暖

①系统安装

水暖系统：湿式地暖安装涉及保温层、地暖盘管、豆石水泥回填、分集水器、锅炉五大部分工序，安装难度高，系统维护、调试成本高，安装复杂、盘管＋温控器＋分水器。干式地暖施工非常简单，包括干式地暖模块、分集水器、锅炉三部分工序，基本第二天就可以铺地板或地砖。

湿式地暖可维修性差，属隐蔽性工程，不易维修，铺设木地板会有干裂的麻烦，最好选用复合地板、地砖或大理石。其不便于二次装修，由于地采暖的热管道都铺设在地下，二次装修改造地面时，容易损坏地下管道；并且地板上不宜铺设地毯之类的装饰品，否则容易影响采暖效果。设定温度不能太高，否则将降低输送管道的使用寿命。

湿式地暖因必须浇筑砂石混凝土层，平均重量很重，对建筑物承重比暖气片方式重约8倍。

②采暖效果

水暖系统：预热时间3h以上，均热时间4h左右，冷热点温差10℃。

卫生间使用受限，由于地采暖的送热管道比较复杂，出于防水考虑，铺设地暖盘管前后都要做防水，由于卫生间铺设范围小（比如要预留坐便、浴盆、下水口等），室温往往达不到采暖标准，还需辅以背篓（暖气片）做辅助。

地暖系统在运行2～4年时，地暖管路产生水垢，需要专业设备进行清洗，不然直接影响采暖效果。

③相关耗材

水暖系统：由于水管内温度35～50℃以上，因此地面混凝土厚度在3cm以下会开裂，必须加装钢丝网。

④层高影响

水暖系统：保温层2cm＋盘管、混凝土层5～8cm（选用保温材料、地暖管材不同，施工方案、方法不同，对层高的影响不同）干式地暖，干式地暖模块3.5cm。

⑤使用能耗

水暖系统：尽管天然气热值高于电，但由于锅炉本身的热损耗极大，因此水暖的实际使用能耗很高。a. 锅炉在燃烧时其排烟管口120～200℃的废气排放带走大量的热能；b. 采暖锅炉的最低燃烧阀值50％，当您用分水器将100m^2的房间只使用10m^2采暖时，其燃烧值还是50％。

⑥系统寿命

水暖系统：地下盘管50年，散热器15年，铜质分集水器8年，存在系统渗漏维护；锅炉整体寿命10～15年，锅炉主要部件5年更换，每2～4年必须专人清洗检修系统，消除水垢。

（5）电暖

①系统安装

电暖：安装简便，盘线＋温控器。

②采暖效果

电暖：预热时间2～3h，均热时间4h左右，冷热点温差10℃。

③相关耗材

电暖：电缆线温度在65℃以上，地面混凝土厚度至少5cm，同样需加装钢丝网。

④层高影响

电暖：保温层2cm+混凝土层5～7cm。

⑤使用能耗

电暖：发热电缆所固有的线损率很难低于20%，加上系统的损耗和为防止开裂所加厚的混凝土层吸收的热量，其使用中实际电热转换率很难高于70%。

⑥系统寿命

电暖：地下发热电缆30～50年，10年之内电缆外护套层有老化现象，热损增高，温控器3～8年。

4.5.2 供热采暖管网产业化成套技术发展趋势

4.5.2.1 水暖的发展

用水作为地面采暖的介质是从1907年英国的巴克尔教授首先申请了辐射供暖的专利开始的。到20世纪30年代，建筑师莱特把地面辐射采暖引入到他在美国的住宅中，用钢管内的循环水输送热量。后到20世纪的50、60年代，在中欧安装了一些使用钢管或铜管的地面采暖。但不幸的是这个时期的建筑物没有很好的保温措施，因此，必须使用温度很高的流体给房间供热，这导致了地面辐射采暖声誉不是很好。

20世纪70年代末，德国、瑞士、奥地利和其他一些北欧国家将塑料管引入到地面辐射采暖系统中，发展到今天，地暖系统中已经有PE-X管、PE-RT管、PB管几种常用管材。

4.5.2.2 地暖的发展方向

随着国际以及国内对节能环保、可持续发展等重大发展问题的关注，国家构造节约型社会的需要，地暖行业的总体发展方向必将向可持续发展、可循环使用、节能方面快速推进。

基于此，地暖行业的相关技术发展除了对地暖终端材料的探索研发，需求适应现有低能耗、安全环保、健康舒适、维修方便要求的新型产品外，将更加关注整个系统的完善和提高，天然气、电、太阳能、地源热泵、空气源热泵、其他系统余热等各种节能热源综合应用；除湿送风除水技术、进口和终端混流控温技术、控温自动技术、分户计量技术、辐射供冷技术与地暖终端材料的结合应用等。地暖行业的发展已经不能靠单一产品的突破或提高来带动整个行业的发展，新能源、新技术、新理念的结合应用已是地暖行业发展的动力。

从地暖发展的地域和应用领域来看，地暖的应用由北方向南方移动，随着经济条件的改善和对北方人供暖方式的逐步了解，越来越多的南方人决定改用新的采暖方式；另外地暖的应用由城市到农村发展，随着农村生活水平的提高，人们对舒适生活环境的渴望，新能源的应用（太阳能、沼气等），地暖系统的相对成熟，具有广阔资源的农村市场必将成为地暖行业的新发展点；地暖的应用由民用向其他领域移动，由地暖系统具有舒适、节能等特点，其应用领域可以扩展到畜牧饲养、园林土木和特种养殖等诸多领域。

伴随着市场的发展、系统的完善和节能环保住宅等节能政策的推广，在不久的将来，地暖的发展将并不只是采暖材质的发展，而是伴随着地暖系统的发展，而地暖系统必将向着低能耗、安全环保、健康舒适、维修方便的方向快速发展（图4.5-3～图4.5-5）。

图 4.5-3 杭州望江地区经济适用房

图 4.5-4 镇江长江花园

图 4.5-5 溧阳景盛苑小区

4.6 燃气管网系统

4.6.1 燃气管网整体情况

燃气输配系统一般由门站、燃气管网、储气设施、调压设施、管理设施、监控系统等组成。我们重点介绍的是燃气管网系统，自国家西气东输工程开展以来，各个管道厂家积极采购设备，纷纷开始生产燃气管道，燃气管道行业得到了迅速的发展。

4.6.1.1 燃气管网系统的分类

燃气管网可按用途、敷设方式、输气压力、管网形状、压力级制等加以分类。

我国城镇燃气管道按燃气设计压力 P（MPa）分为七级。如表 4.6-1 所示。

城镇燃气设计压力（表压）分级 表 4.6-1

名称		压力
高压燃气管道	A	$2.5<P\leqslant4.0$
	B	$1.6<P\leqslant2.5$
次高压燃气管道	A	$0.8<P\leqslant1.6$
	B	$0.4<P\leqslant0.8$

续表

名　　称		压　　力
中压燃气管道	A	0.2<P≤0.4
	B	0.01≤P≤0.20
低压燃气管道		P<0.01

燃气输配系统各种压力级制的燃气管道之间应通过调压装置相连。当有可能超过最大允许工作压力时，应设置防止管道超压的安全保护设备。

4.6.1.2　管道试压

（1）试压介质的选用应符合下列规定

①在条件允许的情况下，应首选洁净淡水作为试压介质；

②位于一、二级地区可采用空气作为试压介质；

③位于三、四级地区以及靠近Ⅰ、Ⅱ类安全防火建（构）筑物的管段应采用洁净水作为试压介质。

（2）水压试验

①分段水压试验时的压力值、稳压时间及允许压降值应符合表4.6-2的规定。

水压试验压力值、稳压时间及允许压降值　　**表4.6-2**

分　　类		强度试压	严密性试压
一级地区	压力值(MPa)	1.1倍设计压力	设计压力
	稳压时间(h)	4	24
二级地区	压力值(MPa)	1.25倍设计压力	设计压力
	稳压时间(h)	4	24
三级地区	压力值(MPa)	1.4倍设计压力	设计压力
	稳压时间(h)	4	24
四级地区	压力值(MPa)	1.5倍设计压力	设计压力
	稳压时间(h)	4	24
允许压降值(MPa)		1%试验压力值，且不大于0.1	1%试验压力值，且不大于0.1

②用水作试压介质时，试压宜在环境温度5℃以上进行，否则应采取防冻措施。

③水不允许具有腐蚀性，应不含有机或无机脏物，水的pH值应为5～8，水中有害盐类的成分含量，特别是氯化物，应低于1000mg/ L。当试压用水在试验管内存放时间超过8d时，水的允许pH值在6～7.5，盐类含量不允许超过500mg/L。

④试压合格后，应将管段内积水清扫干净。

⑤用水作试压介质时，试压设备、机具的摆放位置离试压管线的距离不小于30m。

4.6.2　燃气管网产业化成套技术发展趋势

4.6.2.1　传统燃气管路

传统城市燃气管网使用的管材主要有水煤气管（黑铁管）、镀锌管和铸铁管，这些管道施工劳动强度大、有轻度污染、寿命短、铸铁管易漏气，从而引发重大事故，危及人民的生命财产安全。由以上分析可知，传统燃气管网存在的主要问题是渗漏以及由此引起的污染问题。

2004年3月，原建设部发布了《关于发布（建设部推广应用和限制禁止使用技术）的公告》，明确宣布传统管材如铸铁管为限制使用技术；灰口铸铁管材、管件不得用于城镇供水、燃气等市政管道系统。

4.6.2.2 塑料管材特点

目前塑料管道的种类比较多，各种塑料管材均具有重量轻、接口方便、寿命长、水力条件好、柔性好、不渗漏、无污染的特点。与传统埋地管材相比，塑料管的优点具体表现在以下几个方面：

（1）强度和刚性。表面上看，塑料埋地管的强度和刚性不如铸铁管。但是，从实际应用看，塑料埋地管属于“柔性管”，在正确设计和铺设施工的前提下，塑料埋地管是和周围土壤共同承受负载的，因此不需要达到钢筋混凝土管的强度和刚性。

（2）密封性能。传统管材存在的最主要问题是泄漏并由此引起环境污染。塑料管的密封问题极易得到解决，加上塑料管的连接和密封有一系列严格要求，因此其泄漏的几率远远低于传统管材。

（3）使用寿命。塑料管的耐腐蚀性远超过传统管材，其寿命一般可达50～100年。

（4）施工费用。塑料管质量轻、长度大，对管沟的要求低、连接方便，因此施工快捷方便，施工费用远低于传统管网。由于施工费用低，总的工程造价往往较低。

4.6.2.3 发展塑料管网应注意的问题

（1）国家应随着塑料管材的发展尽快制定出相应的管材技术标准，以及施工和质量验收规范，规范管材企业、设计行业、施工企业的行为，做好新材料、新技术的推广工作。

（2）为了塑料管材市场的健康发展，生产企业要严把产品的质量关，做好产品的出厂检验，尤其是耐压试验和老化试验，杜绝不合格产品上市流通。

（3）设计单位要做好新管材的推广和技术服务工作，按照国家的法律、法规、规程，设计出安全、环保、节能、经济的管网工程。施工企业要严格执行管材安装的操作技术规程，杜绝偷工减料。质量验收部门、监理部门要按照国家施工验收方面的法律、法规，认真负责地分单项、分阶段组织验收，严把质量关（图4.6-1、图4.6-2）。

图4.6-1 杭州丁桥大型居住区经济适用房

图4.6-2 徐州上山拆迁安置房

4.7　电气管网系统

4.7.1　电气管网整体情况

4.7.1.1　电气管网分类

（1）电网系统

电网系统是由发电、变电、输电、配电和用电等环节组成的电能生产与消费系统。它的功能是将自然界的一次能源通过发电动力装置（主要包括锅炉、汽轮机、发电机及电厂辅助生产系统等）转化成电能，再经输、变电系统及配电系统将电能供应到各负荷中心，通过各种设备再转换成动力、热、光等不同形式的能量，为地区经济和人民生活服务。由于电源点与负荷中心多数处于不同地区，也无法大量储存，故其生产、输送、分配和消费都在同一时间内完成，并在同一地域内有机地组成一个整体，电能生产必须时刻保持与消费平衡。因此，电能的集中开发与分散使用，以及电能的连续供应与负荷的随机变化，就制约了电力系统的结构和运行。据此，电力系统要实现其功能，就需在各个环节和不同层次设置相应的信息与控制系统，以便对电能的生产和输运过程进行测量、调节、控制、保护、通信和调度，确保用户获得安全、经济、优质的电能。

（2）电力电缆

电力电缆是用于传输和分配电能的电缆，常用于城市地下电网、发电站的引出线路、工矿企业的内部供电及过江、过海的水下输电线。在电力线路中，电缆所占的比重正逐渐增加。电力电缆是在电力系统的主干线路中用以传输和分配大功率电能的电缆产品，其中包括1～500kV以及以上各种电压等级，各种绝缘的电力电缆。

地下电缆，是随着城市经济的快速发展和城市生活的质量提高，成为新世纪新时代的一种潮流。它对美化城市环境和提升城市功能，已经和必定起到有益的作用，并产生崭新的现实效应。地下电缆，应该是也必然能反映一座城市社会经济综合发展的高水平，并还能衡量一座城市现代化科学化发展的程度。

（3）通信电缆

通信电缆是将电信号从一个地点传送到另一个地点的传输媒质。在有线电信中，它是传送电信号的导线，叫做电信线路。电信线路的发展，大体上经历了架空明线、对称电缆、同轴电缆、光缆等主要阶段。

4.7.1.2　电气管网系统所用材料特点

（1）电网用电工套管

①抗压：中型导管与重型导管分别能承受750N与1250N的压力，故可明装也可暗敷于混凝土内，不会受压破裂，其中重型管系列尤其适合在混凝土需要夯实和振动的工程中使用。

②抗冲耐热：导管在混凝土浇筑过程中，能承受正常的捣固冲击而不破裂，且在混凝土凝结作用下，不会软化变形。

③阻燃：具有较高的氧指数值，故导管不易燃烧，且离火即自熄，火焰不会沿着管道蔓延。

④耐腐、防虫：PVC导管耐酸碱性优良，不会锈蚀，且不含增塑剂，无吸引虫鼠的异味，故无虫害。

⑤绝缘：在浸水状态下AC2000V、50HZ不会击穿，绝缘性能优良，故可有效的防

止意外漏、触电事故。

⑥施工方便：导管截断方便，D32 以下的导管内插入相应的专用弹簧，在常温下即可随意弯曲到所需角度。

(2) 电缆系统用管材[主要有 PVC-C(高压)、PVC-U(低压)埋地式电缆管]

①物化性能优良，其中 PVC-C 耐高温、耐腐蚀、耐 10000V 电压；PVC-U 耐腐蚀，耐 1000V 以下电压。使用寿命长，强度高，是目前电力管的理想产品，并克服了水泥石棉管的致命缺陷。

②质轻耐用，安装方便，可大大缩短工期，降低工程造价。

③安全卫生，不存在如水泥石棉管等可能危害生产及施工人员的身体健康，造成环境污染的因素。

④节约铺设费用，运输、安装过程中不易损耗，不需大面积开挖，此外，不需使用特殊辅助材料，铺设费用低。

⑤电缆抽拉顺利，管子变形小，不变色，不开裂，不渗漏。

⑥维卡软化点高，材质稳定，能满足高压电力电缆实际运行需要。

4.7.2 电气管网产业化成套技术发展趋势

我国大量生产和应用各种材料和结构塑料护套管。过去国内有一种误解以为电力线缆的护套管道只能用特种聚氯乙烯管（加入氯化聚氯乙烯 PVC-C 提高耐热性），其实电力线缆同样可以采用聚烯烃护套管道（在国外有相关标准）。近年电力部门越来越多采用非开挖铺设，还有企业开发聚丙烯电力护套管（适当填充改性，提高耐热和环刚度）开拓了很大市场。上海哈威等公司已经生产细缆护套管，这种细缆护套管可以穿入已经埋地铺设的硅芯管，把一条通信线路改造成多条（图 4.7-1、图 4.7-2）。

图 4.7-1 湖州仁北家园

图 4.7-2 杭州下沙街道头格社区农转居公寓

4.8 新风管网系统

4.8.1 新风管网整体情况

4.8.1.1 新风系统简介

(1) 新风系统定义

何谓新风系统，说白了就是空气交换机（有人笑称是高级换气扇），由风机、进风口、排风口及各种管道和接头组成。它能在不开窗的情况下把室外的新鲜空气过滤后送入室内，并把室内的污浊空气排出去，让室内外的空气主动循环起来。

（2）新风系统原理

新风系统是根据在密闭的室内一侧用专用设备向室内送新风，再从另一侧由专用设备向室外排出，则在室内会形成“新风流动场”的原理，从而满足室内新风换气的需要。实施方案是：采用高压头、大流量小功率直流高速无刷电机带动离心风机、依靠机械强力由一侧向室内送风，由另一侧用专门设计的排风新风机向室外排出的方式强迫在系统内形成新风流动场。在送风的同时对进入室内的空气进新风过滤、灭毒、杀菌、增氧、预热（冬天）。排风经过主机时与新风进行热回收交换，回收大部分能量通过新风送回室内。借用大范围形成洁净空间的方案，保证进入室内的空气是洁净的。以此达到室内空气净化环境的目的。

（3）新风系统必要性

根据室内空气质量标准（GB/T 18883—2002）规定，理想的室内环境指标见表4.8-1。

室内环境指标 表4.8-1

序号	参数类别	参数	单位	标准值	备注
1	物理性	温度	℃	22—28	夏季空调
				16—24	冬季采暖
2		相对湿度	%	40—80	夏季空调
				30—60	冬季采暖
3		空气流速	m/s	0.3	夏季空调
				0.2	冬季采暖
4		新风量	$m^3/(h \cdot 人)$	30[a]	
5	化学性	二氧化硫 SO_2	mg/m^3	0.50	1h均值
6		过氧化氮 NO_2	mg/m^3	0.24	1h均值
7		一氧化碳 CO	mg/m^3	10	1h均值
8		二氧化碳 CO_2	%	0.10	日平均值
9		氨 NH_3	mg/m^3	0.20	1h均值
10		臭氧 O_3	mg/m^3	0.16	1h均值
11		甲醛 HCHO	mg/m^3	0.10	1h均值
12		苯 C_6H_6	mg/m^3	0.11	1h均值
13		甲苯 C_7H_8	mg/m^3	0.20	1h均值
14		二甲苯 C_8H_{10}	mg/m^3	0.20	1h均值
15		苯并芘 BP	ng/m^3	1.0	日平均值
16		可吸入颗粒 PM_{10}	mg/m^3	0.15	日平均值
17		总挥发性有机 TVOC	mg/m^3	0.60	8h均值
18	生物性	菌落总数	cfu/m^3	2500	依据仪器定[b]
19	放射性	氡 222Rn	Bq/m^3	400	年平均值（行动水平[c]）

a. 新风量要求不小于标准值，除温度、相对湿度外的其他参数要求不大于标准值。

b. 见室内空气中菌落总数检验方法。

c. 行动水平即达到此水平建议采取干预行动以降低室内氡浓度。

传统住宅是有空隙的开放型住宅，外部维护结构的保温隔热性极差，冬季风从空隙进入室内，屋内很冷；夏季因为有空隙，冷气起不到效果，屋内很热。这种类型房屋虽然在通风上做得很好，但采暖制冷能耗过高，造成了能源的极大浪费。现代住宅是高性能密封型，外部维护结构保温隔热性高，节能、舒适、隔声、安全。但由于密闭性过高，自然通风也难以得到保障，装修残余气体，室内污浊气体等很难排出。现代住宅很难达到国标规定的室内环境指标要求。

4.8.1.2 新风系统分类

（1）正压送风系统

只有进风口，没有排风口，也只在进风口安装风机，强行往室内送风，使室内形成正压，不考虑风的流向，迫使污浊的空气从窗缝、门缝排出。在正压系统下，水气附在空气里，被强行渗入到墙体和家具里，引起霉菌和有害气体的散发。目前正压送风系统使用的人数较少。

（2）半机械负压新风系统

半机械负压新风系统被业内称为单向流新风系统。它在排风口的管道末端装有风机，通过风机运转使室内产生负压，带动室外的新鲜空气经过起居室、卧室、客厅等的进风口过滤后缓缓流入室内，污浊的空气由安装在卫生间、洗衣房等的排风口排出。

（3）双向流新风系统

双向新风系统也分为两种，一种是带有冷热交换的新风系统，大概可以回收70%的热量。另一种则是不带冷热交换的新风系统。

所谓双向流就是在进风和排风系统都有风机和管道，通过进风风机往室内送风，排风风机往室外排风。这套系统优点是换风量大，带热回收的新风系统还可以回收70%的热量，适合于公共场所，例如：商场、电影院、候车厅等。

4.8.1.3 新风管道要求

现行国家标准没有专门针对PVC通风管道列出详细标准。目前可查对通风管道做出详细规定的主要有三个文件，分别是《采暖通风与空气调节设计规范》GB 50019—2003、《通风与空调工程施工质量验收规范》GB 50243—2002、《通风管道施工技术规程》JGJ 131—2004。对PVC矩形风管具体要求见表4.8-2。

硬聚氯乙烯矩形风管物理性能要求 **表4.8-2**

<table>
<tr><th>序号</th><th>项 目</th><th colspan="3">指 标</th></tr>
<tr><td>1</td><td>外观</td><td colspan="3">风管两端面应平行，无明显扭曲；表面应平整、凸凹不应大于5mm；煨角圆弧应均匀</td></tr>
<tr><td>2</td><td>长宽比</td><td colspan="3">建议矩形截面长宽比不大于4，最大长宽比不应超过10</td></tr>
<tr><td rowspan="2">3</td><td rowspan="2">漏风率</td><td colspan="2">一般送排风系统</td><td>除尘系统</td></tr>
<tr><td colspan="2">5%～10%</td><td>10%～15%</td></tr>
<tr><td rowspan="2">4</td><td rowspan="2">承压能力</td><td>低压系统</td><td>中压系统</td><td>高压系统</td></tr>
<tr><td>$P\leqslant 500$Pa</td><td>500Pa$<P\leqslant$1500Pa</td><td>$P>$1500Pa</td></tr>
<tr><td rowspan="2">5</td><td rowspan="2">压力损失</td><td colspan="2">一般送排风系统</td><td>除尘系统</td></tr>
<tr><td colspan="2">15%</td><td>10%</td></tr>
<tr><td>6</td><td>焊接外观</td><td colspan="3">板材焊接不得出现焦黄、断裂等缺陷，焊缝应饱满，焊条排列应整齐</td></tr>
</table>

硬聚氯乙烯矩形风管壁厚及边长允许偏差（mm） **表 4.8-3**

风管边长 b	壁 厚	外边长允许偏差
$b \leqslant 320$	3	−1
$320 < b \leqslant 500$	4	−1
$500 < b \leqslant 800$	5	−2
$800 < b \leqslant 1250$	6	−2
$1250 < b \leqslant 2000$	8	−2

（6）管道设计要点

①首先需要考虑采用什么管路，优先采用硬管路；

②需要考虑管路的排布要尽量减少风量的损失；

③满足客户室内整体设计吊顶高度的要求；

④需要穿墙打孔的位置的结构条件是否满足或者被许可，不能以破坏房间的整体结构为代价；

⑤出风口位置与空调送回风口位置的选择和处理。

4.8.2 新风管网产业化成套技术发展趋势

4.8.2.1 新风系统发展历史

在北欧斯堪的那维亚地区在讲究质量和能源节约的国家里，中央新风系统（VMC）存在至今已有50年历史了。20世纪70年代西班牙90%以上的新建住宅中装用VMC系统。1989年美国ASHRAE制定了“室内空气品质通风规范”。在德国，住宅通风系统已经与建筑物融为一体，成为不可缺少的重要组成部分。2000年，欧盟统一了住宅通风标准，我国2002年1月1日《室内空气质量控制规范》诞生。非典、禽流感、肺结核等疾病的发生，使全世界对室内空气质量给予了高度的关注。

4.8.2.2 发展趋势

从调研数据来看，新风系统前景是非常被看好的。从建筑学角度来讲，为了响应国家节能减排战略，居住建筑外部围护结构的保温隔热性必将进一步提高，住宅的密闭性将会进一步加强，从而导致室内空气流通的困难。新风系统作为解决换气问题的有效途径，必将会被大力推广；从市场角度来看，现阶段楼市萎靡，开发商也希望在装修上做文章，以极低的装修成本去换取楼盘卖点，提高销售量；另一方面，消费者健康意识的上升和消费能力的增强也愿意主动去安装新风系统（图4.8-1）。

图4.8-1 芜湖市火龙岗安置房

（第4章 保障性住房管网产业化成套技术，参与编写和修改的人员有：

浙江中财管道科技股份有限公司：刘学敏、李福灿

江苏省住房和城乡建设厅住宅与房地产业促进中心：徐盛发、王双军、胡伟朵
济南市住宅产业化发展中心：王全良、李建海、张伟
山东建筑大学市政与环境工程学院：张克峰
山东建筑大学建筑城规学院：杨倩苗
江苏省建筑设计研究院：李玉虎
江苏新城地产股份有限公司：高宏杰）

第5章　保障性住房厨房产业化成套技术

厨房是保障性住房的重要功能空间，其设计与设备设施配备合理与否关系到保障性住房能否达到宜居目标，因此在保障性住房建设中应注重提高厨房的质量与性能。厨房产业化成套技术是实现以上目标的重要手段，以标准化设计和工业化生产最大化利用有限的使用面积，可提高厨房的功能性。因此，应在保障性住房中采用厨房标准化设计，按照模数原则，优化参数，确定厨房的定型设计和成套定型设备与设施以满足住宅厨房和系列要求，降低生产及采购成本，降低物耗、能耗，缩短建设周期，促进保障性住房的良性发展。

5.1　厨房产业化成套技术概述

我国的厨房产业化成套技术发展已走过了20多年的历程，伴随着经济社会发展取得了巨大的进步。20世纪80年代以前，我国厨房多使用简陋的三角灶，厨房的设备设施都比较简易。80年代末，从事加工制造业的一些公司引进了国外几条分体式不锈钢厨柜生产线，使我国的厨房开始告别以三角灶为主的时代；90年代初，受到小平同志南巡讲话的触动，数家企业相继引进了欧化厨柜生产线，使我国的厨房进入整体化设计、工业化配套、个性化服务的时代；20世纪初，原建设部110号令《住宅室内装饰装修管理办法》提出了住宅集成的要求，使我国的厨房行业开始注重产品、功能、服务和智能化集成，进入了集成化厨房时代，海尔、方太等诸多大型企业开始关注和进入这一行业，推动了厨房的产业化进程。

5.1.1　厨房产业化成套技术的内涵

随着厨房成为家庭生活的重要部分，经过20多年的发展，我国厨房已发展到集成厨房阶段，即将厨柜、排油烟机、燃气灶具、消毒柜、洗碗机、冰箱、微波炉、电烤箱、各式挂件、水盆、各式抽屉拉篮、垃圾粉碎器等厨房用具和厨房电器进行系统搭配而成的一种新型厨房形式。“集成”的涵义是指整体配置、整体设计与整体施工装修。“系统搭配”是指将厨柜、厨具和各种厨用家电按其形状、尺寸及使用要求进行合理布局，巧妙搭配，实现厨房用具一体化。

保障性住房的厨房具有以下特点：一是宜采用经典、适用的厨房设计，提供功能齐备、使用方便的空间，以优质工程最大限度地满足被保障家庭的需求；二是基于成本方面的考虑，宜采取合适的施工方式，采用性价比高、工厂化生产的部品来降低工程造价（如香港保障性住房的厨房台面设计，如图5.1-1所示）；三是应为能够拥有耐久、适用的厨房空间，满足基本生活需求。

就厨房产业化成套技术而言，主要包含成套设计、成套生产和供应、集成厨房施工技

图 5.1-1 香港保障性住房水泥不锈钢包边台面

术等方面的内容。

5.1.1.1 厨房成套设计

（1）成套功能设计；

（2）空间模数设计；

（3）设备设施管线一体化设计；

（4）土建装修一体化设计；

（5）整体外观设计。

5.1.1.2 厨房成套生产和供应

（1）厨房设备成套供应；

（2）厨房管线设施成套供应。

5.1.1.3 集成厨房施工技术

（1）设施管线一体化施工技术；

（2）集成吊顶、隔墙等产业化施工技术；

（3）厨柜、电器、五金成套安装技术。

5.1.2 厨房产业化成套技术发展现状

多年来我国厨房行业发展过程中产业化成套技术得到了一定程度的发展，但在住宅建造仍大量以现场湿作业砌（浇）筑、手工操作为主的情况下，住宅厨房成套技术集成度不高，建筑材料、设备及住宅部品的生产和供应尚未形成有效的产业链，未来产业化厨房的发展也面临诸多挑战。

5.1.2.1 厨房产业化成套技术发展已进入成套化嵌入式时代

目前，我国的厨房产业化成套技术发展已进入成套化嵌入式时代，产业标准化程度日趋提升，嵌入式厨房电器开始普及，LED 灯和太阳能热水器等节能产品进入厨房，高度人性化设计的智能化厨房开始崭露头角，全装修一体化在越来越多的保障性住房及商品住房中得到应用。厨房产业化所推行的厨柜、家电成套系的搭配设计与生产也推动了厨柜行业的稳步健康发展，为厨柜业带来新的机遇。

5.1.2.2　厨房产业化发展的科技攻关、标准体系建设工作滞后

当前我国厨房产业化的可实施性基础性研究工作不足，没有与产业化要求相配套的国家推行的模数标准，材料、部品、产品之间缺乏模数协调，技术法规不全面，产品缺乏技术保障。由此带来的标准化工作难以推进，非标准化生产使得厨房内部各组成部分的构造做法五花八门，杂牌电器充斥厨房市场，厨柜生产与厨房电器配套不相吻合，这些都为整体厨房的设计、安装和售后带来巨大的麻烦，也阻碍了厨房部品规模化、工厂化生产的进程。

5.1.2.3　厨房部品体系集成发展程度不高

厨房部品体系集成涉及家具类部品、能源类设备和管线三大类设备设施的集成。厨房的功能设计是部品集成的前提条件，设备的选型、管线的综合布局和接口技术是部品集成的重点，而整体厨柜是厨房部品集成的主要形式。目前我国厨房部品体系集成程度不高，比如厨房设计之初没有预留厨柜位置，厨柜无法使用；厨柜产品种类繁多，没有统一的规格标准规定，与预留位置尺寸不符，或与设备家电很难匹配；未预留必备的电源插座、燃气管道、水管位置的情况下，也很难较好地与厨柜连接。

5.1.3　厨房产业化未来发展方向

目前在住宅设施行业发展中，普遍存在着厨房设计与厨房设备、设施生产厂家的产品相脱节的问题，也存在土建施工与设备、设计脱节的现象。随着住宅产业化的不断推进，厨房产业化成为时代发展的必然，阻碍厨房产业化进程的各种问题也就摆到了开发商、设计人员的面前。与卫生间的整体设计相似，厨房的设计也需要统筹考虑才能使厨房成为布局合理、管线综合、模数协调、功能齐备、美观整洁、安全卫生、配套完整的服务空间。在保障性住房建设中大力推行厨房产业化，不仅能够保证保障性住房厨房的功能性与耐久性，还可以提高施工效率，降低采购成本及人工成本，节能降耗，加快促进住宅产业现代化目标的实现。我们应抓住保障性住房建设的机遇，大力发展保障性住房的厨房、卫生间产业化，力争实现保障性住房质量提升和成本优化的同时，探寻适合我国的住宅产业化发展模式。

5.2　保障性住房厨房标准化设计

保障性住房的厨房应作为一个整体进行标准化设计，且在设计过程中，需对节能、节地、节水、节材、环境保护以及智能化等一系列新要求、新标准加以考虑，考虑操作流程、设备安装、管线布置以及通风的要求，同时综合使用、维护等多方面要求进行设计。适合保障性住宅要求的厨房设备首先要符合标准化要求。不仅是厨柜本身设计生产要符合统一的模数协调要求，厨房建筑净空尺寸同样要符合建筑模数协调要求。通过一系列精细化设计实现功能设置、平面布局、空间利用、使用维护等方面的合理性，使各种不同类型的保障性住房的厨房都能拥有合理的使用面积。

5.2.1　厨房标准化设计功能分析

5.2.1.1　厨房工作三角区原理

厨房是住宅中科技含量较高、涉及面广、需要各工种相互配合、综合设计的部位。厨房综合设计应从整体出发、全面考虑，注重长久的综合效益。厨房设计的最基本概念是

“三角形工作空间”，如洗涤池、冰箱及灶台都要安放在适当位置，最理想的是呈三角形，三角形工作区的周长应在3600～6600mm之间最为合适（如图5.2-1所示）。在设计工作之初，最理想的做法就是根据人们日常操作家务程序作为设计的基础。因此，厨房设计中各种管线必须进行统一设计，统一协调，统一施工，不得以各自的特殊性破坏整体布局。管线应集中、隐蔽，设立集中管井。重视厨房的通用设计，考虑适合老年人、残疾人等特别人群使用同时，也适合或不妨碍正常人群的使用，追求人性化设计。

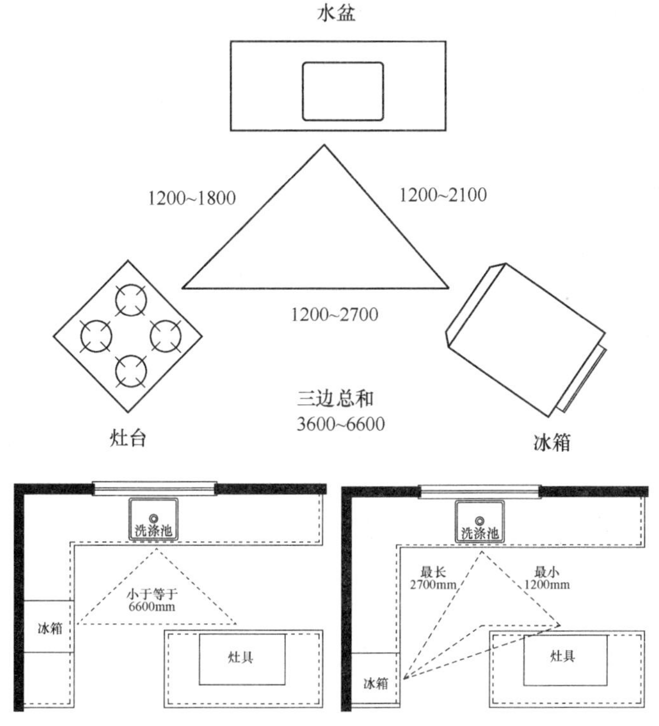

图5.2-1 厨房工作三角区示意图❶（单位：mm）

5.2.1.2 厨房功能分析

住宅厨房间的空间功能设计是厨房整体设计的重要一环。与卫生间的功能设计相似，厨房间功能设计也主要包括三个方面，即：厨房在住宅中的位景、厨房内部的平面布局和厨房的环境设计。

首先，需要明确厨房的使用功能。由于生活习惯、文化背景的不同，不同民族、不同地区有着不同的饮食习惯，也使得不同地区住宅厨房的功能有着千差万别的变化。但一般来说，厨房的基本功能都是相同的，主要有存储、洗涤、备餐、烹调等基本功能。

（1）存储区：主要储备食品和餐具，冰箱是主要设备，其次是存放各类餐具的柜体，如拉篮柜等。

（2）洗涤区：主要功能是洗菜、洗碗、清除残渣等，配备洗涤池、垃圾筒、洗碗机等。

（3）备餐区：包括食品加工、切菜、配菜，为炊事活动做好准备。可根据需要设计相

❶《厨房专业手册》，日本产能大学出版，1999年7月1日

关柜体、抽屉，以放置餐具、刀具等。

（4）烹饪区：需要配置燃气灶、排油烟机、灶柜等。灶柜可设计成屉柜，便于存放杂物。常用的油、盐等可放置于灶柜旁调料柜中。

由于厨房应具备一些基本功能，所以要从使用与操作的各个环节着手对厨房空间布局进行研究与设计。通过细致深入的人体工程学研究，力争在厨房设计中满足各项功能的同时，达到使用方便、舒适、减轻劳动强度的目的。如：合理利用地柜与吊柜间的空间，放置消毒柜、微波炉，或安装搁板、挂钩，收纳盘、杯、调料瓶、铲子、勺子等，避免占据厨柜台面。存储、备餐、烹饪三区符合“金三角”原则：按取材、洗净、备膳、调理、烹煮、盛装、上桌顺序，沿着三项主要设备即灶台、冰箱和洗涤池组成一个三角形，将米箱、垃圾筒、厨具等功能配件围绕三个基本点进行合理分配，使各种器物存取、使用方便。灶台与洗涤池的距离适中，冰箱位置不宜太过靠近灶台和洗涤池，以防灶台和洗涤池影响冰箱内的温度或溅出来的水导致漏电。切菜板安放在近窗口处让阳光照射，灶台要避免接近窗口，以防被风吹熄灶火造成燃气泄漏等。

5.2.2 保障性住房平面尺寸标准化汇总分析

5.2.2.1 《保障性住房套型设计及全装修指南》套型厨房平面尺寸汇总分析

2010年住房和城乡建设部住宅产业化促进中心主编的《保障性住房套型设计及全装修指南》[1]一书中，共选取了20张单元平面图的套型，适用于廉租住房、公共租赁住房、经济适用住房等各类保障性住房。以下通过对书中的套型以及厨房面积进行汇总，为开展厨房标准化设计提供参考。

（1）厨房的使用面积不应小于下列规定：

①由卧室、起居室（厅）、厨房和卫生间等组成的住宅套型的厨房使用面积不应小于4.0m^2；

②由兼顾起居的卧室、厨房和卫生间等组成的住宅最小套型的厨房使用面积不应小于3.5m^2；

（2）厨房宜布置在套内近入口处；

（3）厨房应设置洗涤池、台面、灶台及排油烟机、热水器等设施或为其预留位置；

（4）厨房应按炊事操作流程布置。排油烟机的位置应与灶台位置对应，并应与排气道直接连通。

《保障性住房套型设计及全装修指南》套型厨房标准化汇总（m^2） 表5.2-1

序号	厅室合一			一室一厅			二室一厅			二室二厅		
	建筑面积	使用面积	厨房面积	建筑面积	使用面积	厨房面积	建筑面积	使用面积	厨房面积	建筑面积	使用面积	厨房面积
1	38.05	25.32	4.59	47.61	32.09	4.26	48.21	36.42	4.53	64.41	49.46	4.01
2	38.95	26.96	4.04	45.91	33.11	4.06	48.69	36.74	4.00	64.4	50.28	4.09

[1] 住房和城乡建设部住宅产业化促进中心．保障性住房套型设计及全装修指南．北京：中国建筑工业出版社，2010

续表

序号	厅室合一			一室一厅			二室一厅			二室二厅		
	建筑面积	使用面积	厨房面积	建筑面积	使用面积	厨房面积	建筑面积	使用面积	厨房面积	建筑面积	使用面积	厨房面积
3	37.63	26.09	4.04	39.42	27.64	4.04	56.44	39.32	4.34	62.69	45.78	5.04
4	35.1	25.27	4.11	44.34	32.81	5.35	61.24	45.55	4.04	57.11	40.82	4.62
5				45.48	32.67	4.09	61.88	41.57	4.32	56.3	41.03	4.11
6				47.26	34.58	4.03	62.16	41.44	4.7	59.23	44.93	4.37
7				48.76	34.34	4.42	62.31	41.50	4.70	60.97	46.10	5.13
8				46.74	32.86	4.16	62.54	41.61	5.2	55.46	38.5	4.03
9				48.98	33.74	4.21	57.07	39.64	4.21			
10				47.77	32.68	4.62	56.57	39.29	4.48			
11				49.2	33.79	4.8	56.52	40.19	4.37			
12				45.56	32.4	4.08	59.17	44.45	4.08			
13				44.88	31.21	4.08	59.97	45.14	4.06			
14				40.35	28.25	4.05	59.07	41.82	4			
15				49.47	33.36	4.85	62	43.55	4			
16							61.63	43.14	5.22			
17							49.01	33.05	4.85			
18							47.72	27.89	5.1			
19							43.99	27.10	4.11			

从表 5.2-1 可以看出：厨房面积在 4.0～4.5m^2 有 31 个，占平面总数 67%；厨房面积在 4.5～5.0m^2 有 9 个，占平面总数 20%；大于 5m^2 的厨房面积有 6 个，占平面总数 13%。从以上数据可以看出，收录在《保障性住房套型设计及全装修指南》一书中的大多数套型的厨房面积在 4～4.5m^2 之间。

5.2.2.2 《公共租赁住房优秀设计方案汇编》厨房平面尺寸汇总分析

2012 年 3 月，在住房和城乡建设部精心组织和大力支持下，由中国建筑标准设计研究院等 20 余家设计单位及大专院校共同编制了《公共租赁住房优秀设计方案汇编》，在住房和城乡建设部、国家建筑标准设计网上正式颁布。作为全国公租房设计的指导性方案，《方案汇编》的出台为我国公共租赁住房的发展指明了方向，为我国保障性住房工业化、标准化的发展开创了良好的开端。汇编共有 7 套方案，21 个套型设计，其建筑面积、使用面积与厨房面积汇总如下：

《公共租赁住房优秀设计方案汇编》套型厨房标准化汇总（m²）❶ 表 5.2-2

序号	A套型			B套型			C套型			D套型		
	建筑面积	使用面积	厨房面积	建筑面积	使用面积	厨房面积	建筑面积	使用面积	厨房面积	建筑面积	使用面积	厨房面积
1号方案	35.50	24.34	3.87	41.66	28.62	4.13						
2号方案	34.18	22.50	3.68	42.65	28.19	4.40	42.79	28.31	4.49			
3号方案	36.53	24.34	3.87	42.87	28.62	4.13	51.56	34.41	4.13			
4号方案	34.66	22.50	3.68	43.25	28.19	4.40	48.32	31.55	4.49			
5号方案	37.19	24.34	3.87	43.65	28.62	4.13	52.50	34.41	4.13			
6号方案	34.87	22.50	3.68	43.52	28.19	4.40	43.66	28.31	4.49			
7号方案	34.60	22.50	3.68	34.60	22.50	3.68	43.26	28.77	4.45	50.14	32.81	4.18

从表5.2-2统计数据可以看出：厨房面积在3.5～4.0m² 有8个，占平面总数38%；厨房面积在4.0～4.5m² 有13个，占平面总数62%；厨房面积大于5m² 的数量为0。从这些数据可以看出，保障性住房、尤其是公共租赁住房的厨房面积也主要集中在4～4.5m² 之间，相对普通商品住房而言面积普遍偏小。

5.2.2.3 《北京市公共租赁住房标准设计图集（一）》厨房平面尺寸汇总分析

为了进一步规范、指导北京市公共租赁住房建设，2012年8月北京市住建委、市规委联合发布了《北京市公共租赁住房标准设计图集（一）》，其中包括4类11种标准户型方案、21种标准户型组合平面示例、4种标准户型厨房和3种标准卫生间及其组合设计方案，其建筑面积、使用面积与厨房面积汇总如下：

《北京市公共租赁住房标准设计图集（一）》套型厨房标准化汇总（m²） 表 5.2-3

序号	一 室			二 室			三 室		
	建筑面积	使用面积	厨房面积	建筑面积	使用面积	厨房面积	建筑面积	使用面积	厨房面积
1	30左右	21.79	4.78	50左右	34.5	5.02	60以下	40.76	5.02
2	40左右	27.52	4.22	50左右	34.71	13.38（含餐厅）	60以下	40.86	4.23
3	40左右	27.36	6.1（含餐厅）				60以下	40.93	4.23
4	40左右	27.36	6.1（含餐厅）				60以下	41.1	13.27（含餐厅）
5	40左右	28.41	9.36（含餐厅）						

❶ 数据来自《公共租赁住房优秀设计方案汇编》

从表5.2-3可以看出：厨房面积在4.0～4.5m² 有3个，占平面总数50%；厨房面积在4.5～5.0m² 有1个，占平面总数17%；大于5m² 的厨房面积有2个，占平面总数33%，含餐厅的厨房面积未统计在内。从以上数据可以看出，未来北京市公共租赁住房厨房面积也主要集中在4～4.5m² 之间。

通过对《保障性住房套型设计及全装修指南》、《公共租赁住房优秀设计方案汇编》和《北京市公共租赁住房标准设计图集（一）》经典套型厨房平面尺寸的汇总分析，可以看出保障性住房的厨房面积主要集中在4.0～4.5m² 之间，其次为3.5～4.0m² 及4.5～5.0m² 之间，厨房面积大于5m² 的只占极少数。建议加大力度研究保障性住房厨房的标准规格与平面尺寸，将厨房作为一个整体进行系统设计，通过一系列精细化设计实现功能设置、平面布局、空间利用、使用维护等方面的合理性，使各种不同类型的保障性住房的厨房都能拥有合理的使用面积。同时尽快将研究成果转化为《保障性住房厨房建筑设计图集》（以下简称《图集》），以经典、适用的保障性住房厨房平面设计来引导、规范未来的保障性住房厨房设计。为更好地满足厨房规模化生产要求，建议《图集》中选用面积在4.0～4.5m² 之间的3个厨房平面，面积在3.5～4.0m² 及4.5～5.0m² 之间的各2个厨房平面，大于5m² 的1个厨房平面。希望通过《图集》的编制，可以加快推动保障性住房厨房的产业化进程。

5.2.3 厨房功能分析在不同套型中的示例[1]

（1）二室二厅套型的厨房功能分析

保障性住房在规划设计过程中，应充分考虑中低收入家庭的经济承受能力与居住需求，以安全、适用、能解决基本生活所需为前提。新建廉租住房和公共租赁住房面积标准应该坚持“小户型”原则不动摇，套型面积恰到好处，既要“小”，又要“够”，厨房、卫生间等基本生活设施齐备。

图5.2-2所示户型为二室二厅（套内使用面积：44.93m²），针对的住户群大多为年轻夫妇加上18岁以下的孩子。主要以孩子的需求为重，追求舒适及实用，不再强调个性。作为家人主要的活动场所，要关注孩子的安全及健康。起居室是家庭最主要的日常活动区域，希望其空间大，让小孩能有更多的活动空间，不愿意牺牲空间换取更多的收纳系统，但同时也要考虑孩子的零食、玩具等收纳的空间。此套型的厨房为Ⅱ型，也称双排型，将工作区安排在两条平行线上，在工作中心的分配上，可将清洗与配膳组合在一边，烹调在另一边，或者根据使用者要求。Ⅱ型厨房一面是烹饪台，一面是操作台。

（2）厅室合一套型的厨房功能分析

图5.2-3所示为厅室合一户型（套内使用面积：25.36m²），针对的人群大多为单身的年轻人或新婚夫妇。在保证私密性的同时，该部分人群考虑更多的是自主的空间和个性的追求，少部分有收纳需求，一定程度上是客厅收纳的延伸。此套型厨房为L形，将清洗、配膳与烹调三大工作中心，依次配置于相互连接的L形墙壁空间。最好不要将L形的一面设计过长，以免降低工作效率，这种空间运用比较普遍、经济。

（3）二室一厅套型的厨房功能分析

[1] 本节图纸引用自《保障性住房套型设计及全装修指南》，2010年10月，中国建筑工业出版社

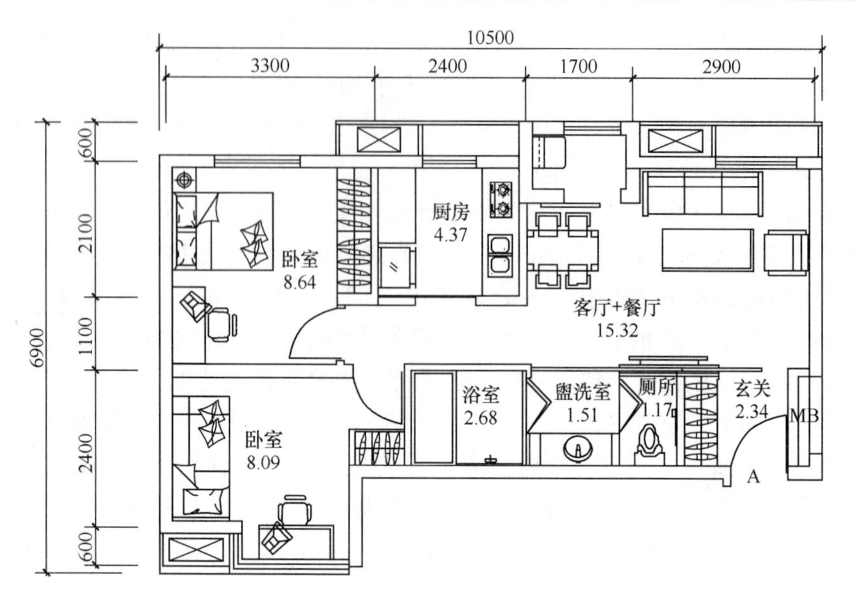

图 5.2-2　套型平面图

空间功能分区及使用面积：

起居室＋餐厅	15.32m²	次卧室	8.90m²
卫生间	5.36m²	厨房	4.37m²
主卧室	8.64m²	玄关	2.34m²

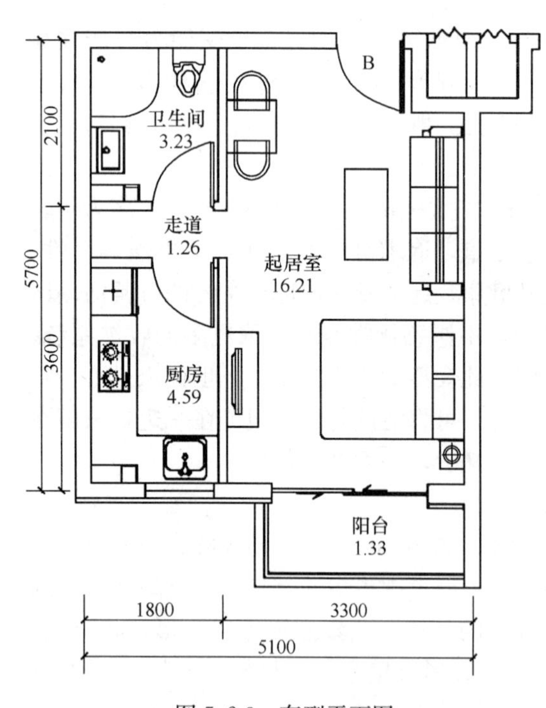

图 5.2-3　套型平面图

空间功能分区及使用面积：

起居室＋餐厅	16.21m²	厨房	4.59m²
卫生间	3.23m²	阳台	1.33m²

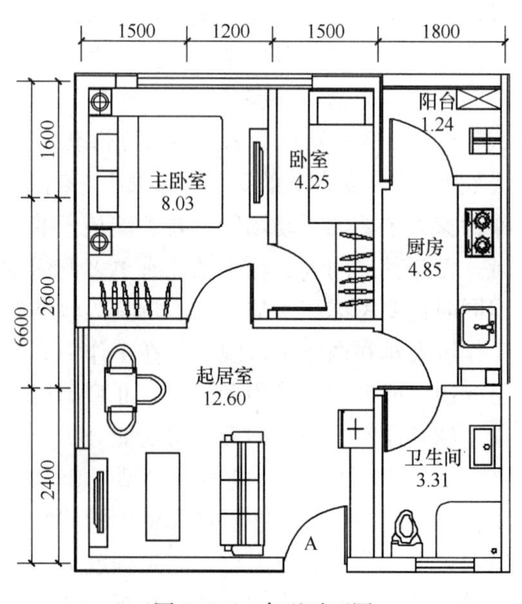

图 5.2-4　套型平面图

空间功能分区及使用面积：

起居室＋餐厅	12.60m²	次卧室	4.25m²
卫生间	3.31m²	厨房	4.85m²
主卧室	8.03m²	阳台	1.24m²

图 5.2-4 所示为二室一厅户型（套内使用面积：34.28m²），针对的人群大多为与父母同住的单身年轻人或夫妇。这种户型提供了家人欢聚的空间，但需关注两代人各自的活动空间：年轻人对公共空间的需求低于私密空间；餐厅使用以日常需求为主，主要考虑老年人对餐厅设计的要求；收纳需求较高，应尽可能安排更多收纳空间。另外要注意的是，在有限的空间内保证每个空间的独立性、私密性及家居生活功能的完整性。此套型厨房为 I 字形，把所有的工作区都安排在一面墙上，通常在空间不大、走廊狭窄情况下采用。所有工作都在一条直线上完成，节省空间。但工作台不宜太长，否则易降低效率。在不妨碍通道的情况下，可安排一块能伸缩调整或可折叠的面板，以备不时之需。

5.2.4 保障性住房套型厨房技术集成

随着人们生活水平的提高，居民家庭对于装修水平的要求越来越高。近年来，保障性住房的全装修一次到位已在北京、上海、广州、南京等大中城市逐步展开，且必将成为不可逆转的大趋势。厨房是住宅的重要功能空间，它不仅涉及室内装修要求的方方面面，还与水、电、气、家具、家电、各种功能部件共同集成组合在一起，直接影响着日常生活品质。自 2000 年以来，我国已先后颁布了《家用厨房设备》、《住宅厨房及相关设备基本参数》两个国家标准；《厨房家具》、《住宅厨房家具及厨房设备模数系列》、《住宅整体厨房》三个部颁标准。这些标准的颁布对于规范行业行为，提高产品品质，促进行业发展，满足社会需求，起到了很好的促进作用。但是，这些标准在贯彻执行过程中也遇到了一些困难，比如标准本身对厨房建筑装修与厨柜之间的协调配合、厨房家具与厨房电器的协调配合以及整体厨房装修的部品集成等考虑不多；另外国家标准和部颁标准缺少地方标准的配套，在实际操作中可能存在一些问题。因此，应着力提高保障性住房厨房技术集成能力，提升家用厨房舒适度和便利性，满足人们日益增长的生活需求。

5.2.4.1 厨房空间布局及功能说明

保障性住房的厨房设计要符合通用化设计要求，通用化设计是指产品能满足老中青三代人的使用要求，这就要求设计具有便利性和可调整性，并符合无障碍设计要求，使其能够被各种年龄、身体条件和能力水平的人充分使用。

厨房空间的精细化设计，可以提高居住空间的实际使用率，尽可能使空间符合大多数住户的实际使用要求。在建筑设计中应该从厨房、卫生间的管线综合设计与精细化设计、室内综合设计布置等方面来考虑。厨房应尽量与一个卫生间相邻，节约设备管材，降低施工成本，同时便于今后改造；厨房与起居室或餐厅就近布置，注意增大厨房的交界面，隔墙选用轻质型，便于灵活改造；厨房宜采用推拉门，以充分利用空间。餐厅不宜采用大空间，必要时可以将厨房、餐厅合并使用；提倡厨房空间的复合利用，如封闭热炒间与开放式操作备餐间的组合；厨房电器、灶具日趋多样化和复杂化，要求厨房的空间布局和管线设置更加科学合理；厨房宜设置生活阳台，方便储藏、放置杂物；各种竖向管线宜集中敷设，并在墙角处形成管线区，横向管线宜设于设备下部；当厨房与客厅或餐厅空间复合设计时，宜采用带熄火保护装置的灶具和泄爆系统以及报警、排风等系统来保证安全；厨房的排油烟机排气推荐采取独立外排系统替代排气通风道，并应设置窗式通风构造器来引入新风，采取防倒灌、串气、串味的有效措施。厨房尽量设计为独立可封闭的空间，可兼顾敞开式使用要求。

厨房设计应根据人体工程学原理，按“洗、切、烧、搁”炊事流程合理组织操作流线；厨房应设置操作台，操作台宜采用L形或U形布置。放置灶具、洗涤池的操作台深度不宜小于0.60m，双排操作台之间净距不应小于0.90m；厨房应设置吊柜，吊柜的设置不应影响厨房自然通风、采光及厨房内热水器的通风。吊柜内的搁物板宜采用可调式设计；厨房应设置洗涤池、灶具、排油烟器等。当预留冰箱、微波炉、电饭煲、洗碗机、热水器、消毒柜的位置时，应设相应的接口装置；采用嵌入式下进风灶具时，其下部柜体应设计进风百叶；装修设计严禁移动燃气立管及燃气表具；厨房地面应选用防滑、易清洁的材料，顶面、墙面应选用防火、抗热、易清洁的材料。

5.2.4.2 厨房顶部空间施工及工艺材料要求

厨房因其特殊位置通常油烟较大，在顶面处理上考虑使用金属集成吊顶，易于平时打理，寿命长。传统吊顶与金属集成吊顶的区别是：石膏板吊顶是指用轻钢龙骨做骨架，单面覆以纸面石膏由两层纸面和中间夹层（石膏芯）组成。石膏板吊顶系统完成后需要对其表面进行再次处理，刮腻子、打磨、粉刷涂料等。石膏板吊顶系统因施工工艺原因所需工期较长，金属集成吊顶系统的材质选择中宜选择0.6mm或0.7mm厚的铝扣板，从材质上来讲厚度是铝扣板硬度的保证，如果硬度不够，铝扣板会变形；从市场上产品的分布及实际施工中的经验来讲，0.6～0.7mm厚的铝扣板从变形程度到使用寿命都是最经济划算的，更厚的铝扣板成本就更高。市场上在售的铝扣板有多种表面处理方式，如滚涂、覆膜、拉丝、烤漆等。滚涂的铝扣板颜色鲜艳，但只有素色，而且比较容易沾油烟，相对难以打理，可适用于卫生间。覆膜是在铝扣板上覆一层膜，图案直接印在膜上，花色较淡；这种膜既有进口的，也有国产的，其厚薄会影响铝扣板的使用寿命；适用于厨房。拉丝则是一种花纹处理方式，相对比较美观，可适用于卫生间、客厅、玄关。烤漆是在铝扣板上喷涂聚酯粉末后，经过高温烤化形成的漆面；缺点是其附着力不是很强，也容易变色。

如果切面处理干净利索，则说明膜质量较好；如果有锯齿状，则膜的质量相对较差。选购铝扣板吊顶时，要看铝、膜、背覆，从这三个方面来检验铝扣板的质量。

5.2.4.3 强弱电插座点位设计说明

（1）厨房插座布置

厨房家用电器种类、数量众多，且在不断增加，所以布置插座时，必须要明确厨房内的电器安排。插座的设置步骤为：电器设备摆设位置确定——弱电插座位置确定——电源插座确定。在确定插座位置的同时对插座的使用数量有合理的计算，并且对未来可能的扩展有充分的预估，从而在设计时就将这些因素考虑进去，尽可能地一步到位，避免日后二次施工的麻烦。具体到各个功能的插座排布可按照以下内容操作：

主要电器包括冰箱、电饭煲、油烟机、消毒柜、电饼铛、微波炉、电磁炉等。首先应根据固定电器的位置安装插座，后结合排水、水池、切菜台的位置安装，在炉台旁边安装2组，切菜台上方安装3组作为其他电器的备用。一般为电饭煲、微波炉等电器配备带开关的插座，这样设备插头就不需要频繁插拔；厨房内的所有插座均应配置漏电断路器，厨房电器设备安装接线时，接近水、火的电线应加保护层；家用厨房设备的电器绝缘电阻应大于1MΩ；厨房电源插座应设置单独回路，并设置漏电保护装置，插座宜选用防溅型单相三孔和单相二孔的电器插座组。

电源插座在设置上应尽量考虑现在电器产品的多元化和多样性，预留足够的插座位，见表5.2-4。

厨房管线综合配置要求 **表5.2-4**

房间名称	管线名称	高度(m)	用途及适宜安装位置
厨房	防溅五孔插座	1.3/1.8	供微波炉等小家电用
	燃气炉用三孔插座	2	燃气热水器应(宜)与排油烟机靠近设置
	水表远传出线口	0.3	靠近洗池
	排油烟机用三孔插座	2	靠近排油烟机
	散热器		尽量靠近窗下
	地漏		如有淋浴器、洗衣机应设专用地漏
	强排洞	中心距顶100	尽量靠近外窗以方便安装防侧漏风斗
	防溅三孔插座	1.3/1.8	操作台对面的墙上的插座建议统一为1800
餐厅	信息出线口	0.3	避免与插座过近，以免干扰(水平距离500)
	五孔插座	0.3	2个，冰箱/微波炉 /火锅
	空调插座	1.9/0.3	挂机/柜机
	照明配电箱	1.8	
红外线报警器	防盗	2.2	一般设置在首层、二层或顶层
	防烟	2.2	一般设置在厨房内

注：房间内装于轻墙中的电源、信息接线盒应避免墙两边相对安装；分户墙体内的电源、信息接线盒应避免墙两边相对安装，避免声桥；信息口应和电源水平距离0.5m以上。

（2）管线综合配置要求（参照《北京市保障性住房规划设计导则》）

（3）散热器和厨柜的关系

在我国北方地区厨房中的散热器应布置在与厨柜布置无冲突的位置，不应将散热器安装在厨柜内部，以防在防导致散热器失去应有功能的同时，烤坏厨柜与台面。

5.2.4.4 给水排水设计说明

（1）厨房管道布置方式

厨房管道通过建筑专业将设备和电气专业的管线和设备协调，使得厨房内空间设计合理、有效、节约并符合美学设计原则。可有效地提高住宅产品使用的合理性，尽力减少住户因二次装修拆改墙、地面及设备、电气管线所造成的建材浪费现象。

给水、排水管道应与结构体分离；共用给水、排水管道立管应设在独立的管道井内；套内排水管应同层敷设，在本层套内接入排水立管和建筑排水系统，不应穿越楼板进入另一户空间。

（2）给水系统

给水系统由套外给水立管、套内分水器、套内管线和套内用水部品组成，设计时应统筹考虑。给水分水器应设置在架空地板层内等便于维修管理的位置；分水器每个出水口供水压力应相同；套内给水、热水、中水管道应布置在架空地板内；宜采用 *DN*20 带套管的标准化给水管连接分水器和用水部品。分水器与用水部品的管道应一对一连接，中间不出现接口；套内水平给水、热水、中水管道，应严格区分外套管的颜色。

（3）排水系统

排水系统由套外排水立管、套内集水器或旋流器、套内用水部品组成，设计时应统筹考虑；排水集水器或旋流器宜设置在分户墙内架空地板处，同时设置方便检查维修的装置；排水横支管应选用内壁光滑的标准化排水管道，管径宜为 75mm，中间不宜有接口，并应设置必要的清通附件。排水横支管长度不宜超过 5m；超过 5m 时，应设置环形通气管，与通气立管连接；集水器或旋流器与用水部品的管道应一对一连接，中间不出现接口；套内排水管道宜敷设在架空地板内，并采取可靠的隔声、减噪措施；集成厨房的排水管宜与排水集水器或旋流器连接后，再接入排水立管。

5.3 保障性住房厨柜产业化成套技术

厨柜是集成厨房的重要组成部分，厨柜要按照消费者的需求进行合理配置，集储藏、清洗、烹饪、冷冻、给排水等功能为一体，并注重厨房整体的格调、布局、功能与档次，还应预留太阳能接口，LED 照明接口，有利于日后应用及改造。

5.3.1 厨柜整体发展情况

回顾厨柜行业的市场化进程，也发生了三次变革性的进步。20 世纪 90 年代初的厨柜市场主要是外销房的工程配套，一起步就要应对国际品牌的竞争；1996 年起外销房市场萎缩，我国房改启动，大量的毛坯房销售推动了厨柜的零售市场的蓬勃发展；近年来，毛坯房所暴露的问题日益凸现，原建设部 2002 年出台的《住宅装修一次到位实施细则》一定程度上推动了厨柜工程市场的迅速形成。在较长的时间内，厨柜行业的工程配套和零售市场将并驾齐驱。

5.3.1.1 厨柜整体分类、组成

厨柜放置的位置分类：地柜、吊柜、转角柜、半高柜、移门柜、卷帘门柜、筒柜。

厨柜整体上的组成：箱体板、门板、背板、台面、五金、电器。

5.3.1.2 厨柜产品结构及技术特性

（1）柜体

板材类技术特性：目前厨柜柜体以实木颗粒压缩板为基材的复合型装饰板，表面经过耐磨材料专业加工处理且具有耐磨、耐污、易清洁等优点；国标对室内装修材料强制要求甲醛释放量值必须符合 E1 级环保要求，即甲醛释效值≤9mg/100g 或≤1.5mg/L；其他指标应符合相关标准规定。

目前常用的柜体连接形式有：木榫链接、偏心件连接、枪钉连接等。对背板的材料及结构要求：背板宜采用不低于 3mm 厚饰面板，采用侧板插槽结构安装。保证背板在使用

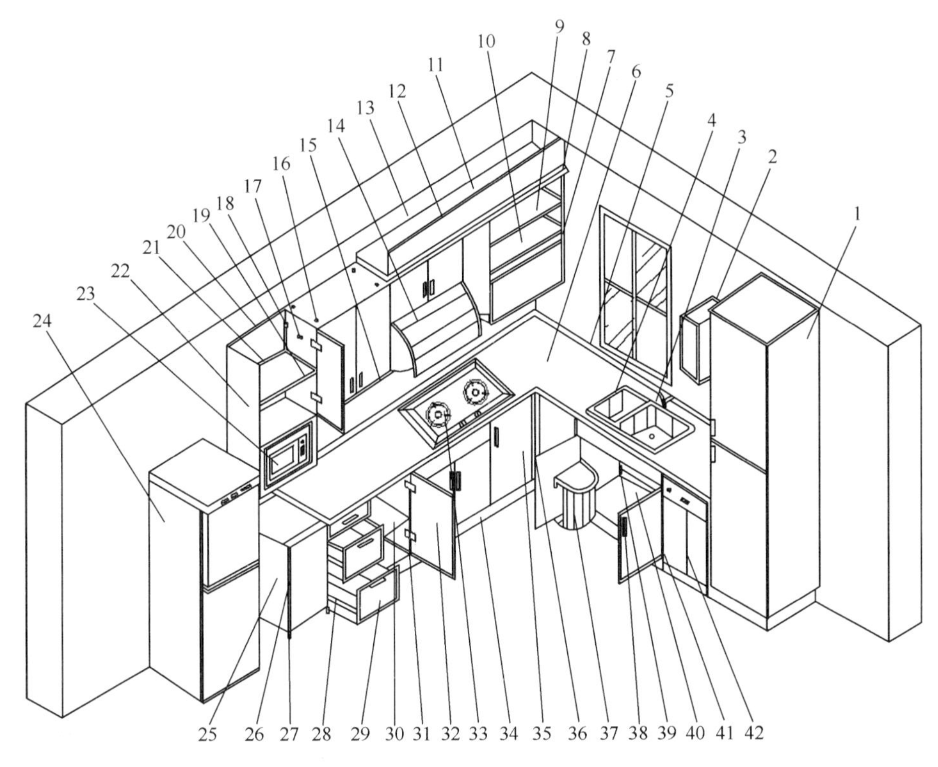

图 5.3-1　厨柜产品通用结构

1—高柜；2—热水器；3—水嘴；4—水槽；5—后挡水；6—台面；7—消毒碗柜；8—上线板；9—开放柜；10—底板；11—吊柜；12—封顶板；13—顶板；14—抽油烟机；15—下线板；16—组装连接件；17—柜体连接件；18—吊码；19—隔板销；20—背板；21—隔板；22—侧板；23—微波炉；24—冰箱；25—柜体；26—挡板；27—调整脚；28—滑轨；29—抽屉；30—地柜；31—铰链；32—门板；33—灶具；34—踢脚板；35—转角柜；36—调整板；37—垃圾桶；38—拉手；39—排水机构；40—垃圾处理器；41—侧封板；42—洗碗机

过程中始终离墙 15mm 以上，防止背板靠墙导致易受潮发霉。

（2）面板（门板、屉面板）

烤漆门板：漆面采用 UV 环保漆工艺、漆膜附着力强、颜色鲜亮、表面光滑。

实木门板：实木门板和实木复合门板，色泽鲜艳、纹理丰富，古朴自然。

其他装饰类材料门板：如三聚氰胺板、高分子材料门板等，表面颜色质地丰富、产品耐用，具有较强的耐污、耐磨性能，易于清洁。

铝合金玻璃门板：门框需采用高强度铝合金，内嵌玻璃，有较强的现代感、产品耐污、耐用、易于清洁。

（3）台面

厨柜台面种类较多，有天然石、石英石、人造石、不锈钢等几大类。具有一定的耐污、耐烫、耐酸碱、耐刮伤、抗冲击等台面材料所具备的基本性能，但是具有物理性能和价格方面的差异。

天然石包括了各种花纹的花岗岩、大理石，它质地坚硬、防刮伤性能十分突出，耐热性能极佳、手感冰凉、比较常见的有黑花和白花两种。就白色大理石而言，其耐污性能稍显不足。天然石密度较大，可加工性差；异型的台面、较长的台面由于材料规格限制多需要拼接，拼接观感较差，且由于其脆硬的特性，遇重击易发生裂缝，很难修补。

人造石台面是厨柜台面市场的主流（表5.3-1），目前加工技术可采用的是无缝拼接人造石，使用的是甲基丙烯酸甲酯的材料。其颜色丰富，基材整体成型，无接缝，在使用中，一般性污渍用湿布沾清洁剂即可除去，但是强烈的化学试剂，如去漆剂，含丙酮的去光水、松香水均有可能伤害到台面，造成污斑，一些具有染色型的污渍（如茶渍）须及时清除，严重的撞击会造成凹痕，当台面受到损伤时可通打磨、修复、翻新。

人造石台面板理化性能要求 **表5.3-1**

序号	项　目	理化性能要求
1	厚度	12±0.3mm
2	拉伸强度	≥30MPa（ASTM标准）
3	巴氏硬度	PMMA类≥58；UPR类≥50
4	落球冲击	PMMA类≥落差1600mm UPR类≥落差1500mm
5	冲击韧性	≥4kJ/m^2
6	弯曲强度	≥40MPa
7	弯曲弹性模量	≥6500MPa
8	老化性能	色差<2.0（200h）
9	耐污染性	耐污染值总和≤64，最大污迹深度≤0.12mm
10	阻燃性能	≥35
11	耐化学药品性（15种试剂）	表面无明显损伤，轻度损伤用600目砂纸轻擦即可除去，并易恢复至原状
12	耐加热性	表面无破裂、裂缝或起泡。表面缺陷易打磨至原状，并不影响板材的使用
13	耐水性	表面无破裂、裂缝、起泡、敲击声变哑或分层
14	放射性	达到A类合格标准

石英石台面具有超强的硬度，具有超强的耐高温性能，表面致密无微孔，不吸水，极易清洁，酸、油、茶水、酒精、咖啡、饮料等都不会对表面留下痕迹，但需及时清理，主要成分为天然石英和粘合性树脂，由于本身不含重金属杂质，且整个生产过程和回收过程不经过化学处理，所以没有辐射、环保、无毒无害，但注意不能长时间进行局部加热，局部过多的能量导入会产生局部热膨胀，不均匀的热膨胀会造成材料开裂。

不锈钢台面是在人造板基材的基础上再加一层不锈钢薄板，表面光洁明亮，极具现代感，物理性能较优良，由于加工工艺的限制，不适合管道较多的场所。香港保障性住房的厨房设计很值得借鉴，采用水泥板不锈钢包边台面，标准厨房配备不锈钢灶台、洗涤盆、水龙头、电插座和水管连接口。如果是面向残疾人或老年人的厨房设计，还可以加设离地

1m 高电压插座一个，改善老龄及残障人士生活空间（图 5.3-2）。

（4）五金配件

铰链的主要性能为耐腐蚀性、安全性、使用寿命大于 4 万次以上；滑轨的主要性能为承重和使用寿命，承重大于 30kg，使用寿命大于 4 万次以上；拉手的主要性能为耐腐蚀性，经 48 小时中性盐雾测试后，腐蚀等级不低于国家标准规定的 9 级；吊码应能承受不小于单个 500N 的垂直吊挂力；单个调整脚应能承受不小于 100kg 的承重；金属网篮经 48 小时中性盐雾测试后，腐蚀等级不低于国家标准规定的 9 级。

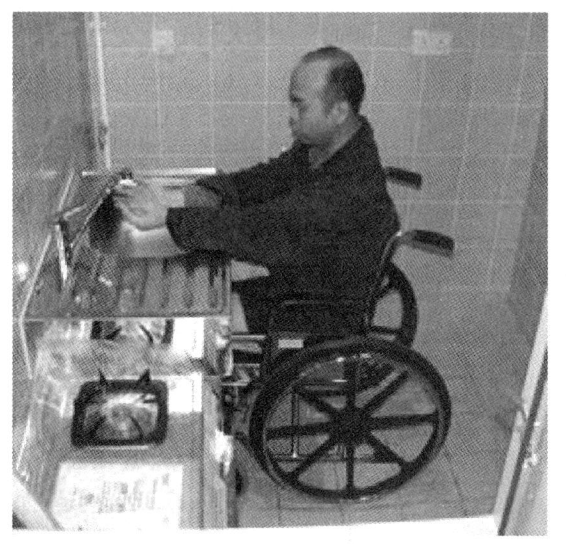

图 5.3-2　香港适合残疾人使用的厨房设计

5.3.1.3　厨柜产品配置标准

厨柜产品配置标准　表 5.3-2

功能空间	设施配置标准	
	基本设施	可选设施
厨房	灶具、洗涤、吊柜、操作台、排油烟器、拉篮、电器插座、顶灯（防水、防尘型）	热水器、冰箱、消毒柜、微波炉、电饭煲、电话（挂墙式分机）插口、可燃气体浓度探测器

5.3.1.4　厨柜功能分区

厨柜应具备存储、洗涤、备餐、烹调等基本功能。厨房按功能大致可分为存储区、洗涤区、备餐区、烹调区，每一个区都应有其自己的一套设施。合理安排它们之间的位置、设计最佳工作流程，就成了厨房家具设计的关键。

（1）存储区：是贮备食物和餐具的地方。冰箱应是最主要的设备，其次是存放各类餐具的厨柜，如抽屉、拉篮等。随着生活节奏的加快，人们对厨房的贮存量也提出了更高的要求，所以说厨房设置一个贮存区必不可少。

（2）洗涤区：主要功能是蔬菜水果的清洗、餐具的清洁、残渣的清除等。配备洗涤池、洗碗机、消毒柜、碎渣机等。

（3）备餐区：餐前要进行食品加工、切菜、配料等准备工作，为烹调活动做好准备。可根据需要设计相关柜体、抽屉。一般日用厨具也多放在准备区，应考虑到方便取存。备餐区应为一个不小于 400mm 长、400mm 深的连续基本操作台，且备料区宜紧挨洗涤池。

如图 5.3-3 所示。

（4）烹饪区：是厨房的核心，它需要配置炊具、炊具柜、通风排烟装置，需配置燃气灶、排油烟机、灶柜等。灶柜旁边可设计成拉篮柜，方便油、盐等调味料的存放和取用。

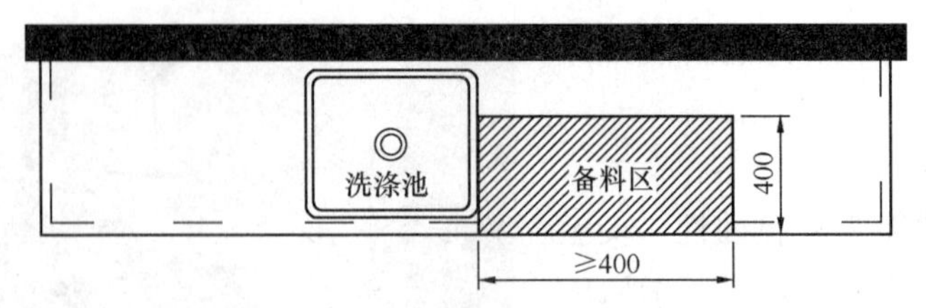

图5.3-3 备餐区的要求图示（mm）

5.3.2 保障性住房厨柜产业化成套技术新发展

目前我国厨柜行业已经走向标准和规模化生产，应用条码管理大幅提升了厨柜生产效率和一次交付成功率；五金件的标准化和高档化提升了厨柜产品的品质和精致度；各种创新功能件的运用，满足了不同住户的使用需求；嵌入式现代厨房家用电器已经开始成为一种时尚和潮流，中国的厨柜行业已经快步赶上欧美发达国家，并开始形成自己独特的产品风格和优势。全装修工程配套也已成为厨柜行业发展趋势之一，橱柜产业化成套技术得到了新发展。

5.3.2.1 厨柜新材料技术应用

厨柜行业的新材料新技术日新月异，推动了整个行业的进步和发展，最核心的新材料新技术主要体现在环保材料、节能产品的运用、功能的提升、嵌入式厨电等。PVC材料（即聚氯乙烯）和三聚氢胺板材是目前占领主要装饰市场的两种材料；同时也是最适用于保障性住房橱料。聚氯乙烯：具有阻燃（阻燃值为40以上）、耐化学药品性高（耐浓盐酸、浓度为90%的硫酸、浓度为60%的硝酸和浓度20%的氢氧化钠）、机械强度及电绝缘性良好的长处；但其耐热性较差，软化点为80℃，于130℃开始分解变色，并析出HCl。三聚氢胺板：表面平整，因为板材双面膨胀系数相同而不易变形，颜色鲜艳，表面较耐磨、耐腐蚀，价格经济。

5.3.2.2 厨柜新技术应用

（1）照明（LED）系统在厨柜产品中的应用（表5.3-3）

LED灯、低压卤素灯与荧光灯的参数比较（OWNIC公司实验数据）　　表5.3-3

项　目	低压卤素灯	荧　光　灯	LED　灯
体积	大体积点光源	面光源	点光源，超薄、超小
显色性	99	85	80
温度	高温	较低	低
电压	安全低压	高压	安全低压
光输出	10～15 lm/W	80～90 lm/W	100 lm/W
节能	差	一般	好
寿命	2000小时	10000小时	30000～50000小时
颜色	2700K	单色	真正全色谱
聚焦性	可聚焦	面光源不聚焦	可聚焦
紫外辐射	有	有	无
对环境污染	汞	汞	无

注：LED使用低压电源，供电电压在6～24V之间，安全效能消耗能量较同光效的白炽灯减少80%，LED灯体积小、稳定性在3万～10万小时之间，寿命长，白炽灯的响应时间为毫秒级，LED灯的响应时间为纳秒级，LED灯无有害金属汞，对环境无污染。

（2）净水系统的应用

世界上大多数的水体污染严重，加剧了水资源紧缺的矛盾。传统的自来水处理方法，已不能保证提供品质优良的饮用水，而且在市政供水中还存在着二次污染的问题，如高层的水箱供水，漫长的自来水输送管线，都会造成潜在的铁锈、水垢及微生物等污染问题，因此，各种家用净水器应运而生。先进的净水技术应该是在满足洁净、安全的同时更加关注水的健康与营养、活性等，从而使厨柜设计更人性化。

（3）食物残渣的处理

随着人们对生活品质要求的不断提高，改善住宅的卫生条件成为必须。在住宅内使用厨余粉碎机的用户可以立即改善厨房垃圾堆放处的卫生环境。使用厨余粉碎机处理食物垃圾既铲除了住宅内蚂蚁、蚊蝇、蟑螂、老鼠等害虫的滋生，也可以处理大多数食物垃圾，如小骨头、鸡骨头、鱼头、鱼骨、玉米棒芯、果皮果核、残羹剩饭等，同时可能驱除因为食物垃圾滞留在室内而产生的难闻异味，方便、省时、省力。在当今繁忙的家庭里，使用厨余粉碎机处理食物残渣，尤其是在饭前准备及饭后清洁阶段，可以为业主节省时间，提供便利，足不出户就把家中的垃圾分类。

（4）门板阻尼系统的应用

门板阻尼系统将目前五金业最领先的技术成果——阻尼系统应用于厨柜抽屉及门。这种阻尼系统造就了轻柔的自动关闭技术，阻尼抽屉拥有的缓冲技术和自动关闭技术，可以让盛满物品的抽屉在滑轨上到达5cm回弹点时经过缓冲后自动关闭，不仅可以避免抽屉内的物品互相碰撞，而且还不会引起抽屉的反弹。阻尼抽屉有着独特的特性——越重越滑，轻轻一推，负载50kg重物的抽屉就可以缓缓地自动关闭。

5.4 厨房设备设施管线一体化技术

住宅厨房设备设施管线一体化技术主要解决的是管线及接口设计混乱、设备与管线接口不匹配等问题。当前形势下，厨房管线一体化技术应以促进管道建设由现场施工到工业化生产的转变为目标，提高现场装配化水平，减少现场作业带来的人力、物力消耗，提高厨房设备设施管线的标准化和产业化水平。

5.4.1 厨房设备设施管线一体化整体情况

厨房的设备设施管线配置应满足现代居住和使用功能要求，尽可能选择先进、新型、无毒害、使用寿命较长的管线，各种管线除要达到自身系列的配套化外，还要考虑与其他产品的连接。设备与管线，管线与管线之间的配合要采取统一设计、统一施工的方法。管线与设备要靠近，管线之间要符合安全与安装要求，避免交叉和重叠。

值得重视的是：在厨房家用电器和厨房家具一体化配套设计和安装使用过程中，经常会碰到由于管线布置不合理，导致厨房家具无法合理布置；因燃气表安放位置不合理导致破坏柜体、破坏整体美观；由于给排水设计不合理导致插座无法使用，导致给排水无法维修等问题普遍存在。由于这些问题是在建筑设计和建筑施工当中已被固化导致厨房装修时无法变更，将影响住户未来的使用。

5.4.1.1　厨房设备设施管线布置方式❶

为了使室内环境整齐美观，管道应尽可能集中隐蔽设置，可设立集中管井，管道间和水平管道区，方便管理和维修，各户的排水支管应不出户。智能化住宅应实行综合布线，合理设置接口或插头的位置和数量，达到使用灵活方便。

厨房设计必须从建筑设计入手，将使用功能、空间利用、环境质量、节能、建筑、结构、水暖、电气、燃气等专业协调统一，充分考虑厨房的基本功和使用要求。各种设备设施的尺寸必须符合人体工程学的原理，满足人们舒适、卫生和安全的基本需求为目的，使厨房的电器与柜体组合、配件与柜体连接、柜体与墙体连接等模数协调统一，实现厨房设备的配套性、通用性、互换性和扩展性，符合现代人们需求的生活模式。

5.4.1.2　厨房建筑空间与设备的关系

模数是厨房标准化、产业化的基础，是厨房与建筑一体化技术的核心部分。使用模数协调的目的是使建筑空间与柜体安装吻合，使柜体单元及电器单元具有配套性、通用性，互换性，是柜体单元及电器单元装入、重组、更换的最基本保证。厨房建筑空间要满足厨房模数尺寸系列表和厨房安装环境的要求，厨房柜体、电器、机具及相关设施要满足产品模数，只有这样才能将住宅的建筑土建设计、产品设计、生产厂家和施工单位共同遵循的模数统一协调起来，使住宅厨房实现灵活、多样的设计，这就给我们提出了厨房安装环境的要求以及厨房设备待装腔体空间（或单体）本身的技术要求。

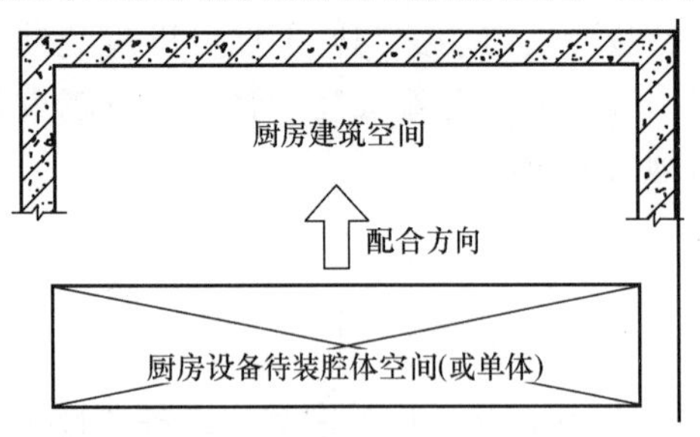

图 5.4-1　建筑空间与厨房设备之间的关系

厨房设备待装腔体空间（或单体）是指厨柜柜体（未安装电器及五金件）、冰箱等可以直接和建筑空间配合的，称之为单体。厨房建筑空间与设备之间的配合关系研究，主要研究这些厨房设备待装腔体空间或单体与建筑空间配合问题，对配合体双方提出要求，以及配合体可能产生的问题等。保障性住宅厨房内净空尺寸应与建筑模数相协调。住宅厨房净尺寸和厨房家具的基本模数数值为 100mm，其符号为 M。厨房开间与进深和厨房家具的模数化尺寸，应是基本模数的倍数。其中要与厨柜配合的电器在宽度方向应为 100mm 的倍数减 5～10mm，以保证厨柜模数的标准化；建筑净空尺寸应为 100mm 的倍数加 5～20mm，以保证厨柜的布置；柜内功能件应按 100mm 的倍数柜减去两侧旁板设计安装净空尺寸。为提高相互之间的部品件集成度，标准允许 0.5M 的存在，例如，与排油烟机配套的吊柜可为 7.5M 即宽 750mm，拉篮柜可为 1.5M 即宽 150mm 等。

注1：厨房净尺寸指建筑装修后的尺寸。

　2：M 是国际通用的建筑模数符号。1M＝100mm。

5.4.1.3　厨房设备与其他设备之间的关系

由于厨房柜体及嵌入式电器没有统一的模数标准，使电器和柜体不能实现协调配合，不能实现单元的互换性、通用性及配套性。厨房设备与设备之间研究，主要解决柜体单元及电器、五金配件单元具有配套性、通用性、互换性，是柜体单元及电器、五金件单元装

---

❶ 本节摘自《保障性住房厨房卫生间建筑与设备管线的协调研究》作者：鞠树森　刘丹丹

入、重组、更换的最基本保证，厨房设备与设备之间的配合关系解决的问题：柜体和电器产品的模数协调问题、柜体与五金配件的模数协调问题、电器及五金配件等功能柜的结构性能（图 5.4-2）。

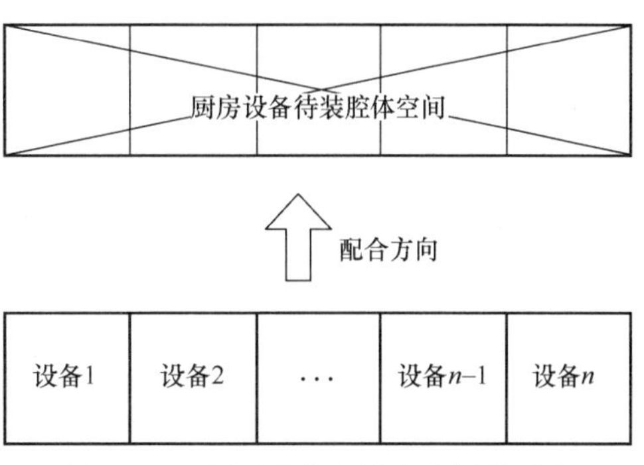

图 5.4-2 厨卫设备与设备之间的配合

设备 1、设备 2…设备 n，包括厨房、卫浴间各类设备如灶具、热水器、洗涤池、排油烟机、嵌入式冰箱、洗碗机、微波炉、消毒柜、垃圾粉碎机以及洗面器、洗衣机等设备。

5.4.1.4 厨房设备与管线及接口之间的关系

厨房设备与管线接口之间的配合关系主要解决给排水管线接口、电接口、燃气管线接口、通风管线接口、智能化接口以及各种接口与各种管线及相关设备的连接等问题。厨房给水、排水、燃气等各类管线应合理定尺定位设计，管线与设备接口设置互相匹配，并应满足厨房使用功能要求，同时设计应建立在用户的人体工程学的基础上，管线与设备接口连接方式应安全可靠，保证密封性。厨房内管道、管件应不易锈蚀，排水管管道布置宜采用同层排水方式，应符合各相关专业标准的要求。厨房设备与管线接口之间的配合关系主要研究给排水管线接口（冷水接口、热水接口、排水接口、直接饮用水接口、中水接口等)、电接口、燃气管线接口、通风管线接口、智能化接口（电话接口、有线电视接口、网络接口、各种远传表具接口、各种探测器接口）以及各种接口与各种管线及相关设备（如灶具、热水器、洗涤池、排油烟机、电冰箱、洗碗机、微波炉、消毒柜、垃圾粉碎机、洗衣机等）的连接等问题（图 5.4-3）。

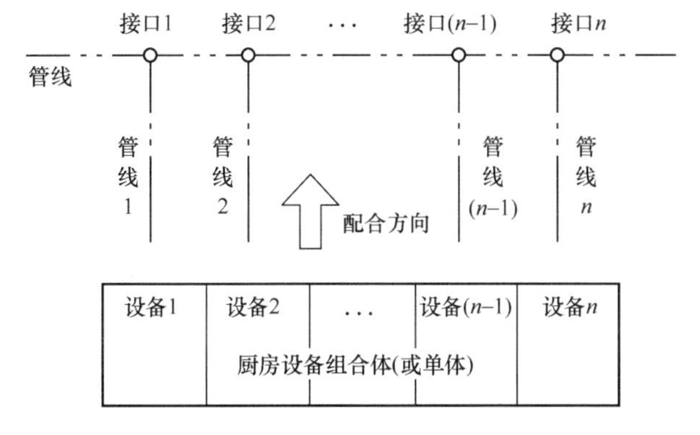

图 5.4-3 厨房设备与管线接口之间的关系

室内的各种竖向管道和管线宜集中敷设，在安全、防火、卫生等方面互有影响的管道不应敷设在同一竖井内，宜集中在选用设备附近的墙角处形成管线区，管线区宜采用轻型、防腐、防潮、阻燃板材进行遮蔽，遮蔽部分应考虑通风，并尽可能在每层靠近公共走道的一侧设检修门或可拆卸的壁板，检修门和可拆卸壁板等应符合防火规范的有关规定。厨房各种管线敷设应综合考虑。设备与管线及接口设置互相匹配，并应满足厨房使用功能的要求，应保证密封性，并应符合各相关专业的标准、规范的要求，厨房器具平面布置和配件接口，在满足要求的同时，力争美观与实用相结合。

5.4.2 设备设施管线一体化产业化成套技术发展趋势

通过对厨房设备设施管线的研究，可以看出很多传统厨房的专业管线都存在混乱布置的现象。为了有条理地布置厨房各专业管线，同时不占用厨房宝贵的使用面积，又不影响厨房的使用功能，未来厨房管线的发展方向应该是管线集成技术。管道墙就是管线集成的一种重要方式，可以较好地满足给排水使用功能的同时，预留足够数量的电器插座，来适应住宅厨房内大、小电器越来越多的趋势。

管道墙是将厨房中的给排水管道、热水管道、燃气管道以及电气线路等专业工种进行管线集成所形成商品化供应的产品。管道墙由新型材料制成，通过预先在工厂进行合理的设计，将各管线装入隔墙的适当位置内，同时在该隔墙上预留一定数量的管道及电气线路安装接口，实现设备与不同位置的接口连接，也就形成了管道墙。将厨房各种管线纳入管道墙中，可以实现工厂生产、现场组装，使室内空间完整，方便检修。采用这种做法之后，各种管线就可以轻易更换而不影响住宅楼栋主体结构。同时，对于日后住宅设备的更换和住户调整室内空间时，重新布置管线等提供了方便条件。管道墙具有以下几个优点：

（1）管道墙技术的应用使厨房空间布置灵活，厨房平面设备布置紧凑；

（2）规范厨房管线及接口与相关设备的匹配问题；

（3）管道墙技术的应用可以缩短管道的施工时间，提高装配化程度；

（4）安装维护方便。

管道墙的维修更换门设置在洗涤池柜下或灶具柜下，洗涤池柜可设置为可移动的柜体，方便管道的维护，可移动的柜体又起到休息的作用。使室内空间完整，易于装修，同时方便检修。这样就要求厨房燃气、给排水立管和各种仪表统一设于公共的管井中，查表、检修时不用入户，在公共区域即可完成，而且便于日后住宅设备的更换和住户空间的管线重新布置。

管道墙作为住宅厨房管线集成技术，有助于提高厨房管道现场装配化程度，解决了管线设计与厨柜、厨房等设备不匹配的问题，为日后各种管线的局部维修提供了方便，也为今后调整厨房使用功能创造了条件。管道墙从根本上解决了管线、接口不匹配的问题，其代表的住宅厨房管线集成技术将是未来厨房管线的发展方向。

5.5 排气道系统

保障性住房排气道系统主要包括厨房和卫生间排气道这两个方面，由于厨房和卫生间排气道从原理、材料、结构形式等方面有许多相同的地方，故本书把厨房和卫生间排气道放在一起进行研究，其他章节就不再赘述。

在生活水平日益提高的今天，人们越来越注重生活的品质，注重家居环境的舒适健康，然而油烟、异味极大地破坏了家居温馨的氛围，也对人们健康造成负面影响。住宅厨房在加工过程中所产生的油烟，如一氧化碳、二氧化硫、氮氧化物等，影响人体健康，长期接触将导致“三致”（致癌、致突变、致畸形）。住宅卫生间的臭气和异味，对人也有很严重的不良影响。当卫生间使用一段时间后，释放出臭气和异味，这种气味是家庭的污染源，不仅刺激人体感官，而且还带有毒性，危害人体健康。改善厨房和卫生间的空气质量刻不容缓。消除这种污染的方法之一是保持家庭室内空气新鲜，良好的通风成为解决该问题的关键。排气道对于改善住宅中空气质量，降低厨房污染危害，改善室内卫生条件有着重要的作用，也是提高室内空气质量的重要手段之一。住宅的排气道主要担负着两个功能：

（1）将厨房的油烟和烹调废气、卫生间污浊空气输送到楼顶进行高空稀释排放；

（2）引进新鲜空气改善厨房和卫生间的空气质量。

目前在住宅中所使用的排气道主要形式是在集合住宅中竖向设置穿越各楼层的管道，用于将各楼层厨房和卫生间的废气收集后，集中排放。随着我国改革开放的进一步深入，建筑业特别是高层建筑得到了迅速发展，高层住宅作为住宅建筑发展的主流，其舒适性和防火安全已愈来愈受到人们的关注和重视。我国的《高层民用建筑设计防火规范》GB 50045 中，对住宅厨房和卫生间的排风系统做了专门的规定，住房和城乡建设部也相继出台了《住宅建筑规范》GB 50368 和《小康住宅厨房卫生间设计通则》BK-94-21 等技术文件，强调了住宅厨房和卫生间的通风、防火的重要性，给出了有关技术规范，并推荐采用出屋顶的共用排气系统。

5.5.1 排气道系统的发展和分类

国内有很多科研单位和生产部门对住宅厨房和卫生间的排气道系统进行了研究，并取得了一些成果。近十年来，我国住宅排气道经过几次改型，其使用越来越广，已经成为住宅中的一个重要组成部分。

5.5.1.1 住宅厨房和卫生间排气道系统的发展

住宅厨房和卫生间通风排气方式可以分为自然通风和机械动力排风两个阶段。我国住宅厨房和卫生间采用机械动力排风经过了以下几个阶段：

在自然通风受外界气象条件的影响、厨房内油烟气排放效果差的情况下，国内最先普遍采用的是轴流排气扇。轴流排气扇结构简单，安装方便，造价低，但这种排风方式在灶台产生的油烟不能直接被捕集，只有在扩散到整个厨房后才能排放到室外，因此厨房的油烟污染不能有效地控制。另外，安装在窗户或外墙上的排气扇所产生的油渍不易清洗，且污染建筑的外立面。随后，人们普遍在灶台上设置排油烟机排除烟气和在卫生间安装通风器通风换气，这样既消除了厨房和卫生间的空气污染，使厨房和卫生间处于负压状态，又避免了污染气流流向室内，从而保证了室内空气符合卫生标准。

排油烟机集气罩设在灶台的正上方，有效地避免了油烟在厨房内的扩散。早期排油烟机的安装是将烟管穿过窗洞或者墙洞，烟气直接排至室外，即所谓的“直排式”。这种方式排风量阻力小，相应的排风量就大。但是低层住户所排的油烟很可能通过上层或附近住户的外窗进入室内，引起交叉污染。在室外风速较大的情况下，还可能会出现倒灌的现象。采用“直排式”与使用排气扇都会存在一个相同的问题，即在使用一段时间以后，排气口附近会积聚油污，影响建筑物外立面的美观。

5.5.1.2 住宅厨房和卫生间排气道系统的分类

随着房地产业的迅速发展，高层建筑日益增多，在获得了极大的延展空间的同时，也给厨房和卫生间排气道系统的设计带来了一些问题，为了解决这些问题，人们设计出多种与之配套的集中排气道，但是这些排气道由于结构不同也存在着不同的问题。目前，我国城市住宅，尤其是高层住宅中，常用住宅厨房和卫生间排气道的构造形式可以分成三大类，即“集中式”、“混合式”、和“分散式”系统。

（1）“集中式”该系统是指采用屋顶风机使竖井内产生负压，保证各户的烟气能顺利排放和不反窜，但给物业管理带来麻烦，难以确定开机时间，用户处于完全被动状态。

（2）“混合式”该系统是指除了采用屋顶风机外，各用户还采用排油烟机。使用户在排烟要求上取得了一定的主动性，但同样存在物业管理问题，而且当屋顶风机停开时反而成为用户排油烟机的阻力。

（3）“分散式”该系统不用屋顶风机而改用避风风帽，主要依靠各用户排油烟机来排除烟气，这样用户具有完全的主动性。

“分散式”系统是一种切实可行的方式，对于“分散式”排气道系统还分为单风道式、主支式、变压式、止逆阀式和ZDA式五种形式，如图5.5-1和图5.5-2所示。

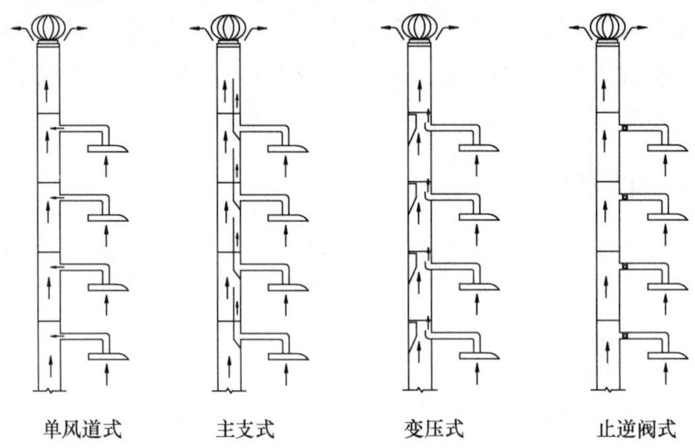

图5.5-1 单风道式、主支式、变压式和止逆阀式排气道系统

①单风道式排气道

由一个简单的矩形风管构成，垂直穿越住宅各楼层，在每层住宅中留有一个连接排油烟机的进风口，其原理是各层烟气在排油烟机的吹动下，将油烟排入排气道中，由于烟气温度的作用，在排气道中产生上升浮力，从出屋面的出风口将烟气排出。在实际应用中，由于排气道穿越各楼层时，在每层住宅中设置了相应的进风口，破坏了风道的烟囱效应，使得烟气上浮力不明显，容易造成排烟不畅及串烟、串味。

20世纪80年代，6层以下的多层住宅大量兴建，解决了当时的住房问题，但做饭时间厨房排放的废油烟四处飘散，熏得人睁不开眼，甚至呼吸困难又成了新问题。为了集中、统一排放厨房废油烟、气，避免住户间的相互干扰，出现了单风道式排气道。这种风道一般都是搭建在建筑物外，用砖砌筑而成，利用排风扇的动力和热油烟自身的浮力将废油烟、气排入风道内，并由屋顶的出口统一排向高空。单风道式排气道在修建过程中，由于考虑建筑外观等因素不能过大，并且排气道砌筑过程中砂浆经常向风道内面挤出，形成突起，阻碍气流通行，所以这种排气道的排气性能不好，只能在很有限的程度上减轻住户之间的相互影响。

②主支式排气道

随着建筑技术的进步，排气道不再采用砌筑方式，而是采用混凝土直接浇筑，最初出现的是主次式排气道。主次式排气道由两个并列矩形排气道构成，垂直穿越各楼层楼板。支风道在住宅每层设一进风口与厨房的排油烟设备相连，在距进风口一定距离处支风道与主风道相汇，避免支风道进风口与主风道直接接触，减少串烟。

主支式排气道的工作原理是通过机械排油烟设备将气体推入支风道中，利用机械动力

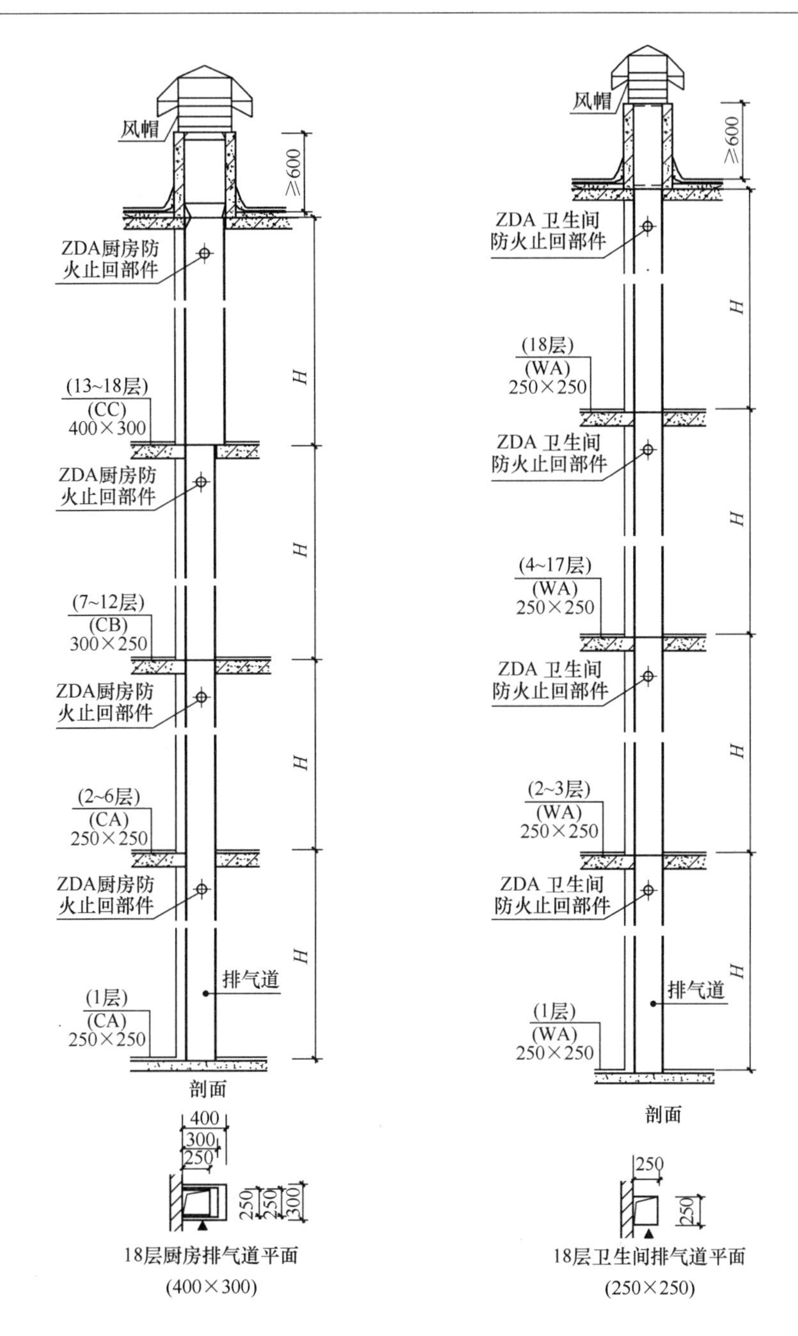

图 5.5-2 ZDA 排气道系统

和废油烟温度的上浮力使油烟上升一段距离后再进入主风道，然后利用主风道内形成的“烟囱效应”将废油烟气从屋面出口排出。理论上由于气体始终受到向上的推力，可以高效的排除油烟并避免串烟现象的发生。但使用中由于气体在风道内的长距离运动带来的阻滞作用使得气体的运动非常缓慢，同时由于机械排风设备的作用使得风道内部始终处于正风压，主风道补风口无法进风，废油烟气在风道内部长时间滞留，同样表现出倒烟与串味。

③变压式排气道

初期的变压式排气道同主支式排气道相近，也由主、支风道构成，在支风道与主风道交汇处加装一个向主风道倾斜的导流板。在导流板处减少主风道截面面积，使空气在主风道中向上流动时加快流速，利用由此产生的“流体伯努力”现象，在支风道中产生一定的负压抽力，引导支风道中烟气向主风道中运动。变压式排气道也是试图通过改变风道的截面形式，利用烟气流动的各种物理规律，使气流向上运动，以利于废油烟的排除和最大程度防止串烟、串味。并且这种形式的系统与主支式系统一样，当排油烟机不工作时，厨房内可进行正常的自然通风。

在实际使用中人们发现，由于风道内气流的运动速度并未像理论设定的那样快，动静压转换不明显，进风口的静压值基本上没有改变，还是呈正压状态，防串烟和排烟性能并无显著提升。另外，变压式排气道的各层构造不相同，在工程使用中容易混乱，且变压式排气道占地面积过大。

④止逆阀式排气道

止逆阀式排气道是在单管风道上的各层进风口处，加装一个防气流逆行的止逆阀，迫使烟气向风道内单向运动，从而解决烟气互串的问题。这种排气道截面尺寸较小，是一种复合式风道。止逆阀式排气道力图通过控制气流流向，强行使烟气在排气道内流动，从而解决串烟、串味现象。初期的止逆阀式排气道主要针对串烟问题进行设计，忽略了排气道的排风量性能，截面面积较小，排风量不足，排气道内部压力过大，阻滞进风口的排风效果，对排油烟机的工作压力要求较高，整体排油烟效率较低。同时，由于油烟的粘附使得止逆阀开启困难，在长期使用中更会出现止逆阀无法开启，或开启后由于油污禁锢，使得止逆阀无法关闭而出现严重串烟现象。而且这种形式的排气道当排油烟机或通风器关闭时，由于止逆阀的作用，厨房和卫生间内无法进行正常的自然通风。

⑤ZDA 排气道

ZDA 排气道系统（又名：ZDA 射流式防火型排气道），设计时采用变口径风管，在每户进风口处，安装 ZDA 射流式防火止回部件，使管道内能有效形成局部引射，实现机械、气压双重保护，使得排气道内不洁气体流动通畅，不倒灌。排气道按楼层由多段若干节管径相同的管体组成，管径由下至上变截面逐渐增大。在首层设有补气装置，保证排气道内形成有效的烟囱效应。

ZDA 排气道系统在进气口部位设置具有防火止回功能的射流式防火止回部件。当油烟机起动时，ZDA 防火止回部件受到正向压力而打开，烟气通过 ZDA 防火止回部件排入排气道内，当油烟机关机时，ZDA 防火止回部件受到排气道内的反向压力而自然关闭，阻断排气道内的烟气倒灌进入室内，有效防止了烟气回流。当厨房排气道内烟气温度达到150℃、卫生间达到70℃时，止回阀门可自动关闭并报警，阻隔火灾的蔓延。

5.5.2 国内、外住宅排气道的调研

5.5.2.1 国内排气道调研

我国的烹饪习惯多为炸、炒，烹饪活动产生的油烟污染是非常严重的问题。所以，排气道的作用在日常生活中发挥着很重要的作用。目前，纵观整个排气道市场，排气道存在的问题仍然很多。通过对国内住宅排气道的调研，进行分析总结，得出我国住宅排气道存在的问题如下：

（1）20世纪80年代建造楼房大多为砖混结构，排气道多是用砖砌的，由于其内部有效排风截面一般较小，上下层厨房之间容易出现串烟串味现象。

（2）厨房排烟不畅。这一问题的造成大多为在施工中，由于操作的不当致使在排气道内部积聚了很多建筑垃圾的缘故。

（3）燃气热水器废气直接排入排气道。将废气直接排入共用排气道，会危及楼上居民安全。废气中含有一氧化碳和其他有害气体，到达一定浓度时就可能置人于死地，还可能引发爆炸。

（4）排气道结构设计不合理。20世纪80年代以前，住宅中没有统一的排气道，也没有抽烟机，直到80年代中后期才出现真正意义上的排气道。最初的排气道是从底通到顶的“单排气道”，后来发展到“主次排气道”、安装阀门防止串味的“止逆阀排气道”。

（5）排气道结构的强度不够。目前市场的排气道壁厚不均匀，最薄处在6～8mm左右，排气道壁太薄很容易破损。

（6）排气道增强材料使用不当。用于制作的主要原材料——水泥是碱性的，主要原材料之二玻璃纤维布必须是耐碱网格布。但目前市场上使用较多的是中碱性玻璃纤维布，甚至是大碱性玻璃纤维布。使用中碱性、大碱性玻璃纤维布直接结果是导致排气道夯体的强度不足，严重的在使用过程中排气道可能出现倒塌。

（7）生产工艺上存在养护期不足。

5.5.2.2 国外现状

欧美国家在多层和高层住宅中亦多采用集中排气道系统，有的高层住宅还在竖向风道的顶部，安装屋顶排风机，其排气道的形式和我国有所不同。由于欧美国家的高层建筑往往作办公楼用，住宅以多层、别墅型居多，几乎不存在厨房集中排烟问题。由于采用屋顶排风机时电耗较大，且存在费用分摊的问题，因此，这种集中排气道系统难以借鉴。

日本在厨房通风方面做了很多研究，在应用中采用了多种不同形式的通风系统。日本更多采用的是单户换气方式，较常用的是双向贯通式水平排风系统，如图5.5-3所示。贯通室内的水平风管，两端均开口，为防止室外风力影响室内排风，两端开口处均安装管帽。该排气通道对风压、风向的适应性和运行稳定性都优于其他方式，且防火性能好，通过排气道蔓延火灾的可能性小。其缺点是会造成多层或高层住宅排风交叉污染。

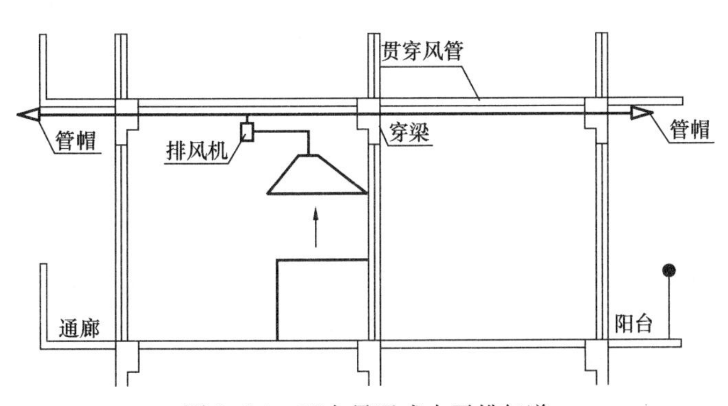

图5.5-3　双向贯通式水平排气道

5.5.3　住宅排气道系统的理论研究

5.5.3.1　合理排风量

影响厨房控制油烟污染物的一个重要因素是厨房的排风量。在厨房排风量的设计上，既要考虑到厨房污染物的有效排放即满足换气次数的要求，同时也要考虑到建筑节能的要求。在冬季，过大的排风量会增加采暖热负荷，而在夏季，对于空调房间，同样由于排风量过大会增加房间冷负荷。

早期设计标准受当时经济条件限制，每户设计排风量为 $200m^3/h$。原因是当时的住宅厨房面积较小，建筑设计对垂直排风道截面尺寸控制很严。近年来，由于住宅设计标准提高，住宅厨房面积平均在 $5m^2$ 以上，因此厨房排风量的设计上相应的就会有所提高。

5.5.3.2　排油烟机捕集效率

检验排油烟机的性能指标，除了风量、风压、噪声、功率之外，很重要的一个指标是对油烟的捕集效率，它直接反映了排油烟机的排风效果。排油烟机捕集效率是将排油烟机开机时的排烟量（指排除的油烟量）占未开机时所产生的油烟量（指进入房间的油烟量）的百分比。

5.5.3.3　排油烟机的安装方式

排油烟机的排风效果与它与污染源的相对位置有关。一般来说，油烟气温度较周围环境温度要高，受到浮升力的影响较大，故排油烟机设于灶具、炊具的正上方更利于油烟的捕集。排油烟机与污染源的距离也有关系，距离越远，油烟自发生到被捕集的时间越长，中途扩散的可能性也越大。围挡情况也会影响排油烟机的效果。美国加利福尼亚能源协会PIER研究项目中，将商用厨房的油烟机安装方式分为：独立式安装（包括单排风罩和双排风罩）、靠墙式安装以及相近的安装形式。不同的安装形式有着不同的空气污染物捕集区域，并且安装高度的不同的，同样也影响着捕集效率。相同的排风效率，相对于独立式安装形式，靠墙式安装形式要求更少的排风量，而后隔板式安装形式需求风量更少。

5.5.3.4　排气道系统排气性能影响因素分析

在排气道系统中，影响排风效果的因素主要包括排气道尺寸、管道内壁粗糙度、排风帽局部阻力、排油烟机开机率、排油烟机空气动力特性等。

（1）排气道流通截面尺寸

排气道流通截面尺寸是排气道系统设计中主要考虑的因素。无论采用哪种通风方式，哪种风道结构形式，最终都必须确定排气道横截面积。排气系统主风道横截面的大小可决定排风量的多少与排风效率的高低，从这一角度说，管径越大越好，但考虑到材料使用的经济性，应将两者综合起来，选择较好的横截面尺寸参数。

（2）风帽

在排气道系统中，目前一般在屋面设置防倒灌风帽、无动力风帽、ZDA通用风帽。防倒灌风帽为水泥制品，成本较低，但不能阻止雨雪飘入。无动力风帽采用不锈钢或铝合金等材料制成，但在高层建筑中不能满足排气量要求；ZDA通用风帽为钢板或不锈钢等材料制成，具有防倒灌功能，并可以有效防止雨雪飘入。

（3）排油烟机的开机率

在排气道系统设计时，排油烟机开机率的选取关系到主风道横截面积的大小。一般来说，排风系统中，开机率的增大，系统内的风量增加，截面积不变，因此风速增大，相应的沿程阻力就会增大，随之而来的系统的排风量就会减小。对于高层住宅来说，住宅层数越高，开机率相应的就会越小。住宅中一般开机率最大会出现在下午 5：30～6：30 这个时间段，此段时间为一天中烹饪最为集中的时间段，开机率为 50%。并且认为对于同一种开机率，当开机用户全部集中在底部时为最不利工况。

（4）排油烟机的空气动力特性

在排气道系统中都会存在沿程阻力和局部阻力，尤其是对于止逆阀式排气道系统而言，在各层进风口部位加装止逆阀，力图通过控制气流流向强行使烟气在风道内流动，从而解决烟气倒灌和串味现象。但是由于止逆阀式排气道安装了止逆阀增加了局部阻力，如果排油烟机的性能不高，压头较低的话就会造成排风量不足，导致各层用户排不出烟，因此排油烟机性能的好坏在整个排气道系统中起着至关重要的地位。

评价排油烟机的空气动力特性主要是在自由状态下，排油烟机的最大排风量，以及最大排风压力，并且还应考察在排油烟机出口处遇到阻力后，其排风量的衰减程度。例如当排油烟机的出口遇到阻力后，排风量仍保持在较大范围内，便认为其空气动力特性满足排气道系统的排气要求。

5.5.4 排气道系统的组成

排气道系统由以下部件组成：排气道、排油烟机、风帽、防火止回部件。

5.5.4.1 排气道

排气道是排烟系统中最重要的部分，它的设计和制作的好坏，直接关系到住户的排烟效果，并直接影响家庭的居住生活质量。其种类、型号、原材料、外观质量及性能等的要求应是排气道标准中的主要内容。

5.5.4.2 排油烟机

排油烟机是厨房设施的重要组成部分，中国的烹饪方式是爆炒煎炸，导致厨房里油烟严重，油烟中含有 300 多种有害物质及高致癌物，导致家庭污染的主要原因之一，选择性能良好的排油烟机对家居生活很关键。随着科技的不断进步，处理油烟的新技术开始诞生——油烟收集净化技术，该技术在排油烟机前端安装净化装置，将厨房油烟从源头上进行拦截净化、收集，具有显著的效果，可以减少大气油烟的污染，有效地改善城市居民的生活环境。

5.5.4.3 风帽

空气的流动形成风，这是由于地球表面存在气压差的缘故，正如“水往低处流”一样，高气压的空气一定要向低气压的地方流动，地球表面各处的气压不完全相同，它是随着地势高低、气温变化、空气中含水汽大小而变化的，地势越高空气越稀薄，气压就低，所以说气压是随着地势的增高而递减。高耸的烟囱出口处所在的位置高于烟囱入口地面，形成气压差，烟气能冉冉上升，顺畅排出烟囱。如何解决在任何气象情况下排气道出烟口部都不会出现烟气回流倒灌的现象；如何解决在雨雪天气情况下能防止雨雪倒灌到排气道内的现象，就成为各种类型风帽要解决的问题。

5.5.4.4 防火止回部件

防火止回部件用于连接排气道与排油烟机（或排气扇）的接口件，应具有防止烟气的倒灌回流和防火功能，并要符合GA/T 798《排油烟气防火止回阀》的相关要求。

5.5.5 排气道系统防火性能研究

排气道系统垂直贯穿整个建筑物，如果没有设置防止回流的设施，一旦发生火灾时，厨房和卫生间的排气道将成为火势蔓延的途径。因此排气道的设计还应考虑到消防的安全，《高层民用建筑设计防火规范》GB 50045规定：高层建筑的通风、空气调节系统应采取防火、防烟措施。《采暖通风与空气调节设计规范》GB 50019规定：厨房和卫生间的竖向排气道应具有防火的功能。竖向排气道应具有防火、防倒灌、防串味及均匀排气的功能。住宅建筑无外窗的卫生间，应设置机械排风排入有防回流设施的竖向排气道，且应留有必要的进风面积。《民用建筑供暖通风与空气调节设计规范》GB 50736规定：住宅建筑竖向排风道应具有防火、防倒灌的功能。顶部应设置防止室外风倒灌装置。

5.5.5.1 材料的不燃性

排气道应该为由非燃性材料制成、加入防火止回部件的防火型排风系统，可以及时排除空气中的有害气体。利用这种防火设计，能有效避免多楼层，通过排气道引起火灾串联的事故发生。排气道制品耐火极限实验按GB 17428《通风管道的耐火试验方法》的规定进行。

由于厨房出来的烟气温度很高，排气道应为耐热、不可燃材料，允许采用耐老化、耐腐蚀、耐潮湿并符合防火及环保规定的化学建材或其他轻质材料。《民用建筑供暖通风与空气调节设计规范》GB 50736规定：通风与空气调节系统的风管材料配件及柔性接头等应符合国家现行防火规范的规定。

5.5.5.2 防火止回部件

安装在厨房排油烟机或卫生间排风机后端至具有耐火等级的共用排风管道进口处，风机工作时呈开启状态（排出废气），风机不工作时处于自然关闭状态（防止废气回流），屋内或共用风道内气温达到规定值时可自动关闭，并在规定时间内能满足耐火性能要求，起隔烟阻火作用的阀门。

（1）感温元件

①基本要求

止回阀应具备感温元件控制其自动关闭的功能。用于厨房排油烟管道上的止回阀感温元件的公称动作温度为150℃；用于卫生间排风管道上的止回阀感温元件的公称动作温度为70℃。

②不动作温度

厨房用止回阀感温元件在140℃±2℃的恒温油浴中，5min内应不动作；卫生间用止回阀感温元件在65℃±0.5℃的恒温油浴中，5min内应不动作。

③动作温度

厨房用止回阀感温元件在156℃±2℃的恒温油浴中，1min内应动作；卫生间用止回阀感温元件在73℃±0.5℃的恒温油浴中，1min内应动作。

（2）环境温度下的漏风量

在环境温度下，止回阀处于止回状态，阀片前后保持150Pa±15Pa的负压差，其单位面积上的漏风量（标准状态）应不大于500m^3/（m^2·h）。

(3) 耐火性能

①耐火试验开始后 1min 内，止回阀应达到温控关闭状态。

②止回阀的耐火时间应不小于 1h。

③在规定的耐火时间内，使处于开启状态下的温控关闭状态的止回阀叶片两侧保持 300Pa±15Pa 的正压差，其单位面积上的漏风量（标准状态）应不大于 $700m^3/(m^2 \cdot h)$。

④在规定的耐火时间内，使处于止回状态下的温控关闭状态的止回阀叶片两侧保持 300Pa±15Pa 的负压差，其单位面积上的漏风量（标准状态）应不大于 $700m^3/(m^2 \cdot h)$。

5.5.5.3 排气道的高温结构强度

排气道制品应具有耐老化、耐腐蚀、耐潮湿，在高温高压条件下，不发生变形、变质、粉碎、断裂等情况，保证排气道在使用过程中正常工作。竖井排气道是消防产品的一种，应达到《通风管道的耐火试验方法》GB 17428 相关规定。

5.5.6 排气道的机械化生产

在满足排气道使用性能要求的基础上，通过机械化进行批量生产。生产方式由传统的手工作坊转化为机械化生产，解决了传统的手工作坊管道内、外表面不平整、壁厚不均匀、强度不达标等粗制滥造问题。该技术在已开发的排气道的基础上，解决了排气道管体的机械化生产一体化成型的关键技术，不但提高质量和劳动生产率，而且节约了成本，达到了排气道的产业化升级。该技术对提高排气道产品质量和节约成本具有重要的作用。为了适应市场的需求，提高生产效率，保证产品质量排气道的产业化、机械化成套技术将呈发展趋势。

现代住宅厨房和卫生间中，通常安装排油烟机和通风器，需要配套先进的、高效的排气道系统，将厨房的油烟气体和卫生间的污浊空气，集中于楼顶实现高空稀释排放。因此，排气道的构造、性能、安装很重要，直接关系到通风换气的效果。在施工安装前，应核对进场产品规格、型号、构造是否与图纸设计标准图集要求一致。作为厨房和卫生间设备之一，排气道应成为标准化的产品，以利于批量生产和在工程中应用。特别是排气道的机械化生产，其生产方式由传统的手工作坊转化为产业化生产，排气道的机械化生产主要解决了排气道管体的一体化成型的关键技术，不但提高产品质量和劳动生产力，而且杜绝排气道系统通风性能、耐火性能、防回灌性能等质量安全隐患。

随着科技的不断进步，处理油烟的新技术开始诞生——油烟收集净化技术，该技术在排油烟机前端安装净化装置，将厨房油烟从源头上进行拦截净化、收集，具有显著的效果，可以减少大气油烟的污染，有效地改善城市居民的生活环境。

通过本书的研究可以形成生产、技术管理上的一致性，可以满足当前住宅工程建设的实际需要，为制定《排气道系统建筑设计图集》和《排气道系统工程应用技术指南》提供技术依据。

5.5.7 排气道典型案例

北京市燕王庄、天竺村定向安置房，建筑面积约为 70 多万平方米，总层数为 18 层，采用的厨卫排气道图集为华北标 10BJZ8（ZDA 排气道）标准图集。设计单位为中国建筑科学研究院，技术依托单位为北京金盾华通科技有限公司，设计方案见图 5.5-4～图 5.5-5。

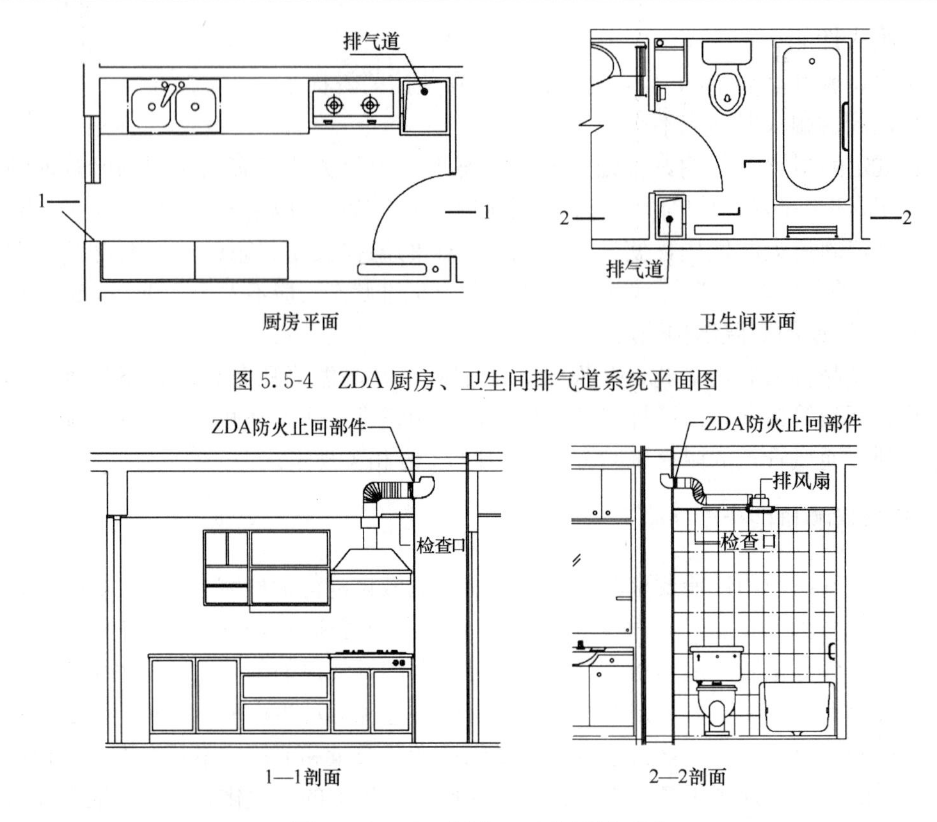

图 5.5-4　ZDA 厨房、卫生间排气道系统平面图

图 5.5-5　ZDA 厨房、卫生间剖面图

5.5.8　解决排气问题的新技术

由于我国目前的城市住宅多为高层建筑，传统的厨房垂直烟道技术排气效果较差，烟道容易互相串味，造成的污染也越来越严重，且占用了一定空间面积。目前尚没有一个解决烟道和排烟各种难题的最佳方法，室外直排方式是解决排气问题的一项新技术。

对于外墙污染而言，只有采用了先进的技术，如在排油烟机前端安装净化装置，将厨房油烟从源头上拦截净化，在使用时不需要另外设计和安装烟道向高空排放，家家户户的厨房可分层直接排放，不会因排烟不畅而出现楼上楼下串味，才能切实降低烟道建筑成本、减轻用户负担。厨房油烟分层排放，有助于解决建筑外立面的“油鼻涕”和城市居民小区环境污染问题。

随着科技的不断进步，一些新型排油烟机的油烟收集净化率开始达到零排放的程度。对于经权威部门严格检测达到零排放的排油烟机，保障性住房的厨房配套工程可考虑采用，以达到取消室内烟道、实现直排方式的目的，但要注意安装防止室外风倒灌装置。上述直排方式的优势如下：

（1）有助于解决排烟不畅、易串气味的问题

集中排烟管道虽然解决了外墙面的污染问题，但是其长年累月无法清洗，管壁油垢会越积越多，由于烹饪时悬浮着的烟油充斥烟道，冷却后就附着在烟道壁上，时间一长，烟道深处堆积了一层烟油，遇上火焰便会燃烧，引起火灾，而且容易滋生细菌、蚊蝇、蟑螂等有害物质，导致疾病泛滥。若采用水平分层直排，可以避免排烟不畅、楼上楼下窜气

味、滋生细菌、传播疾病等诸多管道问题，同时也能消除火灾隐患。

（2）有助于扩大厨房使用面积

传统排气方式需要在住宅中的每一户设计一条排烟管道，按照高层管道排放标准，排烟管道的截面约为500mm×600mm左右，其占用面积为0.3m²，对厨房使用面积有一定影响。如果在新建保障性住房中取消集中排烟管道，实现油烟分层直排，可以使每户的使用面积扩大0.3m²，有助于扩大保障性住房有限的厨房空间。

（3）有助于为住户节省费用

目前北京政府投资兴建的保障性住房多为30层左右的高层建设，修建集中排烟管道不仅会占用一定面积，还会有一部分管道生产成本产生。据粗略估算，采用直排方式一是可以带来直接的每户0.3m²使用面积的增大；二是节省建筑材料费260元/户；三是节省建筑人工费100元/户；四是每年可省清洗维护费用240元/台，有一定的经济效益，可以为住户节省一部分费用。

（4）有助于预防火灾，同时节省清洗维护费用

我们经常会看到烟道失火的报道，扑救烟道火灾是一件很困难的事情。由于火灾的“烟囱效应”，烟道失火后往往会燃烧得很快。不仅如此，燃烧部位都是在烟道内部，消防队员从外面扑救时水根本不能直接打中燃烧部位，短时间内难以有效扑救。如果烟道安装在居民楼上，在火灾发生时，整条烟道将从下向上燃烧，那么每一层楼上都会有燃烧点。在这样的情况下，消防队员往往只能手提灭火设备攀楼逐层搜灭。预防此类火灾最直接的办法就是定期清理烟道，而这又将产生约120元/m的清理费用。因此，直排方式避免了传统集中烟道的出现，从某种意义上来说也有助于预防火灾。

（第5章　保障性住房厨房产业化成套技术，参与编写和修改的人员有：

博洛尼精装研究院：徐永刚、王兴鹏、邱晨燕、杨大斌、曾松

住房和城乡建设部住宅产业化促进中心：文林峰、刘美霞、刘洪娥、王洁凝

宁波方太厨具有限公司：蒋志平、樊伟忠

北京世国建筑工程研究中心：梁津民、鞠树森

武汉创新环保工程有限公司：黄友阶、彭健

博洛尼家居用品（北京）股份有限公司：吴怀民、张少光

北京金盾华通科技有限公司：周立新）

第6章　保障性住房卫生间产业化成套技术

卫生间是住宅内最为复杂的功能空间之一，其设计建造要综合考虑功能性、适用性、便捷性、安全性、经济性和美观性。按照建造方式，主要有现场湿作业卫生间和整体卫生间，现场湿作业卫生间技术成熟，不作为本书的主要研究对象，而是重点研究更符合产业化发展理念的“整体卫生间”。总体上，保障性住房采用整体卫生间比采用传统卫生间空间利用效率高、设备管线设置合理、未来可改造性更强更方便、能在一定程度上避免卫生间常见的渗漏、堵塞、异味等问题。

作为保障性住房而言，其卫生间面积有限，尤其要进行精细化系统设计，在设计过程中注重功能适用、空间集约、维护方便。通过一系列精细化设计实现保障性住房卫生间功能设置、平面布局、空间利用、使用维护等方面较高的合理性。

6.1　卫生间成套技术概述[1]

6.1.1　卫生间和整体卫生间的概念

住宅卫生间，是住宅中供居住者进行便溺、盥洗、洗浴等活动的空间[2]。卫生间是住宅内最重要，也是最复杂的功能空间。

整体卫生间，是采用工业化方式生产的，一体化防水底盘或浴缸和防水底盘的组合以及墙板、顶板构成的整体框架，配上各种功能洁具，组装成型的独立卫生单元。整体卫生间具有淋浴、盆浴、洗漱、便溺四大功能或这些功能之间的任意组合，属于技术成熟可靠、品质稳定优良的产业化成套住宅部品。

6.1.2　住宅卫生间的分类

(1) 按建造方式分类

住宅卫生间按照建造方式可分为现场湿作业卫生间和整体卫生间两种。

(2) 按使用对象分类

住宅卫生间按照使用对象可分为主卫、客卫和主客混合型卫生间三种。

(3) 按卫生间的功能单元分类

按照盥洗、便溺、洗浴、洗衣四大基本功能对卫生间进行分类，根据不同的功能或相互之间的组合可分为各种单间单元和合间单元。

常见卫生间功能单元类型表6.1-1。

---

❶ 部分图片及文字参考书目：(德) Klaus Kramer等著．欧洲洗浴文化史．海口：海南出版社；(日) 高龄者住宅财团编著．老年住宅设计手册．北京：中国建筑工业出版社

❷ 卫生间定义来自于《住宅设计规范》GB 50096—2011

(4) 按卫生间功能设备组成的单元空间分类

①四功能组合卫生间，指包含盥洗、便溺、洗浴、洗衣四项功能设备组成的卫生间。

②三功能组合卫生间，指包含盥洗、便溺、洗浴三项功能设备组成的卫生间，洗衣机被另外设置在住宅套内的其他空间里。

卫生间功能单元组合分类见表 6.1-2。

常用卫生间功能单元分类　　表 6.1-1

单间单元	便溺单元
	盥洗单元
	洗浴单元
	洗衣单元
合间单元	便溺、盥洗单元
	便溺、洗浴单元
	便溺、洗衣单元
	盥洗、洗衣单元
	便溺、盥洗、洗浴单元
	便溺、盥洗、洗浴、洗衣单元

卫生间功能单元组合分类表　　表 6.1-2

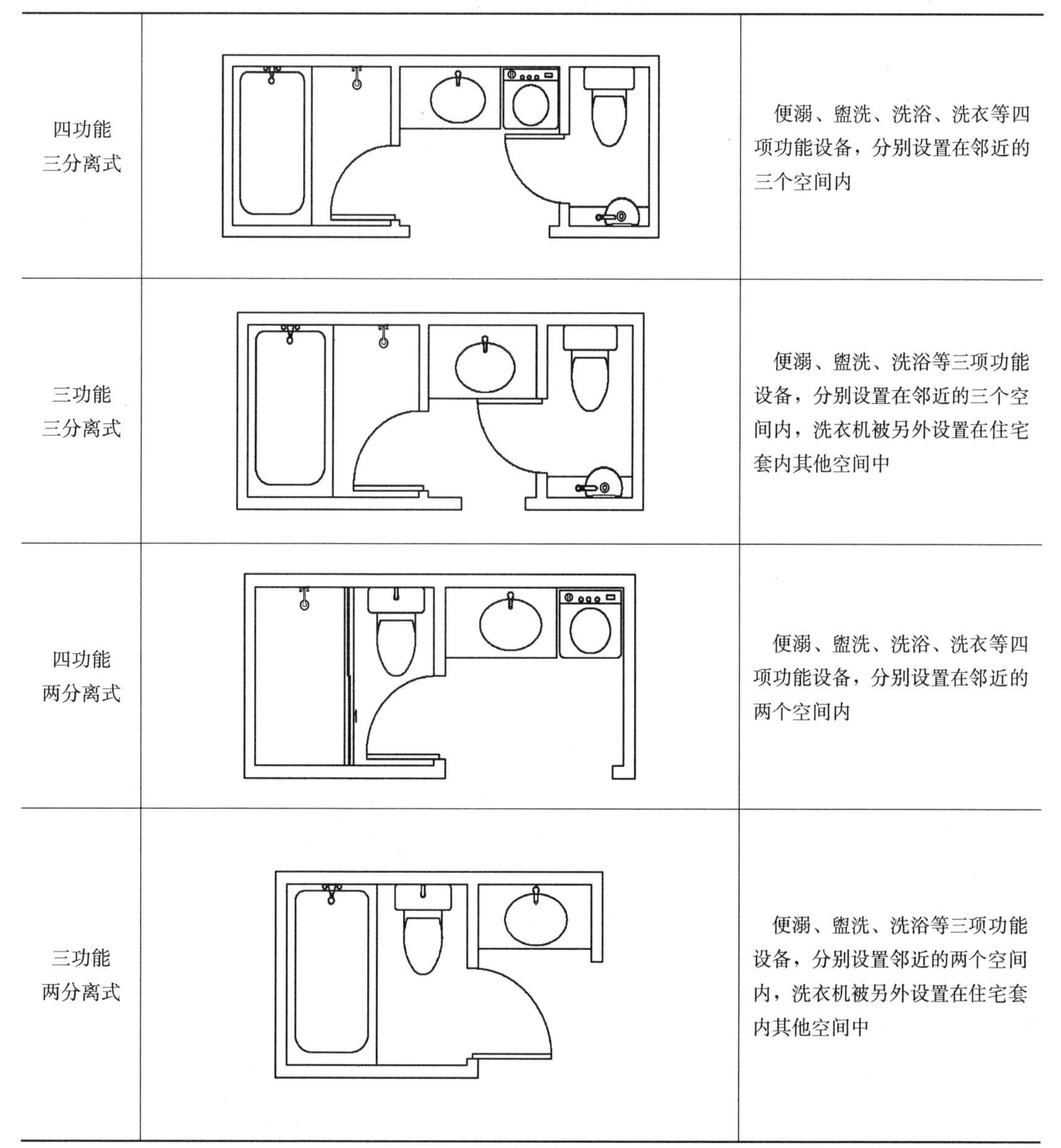

四功能 三分离式		便溺、盥洗、洗浴、洗衣等四项功能设备，分别设置在邻近的三个空间内
三功能 三分离式		便溺、盥洗、洗浴等三项功能设备，分别设置在邻近的三个空间内，洗衣机被另外设置在住宅套内其他空间中
四功能 两分离式		便溺、盥洗、洗浴、洗衣等四项功能设备，分别设置在邻近的两个空间内
三功能 两分离式		便溺、盥洗、洗浴等三项功能设备，分别设置邻近的两个空间内，洗衣机被另外设置在住宅套内其他空间中

续表

三功能 合间单元式 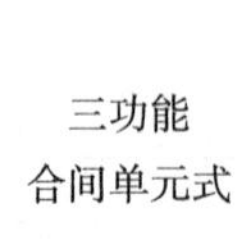	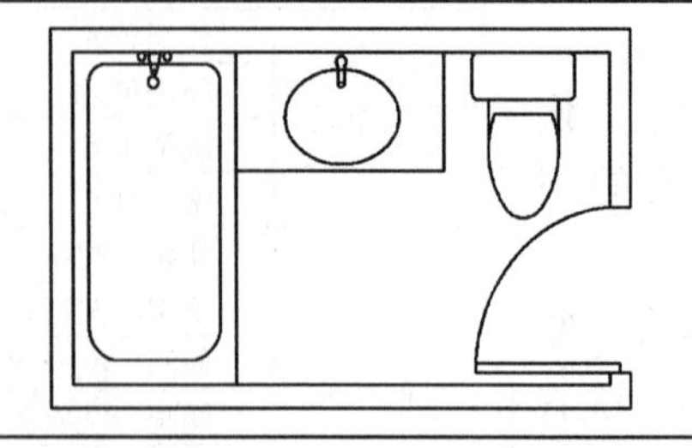	便溺、盥洗、洗浴等三项功能设备，分别设置在两个邻近空间，洗衣机被另外设置在住宅套内其他空间中

6.1.3　卫生间成套技术的内涵

卫生间成套技术主要包含成套设计、成套生产和供应、成套施工和安装等方面的内容：

（1）卫生间成套设计

卫生间成套设计包括以下内容：卫生间综合系统设计，功能空间精细化设计，空间模数设计，设备设施管线一体化设计，土建装修一体化设计以及外观整体设计。

（2）卫生间成套生产和供应

卫生间成套生产和供应包括以下内容：卫生间设备成套供应，卫生间管线设施成套供应与预制式整体卫生间成套供应。

（3）卫生间成套施工和安装

卫生间成套施工和安装包括以下内容：设备设施管线一体化成套施工技术，设备成套安装技术与预制式整体卫生间成套施工安装技术。

6.1.4　卫生间成套技术的发展历程及现状

6.1.4.1　卫生间成套技术的发展历程

卫生间从室外进入住宅内部空间的历史并不久远。卫生间能够进入到每个家庭并成为普通住宅的必要套内空间，基于两个方面的发展，一是卫生间各种设备设施的发明和逐步发展成熟；二是工业革命以来城市给水排水管网建设的成就。

（1）抽水马桶的发展

1775年，英国钟表匠阿历克塞·库明（Alexander Cumming）申请到了第一个抽水马桶的专利，如图6.1-1所示。19世纪后期，欧洲各国开始推行“大众沐浴”理念，卫浴设备以及民众的卫浴观念日渐成熟。然而直到20世纪20年代，在住宅内部设有卫生陶瓷设备、具备如厕和沐浴功能的卫生间，仍然只是少数人的特权。

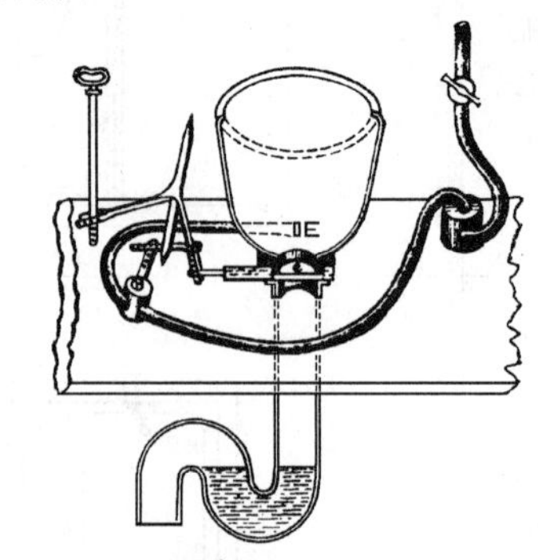

图6.1-1　英国钟表匠阿历克赛·库明在1775年首次申请到了滑板马桶的专利

英国钟表匠阿历克赛·库明设计了一块金属滑板封住马桶的排水口，滑板的锁闭机构与冲水阀门相连，起到防臭功能的S形存水弯也被首次用在这里。

这种采用陶瓷材料的马桶出现后，被大批量生产和销售。1889 年，英国商人特威福特研发的其中一种型号的马桶已经销售了 1 万多套（图 6.1-2）。

德国克劳斯公司（Fa. Krauss）在 1926 年申请了生产工艺专利的克劳斯式生产法，是将单个金属板组焊成型后，再进行整体镀锌的生产工艺，非常适合大批量工厂化生产，可以有效降低浴盆的制作成本。克劳斯式的“大众化浴缸”，使得不太富裕的家庭也可以享受清洁卫生（图 6.1-3）。这样，卫浴设备价格的平民化就为卫生间进入每个家庭提供了基础条件。

图 6.1-2 由英国商人特威福特实现的批量制造的浅冲冲水马桶

图 6.1-3 德国克劳斯式低成本大众化浴盆，正在工厂进行镀锌生产

二战结束以后，伴随着世界制造工业水平的进步，卫浴设备设施的设计和制造也得到了突飞猛进式的发展，直到这时，卫生间才开始真正进入每个家庭。

（2）卫生间成套技术的发展

卫生间不仅要具备座便器、洗面台、龙头、花洒等卫生设备，还要有照明、电源、排风、排污以及取暖等设施。要把如此众多的分属不同行业和厂家的设备设施，布置在一个相对较小的空间内，既要功能完善、视觉美观，还要节省空间、互不干扰、防水可靠，确实不是一件容易的事情，由此住宅卫生间成套技术应运而生。

① 20 世纪 30 年代开始出现卫生间成套技术

1940 年 11 月 15 日，德国出台了大众化厨卫设计方案，当时被称之为“标准大众化设计”。如图 6.1-4 所示，左侧是厨房，右侧是卫生间。当时处于战争期间的德国，只盖了少数试验房，但后来被应用于德国的战后住宅重建。

今天来看，这个方案仍然具有很强的参考价值。厨、卫相邻的设计手段，也非常利于住宅厨、卫给水排水系统的布置。推出这个设计方案的初衷，是为了促进普通大众住宅卫生间的建设，这个设计也被认为是卫生间成套技术的开山之作。

1966 年，中国从捷克进口材料建造了三功能卫生间（图 6.1-5）。卫生间地面马赛克图案的设计比较美观，具有整体感。扶手设计得也比较人性化，对卫生间的更衣、收纳等需求都有所考虑。

② 20 世纪 60 年代开始出现整体卫生间产业化成套技术

整体卫生间（Unit Bathroom）作为一种基于住宅产业化理念的卫生间成套解决方案是在二战后的美国，为迎合大量宾馆建设的需求而被开发出的。20 世纪 60 年代初，日本

REICHSBAUFORMEN
JNSTALLATIONSZELLE 10+11

SPK
KUCHE
BAD

图 6.1-4　德国在 1940 年出台的“标准大众化设计”厨卫图纸

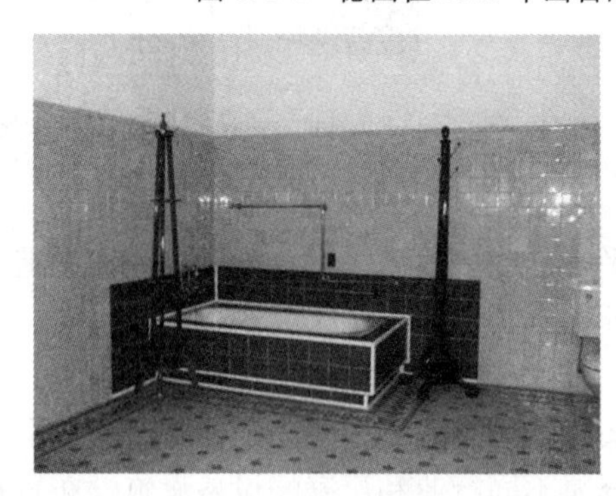

图 6.1-5　1966 年中国采用从捷克进口瓷砖洁具的三功能卫生间

政府为了解决 1964 年东京奥运会集中建设的需求，特别委托了日立制造所和东陶这两家公司，开发研制符合奥运建设要求的工业化生产的预制式卫生间。于是，整体卫生间被顺理成章地从美国引入到日本，并得以发扬光大。整体卫生间以其可靠的性能和质量，在东京奥运会期间获得人们的好评。

日本的整体卫生间在 20 世纪 80 年代之前主要应用在宾馆领域，从 20 世纪 80 年代起，日本开始在公团住宅（相当于我国的保障性住房）中大量推广应用整体卫生间，进而全面推广至一般商品住宅，整体卫生间在日本迅速发展起来。

1974 年，当时被称为“盒子卫生间”的整体卫生间，也在中国温州被开发出来。自 20 世纪 80 年代起，整体卫生间在中国也同样是以应用在宾馆项目为主，当时国内包括北京新大都饭店在内的一批新建宾馆，在客房内采用了整体卫生间方案。

③ 20 世纪 90 年代开始出现钢筋混凝土整体预制卫生间成套技术

产生于 20 世纪 80 年代的钢筋混凝土整体预制卫生间，是将外墙体和内隔墙体在工厂内一次成型浇铸完成，内外墙体的装修工序也全在工厂内完成。如图 6.1-6 所示。在工厂制作成型的卫生间模块，运至住宅施工现场后，与每层工程主体同步吊装施工。

随着香港住宅产业化的不断发展，香港房屋署在部分公营房屋的建设中，采用了钢筋混凝土整体结构预制卫生间，并不断引进新的技术来提高工业化程度，如图 6.1-7 所示。

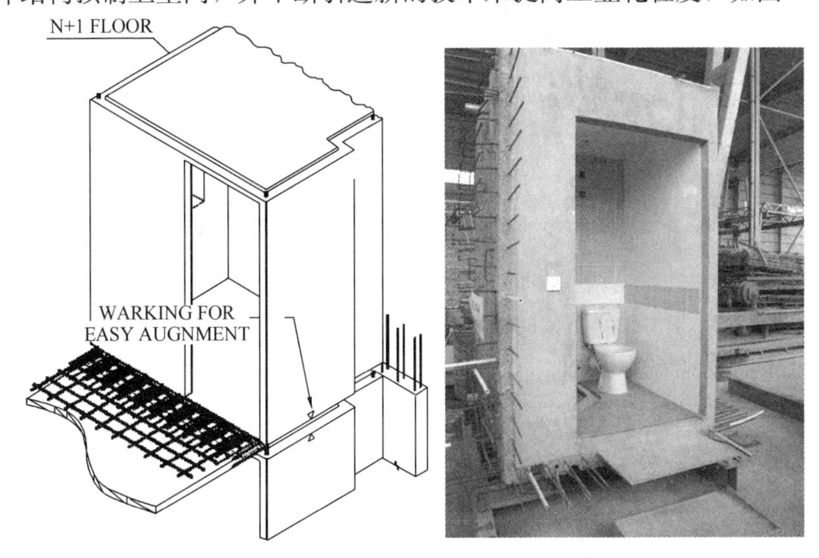

图 6.1-6　混凝土预制式卫生间在工厂生产

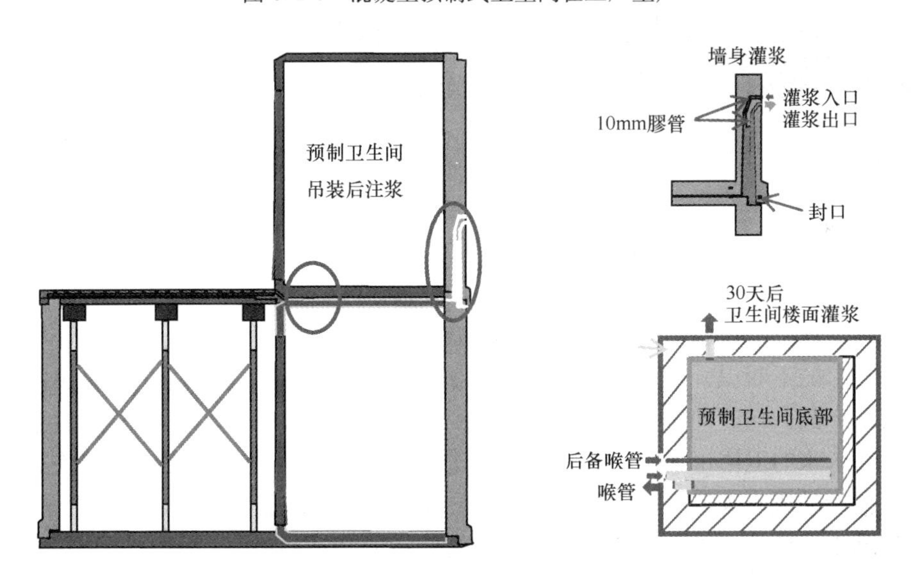

图 6.1-7　混凝土预制式卫生间现场吊装后进行注浆工艺示意图

④ 20 世纪 90 年代新材料、新技术促进新一代整体卫生间进入住宅

为适应家庭住宅对卫生间的审美需要，在 20 世纪 90 年代，不仅有更多具有强烈的设计感、色彩丰富的新型材料被应用到整体卫生间中，而且瓷砖、大理石、实木等传统材料，也被引入到整体卫生间的产品体系中（图 6.1-8～图 6.1-12）。新材料、新技术的引入，完全改变了宾馆用整体卫生间给人们留下的色彩单一、缺乏家庭感等问题，外观上更为美观。现在，整体卫生间已经成为日本住宅建设体系当中最重要的住宅部品，是现代住

宅的“标准配置”。

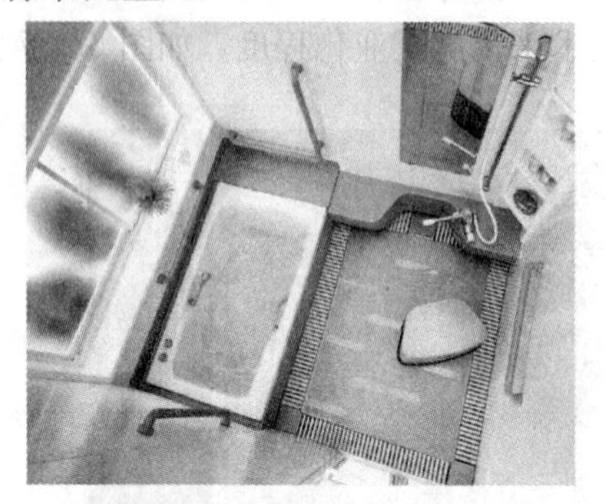

图 6.1-8 于 1993 年开发的无障碍整体卫生间

图 6.1-9 于 1998 年开发的无落差排水整体卫生间

图 6.1-10 于 2005 年开发的采用天然石材和桧木浴缸的整体卫生间

图 6.1-11 于 2006 年开发的追求舒适性与设计感的整体卫生间

图 6.1-12 2012 年以时尚感与低能耗为亮点的整体卫生间是发展趋势

6.1.4.2 卫生间成套技术的发展趋势

（1）全球卫浴产业向集成化、产业化方向发展。

目前，全球卫浴设备制造业已经形成独立的产业链。随着应对气候变化进程的加快、低碳环保要求的不断提升，未来卫浴产业应加快研发与应用节能、环保、耐用的新技术、新材料与新产品。与此同时，卫浴产品功能细分与市场需求细分加快，产品智能化也将迅速发展。在未来的卫浴市场中，品牌垄断将进一步显现，制造本土化进程加快。集成化、产业化卫浴产品成为大势所趋，发展进程明显加快，预制式整体卫生间优势突显。

（2）基于 CSI 体系的预制式卫生间是住宅建造的必然趋势。

住宅建筑的现浇混凝土主体结构，往往可以达到 100 年以上的寿命，但卫生间的墙地面材料、设备和管线设施的使用寿命一般在 10～50 年不等。在传统方式的住宅设计和施工中，是将设备管线埋在楼板混凝土垫层或墙体中，从而把使用年限不同的主体结构与管线设备等混在一起建造，导致大量的住宅主体结构虽然良好，但与主体结构紧密附着的内装墙地面材料、设备和管线设施等已经老化，在不损坏主体结构的情况下，很难改造更新，不得不进行拆除重建，大大缩短住宅的使用寿命。

CSI 住宅建筑体系可以以住宅建筑的结构支撑体和填充体（管网系统、内部墙体、内装等）完全分离的方法进行施工，能够很好地解决结构体系和内装体系寿命不匹配的问题，进而延长住宅建筑的寿命。那么将卫生间从建筑结构体系中分离出来，将整个卫生间空间当做一件“设备”来看待、易于更新和更换的产业化方式，是未来住宅建造体系的一大发展趋势。

6.1.4.3 卫生间成套技术在我国的发展现状

（1）成熟、完整的技术标准和图集是现代技术发展成熟的标志。目前，涉及住宅卫生间成套技术的各类现行标准如下：

①住宅卫生间相关标准情况如表 6.1-3。

与住宅卫生间成套技术相关的标准 表 6.1-3

1	《住宅卫生间功能及尺寸系列》GB/T 11977—2008
2	《住宅设计规范》GB 50096—2011
3	《住宅装饰装修工程施工规范》GB 50327—2001
4	《建筑给水排水及采暖工程施工质量验收规范》GB 50242—2002
5	《住宅卫生间模数协调标准》JGJ/T 263—2012
6	《中小套型住宅厨房和卫生间工程技术规程》CECS 284：2010
7	《住宅卫生间》01SJ 914
8	《中小套型住宅优化设计》09SJ 903—1

② 住宅整体卫生间相关标准情况如表 6.1-4。

历年与住宅整体卫生间相关的标准 表 6.1-4

1	《盒子卫生间》GB/T 13095.1～4—1991	4	《住宅整体卫浴间》JG/T 183—2006
2	《整体浴室》GB/T 13095.1～4—2000	5	《住宅整体卫浴间》JG/T 183—2011
3	《整体浴室》GB/T 13095—2008		

以上标准和图集文件，初步提出了对卫生间的空间要求、功能要求和模数要求，明确提出了各类卫浴设备的产品质量、功能以及卫生间的施工质量。

（2）目前我国住宅卫生间成套技术主要存在的问题：

①现行标准有一定不足。

目前实行的卫生间相关标准中，存在一些问题，如针对住宅卫生间的专用名词、名称未能完全统一；几乎都回避了对于全装修住宅最重要的建筑装修一体化原则，导致住宅土建设计和装修施工不协调的问题；未能系统提出卫生间内部各功能空间的尺寸关系；对于安全性和耐久性方面的要求较为薄弱。

②传统工艺施工质量存在缺陷。

《住宅设计规范》GB 50096—2011 条文说明中提出“卫生间的地面防水层，因施工质量差而发生漏水的现象十分普遍，同时管道噪声、水管冷凝水下滴等问题也很严重”，说明采用目前工艺的做法甚至依然很难解决好住宅卫生间最重要的防水问题。

③卫生间成套技术相对落后。

“毛坯房”在很长时间内都占据着我国住宅市场的主导地位，导致针对全装修住宅的各类成套技术在我国的研究和推行起步较晚，尤其在卫生间领域几乎空白，已经严重制约了我国全装修住宅建设的发展速度。

（3）确保保障性住房建设质量，发展中国的产业化卫生间成套技术。

我国的住宅建设正处在粗放型向品质型的转化阶段，长久以来粗放型的住宅建设方式造成了住宅建设能耗大、质量差、寿命短等诸多问题，尤其毛坯房二次装修带来的浪费与污染问题十分严重，极大地制约了我国住宅的可持续发展。保障性住房作为政府主导、大规模建设的中小套型住宅，适合于采用系列化设计、标准化生产和工业化建造的方式，提高建造效率的同时提高住宅质量。因此，研究与应用住宅产业化重要技术之一的产业化卫生间成套技术，对于应对保障性住房大规模建设需要、提高卫生间质量与性能，有着很强的现实意义。

6.1.5 保障性住房卫生间成套技术的特点和要求

从长远来看，整体卫生间在住宅特别是保障性住房中的应用是大势所趋，但现阶段乃至相当一段时间内应该是与传统卫生间并存。对于保障性住房，其卫生间应满足以下要求：

第一，用于保障性住房的卫生间应注重安全性。安全性包含环保安全和使用安全两个方面的内容。即使用不损害健康的环保材料，重视卫生间内对人体的保护措施，预防跌、滑等意外事故对人身体的损害。

第二，用于保障性住房的卫生间应注重经济性。不仅要重视初次购买和同等质量下的经济性比值，更要重视在全寿命周期内的经济性比值。

第三，用于保障性住房的卫生间应注重空间收纳。保障性住房的卫生间面积较小，更加精巧和细致的收纳、储藏功能非常重要。

第四，用于保障性住房的卫生间应注重可维护性。由于保障性住房物业的特殊性，内装产品易于维护、维修和方便更新尤其重要。

第五，用于保障性住房的卫生间应符合标准化、模数化的要求。标准化是实现工业化的重要前提，在标准化基础上，通过模数的变化形成基于标准化的系列化卫生间产品。

第六，用于保障性住房的卫生间应尽可能通用化。通用化的设计方案，可以适用各类型的住宅建筑需求，通用化的连接方式，可以方便地与各种系统进行连接。

第七，用于保障性住房的卫生间应尽可能装配化。对于传统卫生间，要尽可能做到卫生间内主要部品部件的装配化，减少现场湿作业的工程量，整体卫生间则完全在工厂生产、现场装配，工厂内生产的整体卫生间已经将多工种、多品牌的部品部件进行了统筹和集成，不但可以进行工业化批量生产，而且品质更有保证。

6.2 保障性住房卫生间精细化设计

卫生间是住宅内每天需要多次使用的功能空间，不仅可以清洁身体，也是一个家庭的保洁中心和保健、美容中心，对住宅使用者的健康和安全非常重要。

6.2.1 保障性住房卫生间主要功能分解

在明确和细化分解住宅卫生间的使用功能后，采取相应的设计手段去实现这些功能，是卫生间功能空间精细化设计的本质。住宅卫生间使用功能的细化分解，是展开卫生间精细化设计的基础。在明确和细化了卫生间各个功能使用需求的基础上，从设备配置、物品配备、物品收纳、空间尺度、安全性、照明要求等6个方面进行精细化设计。便溺、盥洗、洗浴、家务、更衣是住宅卫生间的五项主要使用功能，针对这五项主要功能的细化分解功能如表 6.2-1。

住宅卫生间主要功能分解 **表 6.2-1**

	基本功能	推荐功能
便溺功能	大便、小便、便器保洁、洗手、排风等	清洗下身、小件物品放置（例如手机、杂志等）、除臭、视听娱乐等
盥洗功能	洗面、洗手、修面、化妆、梳头、刷牙、保洁（清洗毛巾等小件）、盥洗物品收纳、防溅供电电源、毛巾晾挂等	卫生间常用物品收纳、个护用品收纳，化妆镜防雾、洗头、美容、干发、毛巾干燥等
洗浴功能	立式淋浴/盆浴、洗头、通风、排湿等	冷热水取水、同时设有单独的淋浴和盆浴功能、亲子洗浴、坐式淋浴、洗浴专用供暖、浴盆保温、浴盆加热、视听娱乐等
家务功能	毛巾清洗、抹布清洗、小件衣物物品的清洁等	普通衣物手洗清洁、墩布清洗、晾挂衣物、衣物快干、机洗（仅限干区布置洗衣机的情况）、家务物品收纳、脏衣收纳等
更衣功能	穿衣、脱衣、更衣临时放置、浴巾干身等	干脚地巾、浴衣收纳、更衣衣物收纳等

此外，在保障性住房的卫生间功能设计中，需要注意盥洗、便溺和洗浴等功能空间的协调布局，也要注意满足洗衣（如洗衣机）和保洁（如墩布池）等清洁类的家务功能需求。但需要重点强调的是，在一些项目中，我们经常见到将洗衣机放置在带洗浴功能的卫生间内的设计方案，这样的设计不仅会大幅降低洗衣机的使用寿命，而且给使用者带来了巨大的安全隐患，洗衣机应单独设置或设置在不会被洗浴湿气侵袭的空间内。

6.2.2 保障性住房卫生间设计要点

住宅套型设计时要同步考虑卫生间的设计方案，要点如下：

（1）动线合理。保障性住房套型只有一个卫生间，卫生间与住宅其他空间之间的动线要优先考虑，重点考虑卧室与卫生间之间的动线不宜过长，且不宜有高差。

（2）通行顺畅。从住宅其他空间到达卫生间的通道宽度要便于通行，通过性良好为宜。

（3）视线合理。注意避免卫生间门与餐厅、卫生间与起居室等公共空间之间的视线干扰问题。

（4）大小适当。根据保障性住房套内面积综合考虑卫生间的面积，不宜过大，但也不宜过小而影响使用，应根据人体功效学进行优化设计，以够用、实用、适用为原则。

卫生间规划设计要点示例如图 6.2-1。

6.2.3 卫生间尺寸的基本模数和分模数

基本模数（M），是模数协调中的基本尺寸单位，数值为 100mm。

分模数，是基本模数的导出模数，数值是基本模数的分倍数，分别是 M/10（10mm）、M/5（20mm）、M/2（50mm）。

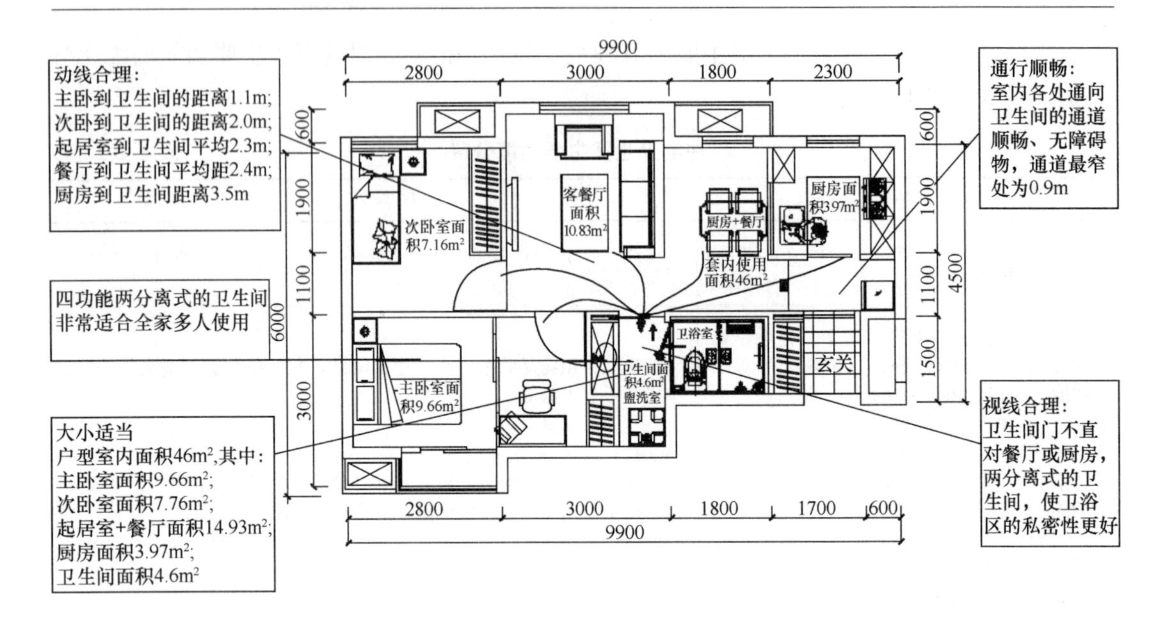

图 6.2-1　卫生间规划设计要点说明图例

住宅卫生间的内空净尺寸应为基本模数的倍数，对卫生间内部空间进一步划分时，所采用的隔断可以引入分模数数值 M/5（20mm）或 M/2（50mm）。

6.2.4　普通湿作业卫生间空间尺寸

（1）普通卫生间尺寸系列（表 6.2-2）

普通卫生间尺寸系列　　**表 6.2-2**

方向		普通卫生间尺寸系列（净尺寸，单位 mm）
水平方向	长边	1200、1300、1500、1600、2100、2200、2400、2700
	短边	900、1100、1200、1300、1500、1600、1700、1800
垂直方向	高度	2100、2200、2300

（2）普通卫生间尺寸组合系列（表 6.2-3）

普通卫生间尺寸组合系列　　**表 6.2-3**

短边（mm）	长边（mm）									
	1200	1300	1500	1600	1800	2100	2200	2400	2700	3000
900					—	—	—	—	—	—
1100					—	—	—	—	—	—
1200			☆	★		—	—	—	—	—
1300	—		★	★	☆	★				
1500	—	—		☆	★	★	★			
1600	—	—	—	☆	★	★	☆			
1700	—	—	—	—						
1800	—	—	—	—						

注：1. 所列尺寸为卫生间装修后的净尺寸，管井尺寸可包含在内。
　　2. ★表示保障性住房优先选用的组合尺寸，☆表示保障性住房推荐的组合尺寸，—表示一般不采用的尺寸，其余表示住宅卫生间推荐组合尺寸。

（3）保障性住房卫生间各功能单元参考尺寸（表 6.2-4）

《住宅设计规范》（GB 50096—2011）对卫生间面积的要求为非强制性条款，保障性住房设计卫生间面积时，可以根据住房的套内面积灵活掌握。

保障性住房普通卫生间功能单元参考尺寸　表 6.2-4

<table>
<tr><th rowspan="2">序号</th><th colspan="2">尺寸组合（mm）</th><th rowspan="2">使用面积（m²）</th><th rowspan="2">功能单元</th><th rowspan="2">备　注</th></tr>
<tr><th>短边</th><th>长边</th></tr>
<tr><td>1</td><td>1200</td><td>1500</td><td>1.8</td><td rowspan="6">便溺、洗浴单元</td><td rowspan="9">洗浴为淋浴功能</td></tr>
<tr><td>2</td><td>1200</td><td>1600</td><td>1.92</td></tr>
<tr><td>3</td><td>1200</td><td>1800</td><td>2.16</td></tr>
<tr><td>4</td><td>1300</td><td>1500</td><td>1.95</td></tr>
<tr><td>5</td><td>1300</td><td>1600</td><td>2.08</td></tr>
<tr><td>6</td><td>1300</td><td>1800</td><td>2.34</td></tr>
<tr><td>7</td><td>1300</td><td>2100</td><td>2.73</td><td rowspan="4">便溺、盥洗、洗浴单元</td></tr>
<tr><td>8</td><td>1500</td><td>1600</td><td>2.4</td></tr>
<tr><td>9</td><td>1500</td><td>1800</td><td>2.7</td></tr>
<tr><td>10</td><td>1500</td><td>2100</td><td>3.15</td><td rowspan="3">淋浴、盆浴均可</td></tr>
<tr><td>11</td><td>1500</td><td>2200</td><td>3.3</td><td rowspan="2">便溺、洗浴单元</td></tr>
<tr><td>12</td><td>1600</td><td>1600</td><td>2.56</td></tr>
<tr><td>13</td><td>1600</td><td>1800</td><td>2.88</td><td rowspan="3">便溺、盥洗、洗浴单元</td><td>洗浴为淋浴功能</td></tr>
<tr><td>14</td><td>1600</td><td>2100</td><td>3.36</td><td rowspan="2">淋浴、盆浴均可</td></tr>
<tr><td>15</td><td>1600</td><td>2200</td><td>3.52</td></tr>
</table>

6.2.5 保障性住房整体卫生间空间尺寸的标准化选配

（1）整体卫生间尺寸系列（表 6.2-5）

整体卫生间尺寸系列　表 6.2-5

方向		整体卫生间尺寸系列（净尺寸，单位 mm）
水平方向	长边	1200、1400、1600、1800、1900、2000、2200、2400、2700、3000
	短边	800、900、1000、1100、1200、1300、1400、1600、1800
垂直方向	高度	2000、2100、2200、2300

（2）整体卫生间尺寸组合系列（表 6.2-6）

整体卫生间尺寸组合系列　表 6.2-6

短边（mm）	长边（mm）										
	1200	1400	1600	1700	1800	1900	2000	2200	2400	2700	3000
800				—	—	—	—	—	—	—	—
1000		☆			—	—	—	—	—	—	—
1100			☆			—	—	—	—		—

续表

短边（mm）	长边（mm）										
	1200	1400	1600	1700	1800	1900	2000	2200	2400	2700	3000
1200		☆	★	★			—	—	—	—	—
1300	—		★		☆		★	☆		—	—
1400	—	—	★		★	★	★				
1600	—	—	☆		★		★				
1800	—	—	—	—			☆				

注：1. 所列尺寸为卫生间装修后的净尺寸，管井尺寸可包含在内。

2. ★表示保障性住房优先选用的组合尺寸，☆表示保障性住房推荐的组合尺寸，—表示一般不采用的尺寸，其余表示住宅卫生间推荐组合尺寸。

（3）整体卫生间各功能单元参考尺寸（表6.2-7）

保障性住房整体卫生间功能单元参考尺寸 **表6.2-7**

<table>
<tr><th rowspan="2">序号</th><th colspan="2">尺寸组合（mm）</th><th rowspan="2">使用面积（m²）</th><th rowspan="2">功能单元</th><th rowspan="2">备 注</th></tr>
<tr><th>短边</th><th>长边</th></tr>
<tr><td>1</td><td>1000</td><td>1400</td><td>1.4</td><td rowspan="17">便溺、盥洗、洗浴单元</td><td rowspan="5">洗浴为淋浴功能</td></tr>
<tr><td>2</td><td>1100</td><td>1600</td><td>1.76</td></tr>
<tr><td>3</td><td>1200</td><td>1400</td><td>1.68</td></tr>
<tr><td>4</td><td>1200</td><td>1600</td><td>1.92</td></tr>
<tr><td>5</td><td>1200</td><td>1700</td><td>2.04</td></tr>
<tr><td>6</td><td>1300</td><td>1600</td><td>2.08</td><td rowspan="4">淋浴、盆浴均可</td></tr>
<tr><td>7</td><td>1300</td><td>1800</td><td>2.34</td></tr>
<tr><td>8</td><td>1300</td><td>2000</td><td>2.6</td></tr>
<tr><td>9</td><td>1300</td><td>2200</td><td>2.86</td></tr>
<tr><td>10</td><td>1400</td><td>1600</td><td>2.24</td><td>洗浴为淋浴功能</td></tr>
<tr><td>11</td><td>1400</td><td>1800</td><td>2.52</td><td>淋浴、盆浴均可</td></tr>
<tr><td>12</td><td>1400</td><td>1900</td><td>2.66</td><td>洗浴为淋浴功能</td></tr>
<tr><td>13</td><td>1400</td><td>2000</td><td>2.8</td><td>淋浴、盆浴均可</td></tr>
<tr><td>14</td><td>1600</td><td>1600</td><td>2.56</td><td>洗浴为淋浴功能</td></tr>
<tr><td>15</td><td>1600</td><td>1800</td><td>2.88</td><td>洗浴为淋浴功能</td></tr>
<tr><td>16</td><td>1600</td><td>2000</td><td>3.2</td><td rowspan="2">淋浴、盆浴均可</td></tr>
<tr><td>17</td><td>1800</td><td>2000</td><td>3.6</td></tr>
</table>

因为工业化生产的整体卫生间加工精度高、一体化集成程度高，可以在较小空间内对卫生设备优化布局，与同等面积下的普通卫生间相比，空间利用率更高。

6.2.6 保障性住房卫生间综合系统设计

住宅卫生间的设计与施工涉及多项专业系统，本章列举了卫生间设计中针对各专业系统需要重点关注的部分内容。对于给水排水、排风等住宅管网系统，仅从卫生间子系统进行配合设计的角度来进行阐述。

6.2.6.1 防水设计

住宅卫生间的防水一直是住宅建筑施工建设的重点和难点。其设计思路应为保持卫生间长期使用不渗水、不漏水的同时符合环保要求。为了实现这个目标，应在实际操作时注意以下几点：

(1) 防排结合；

(2) 选择技术上成熟可靠的防水方案，并且合理选材，选择在施工和使用过程中均符合环保要求的防水材料；

(3) 尽量设计干湿分区，墙地面饰面应选择容易清洗、易于擦拭、不易藏污纳垢的材料。

在处理防水问题上，普通卫生间防水作业要点如下：

(1) 可选用施工作业方便、无接缝的涂膜防水做法，也可以选用优质聚乙烯丙纶防水卷材与配套粘接的复合防水做法；

(2) 地面防水层应顺四周墙面至少上翻 150mm 以上，淋浴设施周围墙面防水层高度不应小于 1800mm；

(3) 地面防水必须在防水施工后，墙地面饰面及卫生间设备安装完毕后，并应进行两次蓄水试验。

6.2.6.2 热工环境设计

卫生间热工环境设计的思路应为：尽量消除日常情况时，卫生间与其他空间的温差；维持包括卫生间在内的室内空间舒适温度；考虑改善沐浴时卫生间室温的舒适度。为实现以上目标，应结合不同气候地区的特点，统筹考虑保温和换气；同时针对带洗浴功能的卫生单元，宜设计可使室温可达到 25℃的取暖设备方案，或至少预先设计好安装取暖设备的必要条件（如插座、安装空间等）。

6.2.6.3 通风设计

卫生间通风设计的思路应为：要有良好通风环境，便于除去湿气和异味，以及新鲜空气的进入；卫生间通风和热工环境要相互协调。为实现以上目标，卫生间应争取设计直接自然通风和采光的开窗；为保持一年四季的通风效果，无论有窗或无窗的卫生间，均应设置防止回流的机械通风设备（严寒地区尤其重要）；卫生间门应具备通风缝隙或设置百叶；宜考虑住宅新风系统。

6.2.6.4 收纳设计

卫生间收纳设计的思路应为：考虑需要放置卫生间日常使用的物品；能够安全和方便地存取物品；充分有效地利用空间，不对卫生间主要功能的使用和安全性造成影响。为实现以上目标，应针对便溺、盥洗、洗浴、洗衣等各个功能空间，以及在卫生间内进行更衣和其他家务时的活动空间展开收纳设计，确保每个功能空间或活动空间都有专门的、容量足够的收纳解决方案。为了使物品存取方便，综合考虑收纳的高度、深度和门的开闭方式。此外，针对卫生间的小空间，尽可能地采取隔板、置物架、挂钩等开放式的收纳方案。

6.2.6.5 光环境设计

卫生间光环境设计的思路应为：光照度不仅要足够，并且要节能、环保；照明设备采用安全设计；尽量设计直接或间接自然采光。为实现以上目标，应争取设计直接采光的开窗，如不能直接自然采光，可通过向其他空间开设高窗或采用透光材料的门等设计方案，获得间接自然采光。考虑到卫生间的潮湿环境，应设计选用防湿、防潮并且更换灯泡和维修方便的灯具。盥洗空间的洗面台上方光照度大于150 lx，洗衣空间上方光照度大于150 lx，其他空间光照度大于75 lx。照明灯具的位置要设计合理，使用时不宜挡光出现阴影。选择色温与卫生间及居室环境风格相匹配的光源。选择节能、耐用的光源，并且综合考虑经济成本。

各种照明光源色温参考表　　**表6.2-8**

照明器具	烛光	白炽灯泡	灯泡色日光灯	温白色日光灯	白色日光灯	冷白色日光灯		
自然光	日出、日落		日出1小时		日出2小时	正午阳光	阴天	晴天
色温值	1800K	2800K	3000K	3500K	4200K	5000K	6700K	12000K

6.2.6.6　给水设计

卫生间给水设计的思路应为：卫生间应具备冷、热水供应系统，采用合适的热水热源；考虑卫生间热水用水设备（配水点）水温，避免防空冷水造成的浪费；应采用安全、环保、节水、节能的给水方案设计；避免给水管结露产生凝水，杜绝给水管渗漏。

为实现以上目标，如无集中热水供应系统，应预先设计热水热源，热源宜优先采用太阳能热水器，也可采用电热水器、燃气热水器，并在室内、室外空间内统筹设计选定热源的安装位置。集中热水供应系统应设置循环加热系统，综合设计分户热水供应系统的热源尽量靠近卫生间，分户燃气热水供应系统的热源距离较远时，也需考虑设置循环加热系统或另外单设电热水设备。座便器冲水宜采用中水供水系统。根据实际需求，选定适用的给水管材、管件。优化卫生间布局，减少卫生间用水设备给水管配管的长度、减少管件接头。根据给水管的管路布局和材质考虑给水管的保温设计，避免给水管的水温能量损失和结露产生凝水。

6.2.6.7　排水设计

卫生间排水设计的思路应为：排水顺畅，不易堵塞；避免排污管的臭气外泄；避免排水管道噪声和结露产生凝水；易于疏通和检修。为实现以上目标，设计上应尽量缩短通向卫生间排水立管的排污支管距离；避免横向排水管之间的交叉，横向排水管应有合理的排水坡度；卫生间用水设备和地漏位置应设计符合要求的存水弯或水封；宜采用有消声功能的排水管材；在部分地区的某些季节，管道外壁易结露产生凝水，应采取相应的措施；宜优先采用下沉楼板式的同层排水方案。

6.2.6.8　安全设计

卫生间安全设计的思路应为：明确使用者在使用卫生间内各项功能时的安全事项，预防可能在卫生间内发生的危险。为实现以上目标，卫生间设计应注意以下要点：

（1）地面：考虑防滑和遇水后摩擦系数也不降低的地面饰面材料。卫生间内外的出入口若出现超过20mm的台阶状垂直高差或门槛状高差时，应设置扶手；

（2）墙面：墙面应避免有坚硬的凸起物或锐角，避免采用身体刮擦后容易受伤的饰面材料；

(3) 门：卫生间门锁应从外部也可以打开。为了能够在紧急时刻从外部进入抢救，小面积的卫生间尽量考虑采用推拉门或外开门，不得已采用内开的平推门时，应采用能够从外部轻易拆卸结构的安全门或采用极易破坏并且破坏后不伤人的门扇材料；

(4) 热水：热水供水温度应设定为不会将人体烫伤的温度，热水用水设备应考虑防止烫伤的设计；

(5) 窗：窗户的窗台距完成地面的高度不低于 900mm；

(6) 用电：卫生间内的用电设备和插座均接有漏电保护，插座应设计在水淋不到的干区，并且设计防溅盒；

(7) 扶手：应在洗浴、更衣等人体可能摔倒的位置设置扶手，座便器旁也建议设置扶手；

(8) 玻璃：卫生间内人体可能接触的部件或门窗的玻璃，均应采用安全玻璃。

6.3 保障性住房整体卫生间产业化成套技术

6.3.1 整体卫生间的构成

整体卫生间具有淋浴、盆浴、洗漱、便溺四大功能，其构成十分复杂，包括一体化防水底盘（或浴缸和防水底盘的组合）、墙板、顶板等构成的整体框架，以及洗面台、浴巾架、花洒、防湿镜等功能洁具，是组装成型的独立卫生单元（图 6.3-1）。整体卫生间属于技术成熟可靠、品质稳定优良的产业化成套住宅部品。

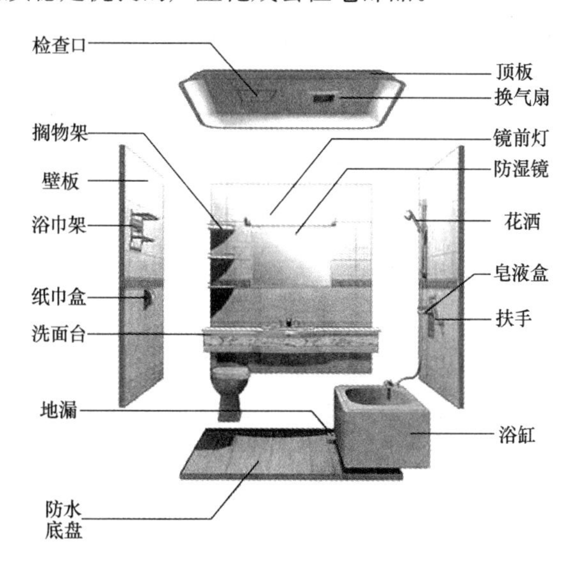

图 6.3-1 整体卫生间示意图

6.3.2 多样的整体卫生间主体材料

整体卫生间的主体材料从最早的 FRP 手糊成型为主，发展到以省工、省力、大量生产为目的的高品质 SMC 模压成型工艺为主。20 世纪 90 年代以后，彩钢板、瓷砖、大理石、复合岩棉板、石膏板等材料纷纷成为整体卫生间墙地面的选用材料（图 6.3-2）。

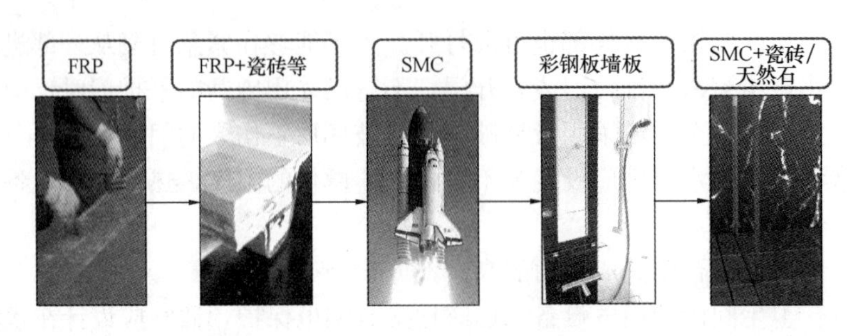

图 6.3-2 整体卫生间主体材料发展简图

SMC（Sheet Molding Compound）是目前国际上应用广泛的成型材料之一。由不饱和聚酯树脂、低收缩剂、填料、固化剂、颜料、短切玻纤等组成主要原料，通过精密内导热全钢模具、600～3000t 压机，高温高压一次模压成型。SMC 材料的相对密度在 1.5～2.0，只有碳钢的 1/4～1/5，可是拉伸强度却接近，甚至超过碳素钢，强度可以与高级合金钢相比。SMC 对大气、水和一般浓度的酸、碱、盐以及多种油类和溶剂都有较好的抵抗能力，在很多领域正在不断取代碳钢、不锈钢、木材、有色金属等。它在 20 世纪 60 年代初首先出现在欧洲，在 1965 年左右，美、日相继发展了这种工艺。我国于 20 世纪 80 年代末，引进了国外先进的 SMC 生产线和生产工艺。

6.3.3 主要整体卫生间产品类型

按照选用主体材料的不同，整体卫生间主要的几种产品类型：如表 6.3-1 所示，SMC 单色系列、彩钢板系列和天然石系列整体卫生间如图 6.3-3～图 6.3-5 所示。

整体卫生间主要产品类型 **表 6.3-1**

序号	地面材料	墙体材料	顶部材料	强度	设计感	造价
1	FRP（或附加复合耐磨材料）	FRP	FRP	较高	较强	高
2	FRP＋瓷砖/天然石	瓷砖/天然石	SMC/铝塑板	一般	很强	很高
3	FRP	复合岩棉板＋瓷砖	复合岩棉板（PVC 表面或者彩钢板表面）	高	很强	一般
4	FRP	龙骨＋石膏板＋瓷砖	龙骨＋石膏板	一般	很强	一般
5	FRP	复合岩棉板（PVC 表面或者彩钢板表面）	复合岩棉板（PVC 表面或者彩钢板表面）	较高	一般	一般
6	SMC	SMC 单色	SMC/铝塑板	高	一般	一般
7	SMC 彩色	SMC 彩色	SMC	高	较强	较高
8	SMC 彩色	彩钢板	SMC/彩钢板	高	强	高
9	SMC＋瓷砖/天然石	瓷砖/天然石	SMC	一般	很强	很高
10	（混凝土＋瓷砖）/SMC	混凝土＋瓷砖	混凝土＋涂料	高	较强	一般
11	（陶粒混凝土＋瓷砖）/SMC	陶粒混凝土＋瓷砖	陶粒混凝土＋涂料	高	较强	较高

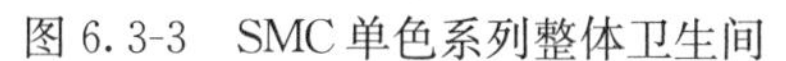

图 6.3-3 SMC 单色系列整体卫生间

图 6.3-4 彩钢板系列整体卫生间

图 6.3-5 天然石系列整体卫生间

6.3.4 整体卫生间产业化成套技术的主要特点

（1）标准化制造，规模化生产——在现代化工厂里，制造卫生间

整体卫生间是在工厂里依靠现代工业设备、在生产线上批量生产的工业化建筑部品，整体卫生间将现场手工湿法作业的建造模式，转变成在工厂制造的生产模式，避免了现场人工湿作业可能产生的质量隐患，可以大大减少保障房建设质量风险。

（2）干法施工，模块化安装

模块化设计的整体卫生间，在施工现场像搭积木一样进行组装，不仅工作效率高、质量隐患小，而且施工现场没有粉尘污染、没有水泥砂浆湿法作业的烦恼，是住宅产业化的必然发展方向。整体卫生间安装流程见图 6.3-6。

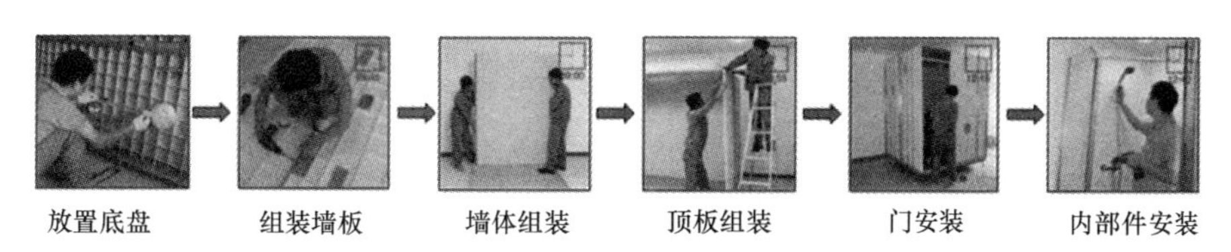

图 6.3-6 整体卫生间安装流程

(3) 超强耐用

现代整体卫生间的底盘大部分采用SMC材料制成，SMC材料具有重量轻、强度高、耐酸碱、耐老化等特性。整体卫生间的使用寿命普遍达到20年以上。

6.3.5 整体卫生间产业化成套技术的主要性能

(1) 安全防滑。整体卫生间主要采用的SMC模压成型底盘，具有特殊的纹理设计，而且遇水或脏污后，SMC材料的摩擦系数也不会有很大降低，防滑性能好，保障卫生间的使用安全。

(2) 滴水不漏。整体卫生间的底盘是一个整体，无缝隙，工业化SMC底盘与地漏的结合也非常严密细致，长期使用滴水不漏。

(3) 安装简便。模块式组装的整体卫生间，安装简单、质量可靠，2个普通工人一天可以完成1～3套不等，大大缩短了施工周期。

(4) 无卫生死角、易清洁、无异味。整体卫生间的底盘自带12‰走水坡度、圆弧边角，高分子材料表面无微孔、光洁致密，卫生间排水顺畅无死角，容易清洁，不滋生细菌，无异味。

(5) 保温隔热，肤感亲切。低导热系数的SMC材料具有隔热、保温的性能，材料肤感也很亲切。整体卫生间在冬天保温性能好，节约能源。

(6) 环保健康。整体卫生间选用的SMC、彩钢板等材料，使用中不会释放有毒有害物质。

6.3.6 保障性住房应用整体卫生间产业化成套技术的优势

(1) 缩短交房周期。整体卫生间适合现阶段保障性住房速度快、批量大的建设特点。尤其在住房建设进入内装阶段后，装修工作非常费时费力，传统卫生间施工周期一般要25天，而装配一套整体卫生间最多仅需两个工时即可完成（表6.3-2）。

卫生间装修施工周期比较表　　表6.3-2

项目	工种＼天数	所需工作天数								
		1	2	3	4	5	6	7	8	9
普通卫生间装修	土建工程	未计入								
	水电工程		1天							
	防水工程		1天							
	泥作工程			2天						
	木工工程		1天							
	水电安装		1天							
	工人工种	6类工种、8人次								
	合计									6天
整体卫生间		1个工种、2个工人，5～7小时，当天安装、当天使用								

(2) 性价比更优。传统卫生间一般的改造周期为5～8年，随着中国劳动力成本逐年上升，传统产业工人技能素质日益下降，改造工程复杂，凿地砸墙，费时费力，困难重

重，并且花费巨大。而工业化生产的整体卫生间，使用周期更长，装配式干法施工，安装和拆卸都非常便捷，再改造时，省事省时。并且随着住宅产业化的进一步发展，量产的整体卫生间造价将更有优势。

（3）质量可靠，故障少、易维护。传统卫生间随着楼板沉降、防水破裂，存在渗漏的隐患。整体卫生间质量可靠、绝不渗漏，使用故障率低，维修工作量少，内部部件的维修和更换都很方便，减轻了运营维护的工作量，可以减少因卫生间问题而导致住户的投诉。

（4）售后服务更有保障。卫生间是住宅中最容易出现问题的功能空间。整体卫生间的墙、地、顶及所有内部部件全部由一家供应商提供供应和组织安装，对卫生间提供整体服，质量问题无论大小，均可以找到供应商提供相应服务，避免了多家供应商供货或与施工方之间因为质量问题互相扯皮，减小了售后方面的后顾之忧。

（5）实用、时尚、美观。保障性住房户型紧凑，整体卫生间集成程度高，依据人体工学、空间美学，在最小的空间内实现功能最大化，合理搭配饰面的颜色风格，既实用又美观。

6.3.7 保障性住房套型整体卫生间标准化设计示例

保障性住房的标准化设计，不仅可以带来设计费用的大幅降低，还有利于部品、部件的标准化、通用化、工厂化。本节以工业化、模数化的整体卫生间作为基础模块，提出了卫生间的标准化设计示例，如表 6.3-3 所示，推荐标准户型见图 6.3-7～图 6.3-18。

保障性住房标准化户型及卫生间示范推荐索引　　表 6.3-3

标准化户型				标准化整体卫生间		
户型编号	户型	套内面积（m^2）	户　型　图	型号	使用面积（m^2）	平　面　图
B1	小户型一居室	使用面积 26.14 阳台面积 1.38	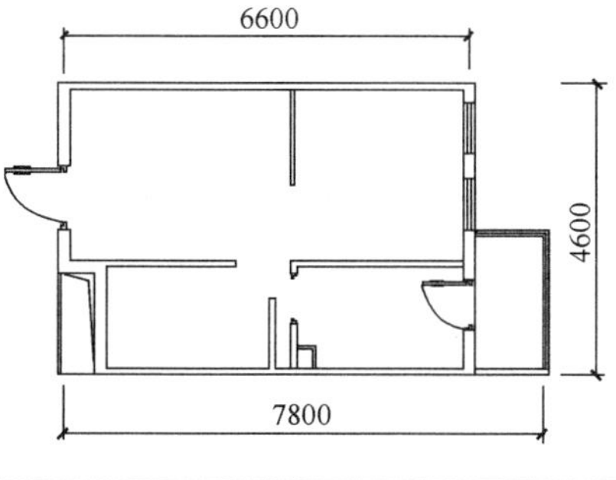 6600 4600 7800	BU 1420	2.8	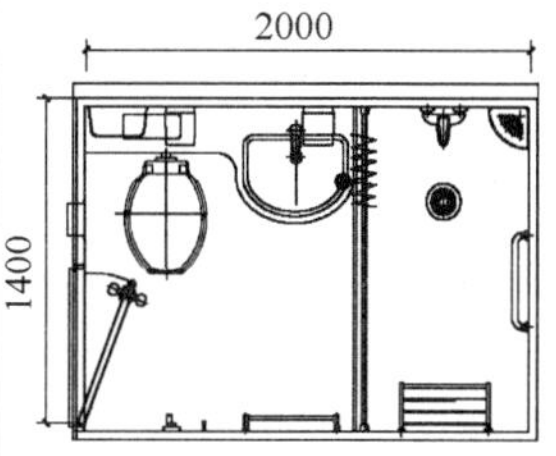 2000 1400
B2	小户型一居室	使用面积 27.02 阳台面积 2.76	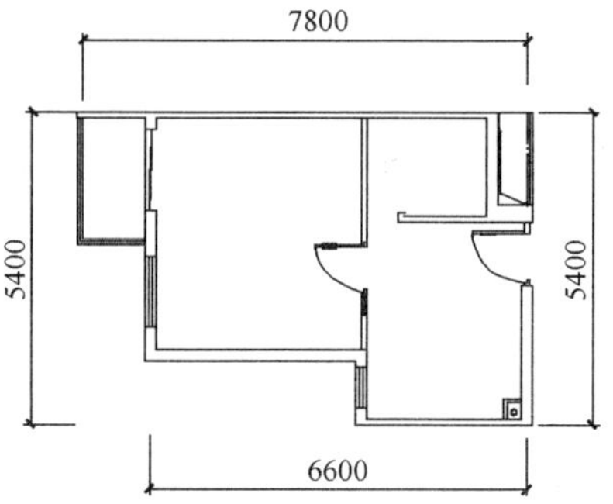 7800 5400 5400 6600	BU 1416	2.24	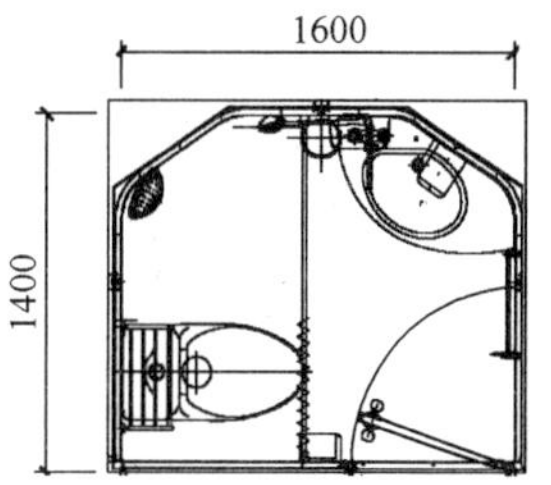 1600 1400

续表

标准化户型				标准化整体卫生间		
户型编号	户型	套内面积（m^2）	户　型　图	型号	使用面积（m^2）	平　面　图
B3	小户型 一居室	使用面积 27.45 阳台面积 0.84	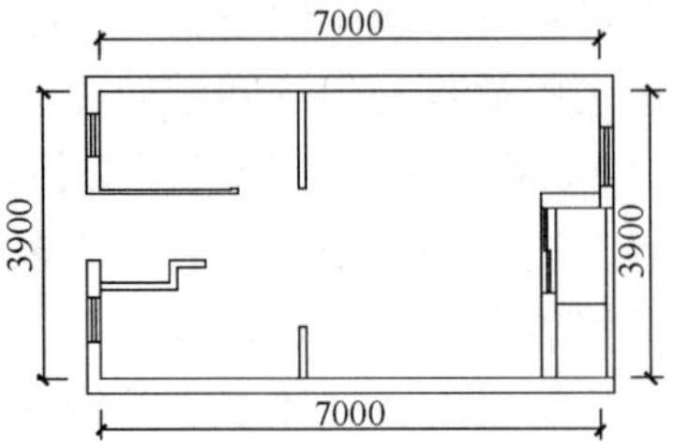 7000 3900 3900 7000	BU 1217	2.04	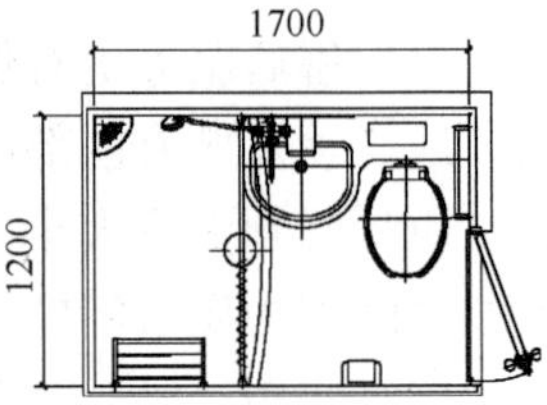 1700 1200
C1	中户型 两居室	使用面积 32.76 阳台面积 3.48	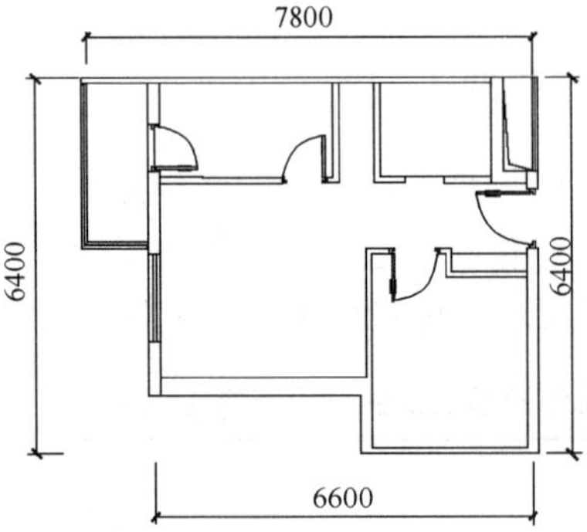 7800 6400 6400 6600	BU 1418	2.52	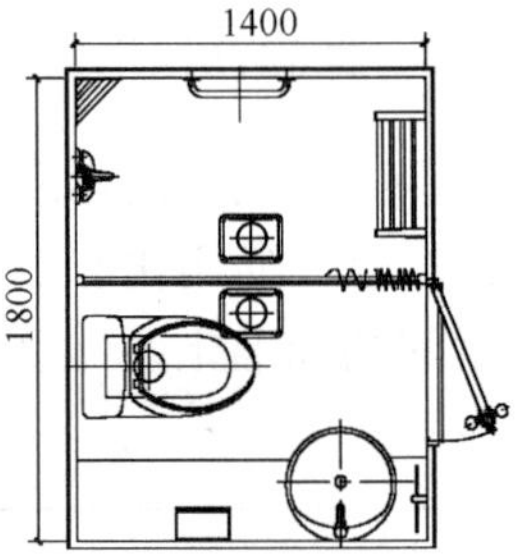 1400 1800
C2	中户型 两居室	使用面积 34.72 阳台面积 1.05	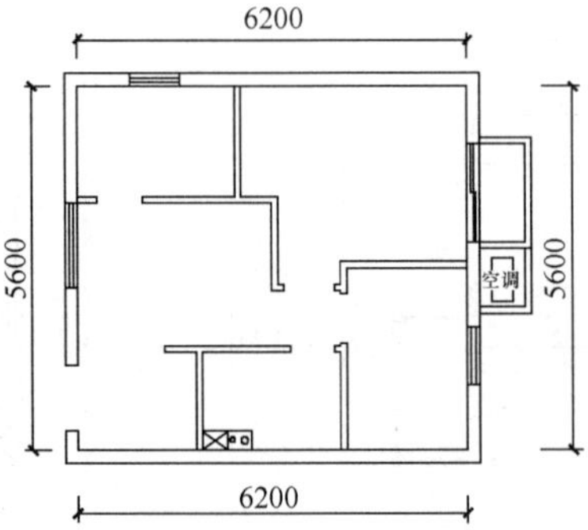 6200 5600 空调 5600 6200	BU 1320	2.6	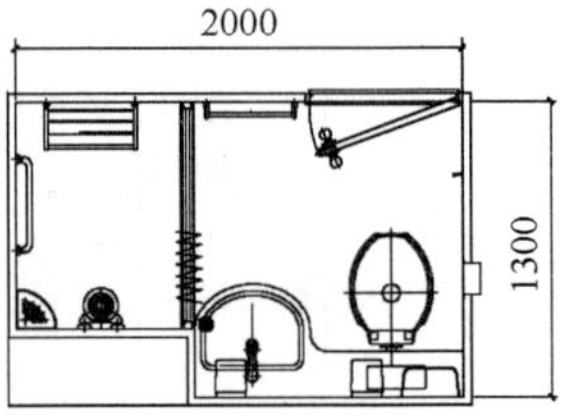 2000 1300
D1	大户型 两居室	使用面积 47.9 阳台面积 1.02	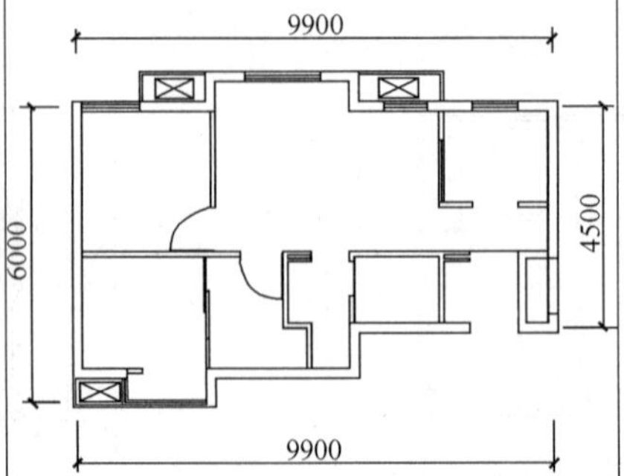 9900 6000 4500 9900	BU 1216	1.92	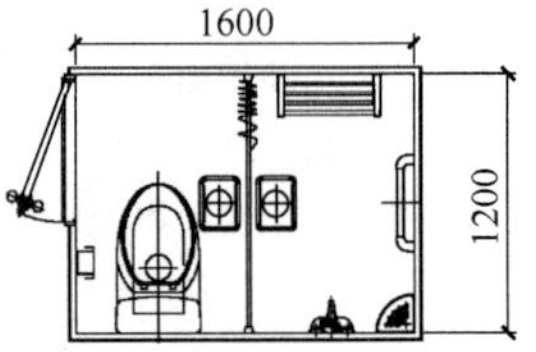 1600 1200

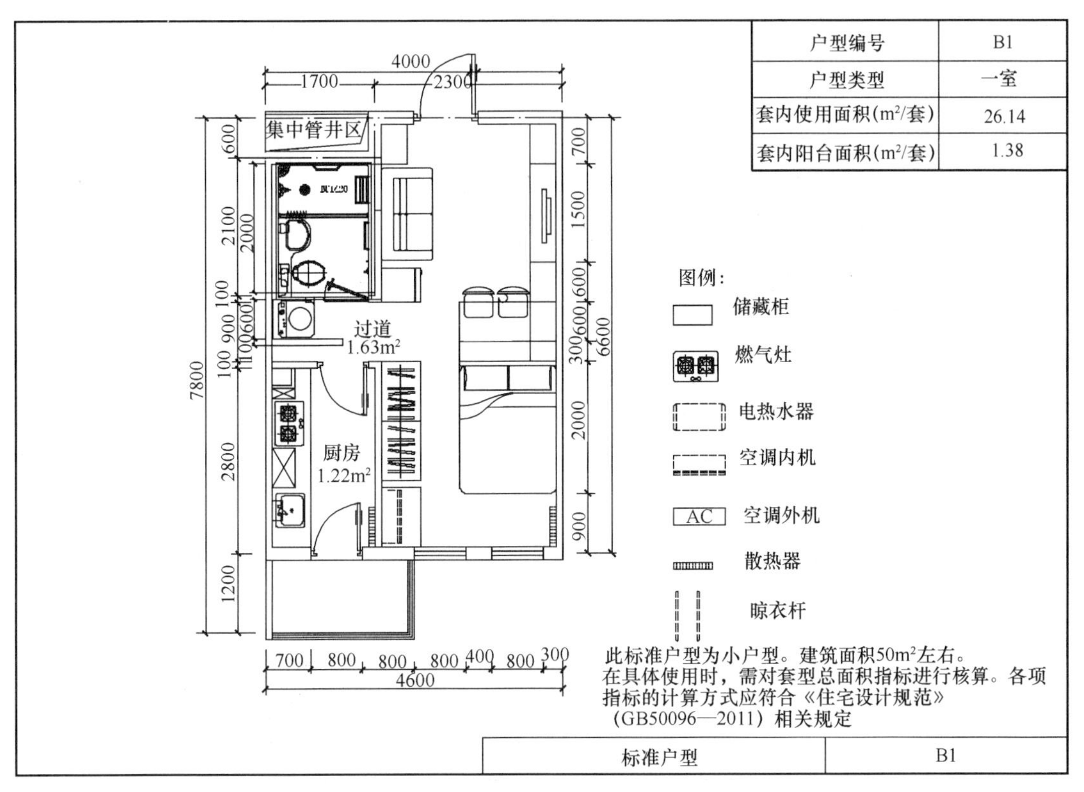

图 6.3-7 推荐标准户型 B1

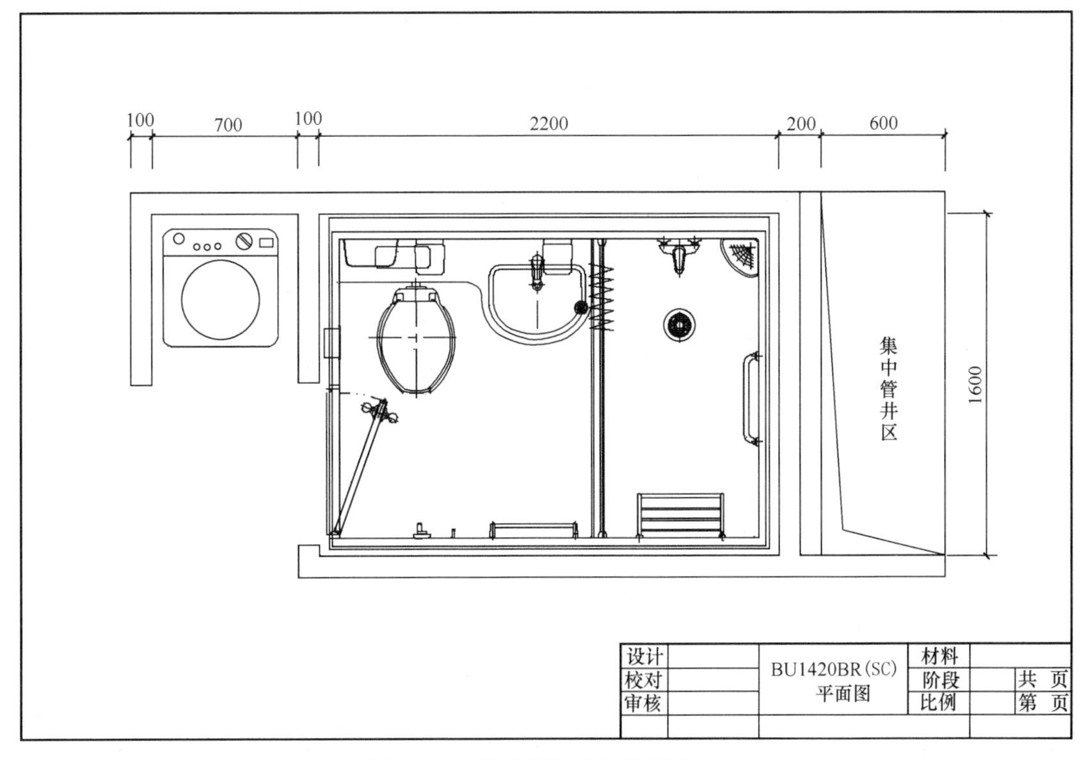

图 6.3-8 推荐标准卫生间 BU1420

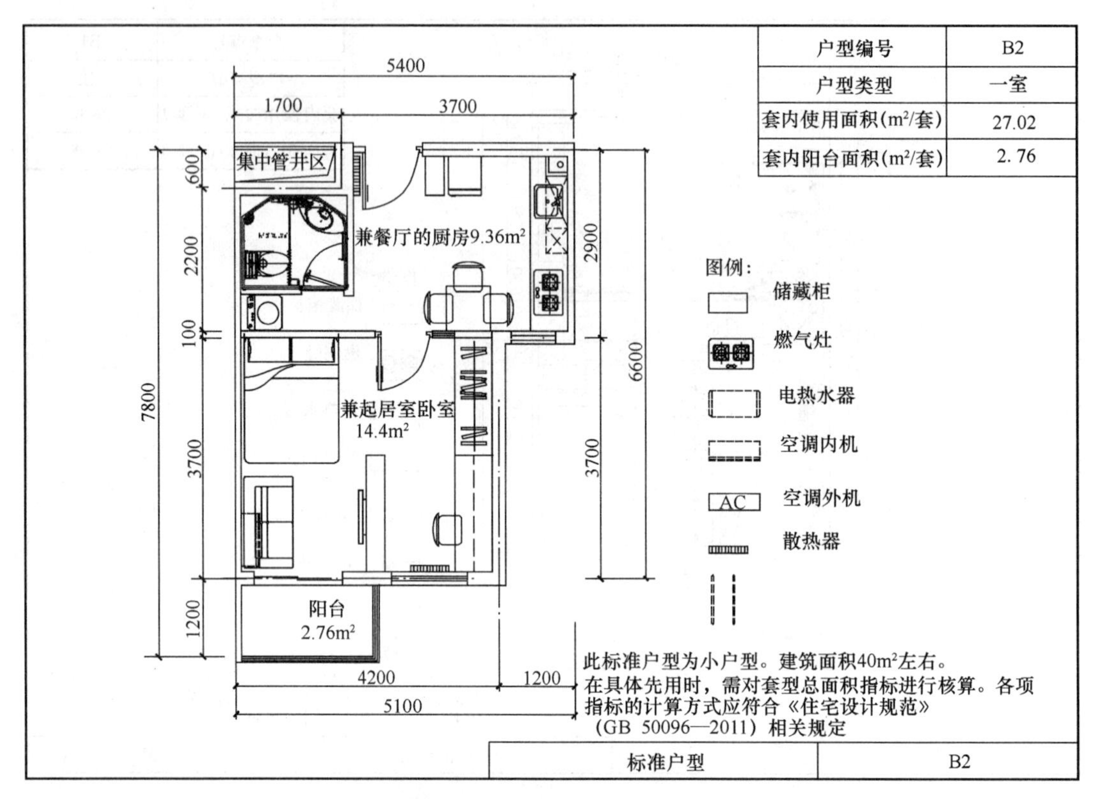

图 6.3-9　推荐标准户型 B2

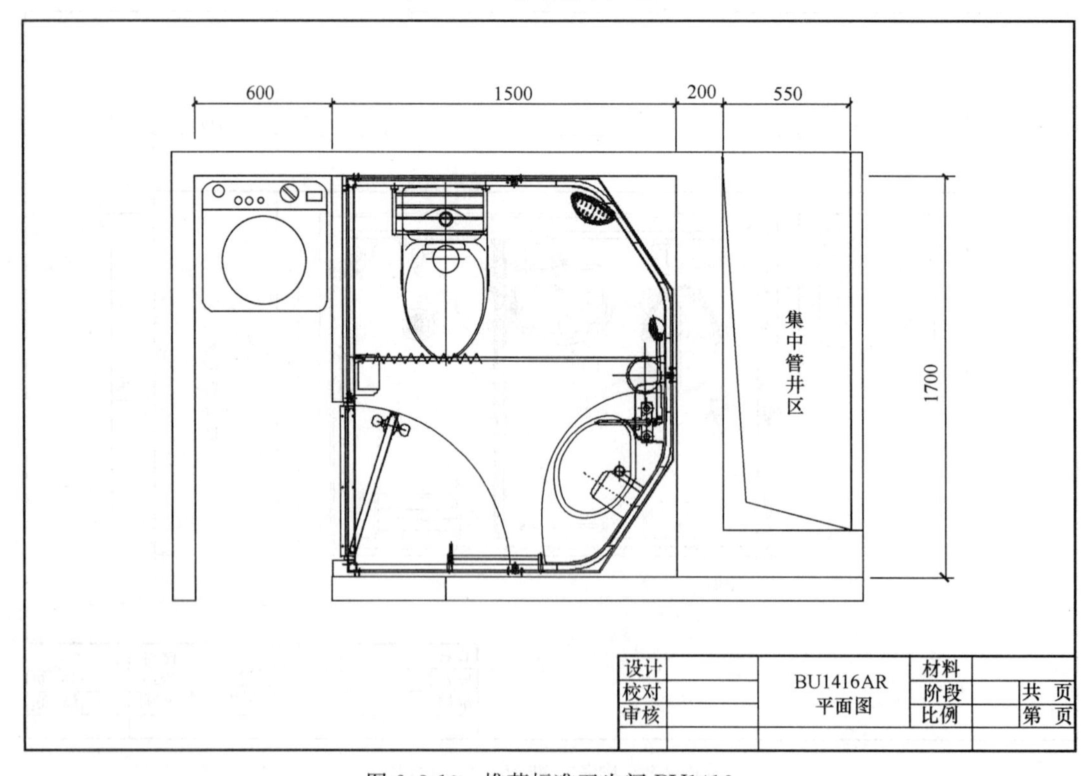

图 6.3-10　推荐标准卫生间 BU1416

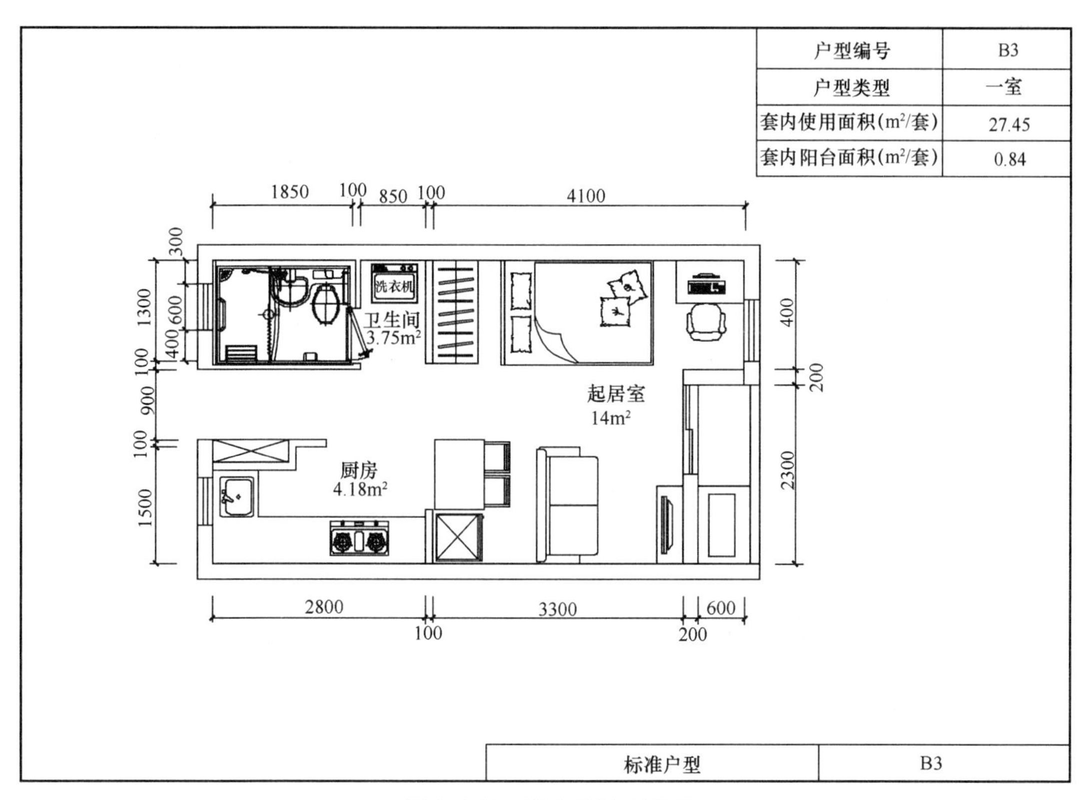

图 6.3-11 推荐标准户型 B3

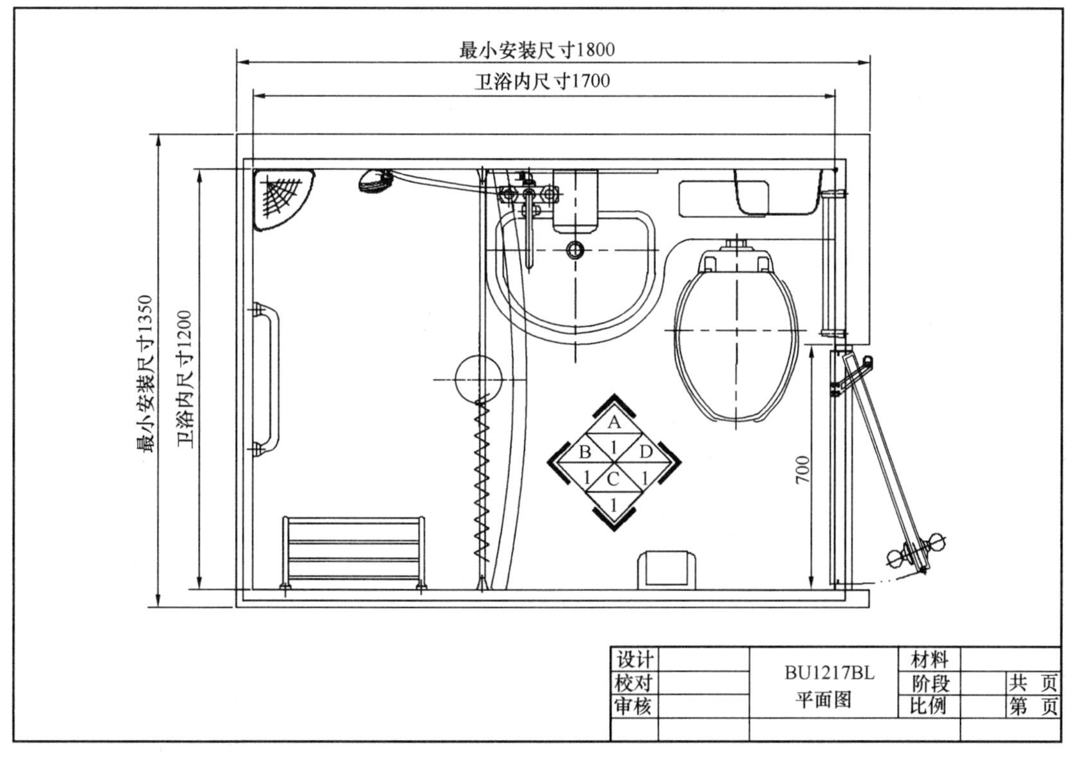

图 6.3-12 推荐标准卫生间 BU1217

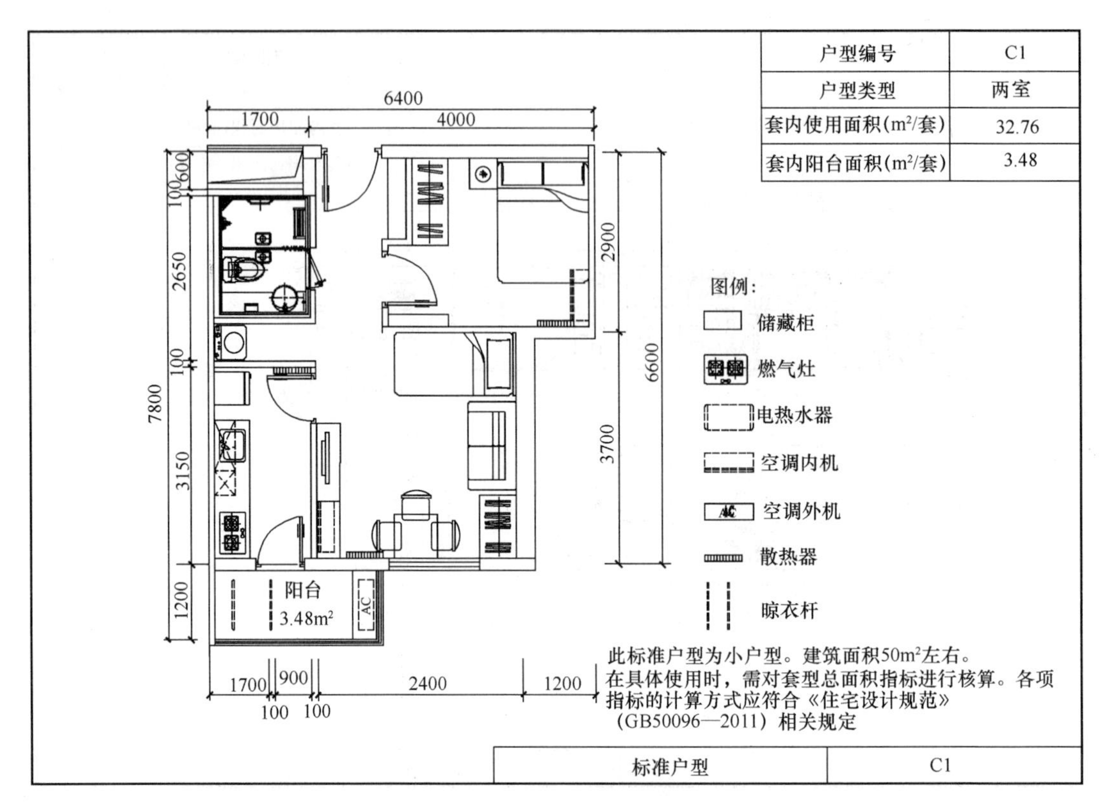

图 6.3-13　推荐标准户型 C1

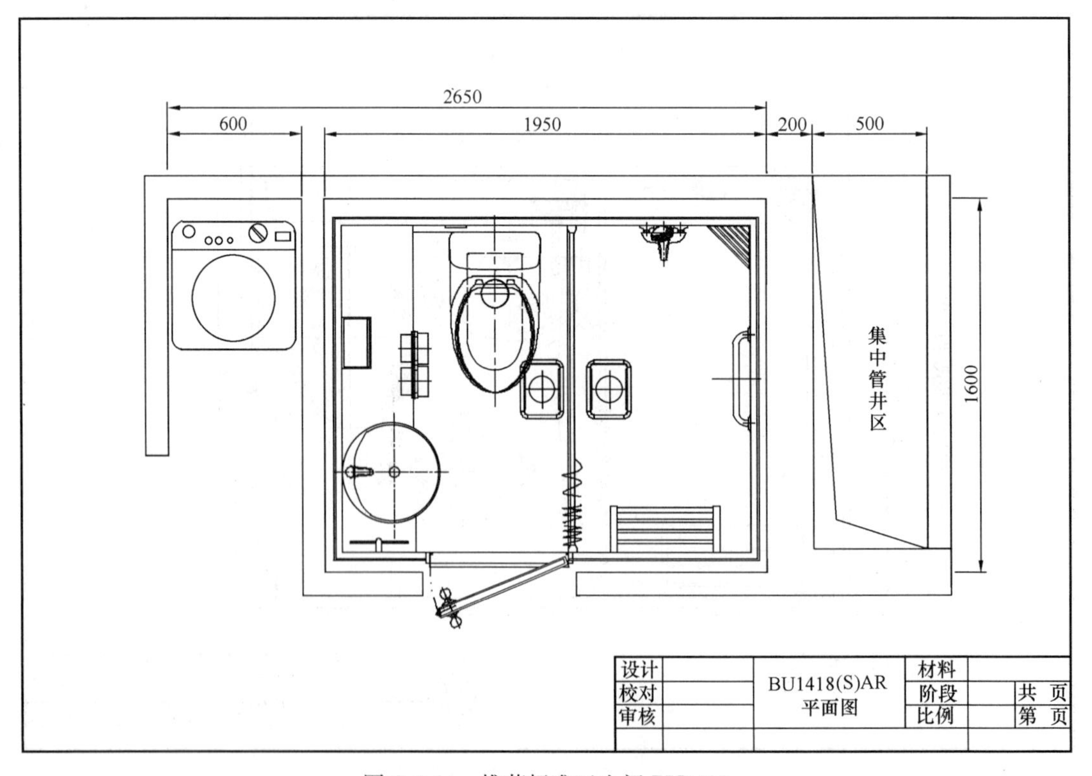

图 6.3-14　推荐标准卫生间 BU1418

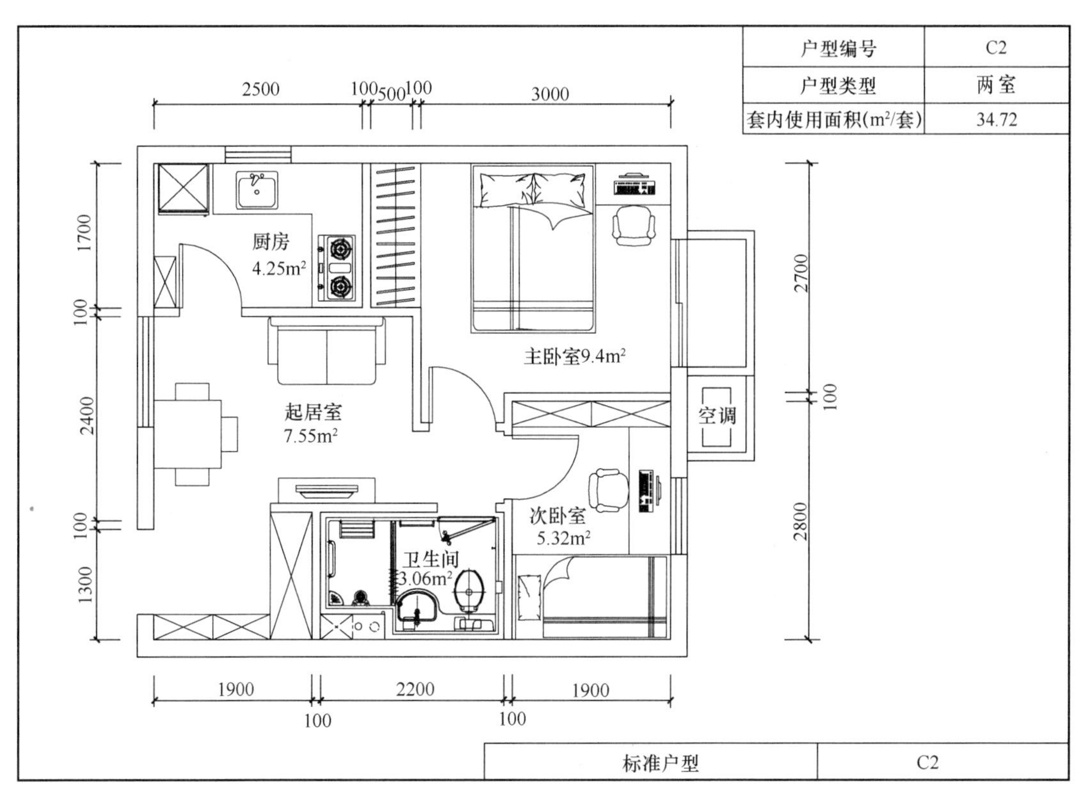

图 6.3-15 推荐标准户型 C2

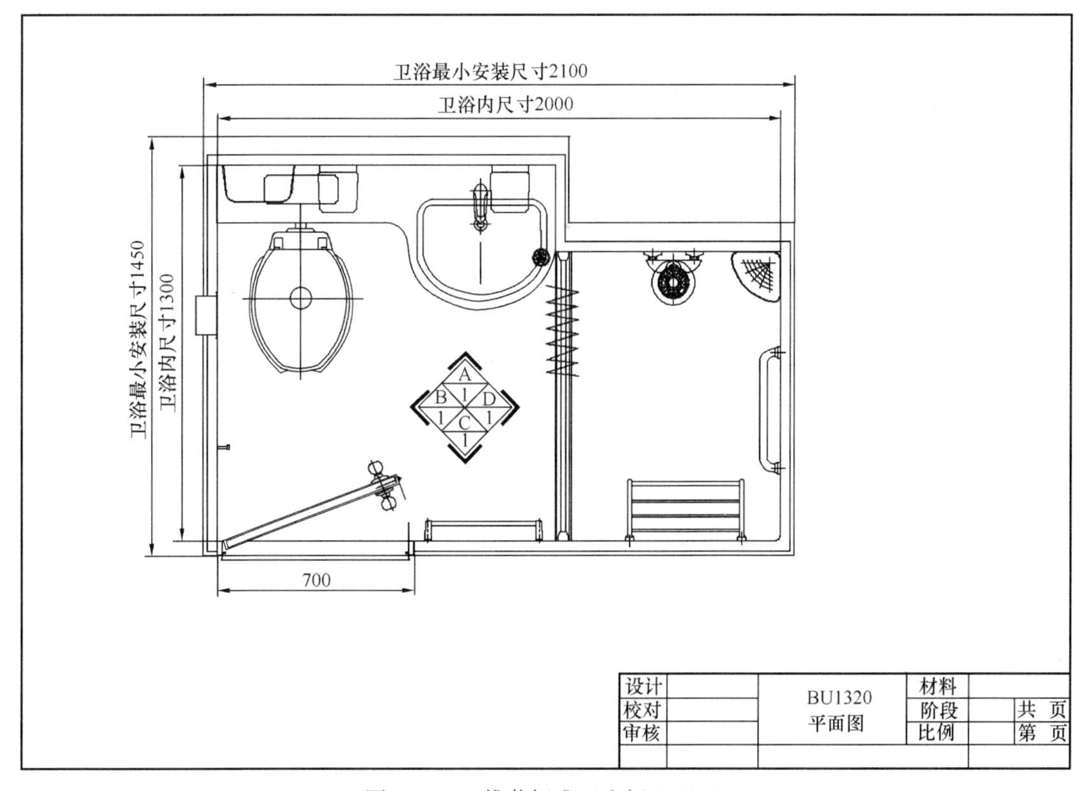

图 6.3-16 推荐标准卫生间 BU1320

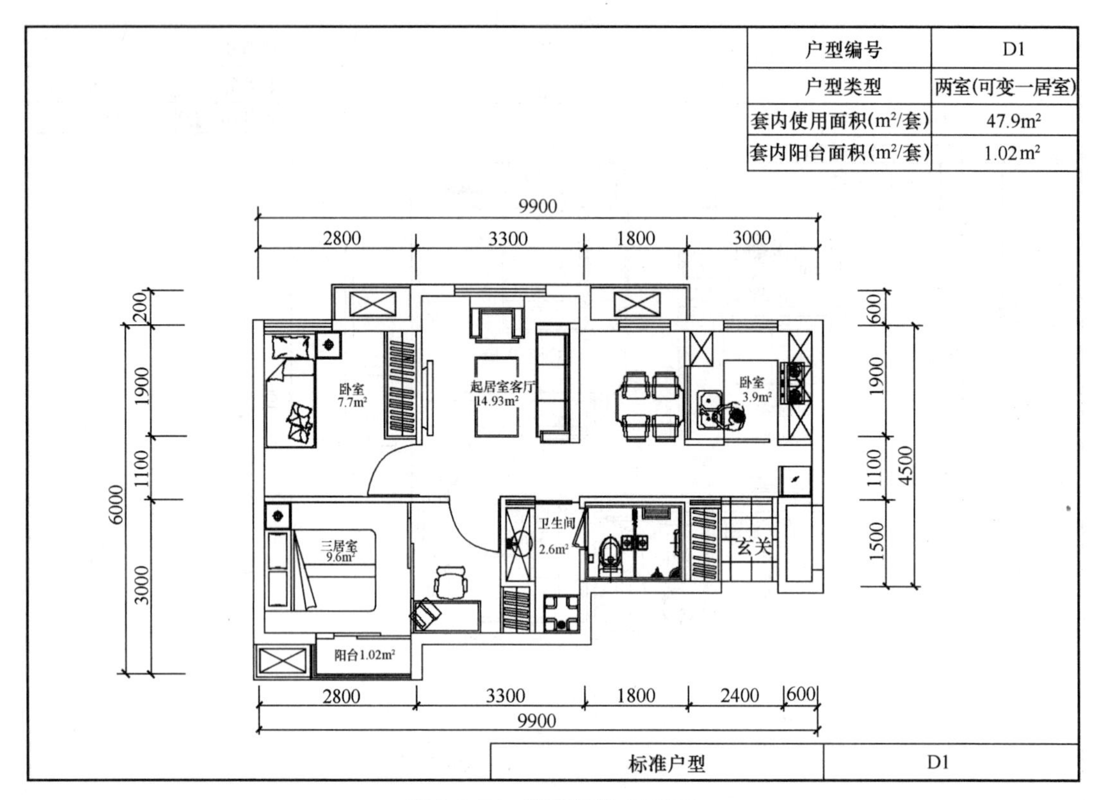

图 6.3-17　推荐标准户型 D1

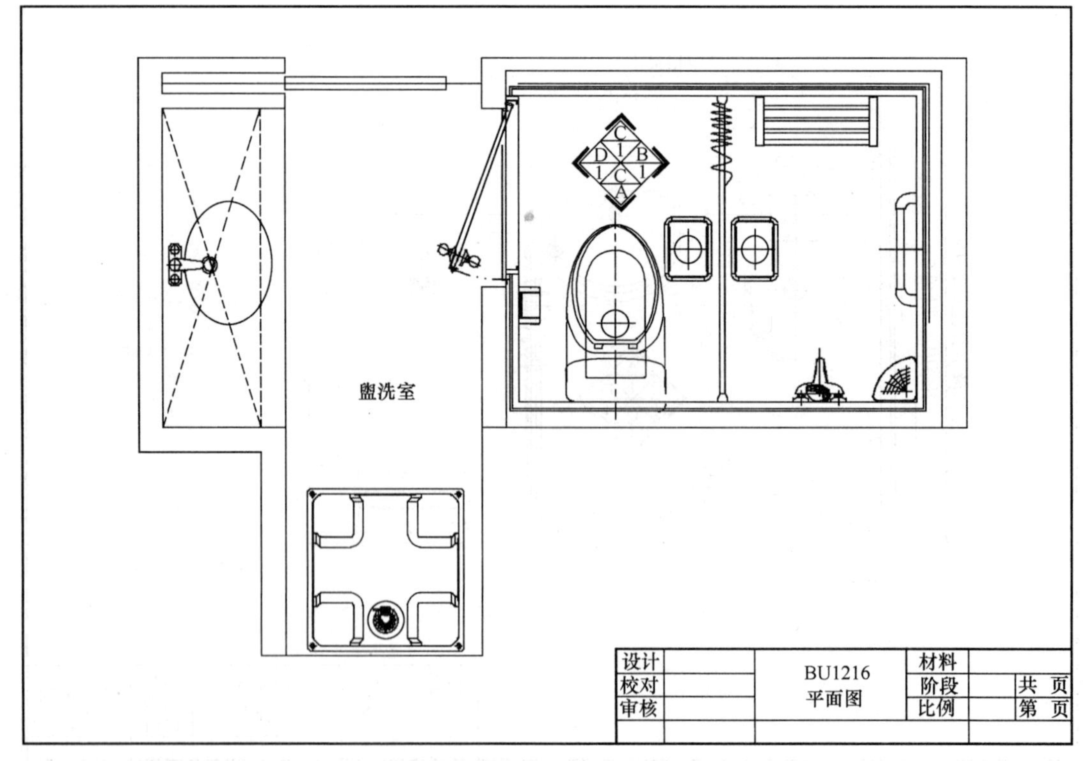

图 6.3-18　推荐标准卫生间湿区 BU1216

6.3.8　保障性住房整体卫生间精细化配置示例

只有将保障性住房卫生间进行精细化设计，才能更好地实现卫生间使用功能，为保障群体提供较好的居住环境。住宅卫生间是否好用，很大程度上会受到设计精细化的影响。本节根据保障性住房的特点，重点考虑了卫生间使用的安全性、耐用性和整体造价的经济性，尽量采用标准化、模数化、通用化的卫浴部件，提出了整体卫生间精细化配置参考范例。

6.3.8.1　户型 B1 整体卫生间 BU1420 的精细化配置

BU1420—SC 整体卫生间配置如表 6.3-4。

BU1420—SC 整体卫生间配置表　　**表 6.3-4**

类型		序号	部件名称	规　格	型　号	单位	数量
主体		1	SMC 模压防水底盘	1400mm×2000mm	石纹咖啡色	套	1
		2	SMC 模压墙板	H=2000mm	石纹象牙色	套	1
		3	SMC 拱形天花	1400mm×2000mm	亚光白色，内部净空最高点为 2180mm	套	1
		4	浴室专用防湿平开门	695mm×2000mm	内开门，球形门锁	套	1
		5	整体浴室专用地漏		直排/横排	套	1
		6	干区小地漏		直排/横排	套	1
内部配件	洗漱	7	SMC 模压 P 型洗面台	L=1203mm	象牙色，翻板去水	套	1
		8	面盆水嘴		单柄单孔，铜镀铬	套	1
		9	毛巾架	L=400mm	不锈钢杆、象牙色 ABS 底座	套	1
		10	浴巾架	L=500mm	不锈钢杆、象牙色 ABS 底座	套	1
		11	方形置物架	259mm×130mm	白色 ABS	套	2
		12	化妆镜	810mm×920mm	车边	套	1
	如厕	13	分体水箱座便器	L=705mm	白色陶瓷	套	1
		14	卷纸器		嵌入式象牙色 ABS	套	2
	洗浴	15	淋浴水嘴	单柄双孔入墙式	带花洒及两个花洒座	套	1
		16	淋浴区挡水条	L=1400mm，H=50mm	深咖啡色	套	1
		17	一字浴帘杆及底座	L=1400mm	白色铝合金易滑杆，ABS 底座	套	1
		18	一字浴帘	1900mm×1800mm	白色木瓜条纹带铅坠	套	1
		19	三角置物架	170mm×170mm	白色 ABS	套	1
		20	一字扶手	L=400mm	白色 ABS	套	1
		21	双钩衣钩		不锈钢	只	1
	电器	22	插座	五孔	带白色防溅盒	套	1
		23	镜前柱状灯		防湿型	套	2
		24	含节能灯管	11W	3U	套	2
		25	换气扇	$120m^3/h$	含排气软管	套	1
安装辅料		26	防霉密封胶	中性	白色	支	0.5
		27	成套安装紧固件			套	1
		28	面盆排水总成		U-PVC	套	1
		29	冷热水给水管件	高出墙板面 150mm	P-PR	套	1

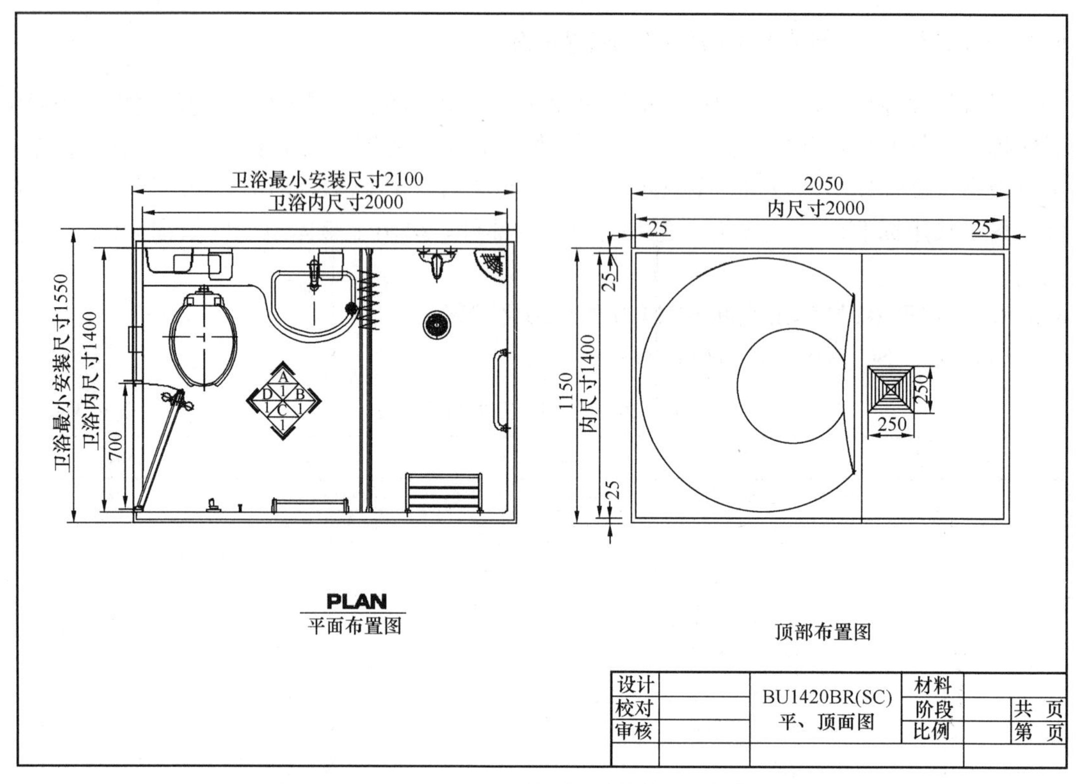

图 6.3-19　BU1420—SC 整体卫生间平、顶面详图

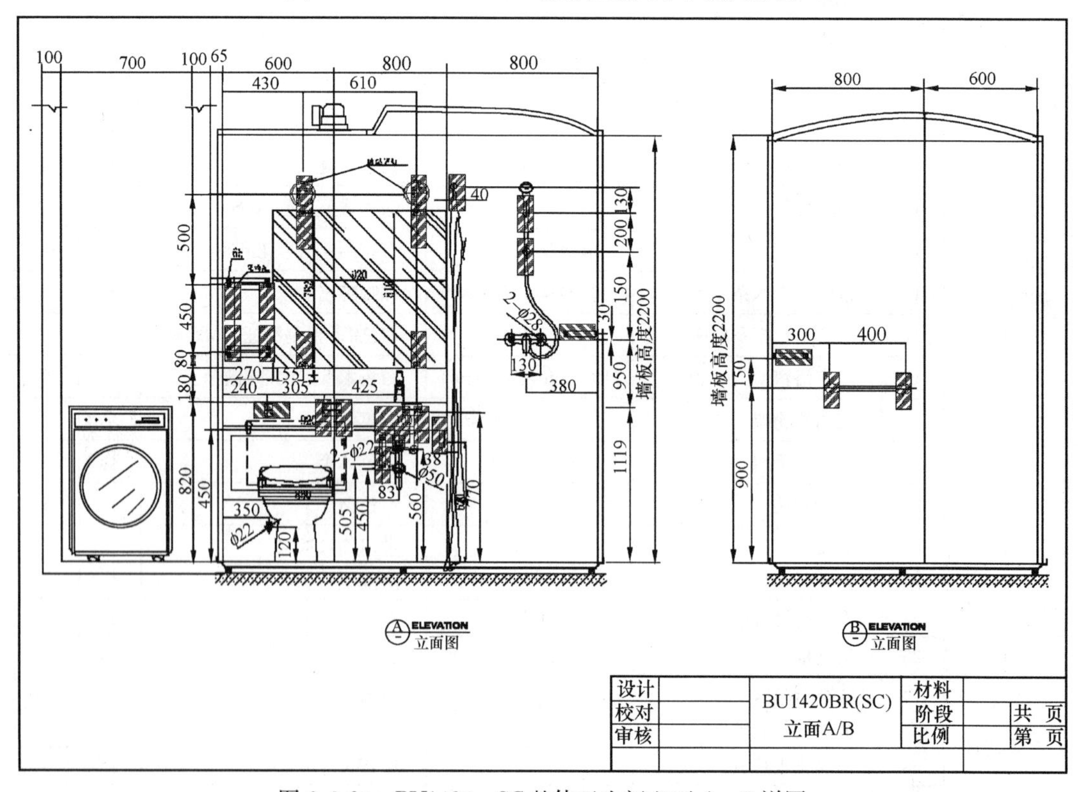

图 6.3-20　BU1420—SC 整体卫生间立面 A、B 详图

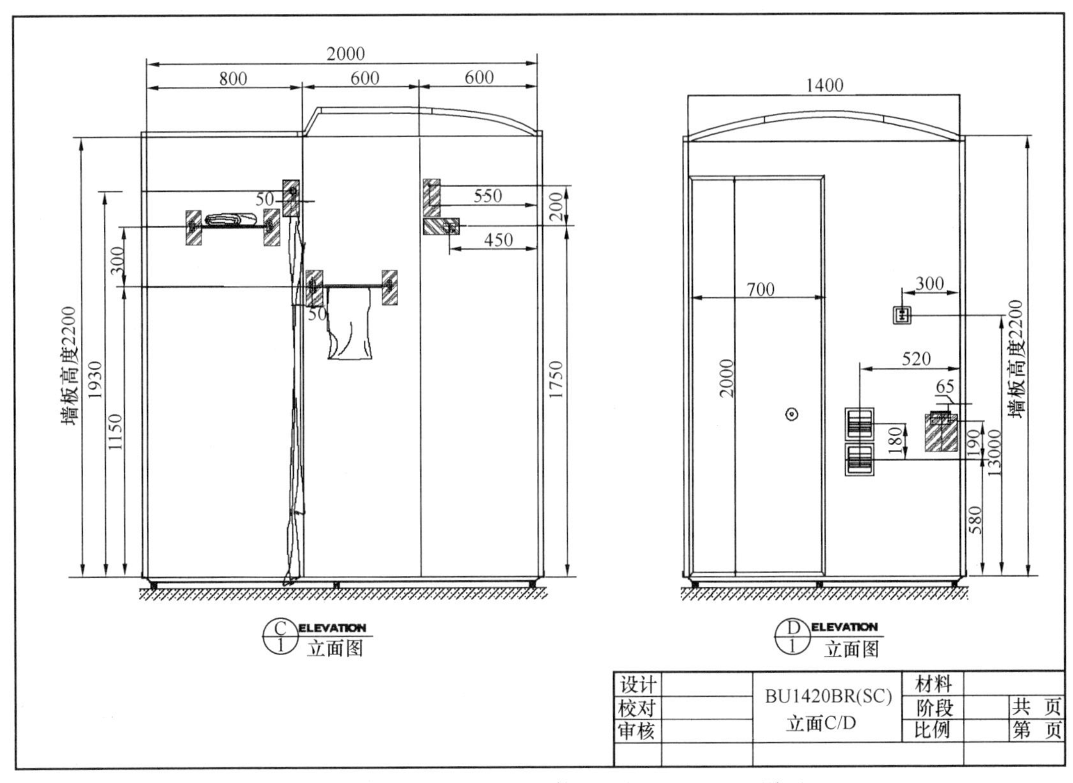

图 6.3-21 BU1420—SC 整体卫生间立面 C、D 详图

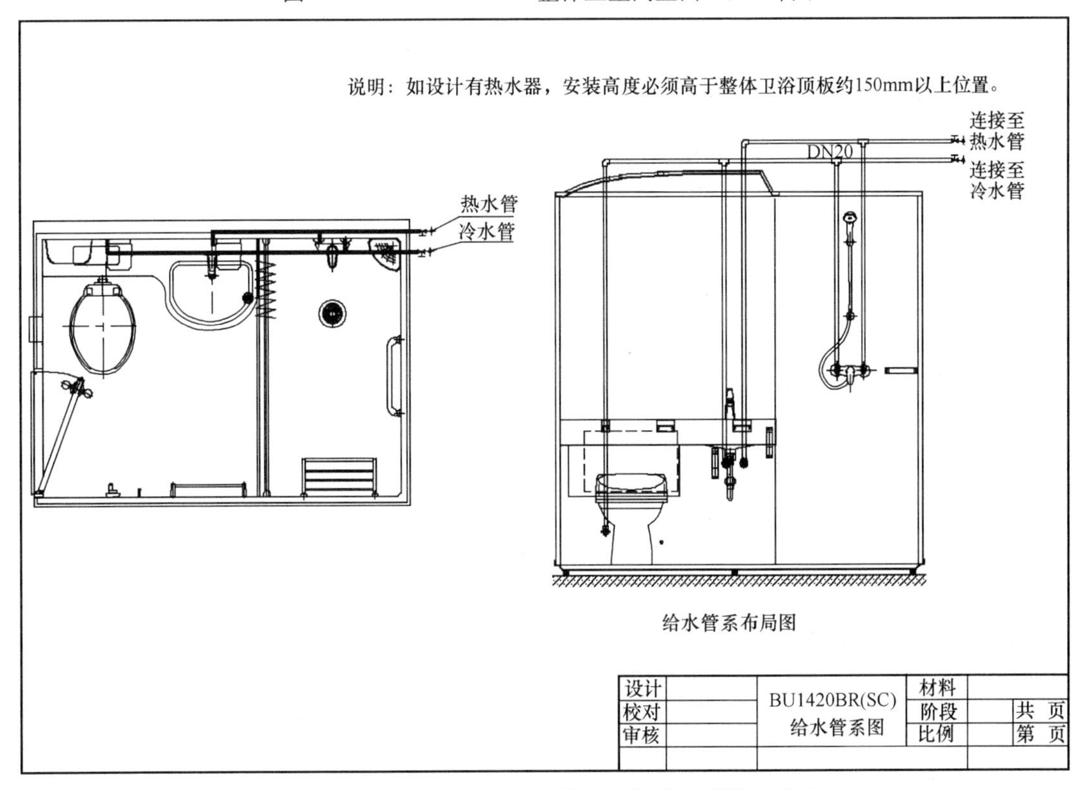

图 6.3-22 BU1420—SC 整体卫生间给水系统示意图

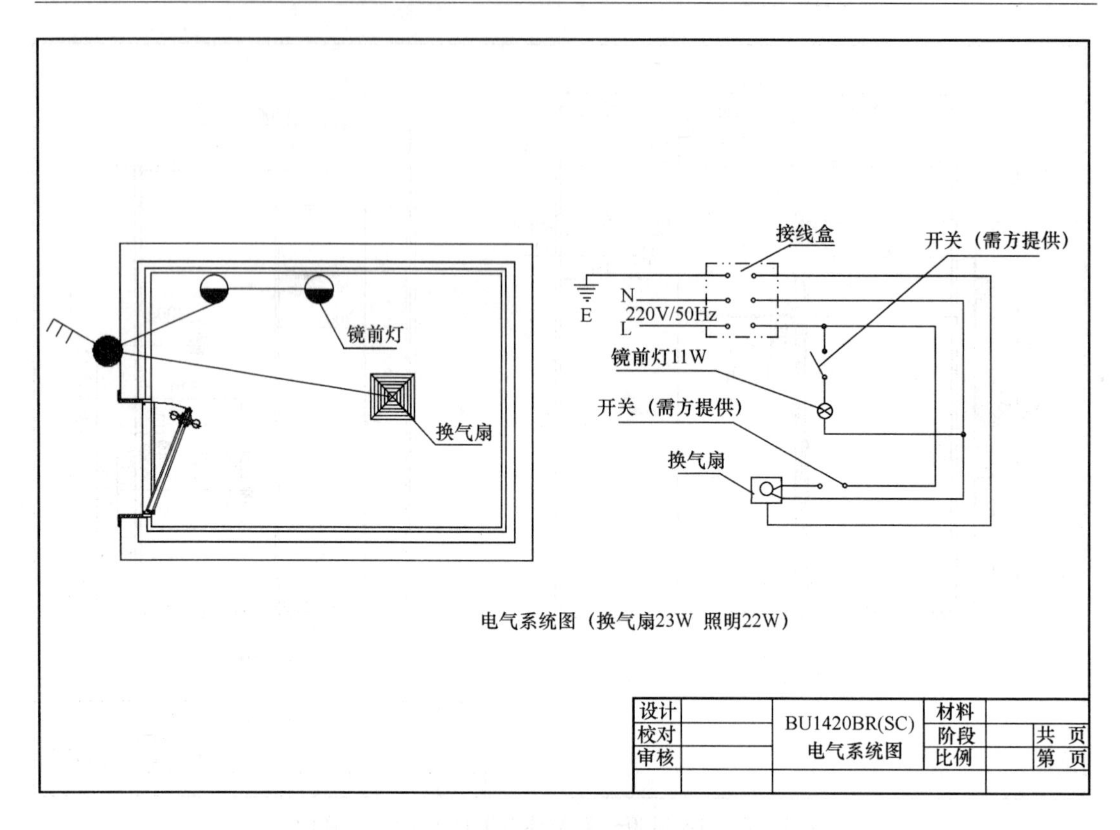

图 6.3-23 BU1420—SC 整体卫生间电器系统示意图

6.3.8.2 户型 B2 整体卫生间 BU1416 的精细化配置

BU1416—SD 整体卫生间配置见表 6.3-5。

BU1416—SD 整体卫生间配置表 **表 6.3-5**

类型		序号	部件名称	规 格	型 号	单位	数量
主体		1	SMC 模压防水底盘	1350mm×1600mm	皮纹咖啡色	套	1
		2	SMC 模压墙板	H=2000mm	石纹象牙色	套	1
		3	SMC 模压拱形天花	1350mm×1600mm	亚光象牙色，浴室内净空最高点为 2100mm	套	1
		4	浴室专用防湿平开门	695mm×2000mm	内开门，球形门锁	套	1
		5	整体浴室专用地漏		直排/横排	套	1
内部配件	洗漱	6	SMC 模压洗面台	异型	象牙色，皮塞去水	套	1
		7	组合水嘴	淋浴、面盆两用	含软管、花洒及两个花洒座	套	1
		8	毛巾架	L=400mm	不锈钢杆、象牙色 ABS 底座	套	1
		9	化妆镜	360mm×700mm	车边	套	1
		10	方形置物架	259mm×130mm	白色 ABS	只	2

续表

类型		序号	部件名称	规　　格	型　　号	单位	数量
内部配件	如厕	11	连体座便器	L=720	顶按大、小水，白色陶瓷	套	1
		12	卷纸器		外挂式象牙色 ABS	套	1
	洗浴	13	一字浴帘杆及底座	L=1400mm	白色铝合金易滑杆，ABS底座	套	1
		14	一字浴帘	1900mm×1800mm	白色木瓜条纹带铅坠	套	1
		15	浴巾架	L=500mm	不锈钢杆、象牙色 ABS 底座	套	1
		16	一字扶手	L=400mm	白色 ABS	套	1
		17	双钩衣钩		不锈钢	只	1
	电器	18	镜前柱状灯		防湿型	套	1
		19	含节能灯管	13W	3U	套	1
		20	换气扇	$120m^3/h$	含排气软管	套	1
安装辅料		21	防霉密封胶	中性	白色	支	0.5
		22	成套安装紧固件			套	1
		23	面盆排水总成		U-PVC	套	1
		24	冷热水给水管件	高出墙板面 150mm	P-PR	套	1

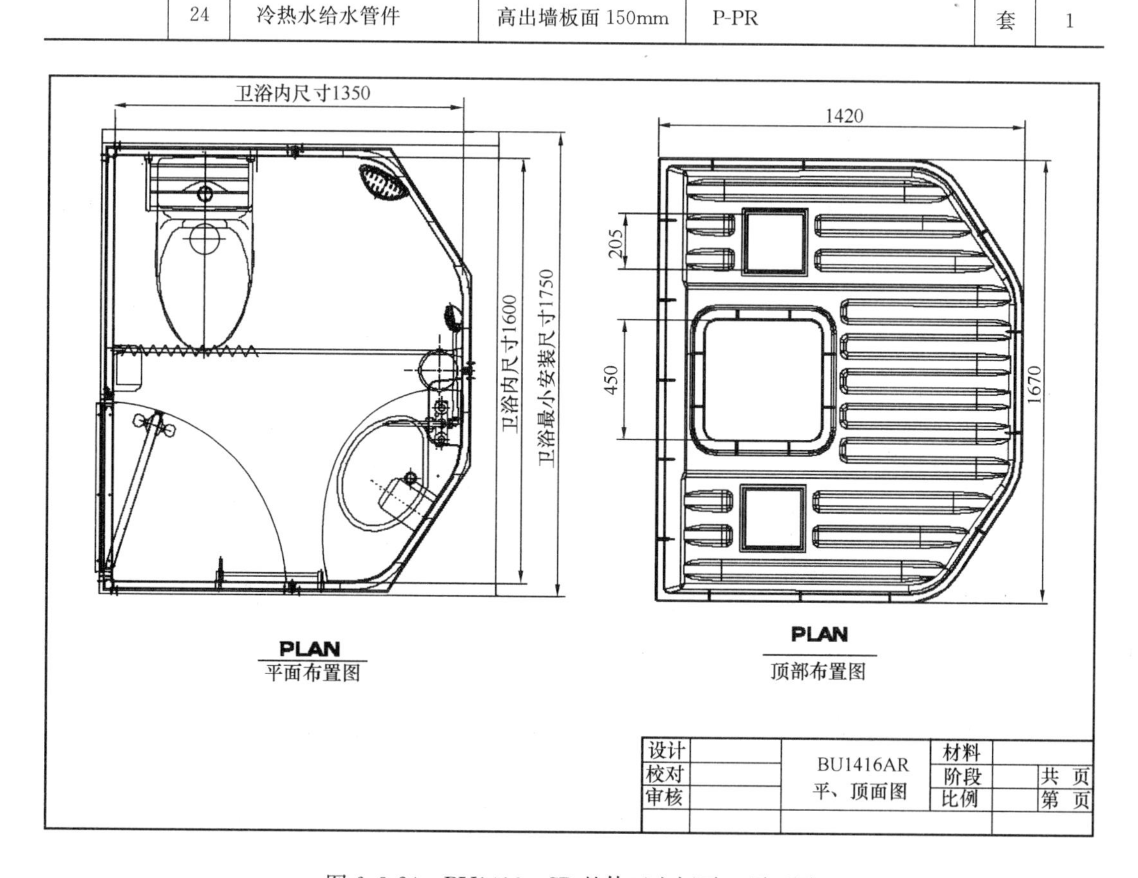

图 6.3-24　BU1416—SD 整体卫生间平、顶面图

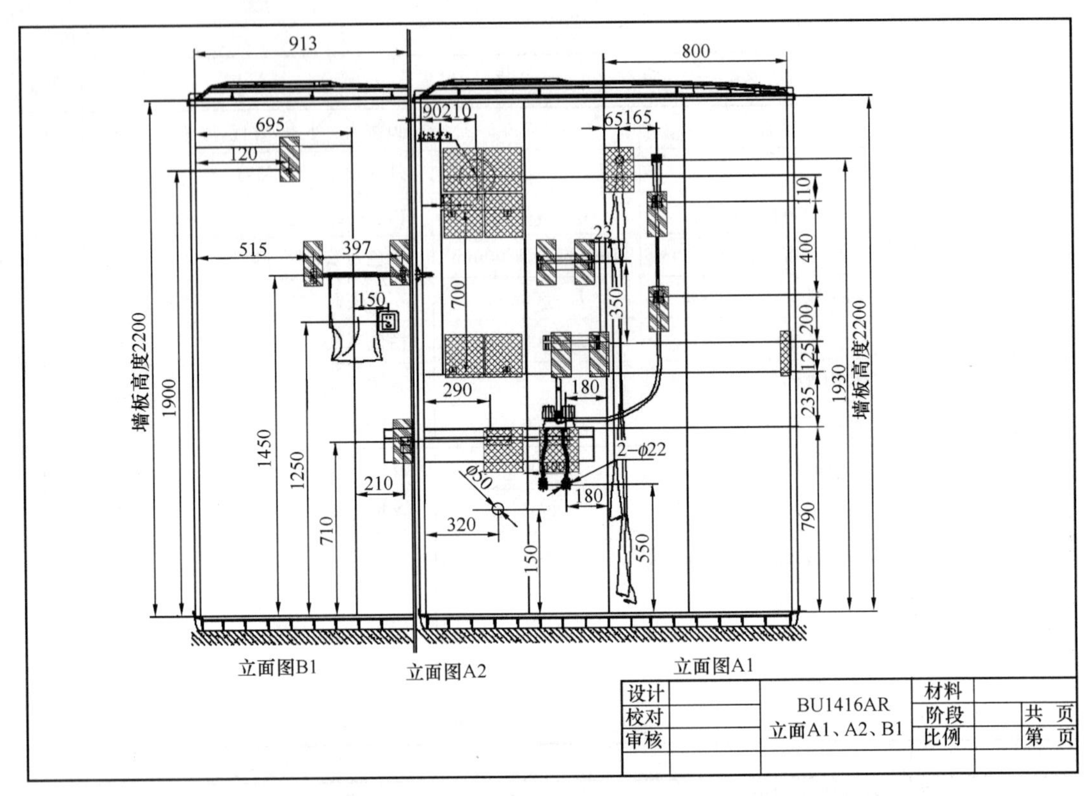

图 6.3-25　BU1416—SD 整体卫生间立面 A1、A2、B1 图

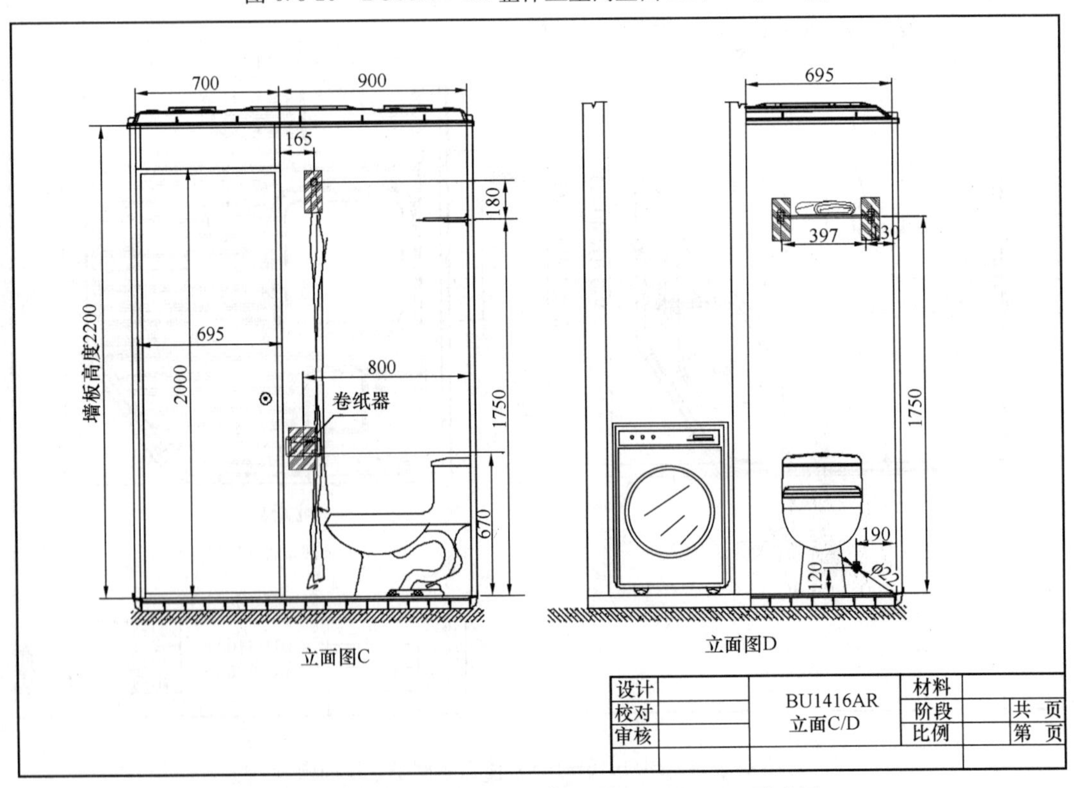

图 6.3-26　BU1416—SD 整体卫生间立面 C、D 示意图

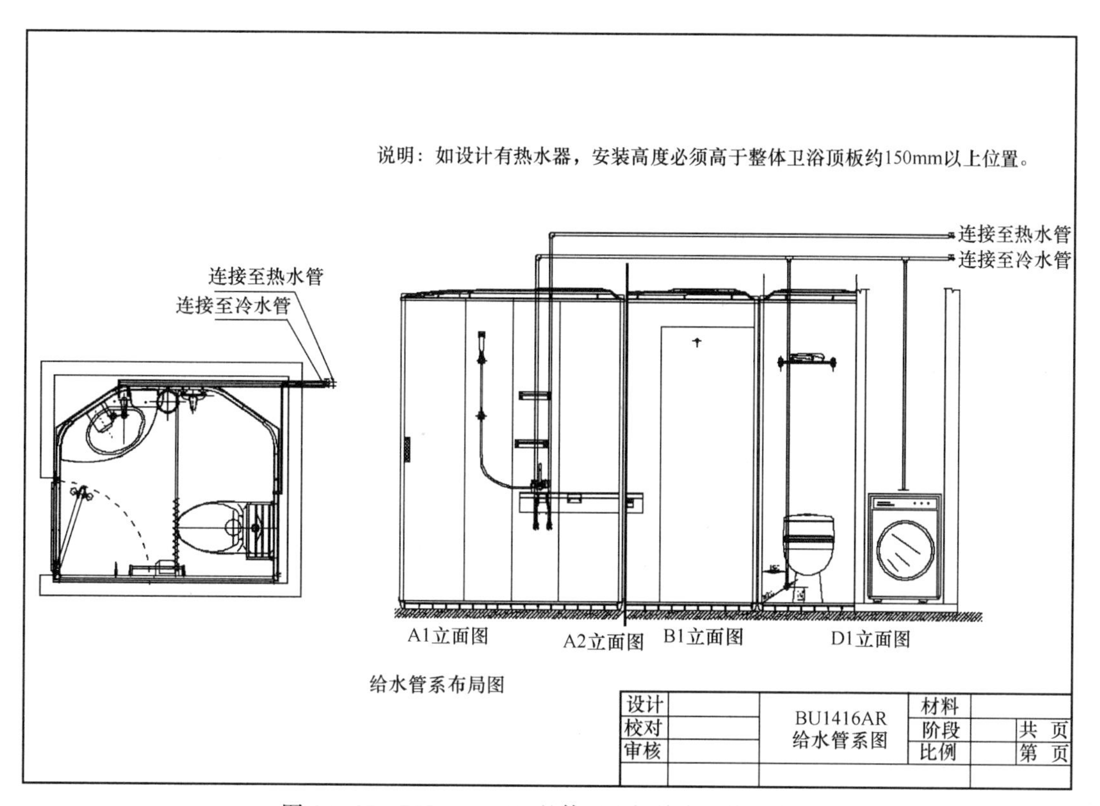

图 6.3-27 BU1416—SD 整体卫生间给水系统示意图

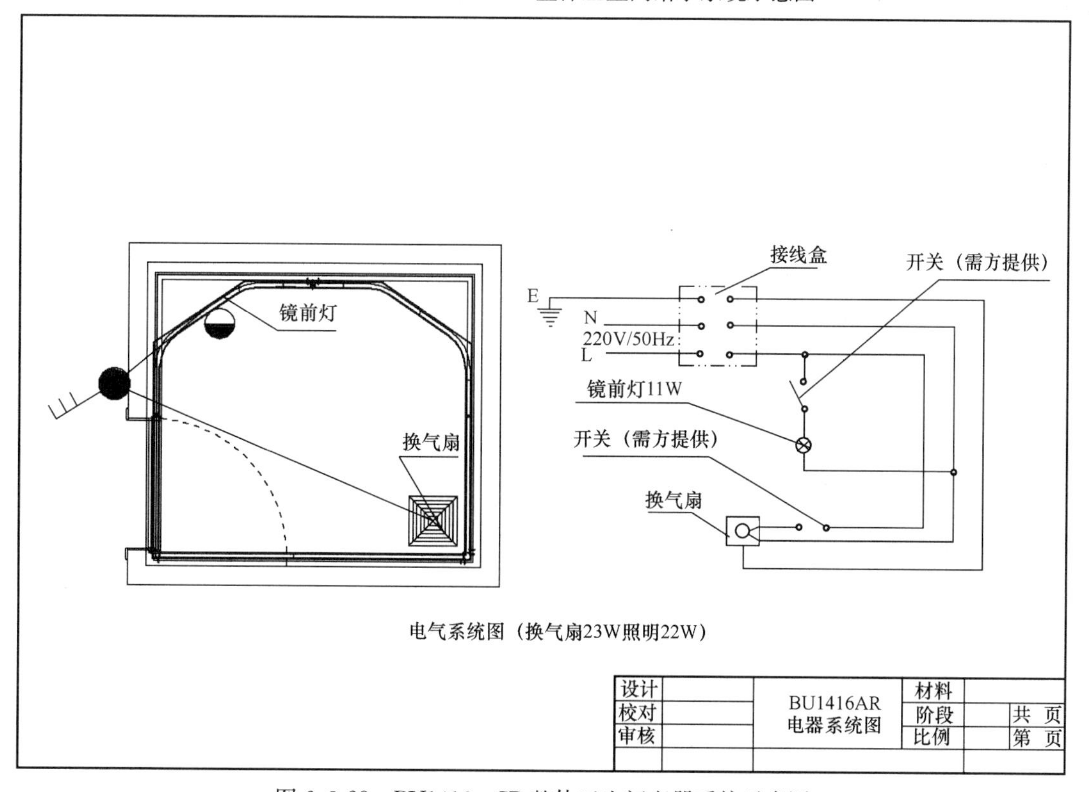

图 6.3-28 BU1416—SD 整体卫生间电器系统示意图

6.3.8.3　户型B3整体卫生间BU1217的精细化配置

BU1217—SC整体卫生间配置见表6.3-6。

BU1217—SC整体卫生间配置表　**表6.3-6**

类型		序号	部件名称	规　格	型　号	单位	数量
主体		1	SMC模压防水底盘	1200mm×1700mm	石纹浅咖啡，湿区下沉	套	1
		2	SMC模压墙板	H=2000mm	石纹象牙色	套	1
		3	SMC拱形天花	1200mm×1700mm	亚光象牙色，内部净空最高点为2160mm	套	1
		4	浴室专用防湿平开门	700mm×2000mm	外开门、球形门锁	套	1
		5	整体浴室专用地漏		直排/横排	套	1
内部件	盥洗	6	SMC模压洗面台	L=1023mm	象牙色，皮塞去水	套	1
		7	组合水嘴	淋浴、面盆两用	含软管、花洒及两个花洒座	套	1
		8	毛巾架	L=400mm	不锈钢杆、象牙色ABS底座	套	1
		9	化妆镜	500mm×800mm	车边	套	1
		10	方形置物架	259mm×130mm	白色ABS	套	2
	便溺	11	分体水箱座便器	L=705mm	白色陶瓷	套	1
		12	卷纸器		外挂式象牙色ABS	套	1
	洗浴	13	一字浴帘杆及底座	L=1200mm	白色铝合金易滑杆，象牙色ABS底座	套	1
		14	一字形浴帘	1900mm×1600mm	白色木瓜条纹带铅坠	套	1
		15	浴巾架	L=500mm	不锈钢杆、象牙色ABS底座	套	1
		16	三角置物架	170mm×170mm	白色ABS	套	1
		17	一字扶手	L=400mm	白色ABS	套	1
		18	双钩衣钩		不锈钢	只	1
	电器	19	镜前柱状灯		防湿型	套	1
		20	含节能灯管	13W	3U	套	1
		21	换气扇	120m³/h	含排气软管	套	1
安装辅料		22	防霉密封胶	中性	白色	支	0.5
		23	成套安装紧固件			套	1
		24	面盆排水总成		U-PVC	套	1
		25	冷热水给水管件	高出墙板面150mm	P-PR	套	1

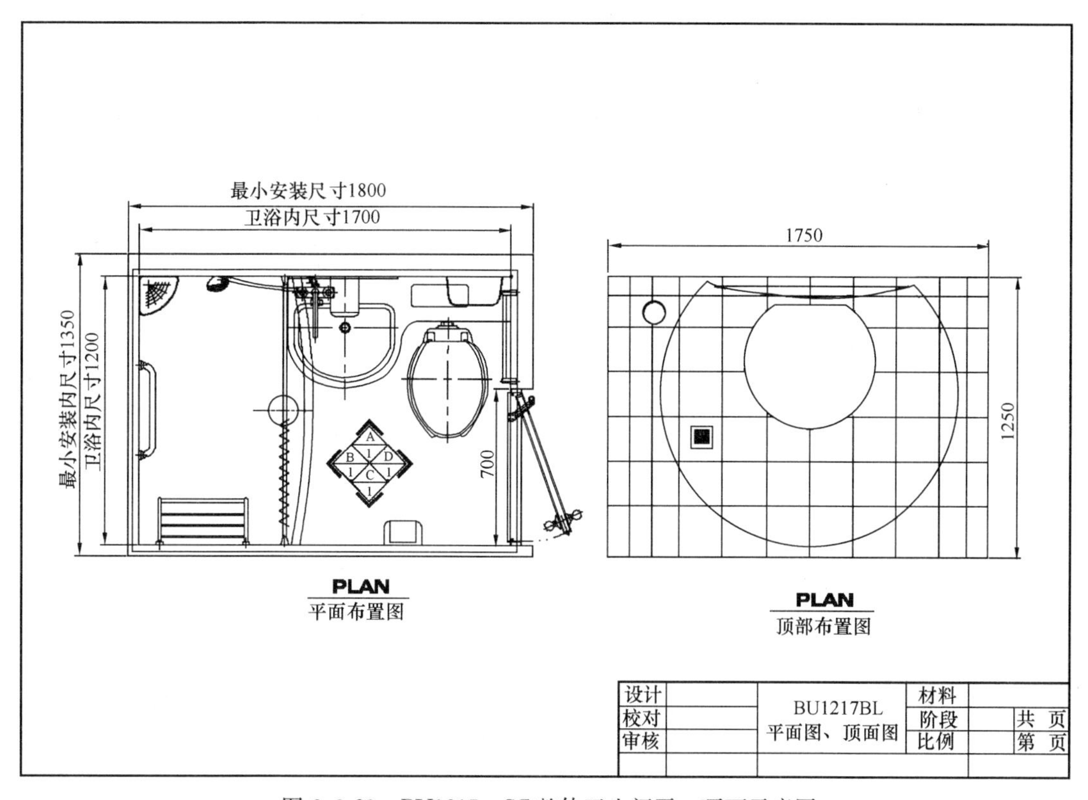

图 6.3-29 BU1217—SC 整体卫生间平、顶面示意图

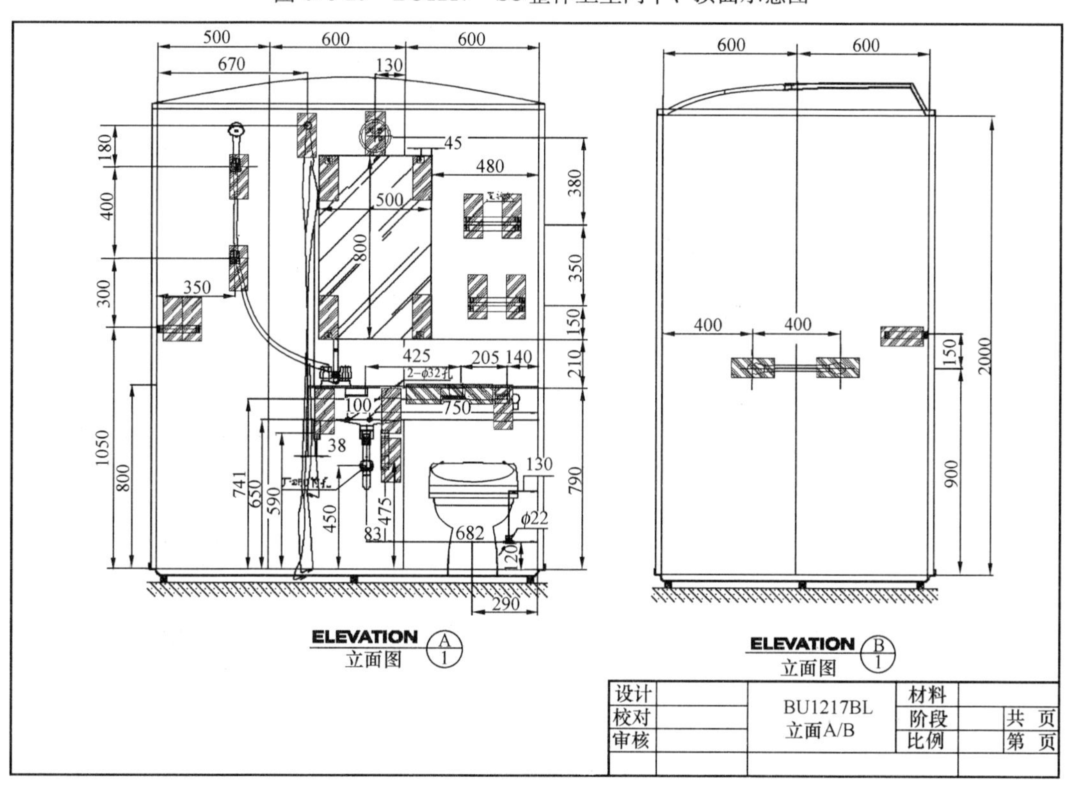

图 6.3-30 BU1217—SC 整体卫生间立面 A、B 示意图

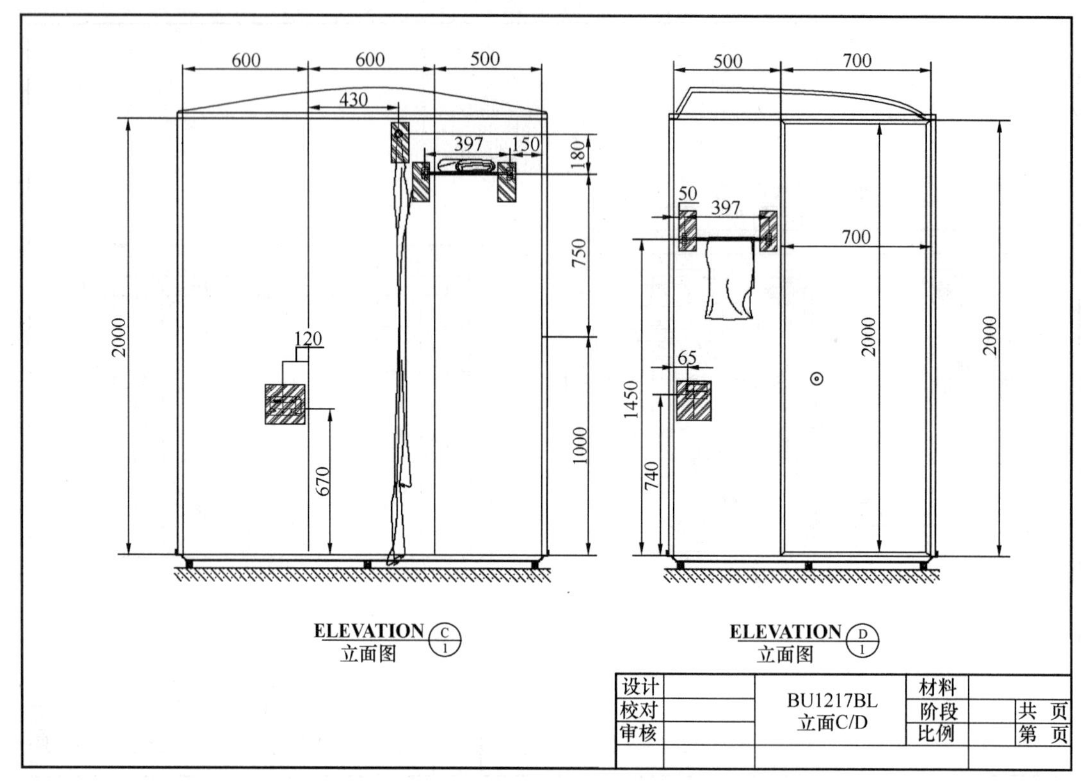

图 6.3-31　BU1217—SC 整体卫生间立面 C、D 示意图

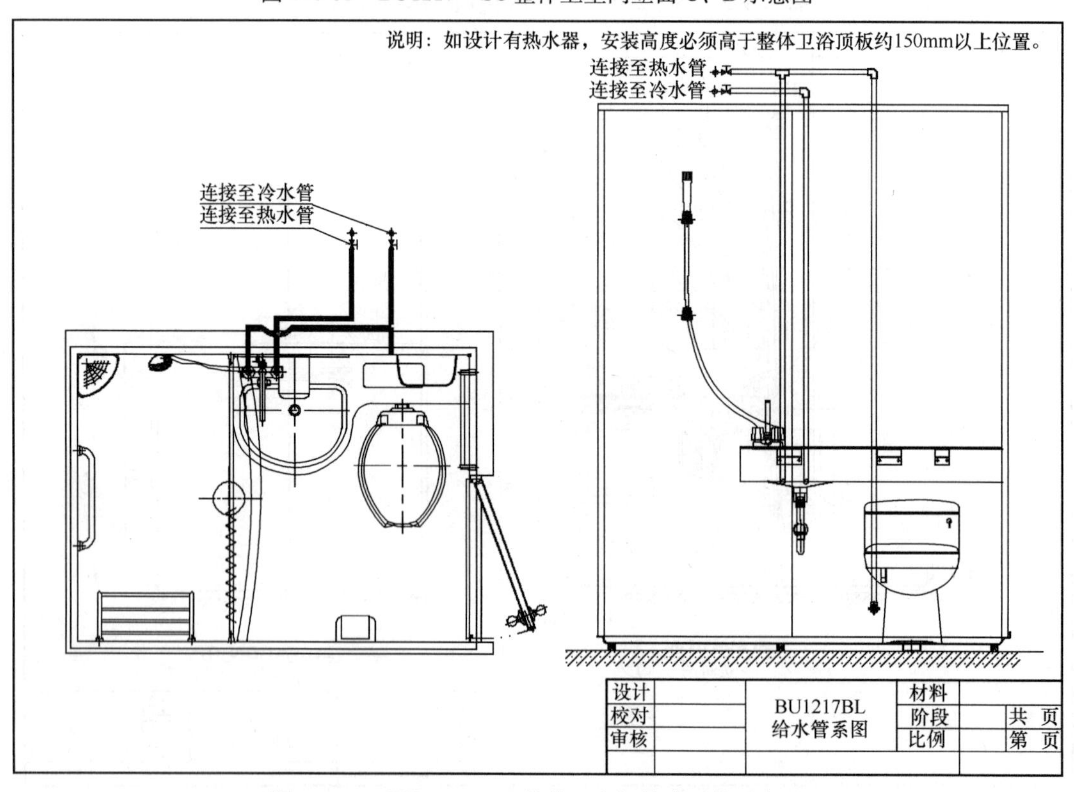

图 6.3-32　BU1217—SC 整体卫生间给水系统示意图

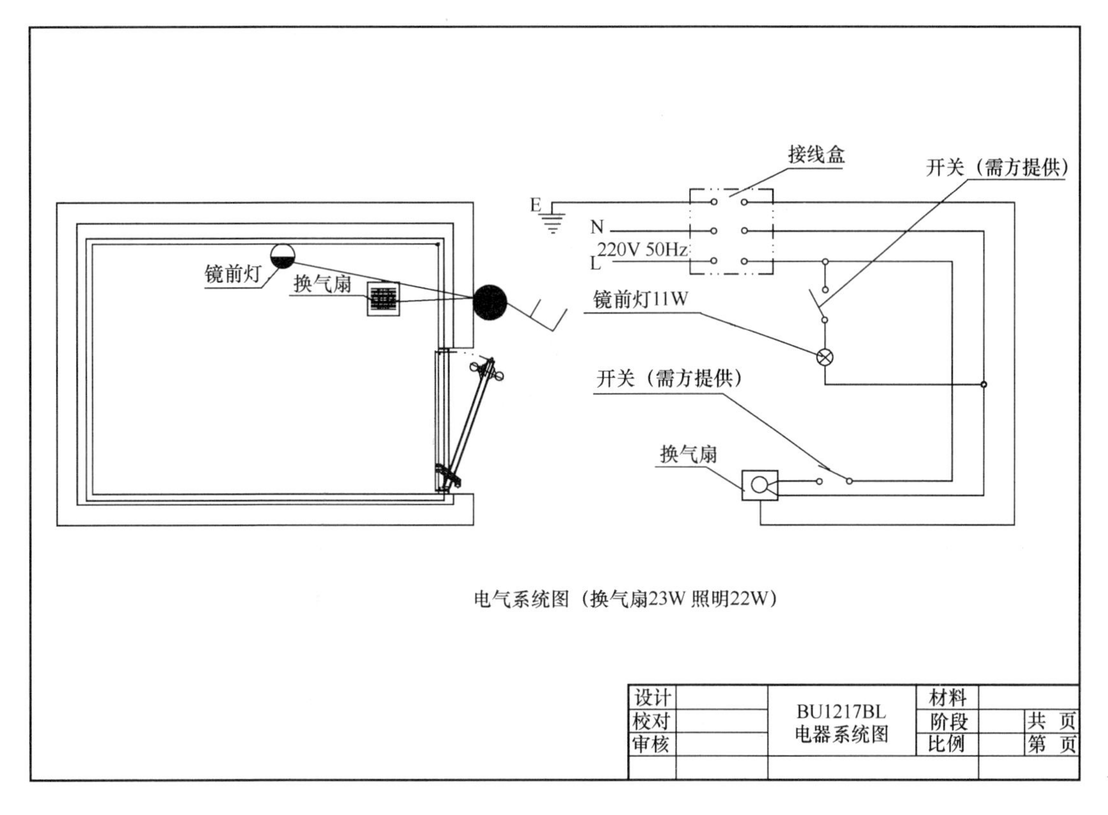

图 6.3-33 BU1217—SC 整体卫生间电器系统示意图

6.3.8.4 户型 C1 整体卫生间 BU1418 的精细化配置

BU1418—SM 整体卫生间配置见表 6.3-7。

BU1418—SM 整体卫生间配置表 **表 6.3-7**

类型		序号	部件名称	规 格	型 号	单位	数量
主体		1	SMC 模压防水底盘	1400mm×1800mm	石纹咖啡色，湿区下沉	套	1
		2	SMC 模压墙板	H=2000mm	镜面彩条+镜面隐花白	套	1
		3	SMC 拱形天花	1400mm×2000mm	亚光白色，内部净空最高点为 2180mm	套	1
		4	浴室专用防湿平开门	695mm2000mm	内开门，球形门锁	套	1
		5	整体浴室专用地漏		干湿区联通/横排	套	1
内部配件	洗漱	6	SMC 模压台上盆洗面台	台面 L=1400、W=380	象牙色，翻板去水	套	1
		7	面盆水嘴		单柄单孔，铜镀铬	套	1
		8	毛巾环	l=227mm	象牙色 ABS	套	1
		9	浴巾架	L=450mm	不锈钢杆、象牙色 ABS 底座	套	1
		10	方形置物架	259mm×130mm	白色 ABS	套	2
		11	化妆镜	810mm×920mm	车边	套	1
	如厕	12	连体座便器	L=720	侧扳式，白色陶瓷	套	1
		13	卷纸器		外挂式白色 ABS	套	2

续表

类型		序号	部件名称	规　格	型　号	单位	数量
内部配件	洗浴	14	淋浴水嘴	单柄双孔入墙式	带花洒及两个花洒座	套	1
		15	一字浴帘杆及底座	L=1400mm	白色铝合金易滑杆，ABS底座	套	1
		16	一字浴帘	1900mm×1800mm	白色木瓜条纹带铅坠	套	1
		17	三角置物架	170mm×170mm	不锈钢	套	1
		18	一字扶手	L=400mm	白色 ABS	套	1
		19	双钩衣钩		不锈钢	只	1
	电器	20	插座	五孔	带白色防溅盒	套	1
		21	镜前柱状灯		防湿型	套	2
		22	含节能灯管	11W	3U	套	2
		23	换气扇	120m³/h	含排气软管	套	1
安装辅料		24	防霉密封胶	中性	白色	支	0.5
		25	成套安装紧固件			套	1
		26	面盆排水总成		U-PVC	套	1
		27	冷热水给水管件	高出墙板面150mm	P-PR	套	1

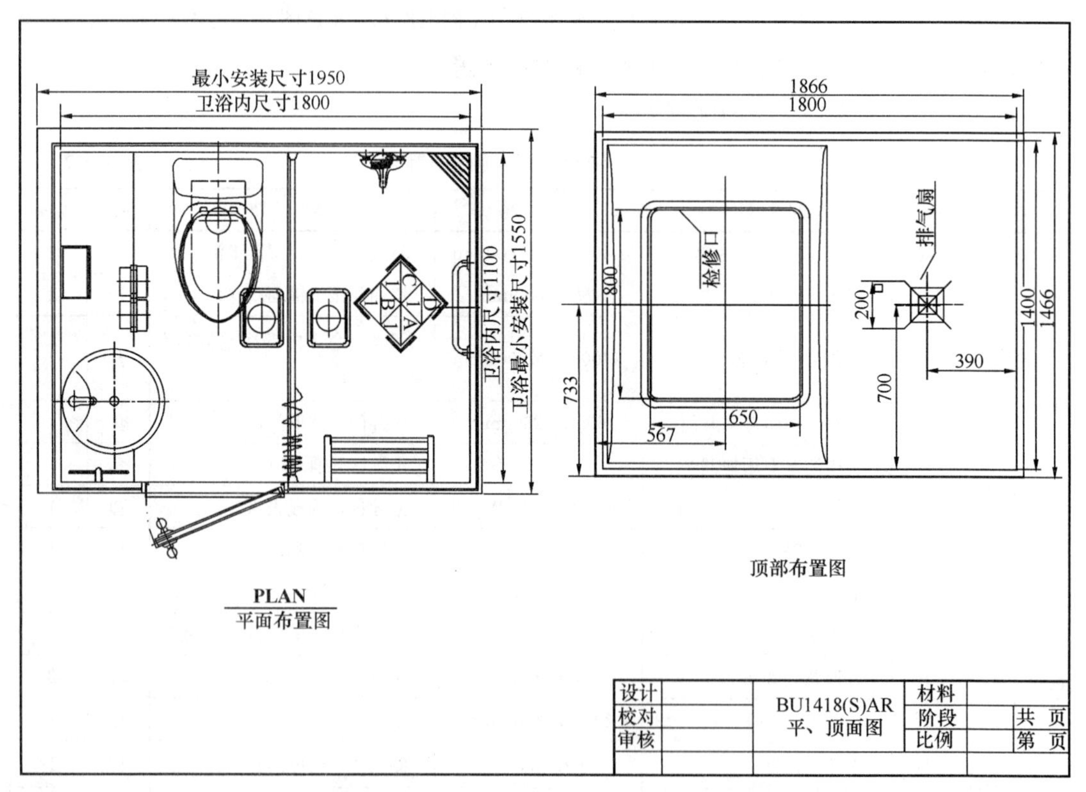

图 6.3-34　BU1418—SM 整体卫生间平、顶面示意图

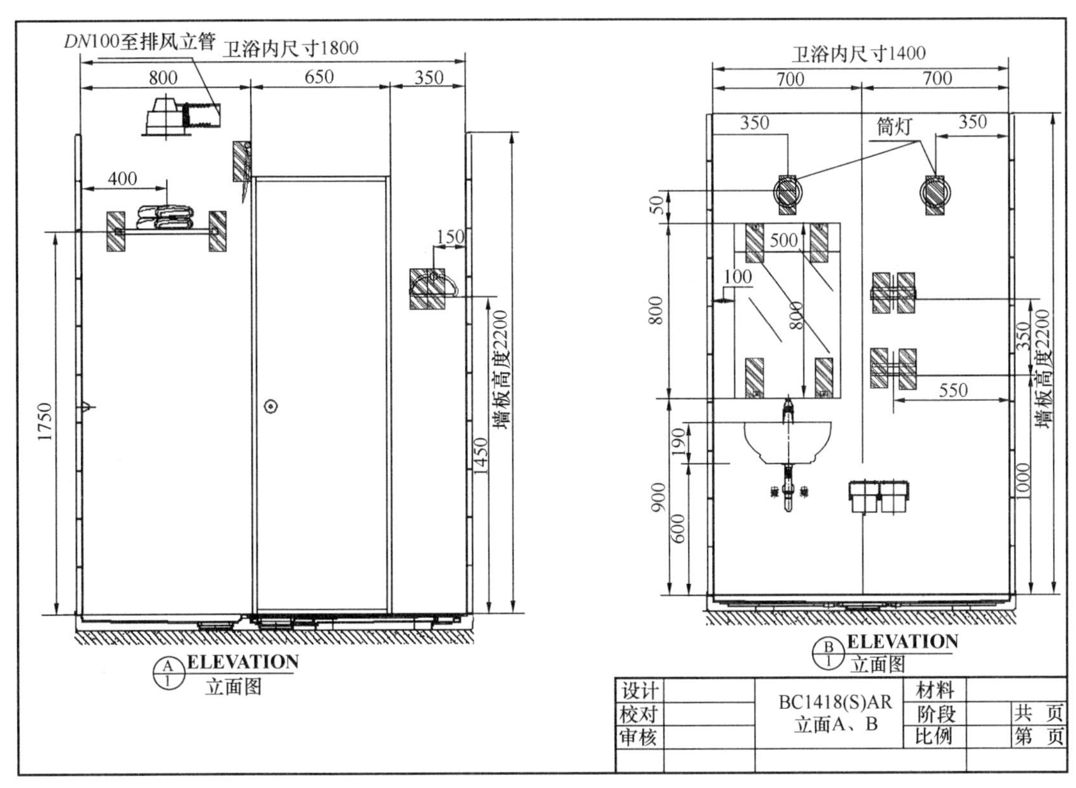

图 6.3-35 BU1418—SM 整体卫生间立面 A、B 详图

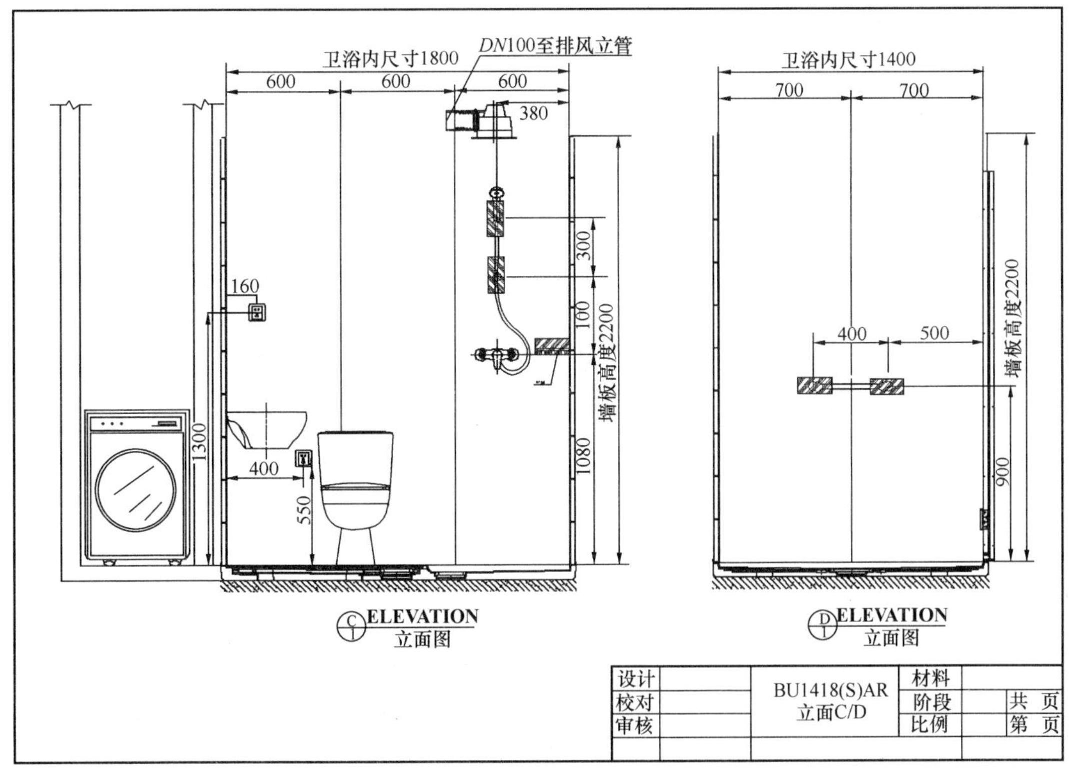

图 6.3-36 BU1418—SM 整体卫生间立面 C、D 示意图

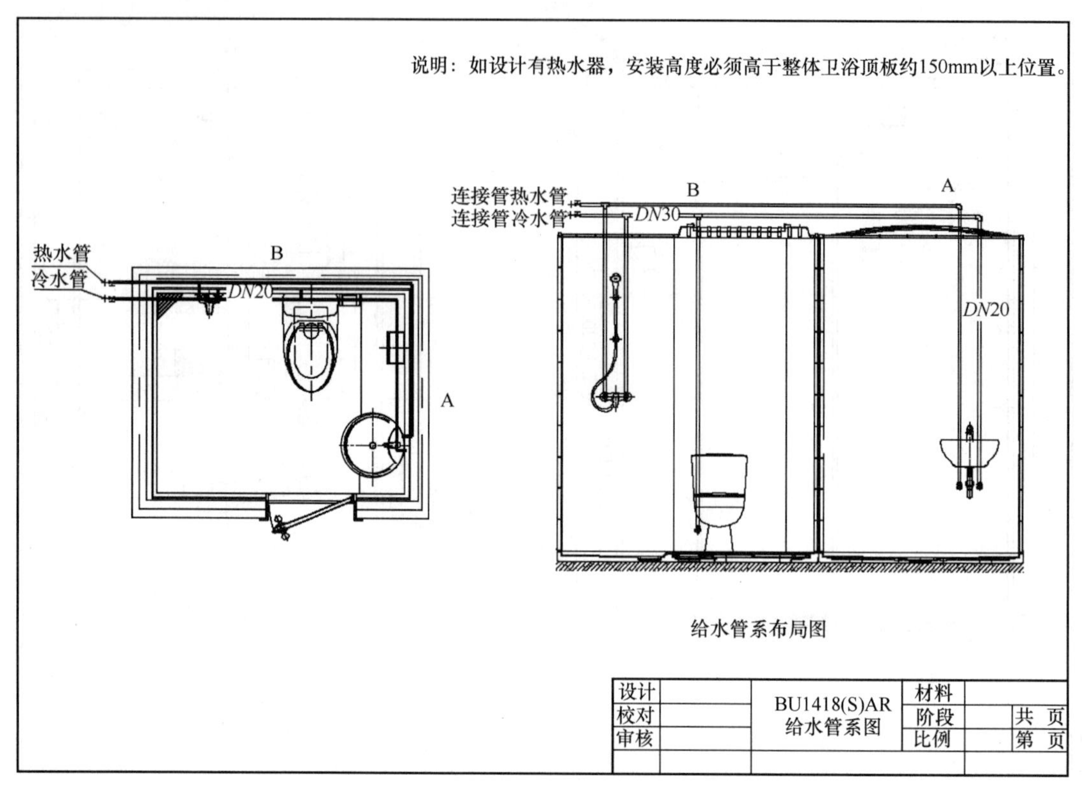

图 6.3-37　BU1418—SM 整体卫生间立面给水系统示意图

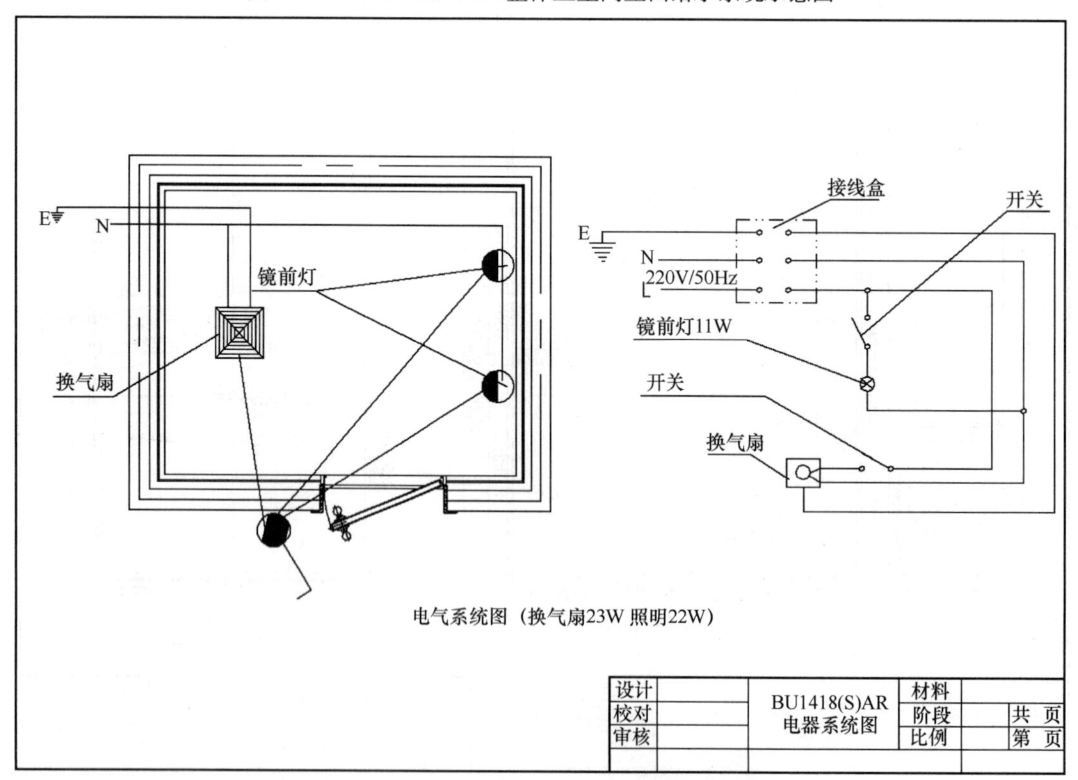

图 6.3-38　BU1418—SM 整体卫生间立面电器系统示意图

6.3.8.5 户型C2整体卫生间BU1320的精细化配置

BU1320—SC整体卫生间配置见表6.3-8。

BU1320—SC整体卫生间配置表 **表6.3-8**

类型		序号	部件名称	规格	型号	单位	数量
主体		1	SMC模压防水底盘	1300mm×2000mm	石纹浅灰色、带300×800缺角	套	1
		2	SMC模压墙板	H=2000mm	镜面大花白	套	1
		3	SMC拱形天花	1300mm×2000mm	亚光白色，内部净空最高点为2180mm	套	1
		4	浴室专用防湿平开门	695mm×2000mm	内开门，球形门锁	套	1
		5	整体浴室专用地漏		直排/横排	套	1
		6	干区小地漏		直排/横排	套	1
内部配件	洗漱	7	SMC模压P型洗面台	L=1203mm	象牙色，翻板去水	套	1
		8	面盆水嘴		单柄单孔，铜镀铬	套	1
		9	毛巾架	L=400mm	不锈钢杆、象牙色ABS底座	套	1
		10	浴巾架	L=500mm	不锈钢杆、象牙色ABS底座	套	1
		11	方形置物架	259mm×130mm	白色ABS	套	2
		12	化妆镜	810mm×920mm	车边	套	1
	如厕	13	分体水箱座便器	L=705mm	白色陶瓷	套	1
		14	卷纸器		嵌入式白色ABS	套	2
	洗浴	15	淋浴水嘴	单柄双孔入墙式	带花洒及两个花洒座	套	1
		16	淋浴区挡水条	L=1000mm,H=50mm	浅灰色	套	1
		17	一字浴帘杆及底座	L=1000mm	白色铝合金易滑杆，ABS底座	套	1
		18	一字浴帘	1900mm×1400mm	白色木瓜条纹带铅坠	套	1
		19	三角置物架	170mm×170mm	白色ABS	套	1
		20	一字扶手	L=400mm	白色ABS	套	1
		21	双钩衣钩		不锈钢	只	1
	电器	22	插座	五孔	带白色防溅盒	套	1
		23	镜前柱状灯		防湿型	套	2
		24	含节能灯管	11W	3U	套	2
		25	换气扇	120m^3/h	含排气软管	套	1
安装辅料		26	防霉密封胶	中性	白色	支	0.5
		27	成套安装紧固件			套	1
		28	面盆排水总成		U-PVC	套	1
		29	冷热水给水管件	高出墙板面150mm	P-PR	套	1

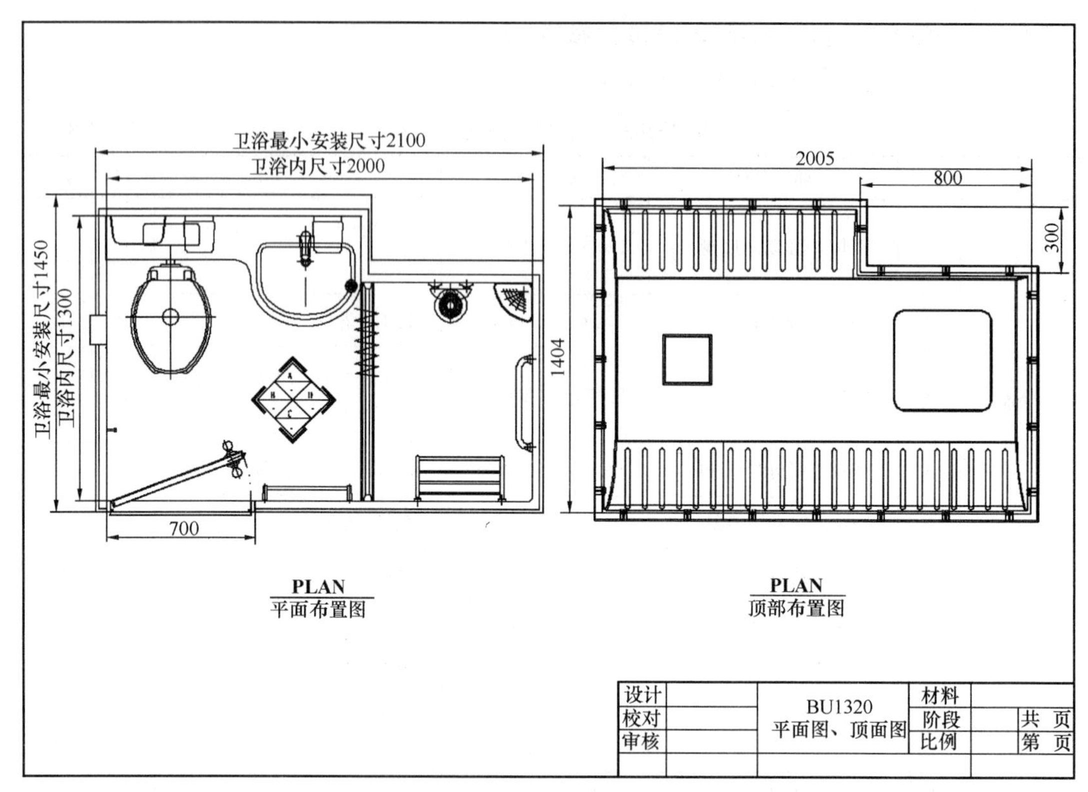

图 6.3-39　BU1320—SC 整体卫生间平、顶面详图

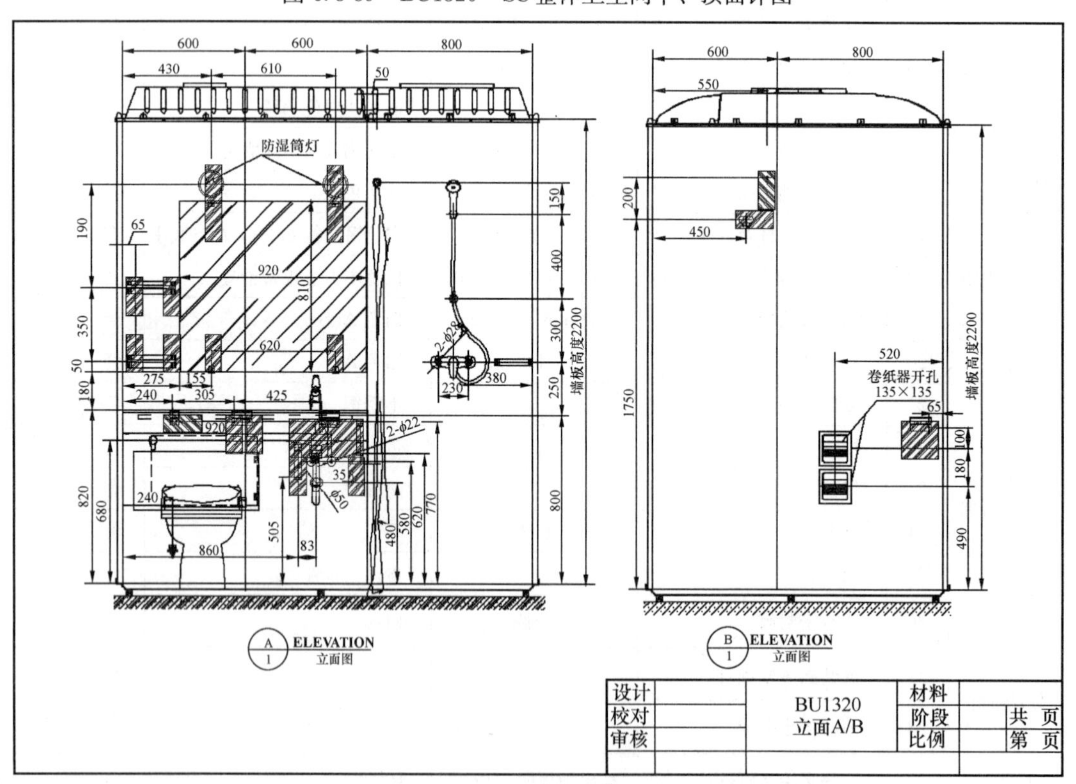

图 6.3-40　BU1320—SC 整体卫生间立面 A、B 示意图

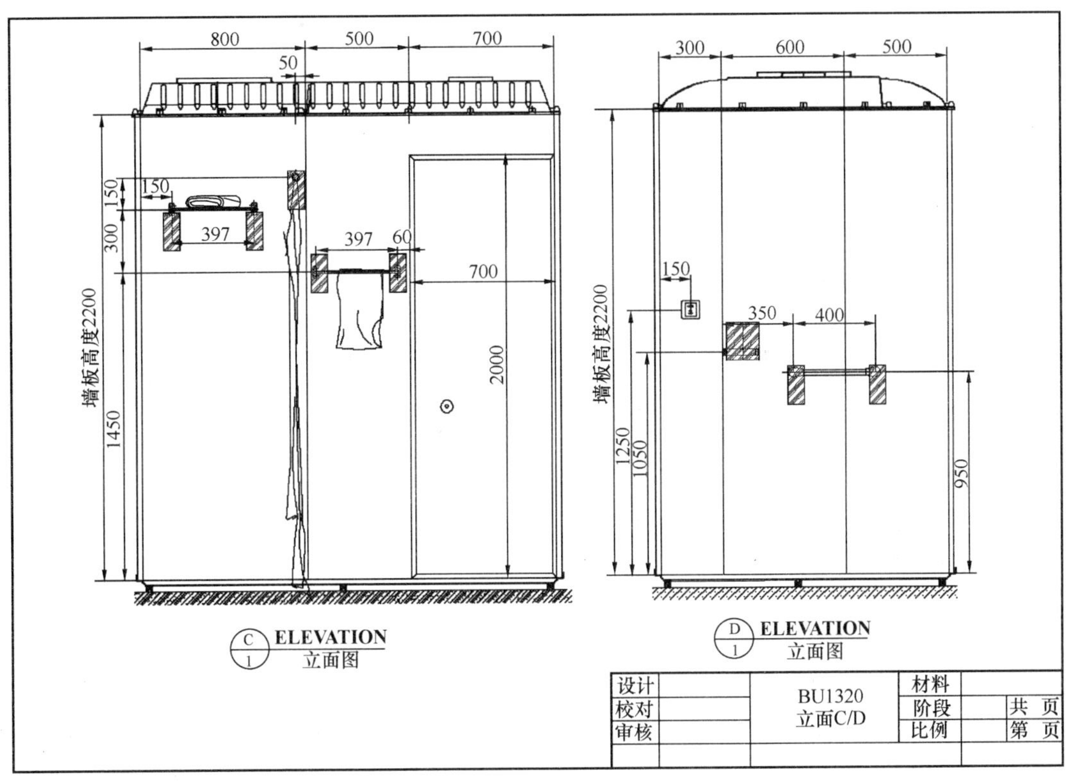

图 6.3-41 BU1320—SC 整体卫生间立面 C、D 示意图

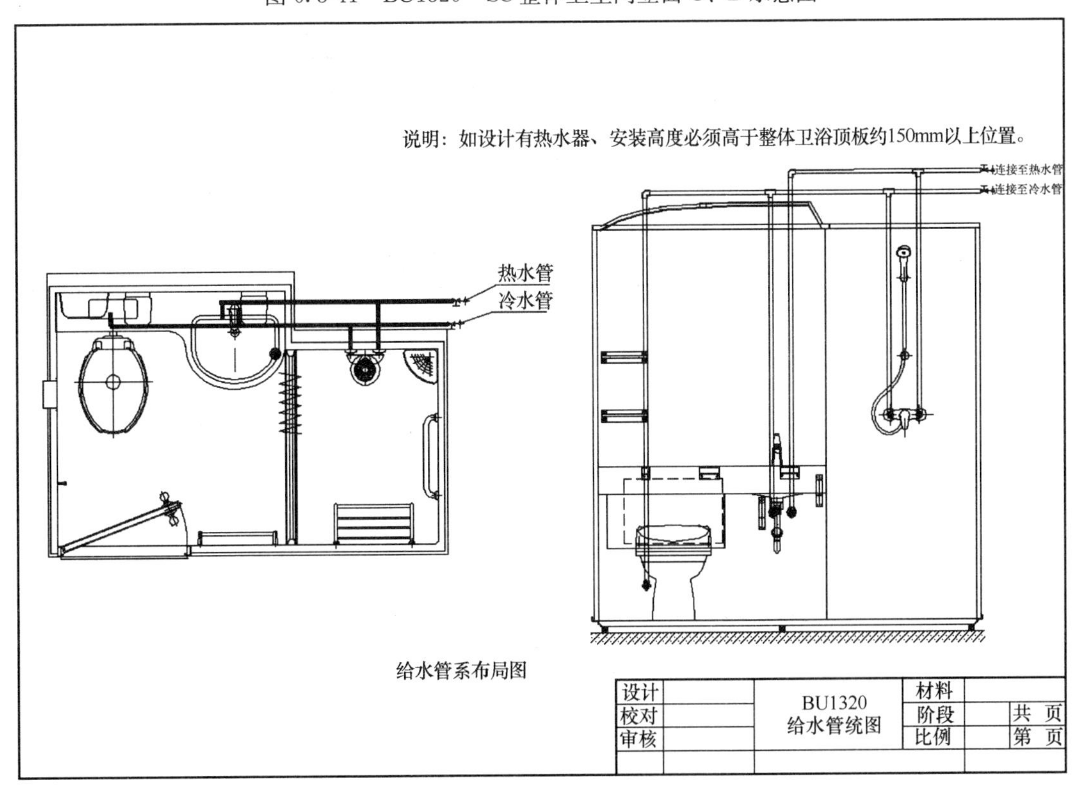

图 6.3-42 BU1320—SC 整体卫生间给水系统示意图

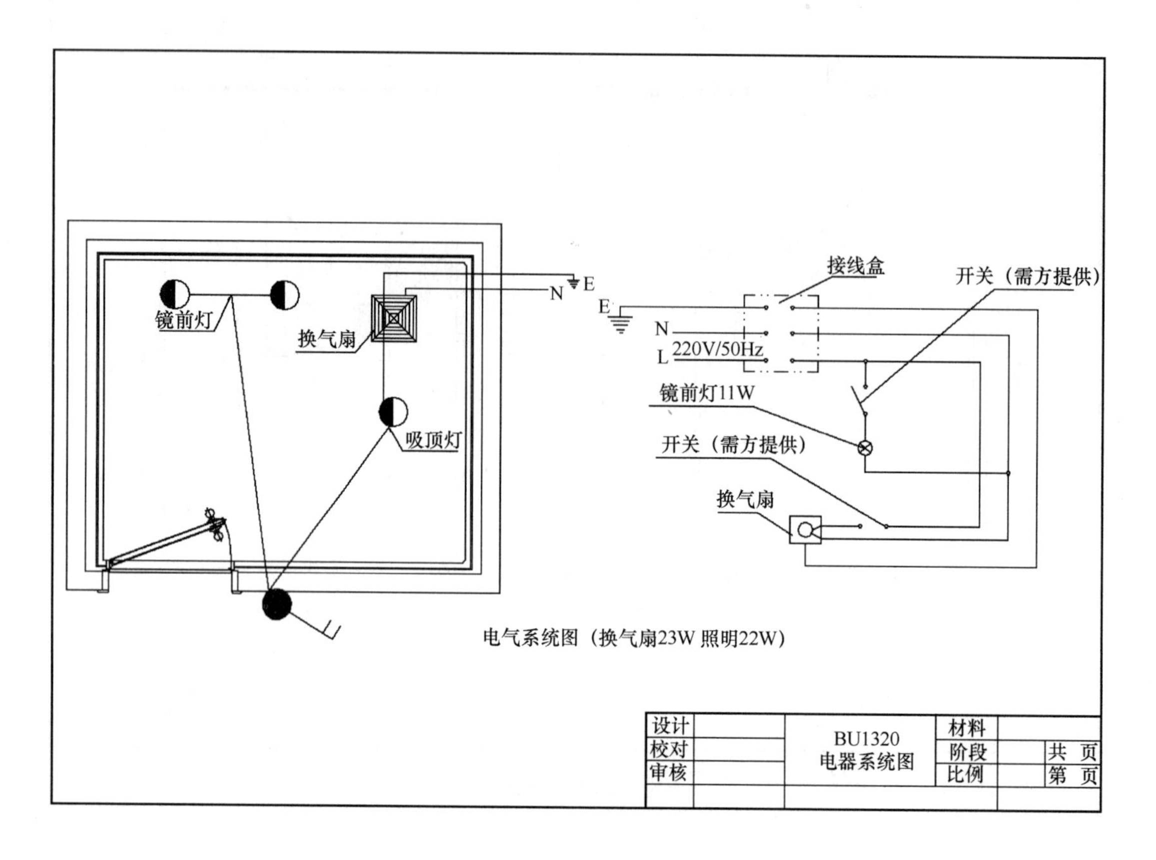

图6.3-43　BU1320—SC整体卫生间电系统示意图

6.3.8.6　户型D1整体卫生间BU1216的精细化配置

BU1216—SC整体卫生间配置见表6.3-9。

BU1216—SC整体卫生间配置表　　　　**表6.3-9**

类型		序号	部件名称	规　格	型　号	单位	数量
主体		1	SMC模压防水底盘	1200mm×1600mm	格子纹咖啡色，湿区下沉	套	1
		2	SMC模压墙板	H=2000mm	镜面白色+镜面苹果绿	套	1
		3	SMC拱形天花	1200mm×1600mm	亚光白色色，内部净空最高点为2160mm	套	1
		4	浴室专用防湿平开门	700mm×2000mm	外开门、球形门锁	套	1
		5	整体浴室专用地漏		干湿区联通/横排	套	1
内部配件	便溺	6	连体座便器	L=720mm	顶按大、小水，白色陶瓷	套	1
		7	卷纸器		外挂式象牙色ABS	套	1

续表

类型		序号	部件名称	规　格	型　号	单位	数量
内部配件	洗浴	8	一字浴帘杆及底座	L=1200mm	白色铝合金易滑杆，象牙色ABS底座	套	1
		9	一字形浴帘	1900mm×1600mm	白色木瓜条纹带铅坠	套	1
		10	浴巾架	L=500mm	不锈钢杆、象牙色ABS底座	套	1
		11	三角置物架	170mm×170mm	白色ABS	套	1
		12	双钩衣钩		不锈钢	套	1
	电器	13	天花筒灯		防雾型	套	2
		14	含节能灯管	11W	3U	套	2
		15	换气扇	120m³/h	含排气软管	套	1
安装辅料		16	防霉密封胶	中性	白色	支	0.5
		17	成套安装紧固件			套	1
		18	面盆排水总成		U-PVC	套	1
		19	冷热水给水管件	高出墙板面150mm	P-PR	套	1

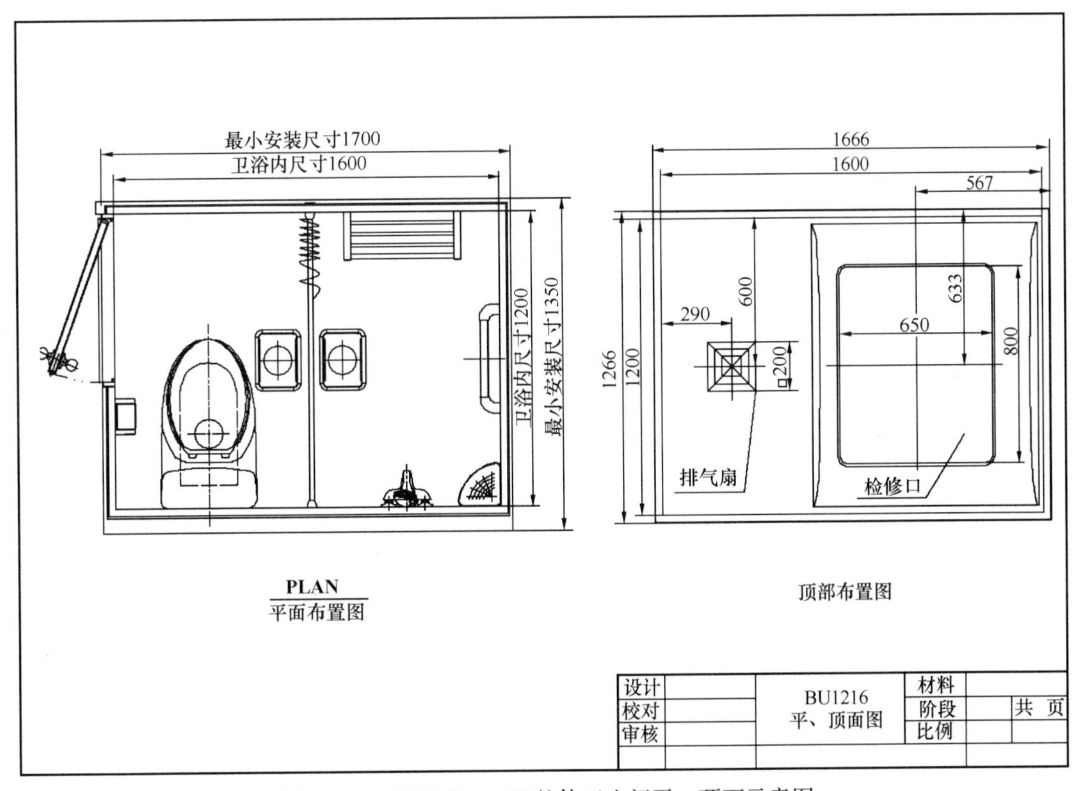

图 6.3-44　BU1216—SC 整体卫生间平、顶面示意图

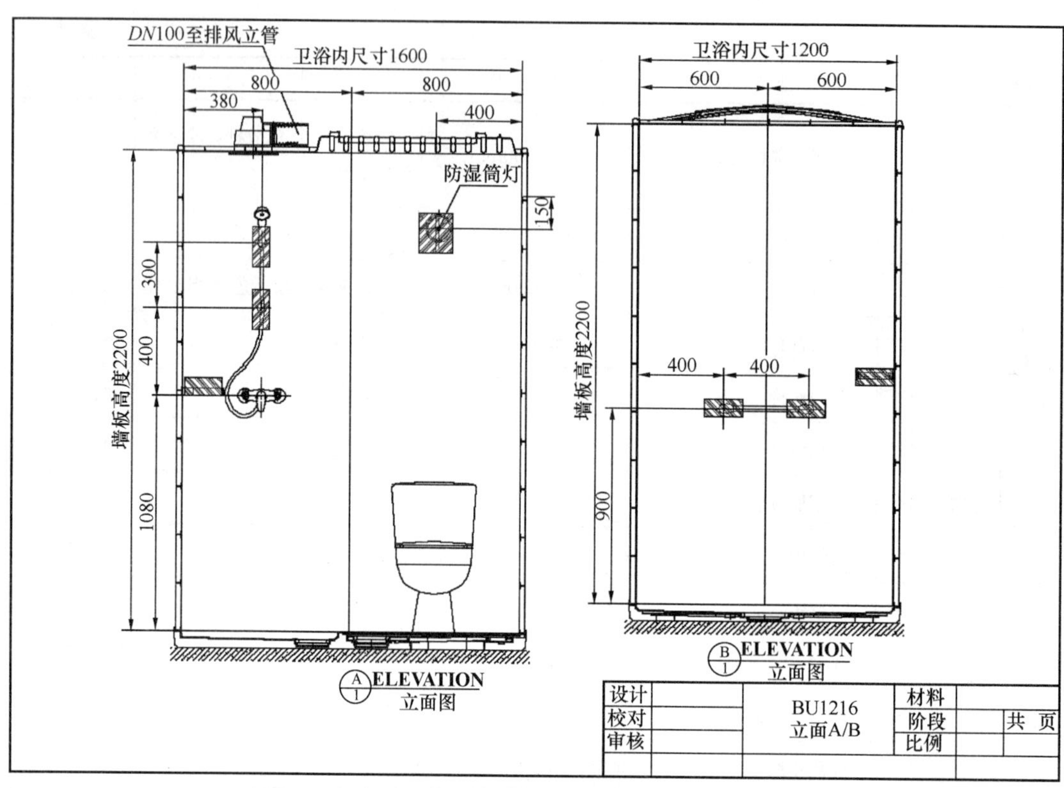

图 6.3-45　BU1216—SC 整体卫生间立面 A、B 示意图

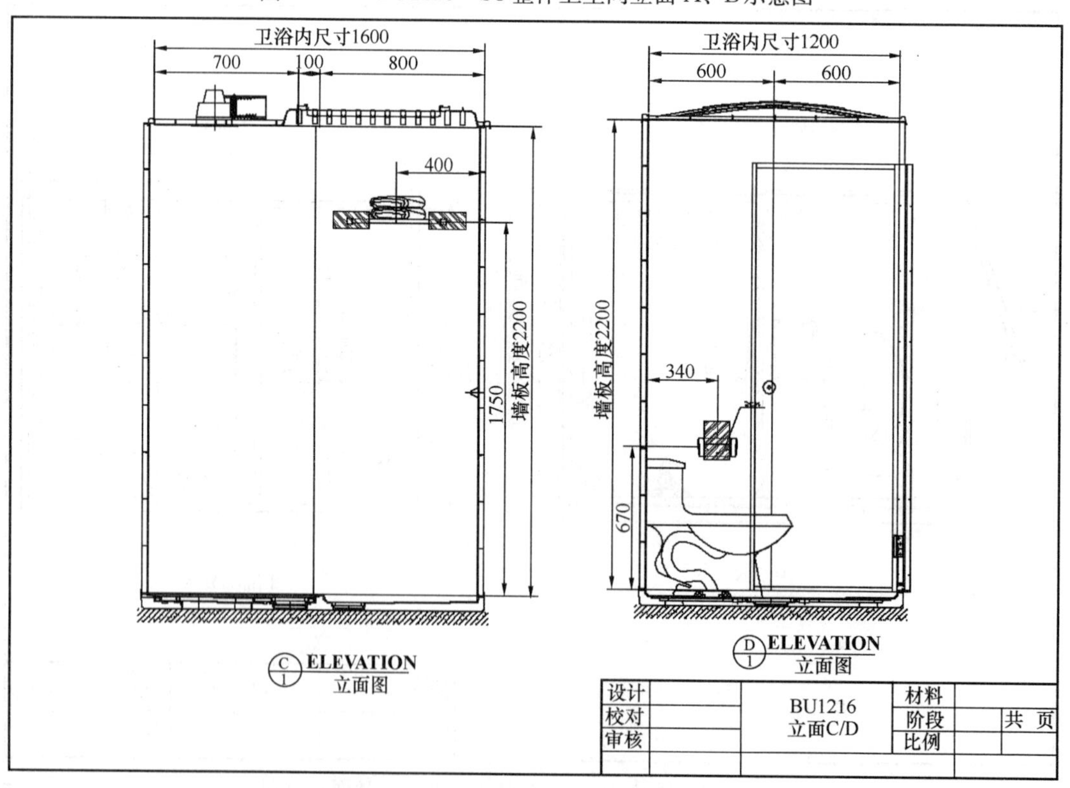

图 6.3-46　BU1216—SC 整体卫生间立面 C、D 示意图

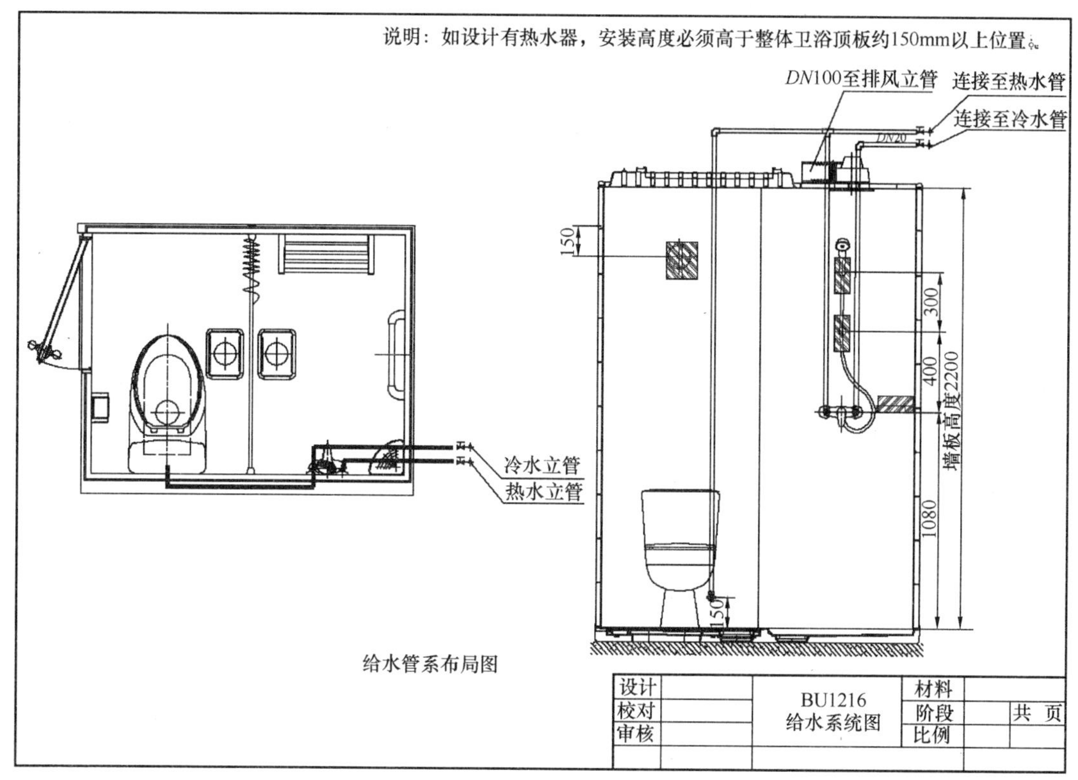

图 6.3-47 BU1216—SC 整体卫生间给水系统示意图

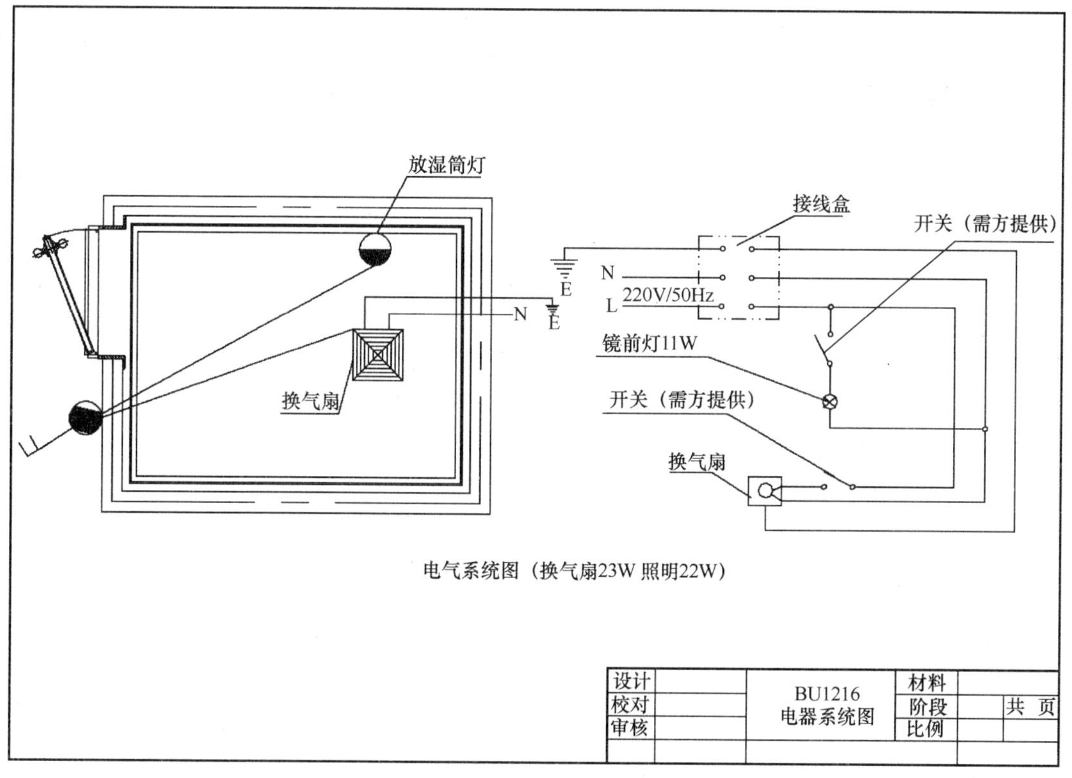

图 6.3-48 BU1216—SC 整体卫生间电器系统示意图

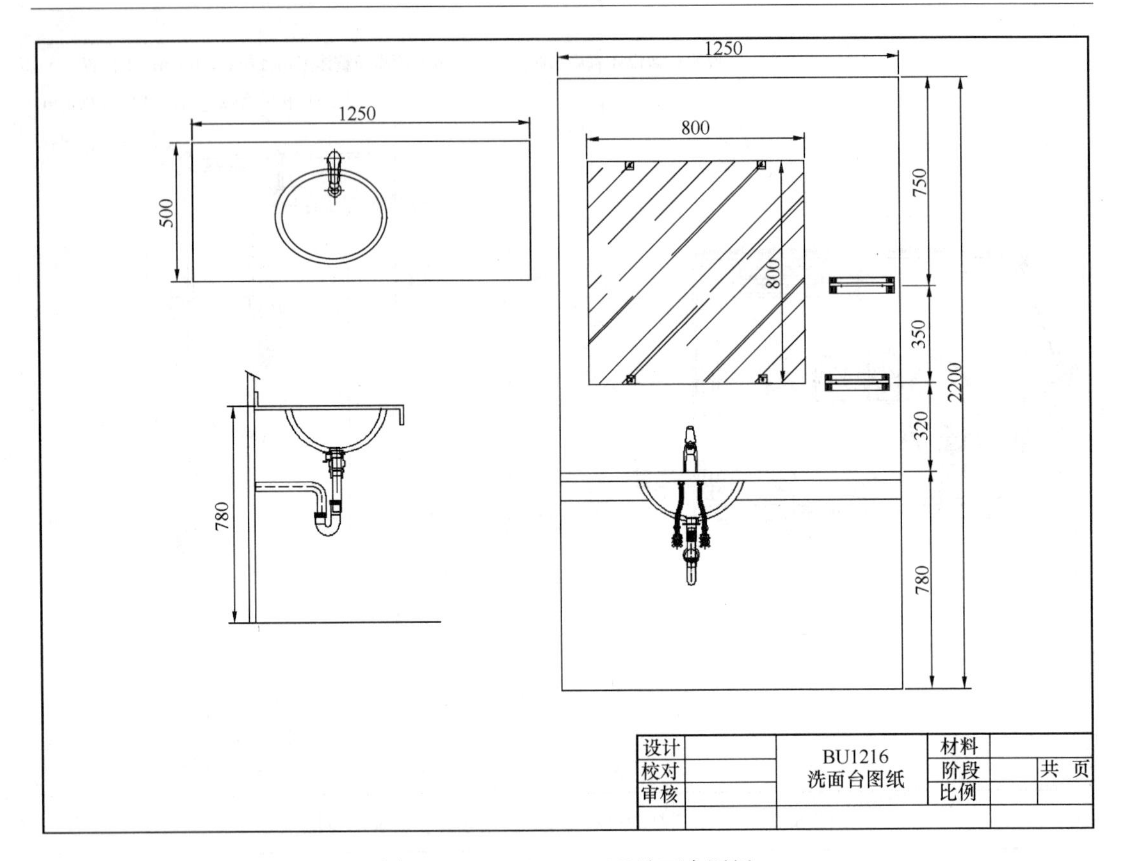

图 6.3-49　BU1216—SC 洗面台图纸

6.3.9　保障性住房应用整体卫生间排水方式示意图

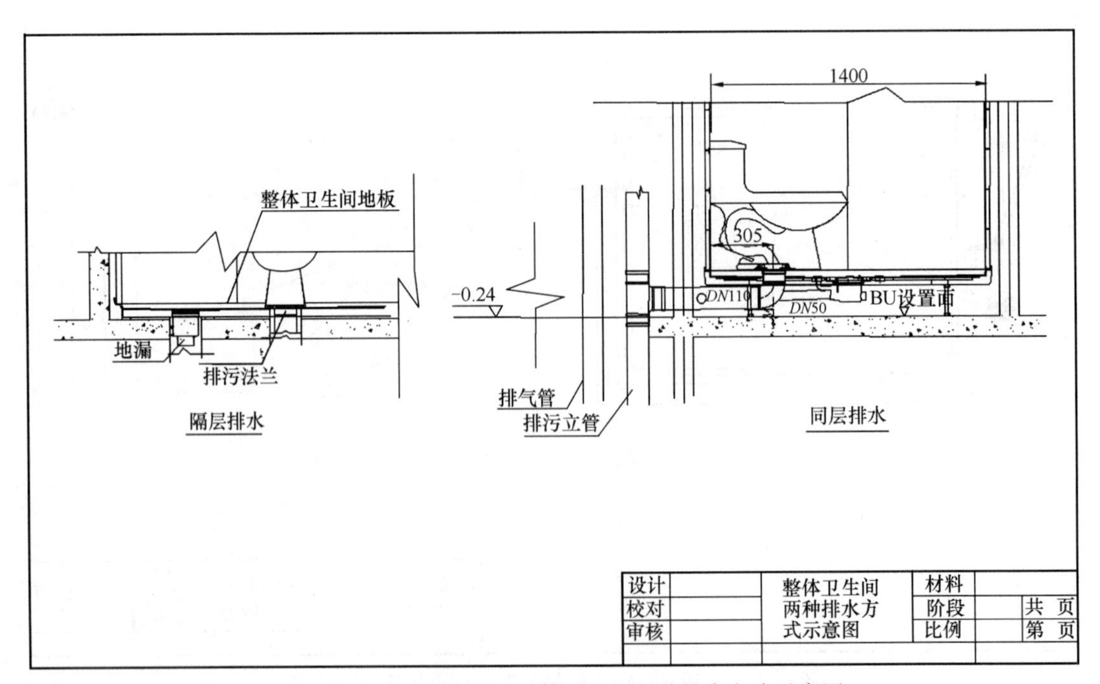

图 6.3-50　BU1216—SC 整体卫生间两种排水方式示意图

6.3.10 保障性住房应用整体卫生间典型案例

【案例1】 南京万科上坊公共租赁住房项目

项目名称	万科南京上坊公租房	开发单位	万科企业股份有限公司
选用数量	195套	选用型号	BU1418

项目简介：

上坊保障房项目是南京市2012年在建的四大保障房片区面积最大的一个，共6个住宅地块74栋住宅1400套公租房，整体卫生间应用数量：195套。建设总面积：25m² 开工时间；完工时间：2013年底。

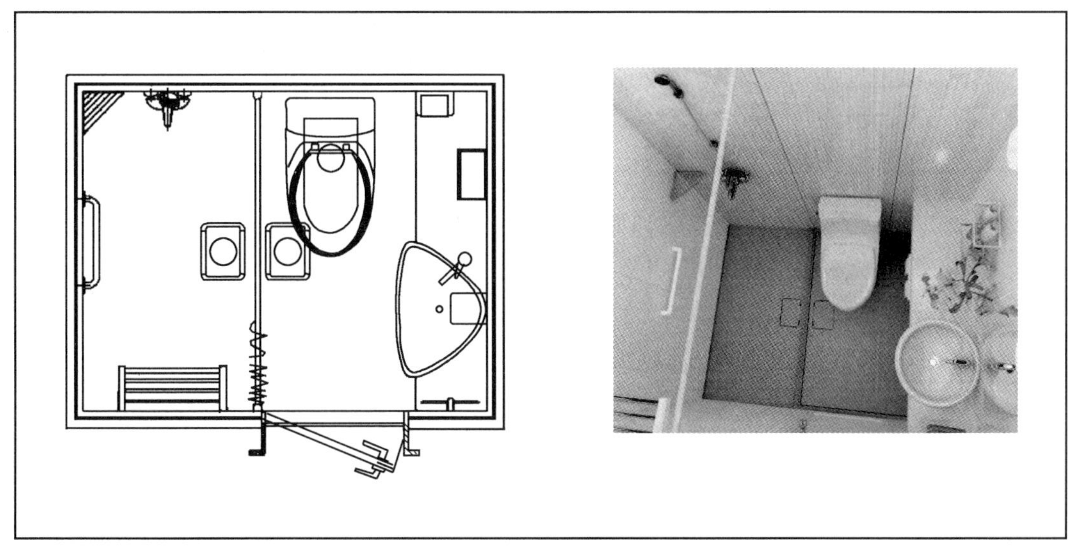

图6.3-51 万科南京上坊公租房，整体卫生间选用型号BU1418展示

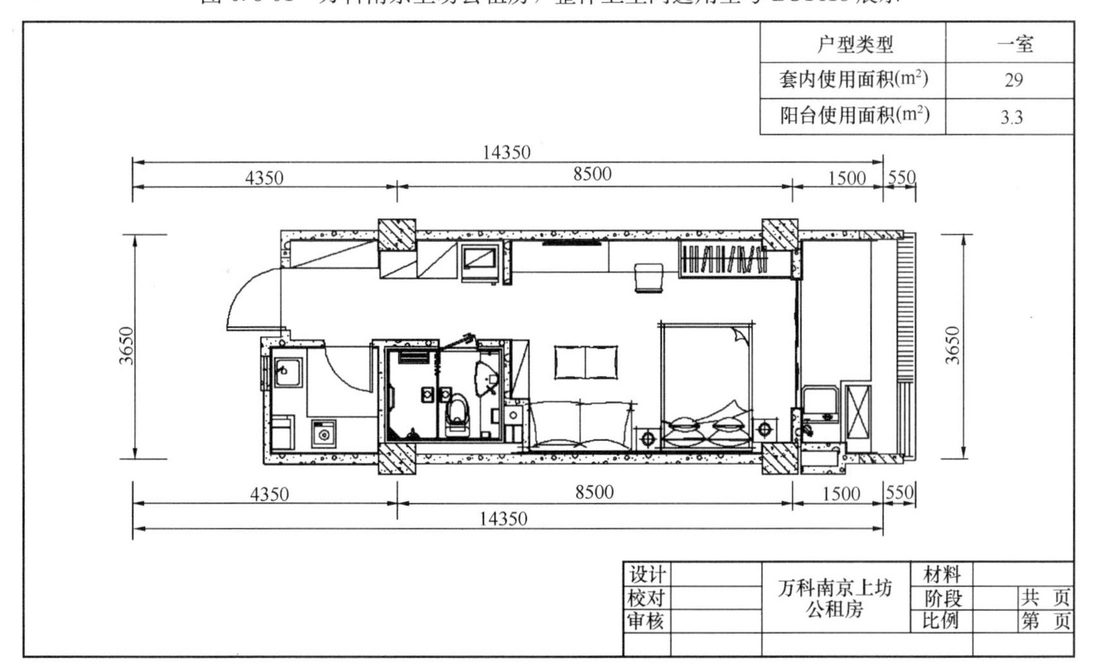

图6.3-52 万科南京上坊公租房，选用户型展示

【案例2】　大连泉水公共租赁住房项目

项目名称	大连泉水公租房项目	开发单位	大连大有房屋开发有限公司
选用数量	5348套	选用型号	BU1419 \ BU1420 \ BU1616 \ BU1618 \ 1620 \ BU1424

项目简介：

大连市泉水A区公租房项目总占地面积7.03万m^2，总建筑面积26.17万m^2，投资总额约为9亿元。项目建成后，可提供公共租赁住房5200套，每套住宅的建筑面积约40m^2。泉水公租房B区项目是目前大连市公租房建设规划中的最大组团，项目占地近10万m^2，规划建筑面积40.14万m^2，其中住宅32.45万m^2、7802套，共计20栋高层建筑。

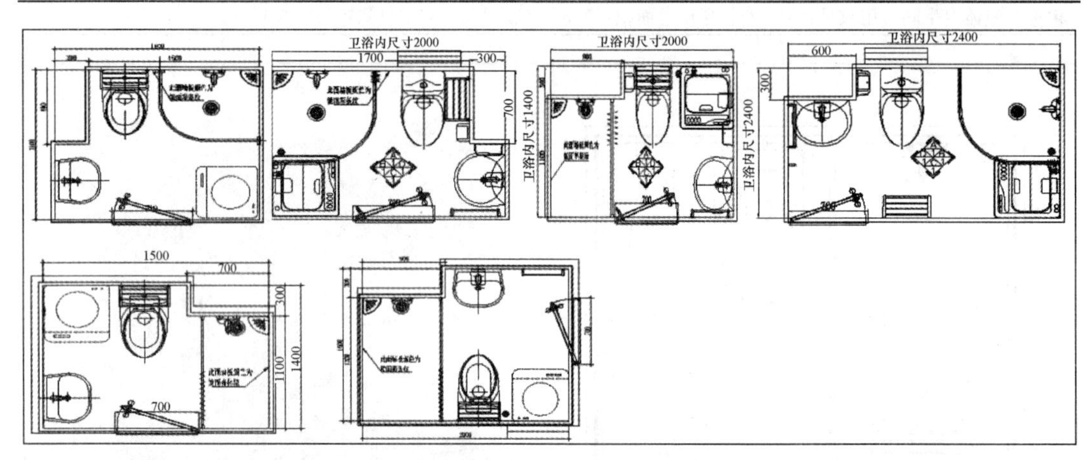

图6.3-53　大连泉水公租房项目，整体卫生间选用型号展示

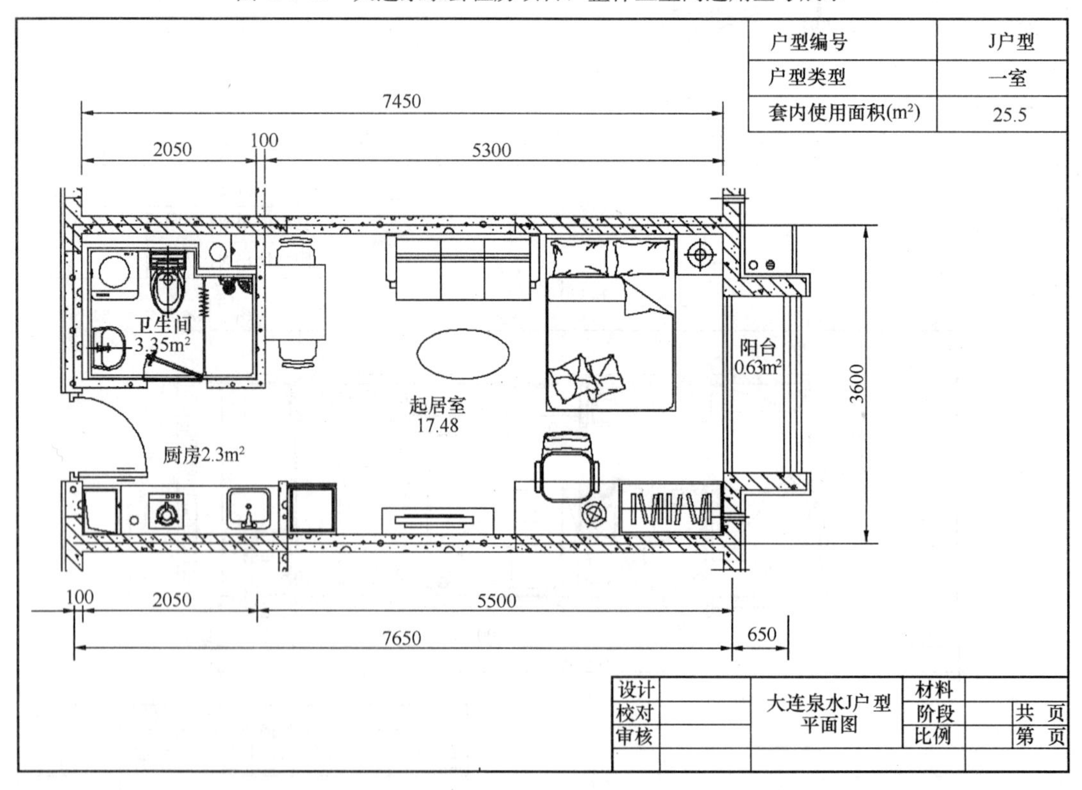

图6.3-54　大连泉水公租房项目户型平面图

【案例 3】 大连大有恬园青春公社公租公寓

项目名称	大连大有恬园青春公社公租公寓	开发单位	大连大有房屋开发有限公司
选用数量	1342 套	选用型号	BU1116

项目简介：

大连大有恬园青春公社公租公寓，总建筑面积 6 万 m²，约有 2000 套的住宅，一共三个户型，分别是 20m²、30m²、40m²，全部为一居室。大有青春公社人才公寓体现了“绿色建筑、低碳生活”的理念，结合建筑物形体，布置庭院花池、绿化、铺装。针对公共租赁住房的特性，项目设置了配套公共服务中心，体现“小房大家”的理念。

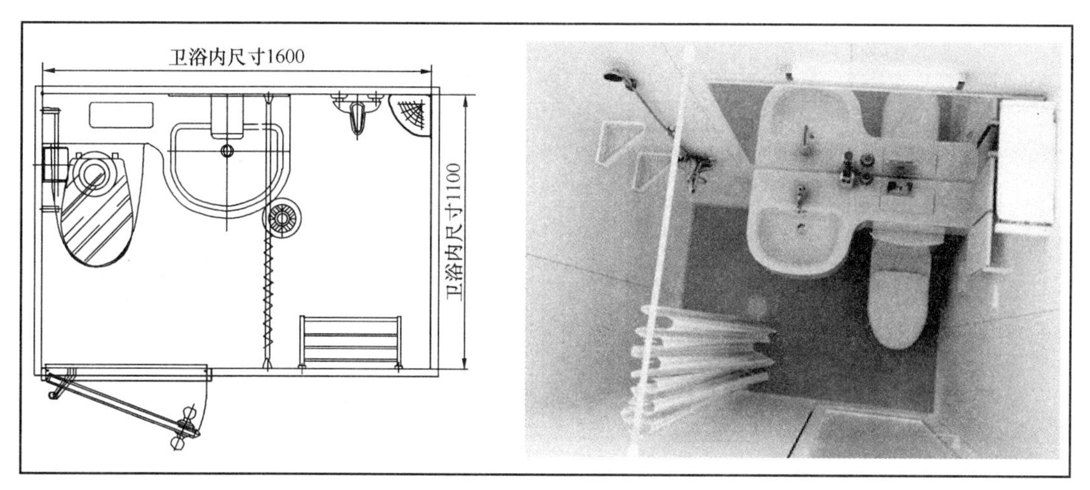

图 6.3-55 大连大有恬园青春公社公租公寓，BU1116 整体卫生间展示

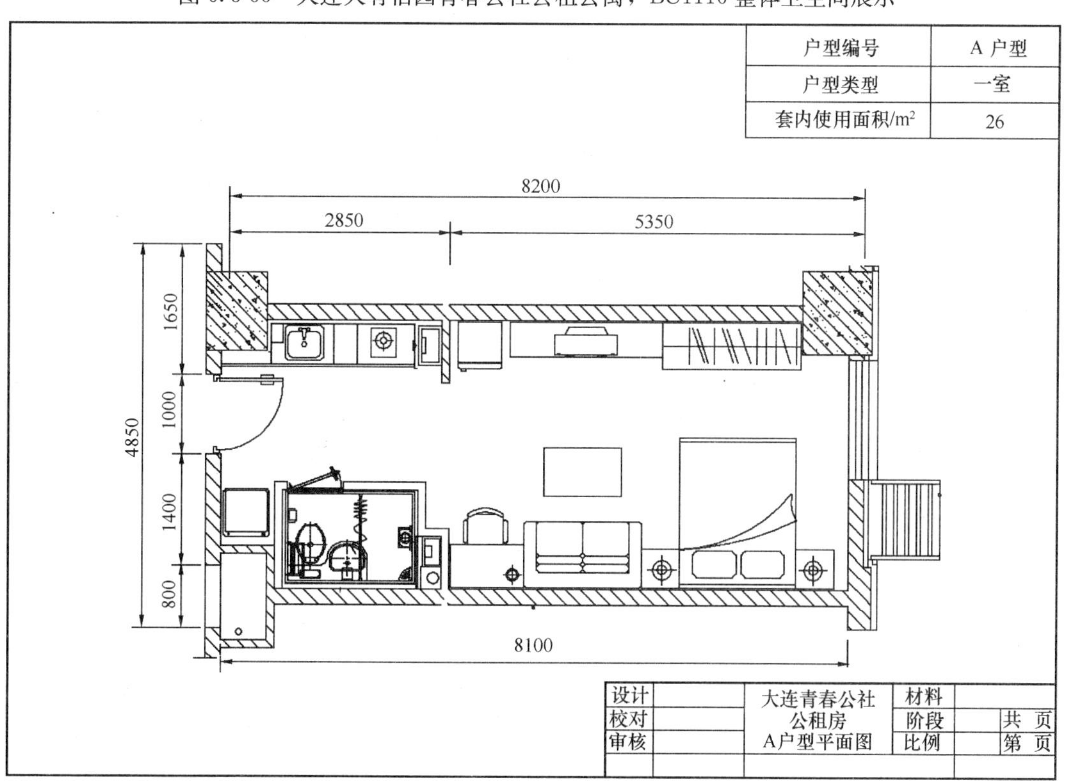

图 6.3-56 大连大有恬园青春公社公租公寓户型展示

【案例4】　上海金山公共租赁住房项目

项目名称	“梦想家园”单位租赁房社区	开发单位	上海金山公共租赁住房投资运营有限公司
选用数量	1820套	选用型号	BU1420（S）、BU1420（G）

项目简介：

该项目规划用地20万m^2、总建筑面积30万m^2、预计总投资12亿元，是目前上海郊区将建的单个面积最大的单位租赁房社区。该项目将分二期进行建设，每期各15万m^2，计划3年内全部竣工，其中一期预计2012年完成结构封顶，2013年上半年可投入使用，租期分30年和50年两种。

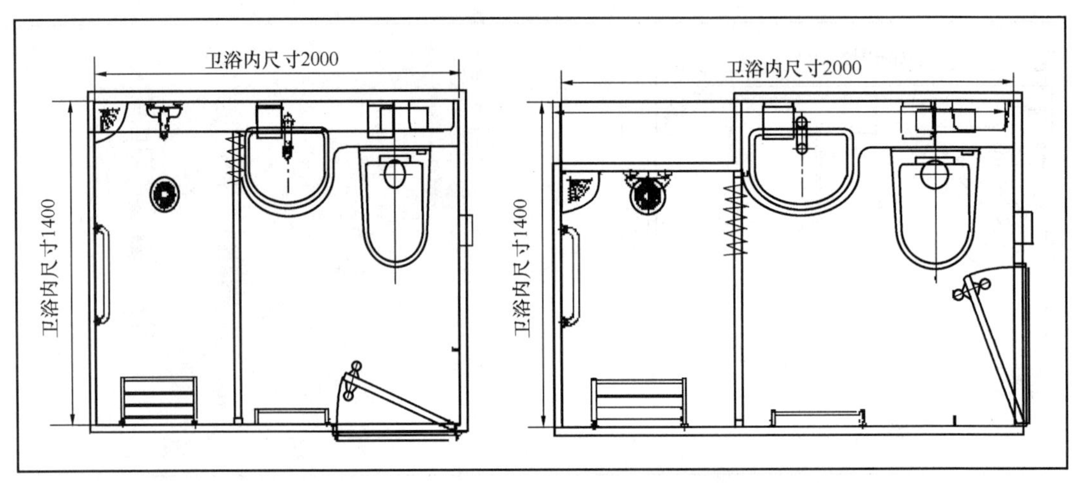

图6.3-57　上海金山公共租赁住房项目，整体卫生间选用型号BU1420展示

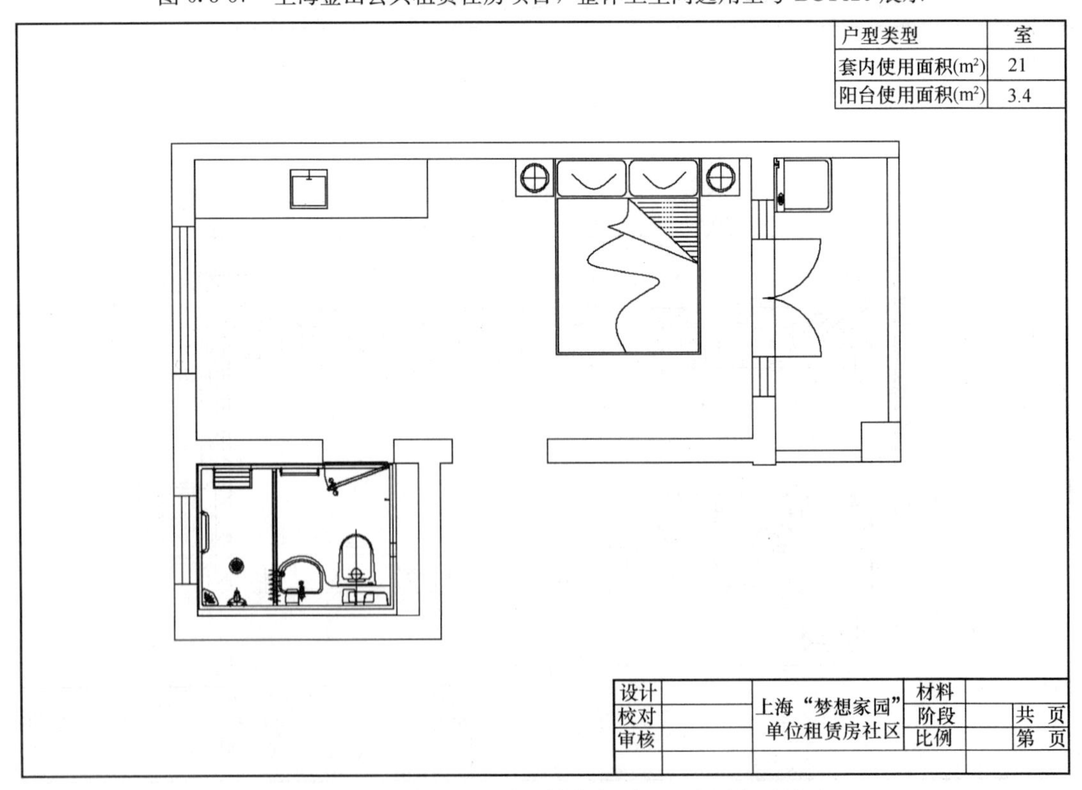

图6.3-58　上海金山公共租赁住房项目，选用户型展示

6.4 卫生间设备设施管线一体化技术

保障性住房卫生间产业化成套技术中的设备管线一体化是一项将卫生间用水、用电模块化的制造技术。用水设备管线一体化利用分水器，通过一对一铝塑管将卫生间所需的用水点一对一连接起来；用电设备管线一体化是将卫生间用电系统设置成模块化。设备管线一体化构造一个安全、科学的供水、供电管线系统。遵循环保、安全、经济的原则，设备管线一体化技术采用卓越的新型管道产品及系统构件，完美匹配不同使用环境，确保整体卫生间产品最优质的品质和服务。

6.4.1 用水设备管线一体化技术

保障性住房卫生间用水设备管线一体化具有使用可靠性、维修方便性、经济适用的特性，主要采用一体化形式设计和制造。

6.4.1.1 部件组成

(1) 分水器；(2) 冷热水管；(3) 螺母卡套管件；(4) 各种用水终端。

6.4.1.2 组成结构（图 6.4-1）

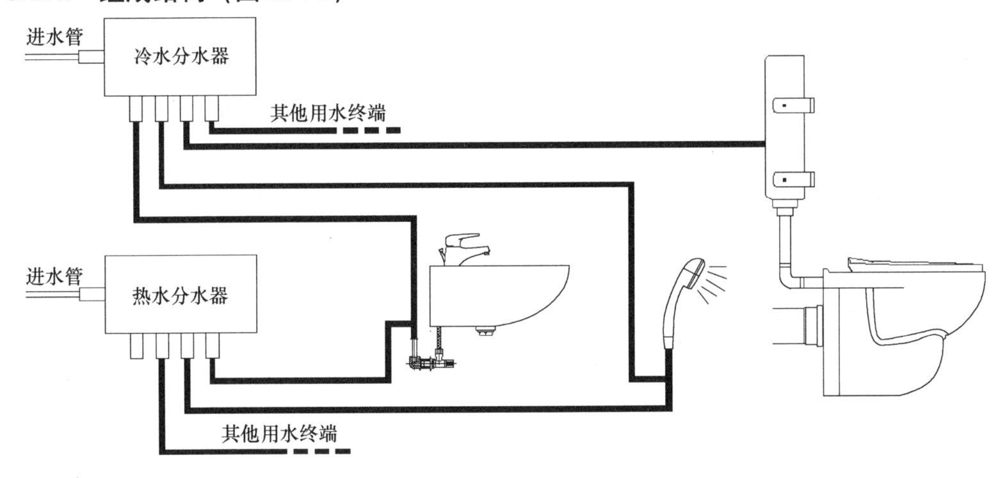

图 6.4-1 管线一体化组成结构示意图

6.4.1.3 基本要求

(1) 分水器作为管路接入起始端，并作为管路重点检修区，因此分水器必须符合外表美观、耐高压、密封性好、连接牢固、使用寿命长、无需专用工具、安装简易等特性要求，通常采用不锈钢制造成型。

(2) 冷热水管作为分水器与各用水终端的重要连接介质，必须具备产品结构合理、理化性能优良、科技含量高、经济实用、洁净卫生、安装施工维修简单方便等特性的要求。传统金属管重量大、寿命短、易生锈、易渗漏、易结垢的缺点。铝塑复合管克服传统管路的弊端，同时也克服了纯塑料管在强度、抗机械冲击、渗光透氧（孳生微生物）等方面的缺陷，很好地满足卫生间管线一体化需求。

(3) 螺母卡套式管件作为管接头连接介质，必须符合耐高压、密封性好、连接牢固、使用寿命长、无需专用工具、安装简易等特性的要求。通常采用优质黄铜棒精加工而成。

6.4.1.4　设计规范要求

（1）分水器设置

分水器作为最易出现供水故障的重点部件，分水器设置位置必须满足方便维修的需要。外观装饰美观的分水器可以暴露在卫生间内，但暴露部分不能过于突出墙壁表面，影响使用安全、外观搭配和卫生间整体内部布置的协调性。

（2）管路铺设

在卫生间整个管路始端到用水终端之间连接采用整管铺设，首先，中间不设置任何管接头及接长部件，降低管路传输途中出现供水故障概率，确保供水过程使用的可靠性；其次，铺设过程尽可能避免冷热水管交叉铺设；第三，管路铺设区域为完工后的不可见区域，该区域杜绝锐边或锐角部件出现，以防止损伤管路；第四，为了保证各支路的出水量，在布置管路的时候，应遵守"主管规格必须比支管规格大"的原则；第五管件管口一定要倒角整圆，否则安装时容易造成密封圈损伤或移位，影响连接的密封效果，严禁没有倒角整圆就直接进行套管；第六在多个分水器一起使用的情况下，为了保证各支路的流量，分水器之间的连接应采用"串联"的方式将各个分水器端口连接起来。

6.4.1.5　管路密闭检测

（1）检测条件：

①检查相关五金件是否安装到位，并确保管系与各用水端连接到位；

②有水箱或真空马桶的卫生间，检测前将管系与水箱或真空马桶断开，在管系铜螺母处安装专用铜角阀；

③关闭脸盆龙头开关、淋浴龙头开关或温控阀开关、角阀开关等，使各用水终端处于关闭状态；

④检测工具：电动试压机1台、活动扳手1个、专用角阀1个、空压机1台。

（2）检测程序：

①将电动试压机出水口与分水器连接，检查卫生间目前状态是否满足检测条件，满足检测条件开机进行打压；

②在打压工作时，如发现管系压力在一定的时间内上升不到规定的压力或打不上压时，检查管系和相关的用水终端连接是否有渗水现象，然后进行维修或更换工作；

③在压力达到1.0MPa时，打开各用水终端开关，将管系内气体排出，然后再次关闭各用水终端开关，将管系压力保持在1.0MPa；

④检查管系、管系各连接处是否有漏水、渗水现象，并同时注意观察压力表压力值是否变化；

⑤在保压期间对角阀、龙头等开关装置进行5次反复开关，确认开关装置是否渗水或用水端是否存在质量问题；

⑥在15分钟内未发现管系和相关的五金件渗水现象，压力也稳定。关闭电动试压机，并将管系与水箱或真空马桶进行重新连接。重新启动电动试压机，打开各用水终端开关，查看脸盆下水是否流畅，S弯及相关连接处是否漏水。打开水箱开关，查看马桶出水情况；

⑦检测完毕，断开电动试压机与管系连接，并将各用水开关处于开状态，用空压机将管系存水用气吹出。

6.4.2 用电设备管线一体化技术

保障性住房卫生间用电布线具有使用安全可靠、维修方便特性，使卫生间作为一个整体用电模块融入保障性住房用电系统，从而大大降低保障性住房建造成本及建造周期，同时保障卫生间品质。

6.4.2.1 部件组成

(1) 集成接线盒；(2) 导线；(3) 开关、插座；(4) 各种用电设备终端。

6.4.2.2 组成结构（图 6.4-2）

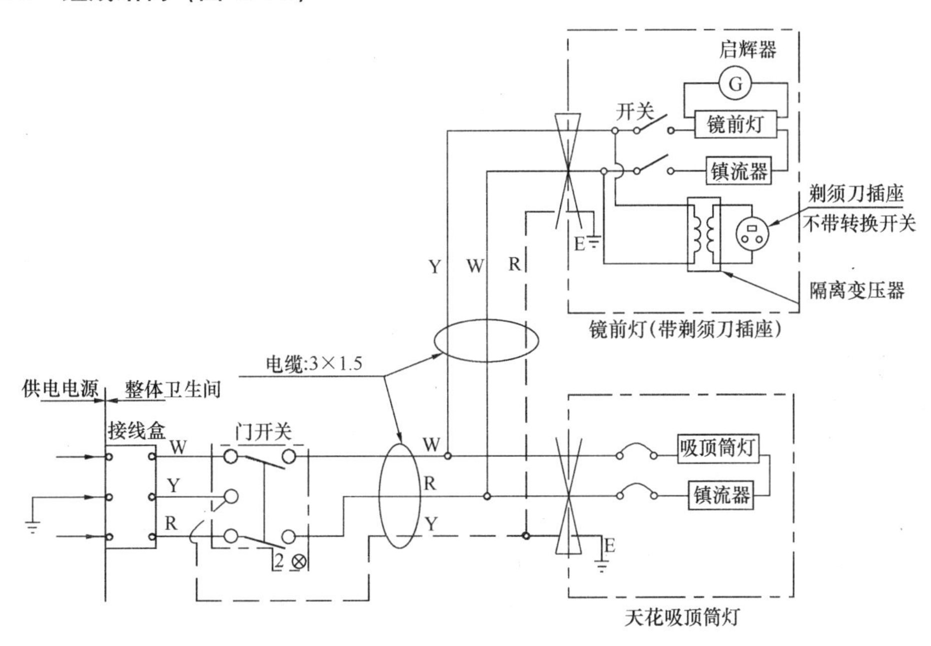

图 6.4-2 用电设备一体化组成结构示意图

6.4.2.3 基本要求及设计规范

(1) 接线盒作为卫生间用电模块与外部电源接口处，也是作为用电线路重点检修点，设计上安装位置应设置在检修区，并归为隐藏式部件，从而达到用电安全、维修方便又不影响卫生间内部整体布置的美观。卫生间属于潮湿区域，接线盒防护等级必须达到 IP56，以防因潮湿而产生漏电现象。根据卫生间用电具体状况合理选择满足要求的接线盒，电缆穿过接线盒接触部分必须有填料涵，以密闭和卡紧电缆。

(2) 导线又称电缆，一般采用 3 芯电缆，电缆结构满足由裸/镀锡铜丝绞合导体、交联聚乙烯绝缘、填充、包带、交联聚烯烃/热塑性聚烯烃，聚氯乙烯护套层构成，同时交联聚乙烯绝缘热塑性聚烯烃护套具有低烟、无卤、低毒、阻燃等特性。用电终端与接线盒之间采用整根电缆进行连接，杜绝中间采用接头形式进行接长连接，以提高和保证电缆供电的可靠性，避免维修几率。如采用二芯电线，在布设过程中外部用图 6.4-3 的 PE 波纹管进行保护，以防过程电缆布线过程因锐

图 6.4-3 PE 波纹管

边或锐角而损坏电缆，同时避免卫生间在就位过程中因碰撞而导致电缆破损。

（3）开关尽可能设置在卫生间外，如必须设置室内，必须满足IP20以上的防护等级，同时设计上顾及与淋浴区的距离，避免水溅。插座采用防潮防溅型三极插座，IP20以上的防护等级，同时配有防水盖，设计上同样要顾及与淋浴区的距离，避免水溅。灯一般安装在天花处，天花是水雾气比较重的区域，浴室灯必须达到IP44防护等级。排风扇要根据具体卫生间大小选择合适排量的排风扇，在结构上要选择具有防水雾功能，防护等级不低于IP22。

6.5 卫生间节水技术

我国是一个水资源严重缺失的国家，节约用水不但是每个公民应尽的义务，也是缓解水资源短缺的重要举措。我国每一位公民除了要有节水的行为和意识，还需要有相应的节水技术和节水产品来配合，才能收到更好的节水效果。当前，我国节约用水工作的核心是大力推广优质高效的节水产品，以减少水资源的浪费，提高水资源的使用效率和循环利用率。这完全符合《节水型产品技术条件与管理通则》GB/T 18870—2002中对节水型产品的规定，即"符合质量、安全和环保要求，提高用水效率，减少水使用量的产品"。该节水产品应以节水、节能及降低原材料消耗来减少对自然资源和环境的损害。所以节水技术的研究和节水产品的开发是卫浴行业发展的必然趋势，也是保障性住房产业化成套技术的重要组成部分。本书对卫生间节水技术的研究主要从节水器具和节水系统两个方面来进行研究。

6.5.1 卫生间节水器具

保障性住房卫生间器具主要包括座便器、洗面器、淋浴器等耗水设备，在不影响其使用要求和功能的前提下，保障性住房卫生间应积极采用节水型器具。

6.5.1.1 节水型座便器

座便器的冲洗应具有洁桶和污物的输送功能。目前居民家庭以使用6L座便器为主，市面上也陆续出现3L、4.5L、4.8L等超节水型座便器，并在逐渐普及。此外，有相关专家提出，通过对建筑水系统的各个组成部分（包括给水系统，座便器水箱阀体技术，座便器水力性能以及排水系统）进行全面优化，未来的座便器只需要2L水就能冲洗干净，这说明冲水量的减少，需要有很多建筑配套技术跟踪才能实现。如果仅为了座便器节水一味地减少冲水量，就算座便器冲洗得非常干净，但几年后很可能会逐步引起建筑下水管道的堵塞，所以冲水量的多少需要一个综合因素来考虑，防止顾此失彼、适得其反。

（1）喷射虹吸冲水座便器

喷射虹吸冲水座便器利用自然原理，通过优化内部管道设计，靠喷射虹吸技术，实现洁净、节水的冲洗效果，该产品用水量分为4.5L和3L两档，节水技术主要表现为：

①采用超大冲洗阀。超大冲洗阀是传统冲水阀截面积的2倍，增大瞬间冲水流量，大大增加冲水力度，可把污物冲出18m远。

②360°喷水冲洗设计。出水孔的位置和开孔角度经过优化设计后，对内壁进行全方位冲洗。

③喷射管道和排污管道优化设计。对喷射管道和排污管道进行优化设计，迅速形成虹吸作用，使冲水更加强劲有力。

④强劲喷射虹吸冲水设计。冲水时，水件内部的气压和水的重力同时作用，并配合双S弯管道的负压，以最快的速度形成虹吸，实现强有力的3L快速冲洗效果。当冲洗结束进行上水时，进入下一个循环。其结构图、水箱进水状态、冲水状态见图6.5-1～图6.5-3所示。

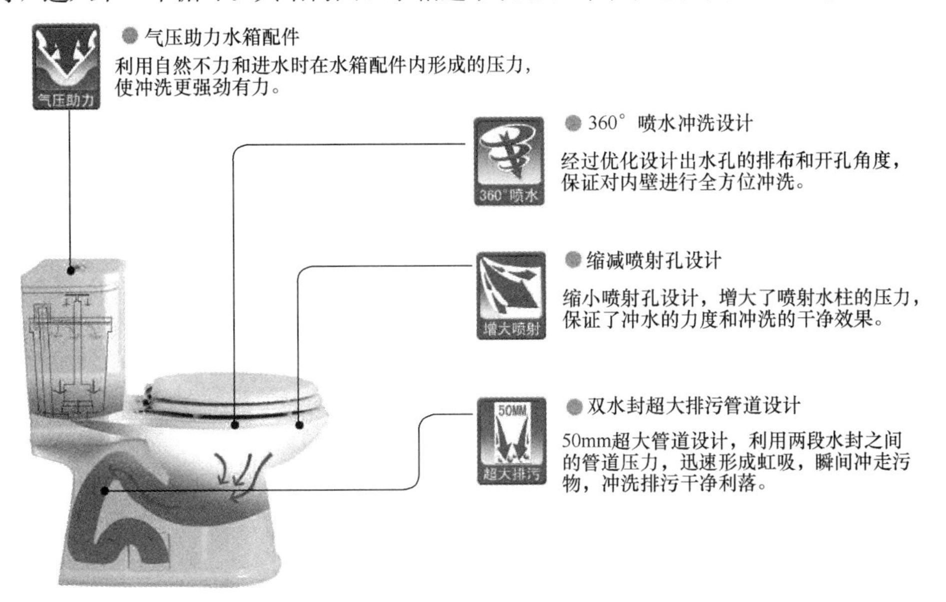

图6.5-1 喷射虹吸冲水座便器结构图

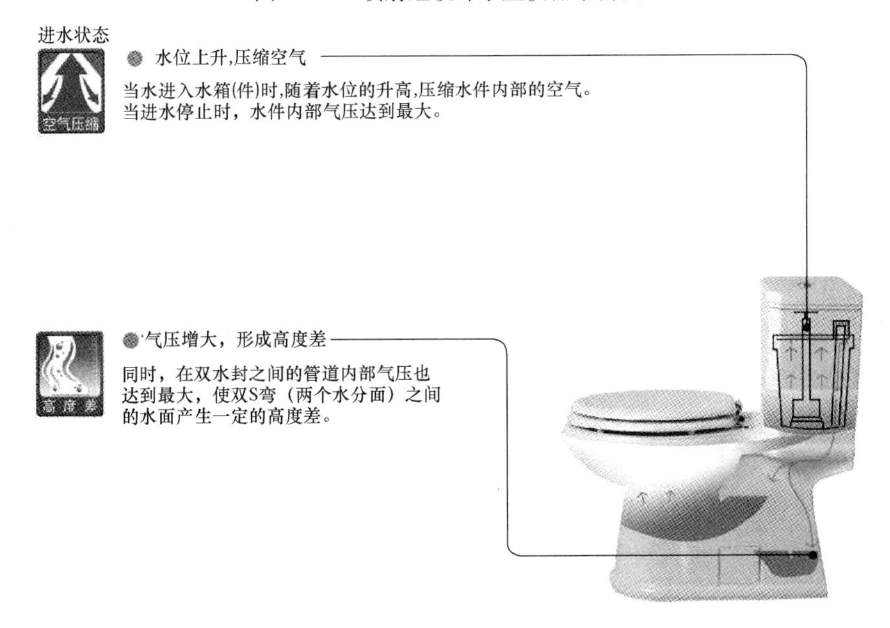

图6.5-2 喷射虹吸冲水座便器进水状态

⑤采用两档节水控制。小便用水量为3L水，大便用水量为4.5L水。

采用喷射虹吸冲洗技术的节水产品，用水量仅为4.5L和3L，与6L节水座便器相比，三口之家每天可节约用水60L左右，相当于33瓶1.5L的矿泉水，节水高达45%左右。如果按一万个使用家庭计算，每天的节水量可达60万L水左右。

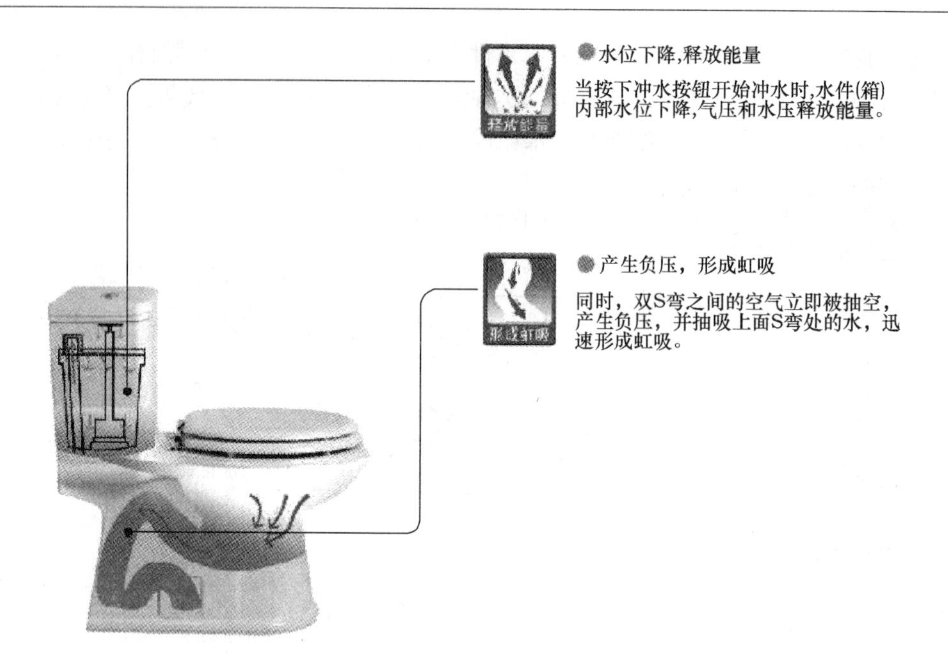

图 6.5-3　喷射虹吸冲水座便器冲水状态

（2）新型双冲水座便器水箱

新型双冲水座便器水箱具有两种可选择的冲水形式，其冲水水量的控制分两档，其原理见图 6.5-4。

图 6.5-4　新型双冲水水箱原理图

新型双冲水座便器水箱中包括进水阀、排水阀和排水阀的开启把手，节水指标是大冲 6L 水、小冲 3L，输出的 6L 和 3L 水具有较高的动能，运用同样体积的水而取得较大的水动能，以利于清除座便器内的污物。在双冲水座便器水箱设计时，水箱要有 200mm 高的存水，使水箱中的排水阀的翻板在排水结束后，可以迅速而又可靠地在存水压力下立即就位，从概率上来消灭排水阀偏离后的漏水。另一个是在对座便器冲洗过程中，始终保持水压，即保持冲洗力，这是节水的关键所在。

①通过提高水箱贮水高度，把势能转化为动能。

在遵守能量守恒的前提下，为了取得水箱更大的水动能来冲刷污物（已淘汰的传统陶瓷座便器水箱的位置放在一人高的位置），现有的水箱形体应该适当地提高，来取得较高的势能。当用去6L水以后，水箱中的剩余水的水压把排水阀的阀盖牢靠地压在排水阀口上，彻底排除过去的阀盖与阀体口错位而漏水的可能，这在力学上称为重力封闭。

②提高排水阀出口的水速。

提高排水阀出口的水速即提高动能，通过在排水阀的阀口加装限位装置，让排水阀开启一定角度，来实现排水阀出口的水速。

（3）虹吸式陶瓷座便器

该技术原理如图6.5-5所示，A口为陶瓷座便器低水箱的排泄阀口，在A处水流被分为两个部分，即两个流向，一是流向座便器水平方向的座圈，座圈的内侧底部有若干泄流孔，经过座便器内壁冲向陶瓷座便器的存水部（存水弯部），由于这些水孔呈直径大小不等，而且水流射向陶器内壁，这样便把陶器壁上的污物给冲刷下来进入存水弯处，这些座圈下射小孔有一定角度，使下泄水流形成旋涡，在座便器内壁形成一个更强势的冲刷水涡流，把陶瓷壁上的污物顺势卷走。虹吸式陶瓷座便器的内部水系的陶瓷壁涂覆陶釉以增加表面光滑度，减小水阻，增加冲洗力的作用。

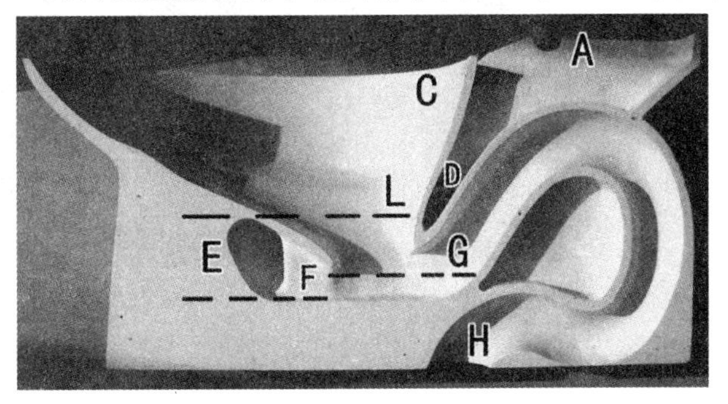

图6.5-5 新型虹吸式座便器剖面图

虹吸式陶瓷座便器由节水型水箱和结构设计合理的座便器组成，大冲为6L，小冲为3L。其水箱水位比较高，当6L大冲水排放以后，水箱内仍有存水，高度上应取200mm左右，剩余水不仅保证在排泄阀释放冲水时，确保整个冲刷水是在有后续压力的情况下进行，保证冲刷力的效率，而且这个剩余水可以保证排泄阀的阀皮盖在归位后和排泄阀阀口的密封性。

6.5.1.2 节水型水龙头

目前，节水型水龙头主要包括感应式、气泡式和雾化式等形式，大部分节水型水龙头都是通过控制水流时间和速度进行节水。其原理是通过放水时间的控制来减少每次的用水量，如感应龙头、延时阀等。通过在水龙头出口处增加类似喷雾器的雾化喷头，可以减少单位时间的用水量。

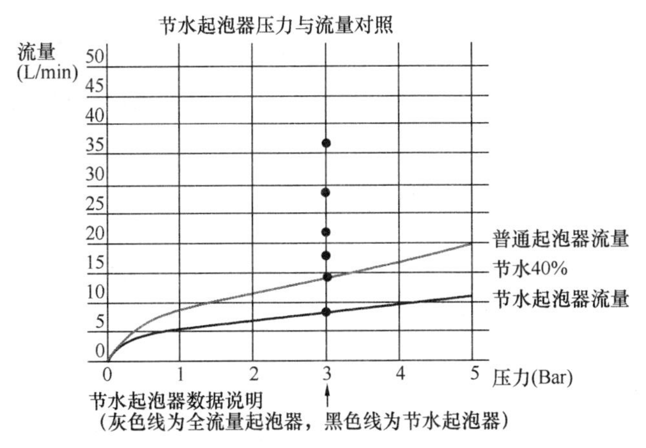

图6.5-6 普通起泡器和节水起泡器对照图

（1）节水型起泡器龙头

节水型起泡器龙头具有出水柔和、不飞溅等优点，它利用负压空气注入原理，使水和空气有效混合，起泡器可有效节水达40%左右，普通起泡器和节水起泡器对照如图6.5-6，两种起泡器使用5～6年后水龙头出水对比如

图 6.5-7 所示。

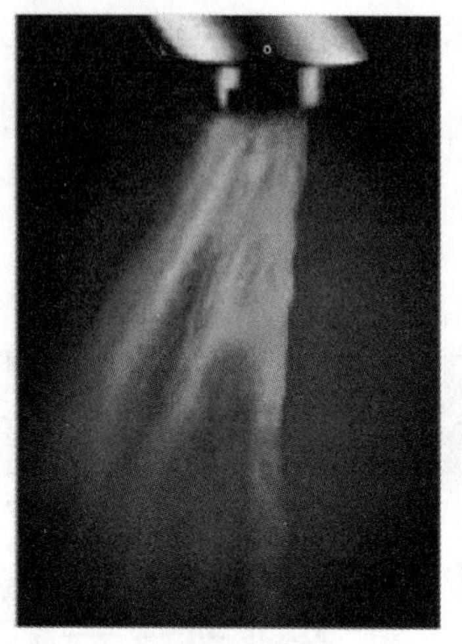

图 6.5-7 两种起泡器使用 5～6 年后水龙头出水对比图

（2）采用三档节水阀芯水龙头

节水龙头采用三档节水阀芯，第一档可节水约 50%，同时采用优质陶瓷阀芯和节水起泡器，陶瓷阀芯密封性接近真空，不渗水。第二档时起泡器能柔化水流、减少飞溅。采用第三档时，能进一步提高水龙头的节水能力，如图 6.5-8 所示。除了采用三档节水阀芯水龙头外，也可采用两档节水阀芯水龙头来实现节水功能。

6.5.1.3 节水型花洒

节水型花洒通过空气注入式和喷雾混合式技术，利用水流流出时在花洒腔内产生的负压作用，由面板上进气孔吸入空气与水流充分混合，形成 3∶1 的混合水，同时由于空气的混入，出水量变小使冲力加强，形成轻微的脉冲感，如图 6.5-9 所示。喷雾混合式技术通过水路流道压差，将水力瞬间加压，使水流以颗粒状喷射到人体，能有效节省 20%左右的用水，如图 6.5-10 所示。

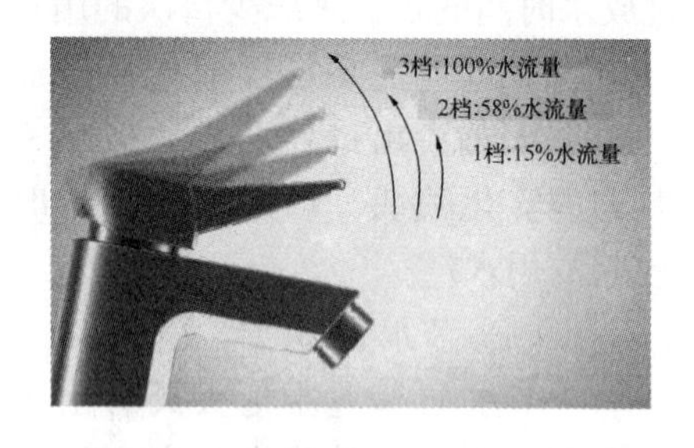

图 6.5-8 三档节水阀芯水龙头示意图

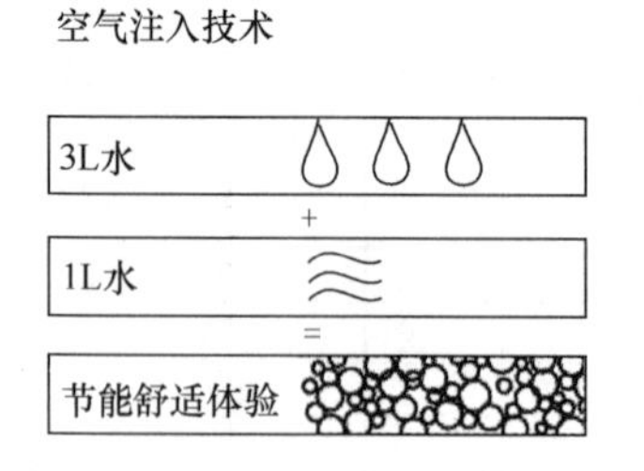

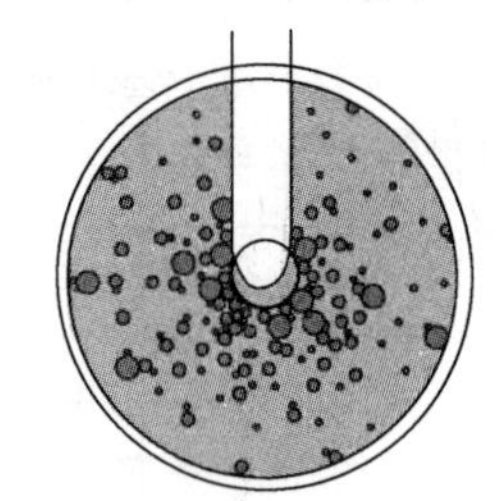

图 6.5-9 空气注入式技术工作示意图

6.5.2 卫生间节水系统

通过节水型座便器、节水型水龙头、节水型花洒等对保障性住房进行节水节能，虽然有一定的效果，但是效果还是很有限。如果将洗面器水、淋浴水、洗菜水等进行收集回

图 6.5-10 喷雾混合式技术工作示意图

收，并经过杀菌、消毒处理后，用来冲洗座便器，节水效果非常显著，这也是节水技术重要的一个研究方向。卫生间节水系统的研究，主要是针对再生水如何利用的问题，也就是分级用水的研究。目前，通过管网把小区雨水和污水收集、处理后，由专用的中水管道输送到各个用户，用来冲洗座便器，是一个比较好的节水形式。由于中水技术比较成熟，本书就不做阐述，本书重点对卫生间室内节水系统进行研究。

6.5.2.1 卫生间节水装置系统

卫生间节水装置系统[1]是利用节水装置中的储水箱及专业地漏，有选择地收集、存储洗面器水、淋浴水以及厨房洗菜水等优质排水，节水装置通过卫生间结构降板来实现，降板的同时也实现了卫生间的同层排水。卫生间节水装置的工作流程是在集水地漏上安装过滤网，去除杂物，储水箱定期投放固体 84 消毒块或其他消毒物品，对回收用水进行过滤和消毒后，由微型水泵注入座便器水箱用于冲厕，通过自控系统实施自动补水。卫生间不宜使用的污水和座便器污水通过直排地漏和专用管道直接排入排水立管中。储水箱中多余废水及久存废水通过自动溢流阀和排空自洁阀直接排入排水立管中，从而实现“同层排水、户内废水污水分级排放、废水利用”的目的。

根据卫生间的平面布置形式来确定节水装置的安装位置，并确定直排地漏、集水地漏及座便器排污管的位置，A 为产品系列尺寸，由工程实际选择确定。节水装置（图 6.5-11）底部与安装基面接触应严密，安装就位前应做好水泥砂浆坐浆层。节水装置就位时将排水立管中心与排水立管专用预埋件圆心对正，节水装置安装完毕后，应进行 24 小时闭水试验。

---

[1] 《模块化同层排水节水系统应用技术规程》DBJ41/T 083—2008

(1) 节水装置的排水立管

节水装置的排水立管安装前，现场测量卫生间顶板专用预埋件外露直管底部至本层节水装置立管插口顶部的实际长度，根据实测长度计算排水立管的下料长度。按照排水管安装要求进行立管的安装和固定，排水立管每层应加设专用伸缩节头。节水装置与立管连接如图 6.5-12 所示。

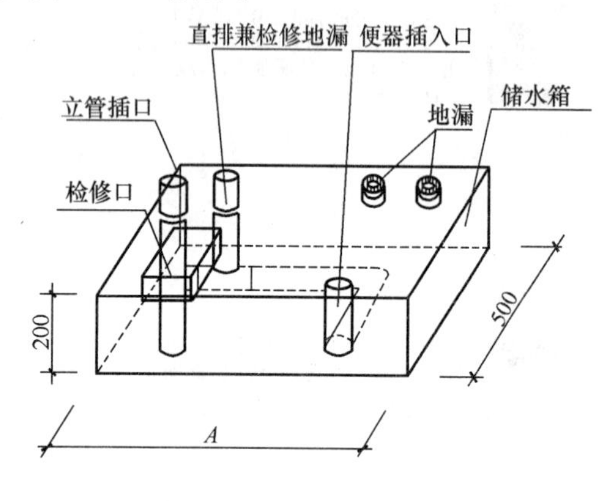

图 6.5-11　节水装置示意图

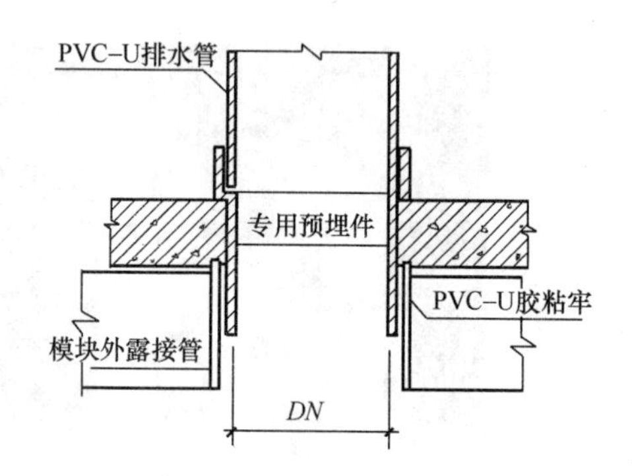

图 6.5-12　立管连接方法

(2) 节水系统楼板防水层

卫生间楼板采用降板结构，整个降板地面坡向专用预埋件，防水材料宜选用冷贴防水卷材或冷凝防水涂料，防水层及附加层内翻至专用预埋件底部，专用预埋件周边另加两道防水加强层，宽度宜为 300mm，翻入专用预埋件内不小于 5mm，防水层见图 6.5-13。

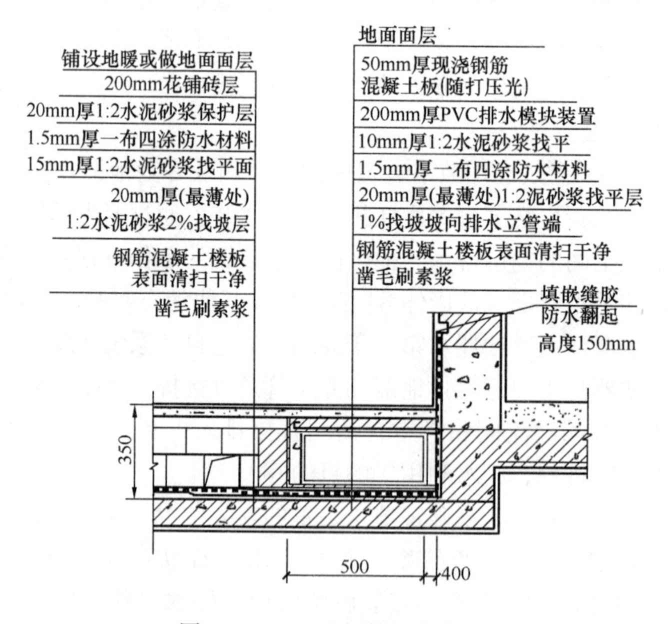

图 6.5-13　卫生间楼板防水层

(3) 自控系统的安装

节水装置自控系统的安装包括：

①控制器与预埋电源线的连接。

②控制器与水泵、自控阀和感应器之间的连接。

自动控制器的位置宜在座便器水箱的上方墙上或靠近座便器的侧面隔墙上，自动控制器距地面宜为 1.3m。自动控制器为 220V、50Hz 的单项交流电源，专用漏电断路器保护，并要求其漏电动作电流不大于 30mA。微型水泵应使用具有国家强制安全认证、适宜在弱酸碱水环境中长期浸泡使用的产品，节水装置自控系统墙体留槽及预埋出线盒示意图如 6.5-14 所示。

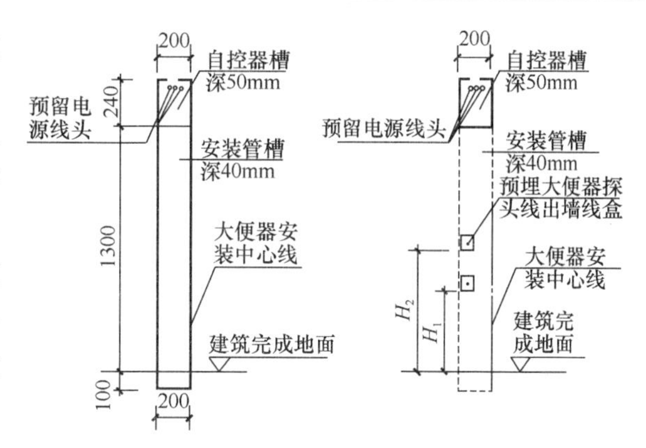

图 6.5-14 墙体留槽及预埋出线盒示意图

(4) 节水装置系统工作示意图及工程安装图见图 6.5-15、图 6.5-16 所示。

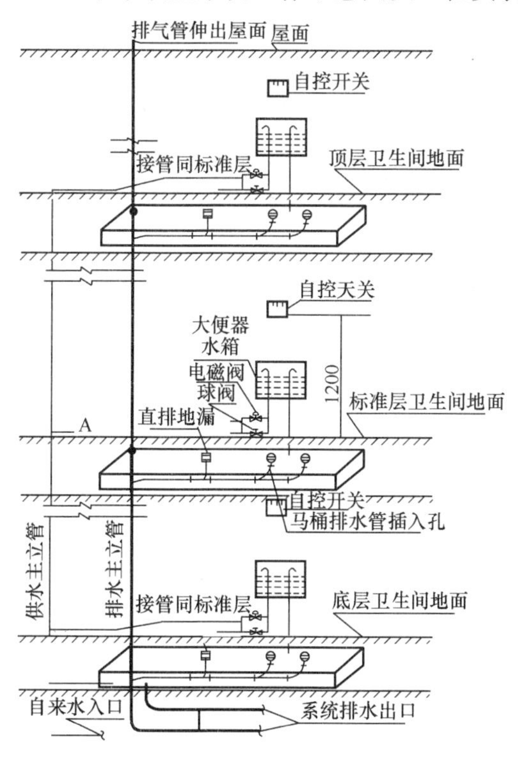

图 6.5-15 节水装置系统示意图

图 6.5-16 节水装置工程安装图

(5) 节水系统效益分析

①安装成本

按照 2010 年的消费标准，卫生间节水装置的安装成本为 4000 元/套。安装节水装置后，原有卫生间排水横管取消，省去费用为 400 元/户，省去吊顶装修费 1500 元左右。因此，每套住房只增加 2100 元。

②节约费用

a. 运行成本：需每月投入3元的电费和消毒液费用。

b. 节约水费：自动收集洗涤废水，供冲洗座便器使用。每户每天节约水100～200L，每月节约用水$3m^3$以上，节约水费18元/月左右。

c. 节约排污费：每户每月减少排污$3m^3$以上。节约污水处理费用6元/月左右。

d. 每户每月节约费用18＋6－3＝21元

每户住宅10年节约的费用即可收回安装成本，节水装置使用寿命为50年，其经济效益和社会效益非常显著。

6.5.2.2　卫生间高位水源收集系统

卫生间高位水源收集系统主要是针对洗面器产生的废水进行收集，图6.5-17是对洗面器产生的较干净的废水直接流入水箱用来冲厕。但是用这种方式回用水冲厕，存在一些不足之处，如座便器水箱没有自洁功能，清洗维护麻烦；连接座便器的进水管，安装不便。

除了以上列举的几种节水器具和节水系统外，国内有很多人都在做这方面的研究开发，还有其他许多节水形式，本书就不一一列举了。

图6.5-17　高位水源收集系统

6.5.3　卫生间节水技术案例

目前很多保障性住房项目采用卫生间节水技术和选用节水器具。如山西大同市御东新区保障房项目、鄂尔多斯市康巴什新区北部核心组团悦和城公租房项目、河南省地震局家属楼、郑州轻工业学院家属院等。

水是万物之源，没有水就没有生命的存在，所有生物的生存都离不开水，所以每位公民应该把保护水资源、节约用水作为一项任重而道远的任务来完成。卫生间节水技术在保障房项目中得到了大力的推广和应用，这不仅积极响应国家低碳节能的号召，而且把节水工作做到了实处，得到了落地。通过对节水器具和节水系统的研究，将为我国节能、节水、环保等设备研制以及相关的规划设计、建设和运行管理提供技术支撑和保障措施，将推动我国保障性住房节水技术向更高水平发展。

6.6　卫生间常见问题及解决措施

近年来城市化进程不断加快，建筑规模呈现出高速发展的趋势，尤其是住宅型建筑越来越多。随着人们生活水平的不断提高，对居住舒适性的要求也越来越高。卫生间作为居住房屋中重要的使用功能之一，其内部常出现的渗漏、堵塞、异味、电路安全等问题会严重影响人们的正常生活。

6.6.1　渗漏问题

卫生间渗漏是房屋质量中最常见的问题，有的沿穿楼板管道向下渗漏；有的沿地漏、座便器、洗脸盆的排水管向下渗漏；有的渗到墙体内形成大片洇湿；有的甚至渗入电线管内从接线盒内流出。由于夏季潮湿，尤其是南方多雨天气，常常会出现墙体发霉，墙面漆层层剥落现象，影响建筑物的使用寿命，给人们带来很多麻烦。

6.6.1.1 卫生器具漏水

有些卫生器具本身结构设计的不够合理，会造成与管道连接部位漏水；还有些厂家为了追求生产效率，降低成本、降低加工精度、质量把关不严，也容易造成漏水现象。比如，按国标要求与给水管道连接的螺纹一般应采用G螺纹，有些产品由于模具加工精度低，螺纹会出现错位或断牙现象，与管道连接时就容易发生漏水。市场上有很多洗脸盆、拖布池与排水管道连接部位不平整，接头胶圈质量差，往往很难做到不漏水，安装时只有通过另加玻璃胶才能密封，给密封的长期稳定性造成很大影响。

为了避免由于卫生器具的因素造成漏水问题，所以卫生器具的选材很重要，一定要选择合格的产品，才能保证质量。

6.6.1.2 给水管道漏水

随着新材料、新技术的发展，给水管材大致经历了几个发展阶段：镀锌钢管——铝塑复合管——PPR管（聚丙烯），目前普通住宅中使用最广泛的就是PPR管，由于PPR管采用热熔连接，经过热熔以后管配件与管材可以熔为一体，具有环保（材料完全由C、H组成）密封效果好的特点，但是PPR管道施工的工艺要求也比较高，操作不当也会造成很多漏水隐患，下面针对PPR管常见漏水问题进行分析汇总。

（1）设计不合理

由于PPR材料线膨胀系数较大是普通PVC材料的两倍，要求在明装或非直埋暗装时必须采取防止管道膨胀变形的措施。有些设计或施工不当会使管道破裂：如在冬季施工，夏季容易出现管道弯曲下垂现象；如在夏天施工，冬天容易因收缩造成管道或接头部位存在较大的内应力，给破裂漏水埋下隐患。

对于给水的设计应尽量详细，多绘节点大样图，加强与施工人员沟通，并加强监督。

（2）管道破裂漏水

造成管道破裂漏水的原因很多。一方面，PPR管生产厂家众多，产品质量良莠不齐。目前质量好的产品一般采用欧洲或韩国进口原料生产，有些则采用垃圾回料生产，质量达不到国家标准要求，长期稳定性更达不到使用要求。另一方面，管道在搬运、储藏、施工过程中防护工作不到位。比如，搬运过程中高空抛摔，在尖锐物体上拖曳；储藏温度太高、堆放高度太高；施工环境温度太低等都可能对管材本身造成隐形损伤，造成在打压或使用过程中产生漏水现象。管道破裂的另一个常见原因是在0℃以下环境中使用未进行有效的保温防护，冰冻膨胀导致管材破裂。

PPR管道主要是选材，一般应选用进口原料生产的产品，在搬运过程中应避免外力损伤，低温环境下使用应做好保温防护。

（3）接头部位漏水

PPR管道的连接方式有两种，一种是热熔连接，一种是丝扣连接。两种连接方式应用在不同的场合，都是必不可少的连接方式。

①热熔连接部位常见漏水原因，一般是由于热熔机具故障或施工操作不规范引起的，温度偏低或偏高都会造成熔合不良；其次，热熔连接前管材及配件不干净或有水迹也会影

响熔合强度；再次，也有些水工为了偷懒，插座电源线不够长时，将热熔机具电源拔下来，进行焊接，这样焊接过程中温度下降很快，也会影响焊接质量。

②丝扣连接部位常见漏水原因，一般是由于管配件开裂引起的漏水。PPR丝扣配件一般是铜螺纹嵌在塑料主体里面的一种结构，这种破裂铜件都是内螺纹（图6.6-1）。漏水一般都发生在装修完成半年以后，由于铜件的破裂是随时可能发生的，是潜在的，在发生之前没有一点征兆，常常是家里没人，等下层住户发现时，家里已是汪洋一片了，是最易造成财产损失的一种漏水现象。铜件破裂的原因有两方面：一是铜件材质较差或加工过程中工艺控质不好造成有隐形裂纹；另一方面是配套的外螺纹尺寸偏大，施工时硬拧到位造成铜件内应力过大，在使用了一段时间后，自然的腐蚀就造成了“应力开裂”现象。还有一种漏水发生在内、外螺纹配合处及铜塑结合处，由于螺纹尺寸不标准或密封填料施工不当引起内、外螺纹配合处漏水，铜塑结合处漏水往往是由于原料未经干燥处理引发的产品内部有空洞引起的。

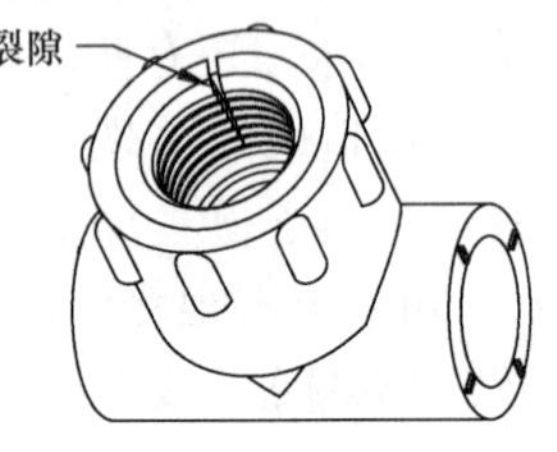

图6.6-1 铜螺纹开裂示意图

解决接头漏水问题主要应加强施工人员技能培训，规范操作。带内丝铜配件的选择一定要选用品牌厂家的产品，尤其是暗敷管道，在管道施工完成、隐蔽埋设前，一定要打压验收通过方可进行下一步施工，试验压力应为工作压力的1.5倍，且不小于0.6MPa。

6.6.1.3 排水管道漏水

目前排水管道基本上都采用硬聚氯乙烯（PVC-U）排水管，排水管道的渗漏主要发生在检查口部位和管件连接处，尤其是橡胶圈连接部位最易出现漏水现象。

（1）检查口部位

最常见的漏水部位是卫生间吊顶之上的P弯或S弯上的检查口（图6.6-2）。由于P弯或S弯检查口正常工作都处于轻微的水压状态下，所以密封稍有不好都会造成滴漏现象。漏水的原因有两方面：一是管件自身质量原因，有些厂家为了降低成本，采用劣质的密封橡胶圈，弹性弱、寿命短；或者是产品丝扣配合间隙过大，因打滑而拧不紧；还有为了追求效率，塑件生产周期短、冷却不充分引起产品变形等都会导致漏水发生。二是施工不当的原因，有些检查口拧紧前内部有泥沙等异物，若不经过清洗干净往往很难保证不漏水；有些施工人员不负责任，用少量水泥浆倒进P弯内进行封堵，虽然暂时不会出现漏水，但经过冷热交替或振动后，水泥与塑料之间松动而导致漏水是必然的，此后再进行维修会更加困难。

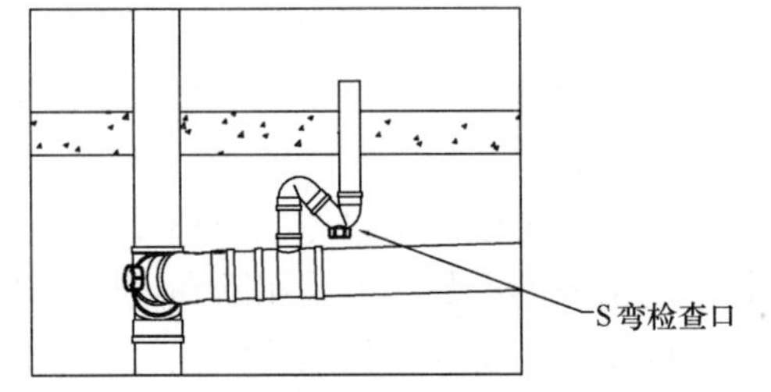

图6.6-2 S弯检查口示意图

（2）管件连接处

管件连接处渗漏往往是由于施工不当造成的，比如粘接前没有擦拭干净；胶水凝固过程中转动管件等不规范施工造成的。

（3）橡胶圈连接部位

橡胶圈连接部位漏水也是排水管道漏水的常见现象。主要表现在伸缩节或螺旋管件验收或使用过程中的渗漏。目前市场上塑料管配件的密封结构基本上是盖子、压圈、密封件与主体压紧结构（图 6.6-3），这种产品漏水往往是由于密封件在盖子压紧之前没有捣实引起的，由于塑料盖子压紧的能力是有很小的，尤其是 D110 以上的规格，压紧力会更小，当管道安装稍有弯曲，靠盖子旋合就很难保证密封，只有先将密封件压实到位（可采用细木棒、起子等辅助），再将盖子拧紧才能做到不漏水。

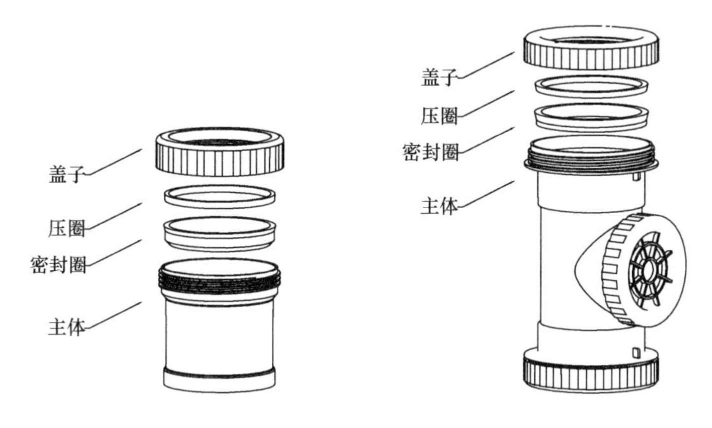

图 6.6-3　排水管件橡胶圈密封结构示意图

解决排水管件的漏水问题，应选择质量合格的产品；管道安装过程中弯曲度应控制在每 1m 允许偏差为 1.5mm 以内；管道安装完成后主立管及横干管必须做通水试验、楼层管道应分层做闭水试验。

6.6.1.4　楼板渗漏

楼板渗漏一般是由于施工不当引起的，包括楼板自身结构层的施工质量问题、管道预留洞的填充不规范、防水层施工不规范及施工过程的防护不到位等几个方面。

（1）管道预留洞填充

管道穿楼板部位渗漏是卫生间楼板渗漏现象中最常见的，一方面，由于传统的隔层排水方式，排水横支管在下层卫生间内，各器具排水都要穿过楼板到下层空间内，管道穿楼板预留洞很多，增大了漏水的机会。另一方面，施工人员常常因为工期原因，采用水泥砂浆一次性填补，楼板洞口也未清理灰尘，甚至有人采用石块、木屑等杂物填充其内，这都为漏水埋下了隐患。

为了避免管道预留洞部位出现漏水，管道预留洞填埋时，必须将洞口垃圾清理干净，支撑好底模，并洒水湿润洞壁和管壁，再用掺膨胀剂的不低于混凝土现浇板标号的细石混凝土灌严。第一次填充高度达到楼板厚度 2/3 并捣实，初凝后，进行第二次填充并捣实，高度凹下楼板 20mm 左右，初凝后，管根应抹成小圆角或八字坡（图6.6-4），并且八字坡应超出预留洞口边缘 30～50mm。待修补料硬化，防水层处理后，进行 24 小时蓄水试验，不渗漏后再做地坪。

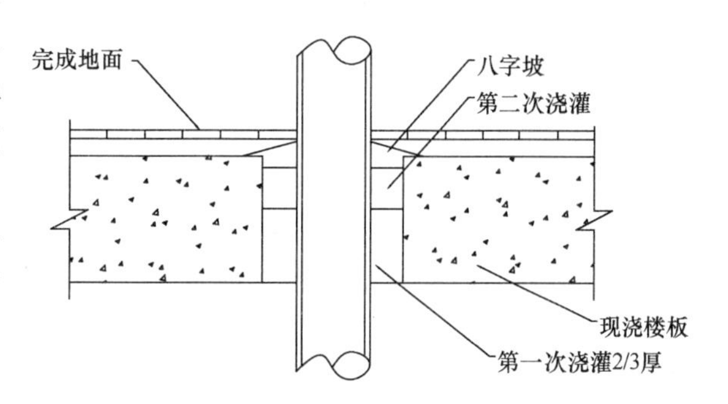

图 6.6-4　管道穿楼板预留洞填埋示意图

（2）楼板裂缝

随着施工技术、施工条件的发展，

预制板结构楼板正逐步淘汰，取代的是一体式现浇楼板，这种结构自身就是一道很好的防水层，虽然楼板裂缝问题较以前已少了很多，但是由于施工时振捣不密实、养护不到位、后期采用大锤砸洞引起周边小裂纹产生等问题也时有发生，这些都会造成渗漏问题出现。

（3）防水层施工

防水层的施工质量是卫生间地面是否渗漏的关键。防水层施工不按规范或厂家的要求，或者施工完成后未按标准进行闭水试验验收等会给漏水埋下隐患。防水层施工前，必须按国家或行业标准对防水材料的各项物理和化学性能指标进行复检，合格才能使用。同时，应对基层进行检查验收（包括基层的平整度、密实度和干湿情况等），合格后方可开始施工。防水层施工时的环境温度最好不应低于5℃，并且通风良好。固化后的防水层应牢固、干实无起泡，厚度不得小于1.5mm。在防水层实干前，禁止人员进入防水层乱踩，以免破坏防水层。防水卷材要铺贴严密，穿楼地面套管和地漏部位的做法应严格控制施工工艺和施工质量，粘贴高度要超过出水的浸蚀面。

为了提高防水层的施工质量，在施工完毕实干后，应进行24小时蓄水试验，蓄水高度应达到找坡层最高点水位2cm以上。在下部观察不渗漏判为合格，否则必须进行修补，并再作蓄水试验。蓄水试验合格后，方可进行地面层材料的施工作业。应严格按工艺标准操作，并保持好防水层。面层施工完毕，再进行24小时蓄水试验和泼水试验，无积水和不渗不漏为合格标准。

除了以上提到的问题，为了避免减少卫生间渗漏问题的出现，在施工过程中还应加强防护，上道工序施工完毕进行下一道工序时应做好防护工作，防止踩踏等遭到破坏，特别是防水层的防护。还要做到及时维修，由于卫生器具配件起密封作用的均是橡胶件，使用一段时间后，橡胶磨损或老化，就会产生漏水现象。一般的橡胶件使用寿命约5年，因此，要及时检查维修。

6.6.2　堵塞问题

卫生间除了渗漏外，堵塞也是比较常见的问题。卫生间堵塞主要包括座便器堵塞和地漏排水不畅（堵塞）。

6.6.2.1　座便器堵塞

座便器堵塞一般源自两方面，一是座便器自身堵塞，二是座便器移位处理不当造成的堵塞。

（1）座便器自身

根据冲水方式的不同，座便器分为虹吸式和直冲式。虹吸是依靠大气压强，使液体从较高的地方通过虹吸管先向上再向下流到较低地方；直冲就是利用水的重力转化为水的冲力，直接把脏物冲出去。根据座便器的出水方式选择适合的座便器。座便器一般分为横排、地排两种出水方式，横排只能安装直冲座便，地排可以选择直冲或虹吸式，具体要根据卫生间整理设计选用。目前，座便基本上都是虹吸的，直冲的款式比较少，虹吸式座便器可以把上面漂浮的脏物吸出去，直冲式座便器则不能。

为了方便安装，市场上有很多座便器具有2个排水口（图6.6-5），安装时不用的排水口采用弹性柱体塞进去进行封堵。当用到后面一个出水口时，排水时流水要经过前面孔的堵头，如果堵头太长，就很容易在此部位造成堵塞。（图6.6-6）

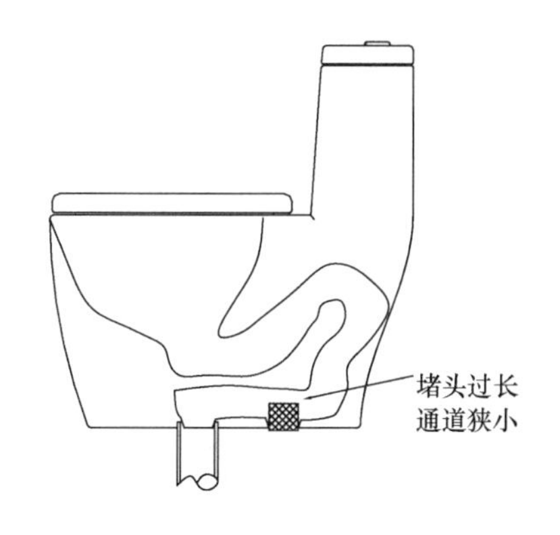

图 6.6-5 座便器底部

图 6.6-6 座便器排水孔堵头示意图

座便器选用时应选用只有一个排水口的产品，尽量选用虹吸式座便器，以防止排水不畅或堵塞的发生。

(2) 座便器移位

由于施工误差或其他原因，常有座便器与排污管接口错位情况出现，当这种情况不可避免时，应选用座便移位器处理（图 6.6-7)。移位器产品应选用通径大的产品，在实际装修过程中，发现有水工直接在地面挖槽，形成一个“渠道”，将座便器排水引入下水管，这是一种很危险的做法，“渠道”表面粗糙很容易滞留脏物造成堵塞，而且漏水的隐患很大。

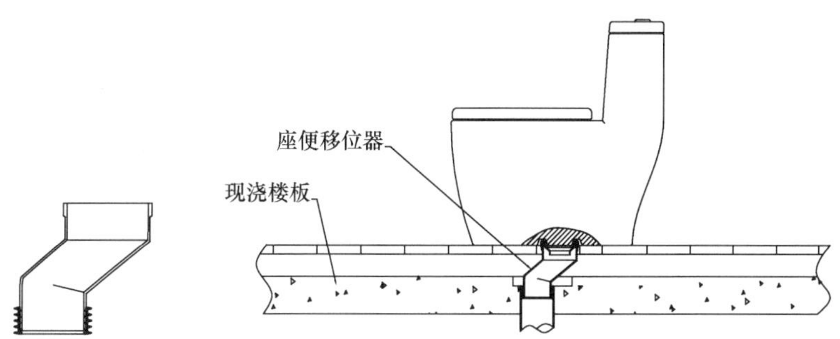

图 6.6-7 座便移位器及安装示意

由于卫生间排布的需要，要求座便器移位 200mm 以上时，应选用水平管段为椭圆形的专用座便移位器（图 6.6-8)，但最长距离不宜超过 1.5m。

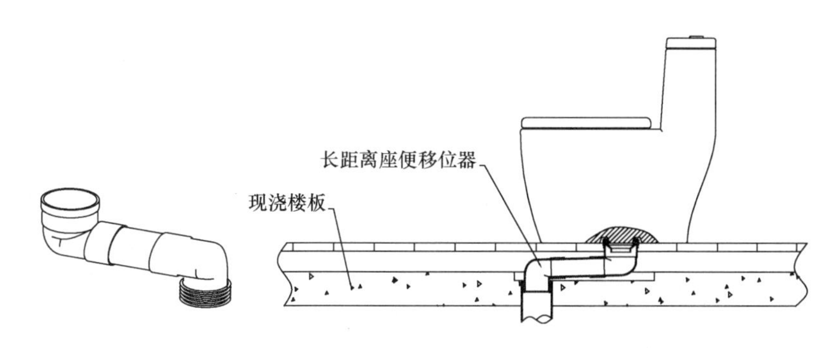

图 6.6-8 长距离座便移位器及安装示意

6.6.2.2 地漏排水不畅（堵塞）

地漏排水不畅是生活中经常遇到的问题，排水不畅的原因通常是由于垃圾、发丝等杂物堵塞引起的。选用一款结构合理的地漏，不仅可以延长清扫维护的周期，还可以使清扫维护轻松简单。

市场上地漏的品牌种类很多，为了防止管道内臭气溢入室内，地漏一般都设计有水封装置，水封的存在就会不可避免地产生脏物沉淀、堵塞现象。根据地漏清扫的难易程度，可分为周边进水结构与中心进水结构两种。比较典型的周边进水结构产品就是传统的钟罩（扣碗）式地漏（图6.6-9），这类产品具有结构简单、成本低的特点，但是清扫维护不方便、防臭效果不好。

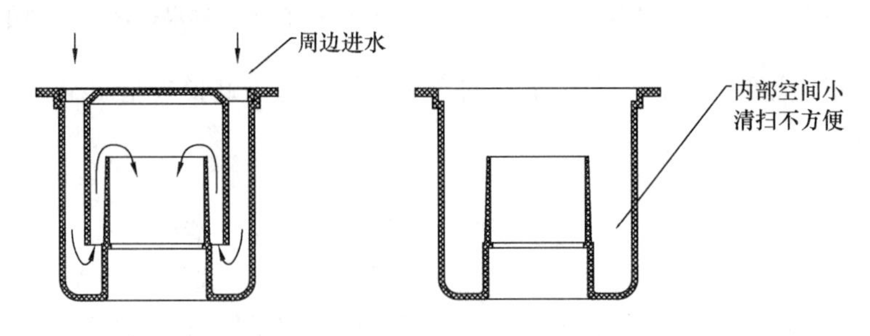

图6.6-9 周边进水结构地漏示意图

中间进水结构地漏见图6.6-10所示，一般体腔比较大，当需要清扫时，地漏篦子、内部水封构件可以取出，清扫维护比较方便。

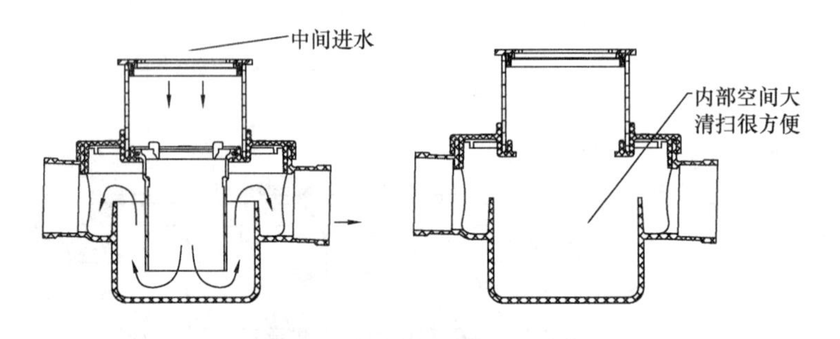

图6.6-10 中间进水结构地漏示意图

6.6.3 异味问题

卫生间异味产生的原因包括设计不合理、选材差、维护不及时、各洁具水封构件选用不合理和排水管道接口不严等方面。

6.6.3.1 设计不合理

根据国标要求，住宅建筑排水设计采用的是当量法，是一种经验算法。由于不同人群生活节奏、习惯不一样，在用水高峰段排水管道超负荷工作的情况是难免出现的，尤其是高层建筑，在排污量大时（尤其是马桶排污时）管道中会产生类似气筒般的活塞效应，造成管道中的气压波动，在管道的正负压的作用下，使得臭气在压力的作用下将管道中的有害气体压入室内，造成室内的污染。因此，设计时应合理计算，采用较大的安全系数。设计安全系数越大越有利于避免卫生间异味的产生。

6.6.3.2 选材差

卫生间地面、墙面、蹲台面材料应采用光洁、便于冲洗、耐腐蚀的材料。卫生间地面应选用不透水、防滑的地砖或石材。座便器、蹲便器、小便器釉面应光洁，不易附着粪、尿垢，冲水尽量选用感应冲水形式。卫生间天花板要选用防潮或防水的材料，如金属板、防水石膏板，如选用矿棉板要选用防水或防潮型。其中最为关键的是座便器的选材，一定要选用品质好的材料，因为座便器是最易附着脏物的洁具。

6.6.3.3 维护不及时

人体排泄物在排入座便器后，如果不能尽快排走，粪便会挥发出硫化氢，尿则挥发出氨气，这是臭味的主要来源；人体上的汗渍、污物也是产生臭味的来源。脏物在卫生间停留的时间越长，产生的臭气会越严重，这要求我们应该及时清扫维护，只有保持清洁才能避免臭气产生。

6.6.3.4 各洁具水封构件选用不合理

每一个卫生器具都有一个与排水管道连通的接口，而排水管道系统是与化粪池连通的，因此，化粪池与卫生间其实也是连通的，这需要在每个器具排水口之上加装水封构件来隔绝臭气。

在选择卫生间便器、洗脸盆、浴缸等时，要尽量考虑自带存水弯的设备，并且水封不能小于50mm。坐便器、小便器等一般都自带存水弯。但有些设备，如洗脸盆、浴缸一般都是不自带存水弯的。洗脸盆预埋的下水管一般也不做水封，要在水盆与预埋下水管的连接管上做存水弯。浴缸一般也不自带存水弯，安装管路由于空间所限也不适合做存水弯，所以预埋管一定要考虑做存水弯。保证每个厕所使用器具在排水口以下设存水弯。

普通存水弯根据进水管与出水管方向不同分P形存水弯（图6.6-11）、S形存水弯（图6.6-12）两种。这类存水弯防臭效果的好坏取决于水封的高低，应选用水封不低于50mm的存水弯。目前市场上防臭效果比较好的，有一种叫做防虹吸瓶形存水弯（图6.6-13），一般用于洗脸盆下面，这种产品在排水出口有一个吸气阀装置，吸气阀正常情况下是闭合的，当有管道内有负压时，吸气阀会打开补充空气平衡管道内的压力，可以防止自身排水时产生虹吸现象“抽干”水封，也可以防止管道内负压时破坏水封，是一种有效的防臭产品。

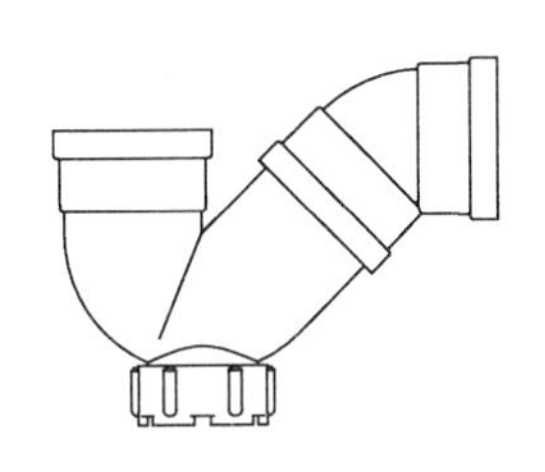

图6.6-11 P形存水弯

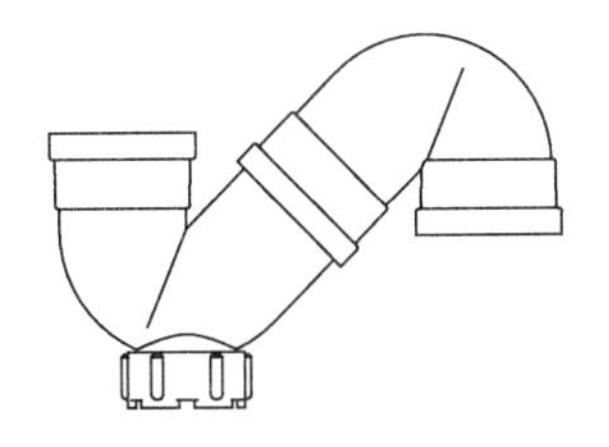

图6.6-12 S形存水弯

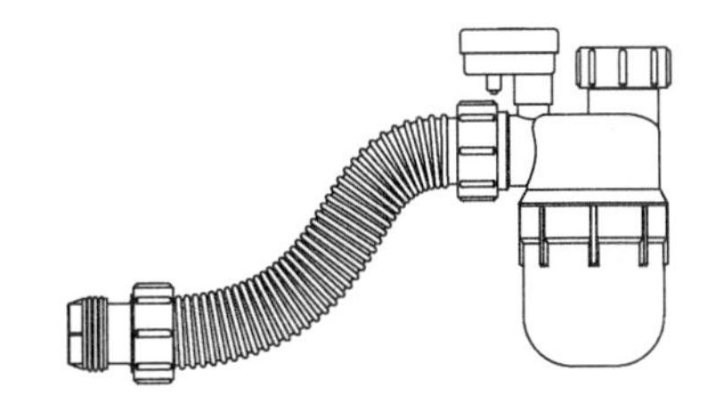

图6.6-13 防虹吸瓶形存水弯

6.6.3.5 排水管道接口不严

最常见的排水管道接口不严是洗脸盆与下水管道连接部位（图6.6-14），一般情况下，连接部位下面的管道是不设计存水弯的。由于预留的排水管道接口都是D50的，而洗脸盆排下水管都是D32的，配套存在较大间隙，市场上一些密封用的橡胶件一般都是

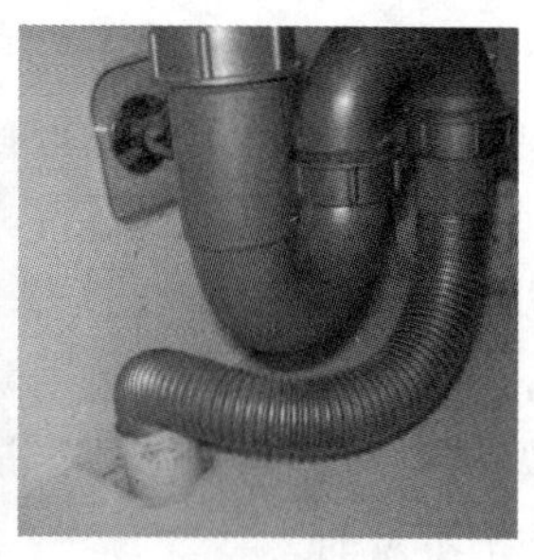

图 6.6-14 洗脸盆下水管接口密封不严实例

质量极差，而且尺寸偏差大，配套不紧密。而按规范要求，该部位应采用密封膏进行封堵，实际使用过程中当因清扫拔出以后，一般用户都不会再去封堵了，当初安装的密封膏会遭到破坏，产生较大的间隙。因此，该部位是最容易被忽略的臭气发源地。

针对以上常出现的问题，建议采用一种叫做直管密封接头的产品（图 6.6-15），该产品采用内、外两个密封圈分别与洗脸盆 D32 下水管及预留 D50 排水管配套安装，密封效果好，能很方便的插拔进行清扫。

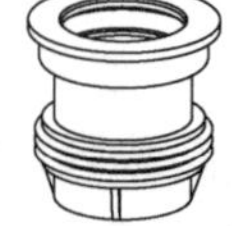
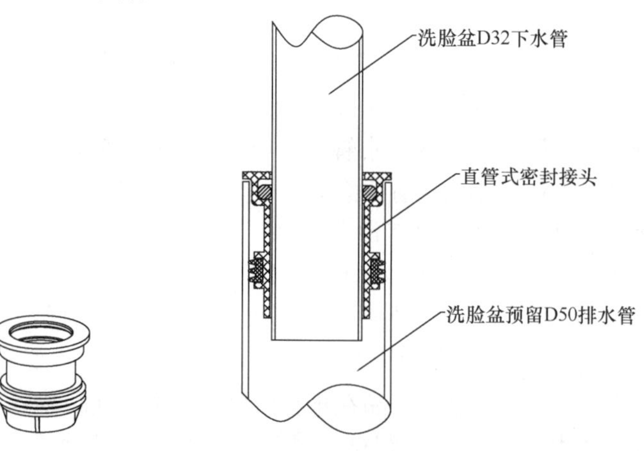

图 6.6-15 直管密封接头及安装示意图

6.6.4 用电设备不正常工作故障排除

保障性住房卫生间电路系统和供水系统一样，均采用模块化设计，供电端到用电终端采用一对一，连接无断点，因此电路出现故障通常为接线端子接触问题而引起故障及用电设备自身故障。

6.6.4.1 接线端子故障排除

检查接线盒接线端子及出现故障的用电设备接线端子各接线柱上的电缆接线是否牢固，如出现松脱，需将电缆接线重新固定紧；观察电缆接线柱有无电火花损伤，如有则需将接线柱更换或更换接线盒、开关或插座等电缆连接介质。

6.6.4.2 用电设备故障排除

在排除接线端子故障后，用电设备还不能正常工作，就要检查用电设备是否正常了，如不正常，必须维修或更换用电设备。

6.6.5　淋浴时水蒸气故障排除

保障性住房卫生间设计上充分考虑卫生间通风，通常在卫生间门下部设有通风面积不小于 0.02m² 的固定百叶或门扇底部距地面留出不小于 30mm 的缝隙。根据不同大小面积的卫生间选用符合排风量要求的排风扇。淋浴时出现水蒸气大多是由于排气原因造成的，因此需检查排风设备是否正常工作，即可排除此类故障。

（第 6 章　保障性住房卫生间产业化成套技术，参与编写和修改的人员有：
苏州思登达全装修住宅研究院：曹袆杰、王丽梅、汝丽荣
住房和城乡建设部住宅产业化促进中心：文林峰、刘美霞、刘洪娥、王洁凝、王广明
济南市住宅产业化发展中心：王全良、李建海、张伟
北京世国建筑工程研究中心：梁津民、鞠树森
卓达集团蓝岛新型建材科技有限公司：纪勇、李利民
浙江中财管道科技股份有限公司：刘学敏、李福灿
华南建材（深圳）有限公司：陈冬保、袁新周
惠达卫浴股份有限公司：蔺志杰、宋子春
新乐卫浴（佛山）有限公司：黎定国、廖冶涵
郑州开源科技有限公司：刘东亮）

第7章　保障性住房智能化管理产业化成套技术

对于保障性住房而言，智能化管理系统的配置既要保障小区的安全性和适用性，又要考虑经济性和耐久性，采用成熟、适用的产业化成套集成技术，选用性能可靠、经济合理的材料、设备和产品，并符合开放性、兼容性、扩展性等要求，达到布线简洁、安装方便、技术可靠、经济合理的目标。保障性住房小区智能化管理系统的建设应与小区建设同步，实行统一规划、统一设计、统一施工。

7.1　住区智能化相关产业化成套技术发展概述

住区智能化管理产业化成套技术是指将现代化智能技术系统、信息技术系统与产品应用到住宅小区的建设中，通过对住区建筑群四个基本要素——结构、系统、服务和管理及它们之间内在关联进行综合优化，达到智能化系统与住宅的有机结合。住区智能化管理产业化成套技术主要包括：安全防范系统、设备管理与监控信息管理系统、照明节能控制系统和信息网络系统等。

7.1.1　住宅小区智能化和保障性住区智能化系统的内涵

住宅小区智能化是指依靠先进的设备和科学的管理，利用计算机及相关的高新科技，将传统的土木建筑与计算机技术、自动控制技术以及信息技术相结合，将一定地域范围内的居民住宅分别对其使用功能进行智能化，从而达到节约能源，降低人工成本，提高住宅小区的物业管理、安防以及信息服务等方面的自动化程度，为小区住户提供安全、舒适、方便、快捷的家居环境[1]。住宅小区智能化包含了信息的方便、快捷、自由获取，信息自动分类与存储，全新的多媒体传递方式，家居的自动化控制以及住宅的安全防范功能等多个层面。

保障性住房智能化系统是指以保障性住房为平台，选择适合保障性住房特点的建筑设备、居家智能及通信网络，以集结构、系统、服务、管理于一体的最优化组合，向被保障人群提供一个安全、高效、舒适、便利的综合服务环境。要通过采用现代信息传输技术、网络和信息集成技术，进行精密设计、优化集成、精心建设，为信息时代的保障性住房小区提供便利而快捷的各种开放信息，提高保障性住房高新科技含量和居住环境水平，使得生活更方便、更安全，其最终的目的是使被保障人群的居住环境更加安全、舒适、方便，更加富于人性化特点。

保障性住区智能化是使中低收入阶层融入信息时代的必然要求，是随着智能化技术的发展、社会的进步、人们各方面需求的增长而不断完善、发展形成的，它包含了设备物理

---

[1] 1999年原建设部发布的《全国居住小区智能化系统示范工程建设要点与技术导则（试用）》

建筑硬环境以及管理和服务等方面的软环境。

7.1.2 住宅小区智能化发展历程

住宅小区智能化是在单栋的智能建筑基础上发展起来的。智能建筑起源于 20 世纪 80 年代初期的美国，1984 年 1 月美国康涅狄格州的哈特福特市（Hartford）建立了世界第一幢智能建筑，大厦配有语言通信、文字处理、电子邮件、市场行情信息、科学计算和情报资料检索等服务，能够实现自动化综合管理，大楼内的空调、电梯、供水、防盗、防火及供配电系统等都通过计算机系统进行有效的控制。

其后，日本派出专家到美国详尽考察，并且制定了智能设备、智能家庭到智能建筑、智能城市的发展计划，成立了“建设省国家智能建筑专家委员会”和“日本智能建筑研究会”。1985 年 8 月在东京青山建成了日本第一座智能大厦“本田青山大厦”，并进一步将智能化推广到住宅及其家居。西欧也不甘落后，尤其是英国大批金融企业特别是保险业纷纷设立智能化办公大楼，1986～1989 年间，伦敦的中心商务区进行了第二次世界大战之后最大规模的改造。法、德等国相继在 20 世纪 80 年代末和 20 世纪 90 年代初建成各有特色的智能建筑。20 世纪 80 年代到 20 世纪 90 年代，亚太地区经济的活跃，使新加坡、中国台北、中国香港、汉城、雅加达、吉隆坡和曼谷等大城市里，陆续建起一批高标准的智能建筑，并随着信息技术的发展和人们对居住环境要求的提高，20 世纪 80 年代中后期，国际社会把智能大厦的概念推向了住宅，形成了“智能住宅（Smart Home）”的概念。

我国在 20 世纪 90 年代中期提出了“智能化住宅小区”的新理念，伴随着现代智能化、信息网络领域技术的发展，人们对住宅小区智能化的重视程度也不断提高，住宅智能化得以迅速发展，从试点示范到全国新建的居住小区都不同程度地应用智能化系统。

7.1.3 我国住宅智能化管理产业化成套技术发展现状及问题

总体来说，我国大城市住宅智能化技术领先，应用广泛；中小城市受经济社会发展所限，起步较晚，处于逐步推广过程中，智能化技术多应用于公共建筑与商品住宅小区。

进入 21 世纪以来，全国新建住宅小区在建设之初，都会配备与住宅档次、特点相适应的智能化系统，具备基本的智能化设备设施与管理手段，如安防系统、设备设施监控系统和信息网络系统等；但相当多的既有住宅小区智能化系统欠缺，管理手段落后。

同时，我国住宅智能化多种技术、多种模式并存发展，以适应不同形态和管理方式的住宅小区的需要。传统封闭式住宅小区为了保证安全，重点配置了安防设施和系统；随着节能低碳的理念进入住宅建设领域，智能化能源管理的技术和设施纷纷进入现代小区；有的小区更多地注重自然景观，围绕自然景观配置更多的草坪灯光或背景音乐等设施的智能管理系统；有的住宅小区侧重于解决小区居民的出行及购物，把交通及商业引入住宅小区，使得住宅与社会融合在一起，也相应地改变了以封闭式住宅小区为出发点的以安防为重点的智能化系统设置，在此不再赘述。

随着信息与控制技术的飞速发展，住宅智能化设计与施工中也存在一些亟待解决的问题。有的智能化管理系统投资过大，华而不实；有的住宅智能化系统的质量不过关，系统未达到设计使用年限就出现各种问题，甚至还存在安全隐患；有的设备耐久使用年限较短；有的智能化系统的运营维护和保养不及时，影响智能化系统的使用。因此，对于保障性住房小区的智能化系统，要慎重选择，避免成本过高、耐久性差与安全隐患，通过高效的管理与服务为住户提供一个安全、舒适与便利的居住环境。

7.1.4 智能化产业化成套技术发展方向

近些年，随着机电技术和网络技术不断发展，人民生活水平不断提高，对于住区环境的舒适、安全、便利的需求与日俱增，对于住区中的安全防范、能源监控等系统的要求也随之增加。

智能化新技术由于自身技术与成本的限制，其诞生与发展都更适应大城市的环境，而中小城市的智能化新技术发展相对迟缓，更倾向于采用在大城市中已发展得较为成熟的技术。追究原因，主要是因为住宅的各种智能化功能要立足于用户需求，智能化发展与最终消费者的消费能力和生活观念息息相关。鉴于保障性住房最终消费者的消费能力和生活观念与商品住房消费者相比有一定的差别，在进行保障房智能化系统的规划和建设时，应合理选择技术与产品。

保障性住房智能化系统的规划建设是一个系统集成的过程，在这个集成的过程中，各有关的技术、设备、材料集成后最终构成了符合具体保障性住房小区需求的智能化系统。在保障性住房智能化系统的未来发展中，需由政府部门主导，开发商、智能化工程实施企业等多方参与，共同建立科学统一的行业标准和技术规程，指导智能化技术工程的顺利实施；同时充分考虑智能小区的智能化五个层次：可靠的安全环境保障、便捷的通讯信息服务、高效的物业管理、综合的信息服务、舒适的生活环境。深化以人为本的设计理念，适应智能化技术不断发展的要求，满足终端用户日益发展的需求。

7.2 保障性住房安全防范系统

7.2.1 住宅小区周界报警系统

对于封闭管理的保障房住宅小区，小区出入大门和设防周界围墙是小区安全的第一道防线。周界防越报警系统是围墙周界设防的有效技术手段，常用的技术方案有：主动红外线对射报警系统和电子围栏报警系统等。近年来，周界视频智能分析报警系统作为一种新技术也逐渐被使用。下面介绍一下几种常用的周界报警系统。

7.2.1.1 主动红外线探测报警系统

主动红外对射报警系统通过沿周界围墙设置一道看不见的红外线，若有人企图穿越周界围墙，进入保护区域，则红外线会被暂时遮挡、切断，接收端会立刻输出报警信号，触发报警主机报警。目前，国内主动红外产品是一个应用较广泛、较为成熟的产品。

（1）工作原理：红外对射系统中的分别置于收、发端的光学系统，一般采用的是光学透镜，起到将红外光束聚焦成较细的平行光束的作用，以使红外光的能量能够集中传送。红外光在人眼看不见的光谱范围，有人经过这条无形的封锁线，必然全部或部分遮挡红外光束。接收端输出的电信号的强度会因此产生变化，从而启动报警控制器发出报警信号。

（2）组成：主动红外探测器由红外发射机、红外接收机和报警控制器组成（图7.2-1）。

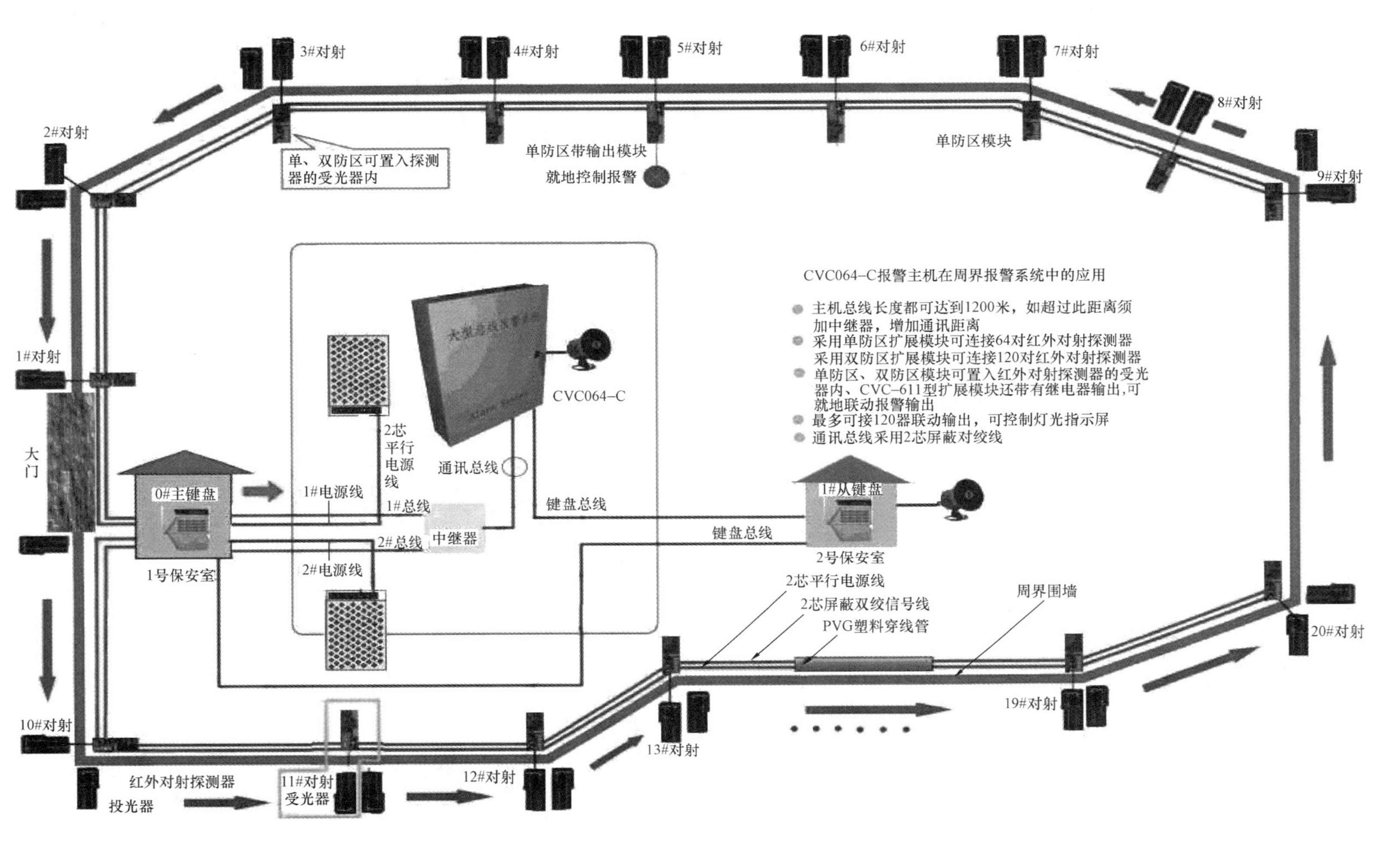

图 7.2-1 周界红外对射报警系统示意图

（3）功能：对沿围墙周界的线状边界进行监测，当发现有非法通过该边界的行为时，产生报警信号发送到主机上。

（4）分类：当前市场上的主动红外入侵探测器按光束数量来分有单光束、双光束、三光束、四光束四种类型；按频率来分有固定频率（单频率）、可选频率（有限不同频率）和可调频率（相对无限不同频率）三种类型。

（5）系统的设计与施工

①主动红外入侵探测器的双光束和四光束探测器使用较多，实践证明四光束探测器性能相对更稳定些。

②主动红外入侵探测器在实际应用中，产品漏报较少，误报较多，特别是使用时间长，产品的材料、电路系统、电子元器件出现老化，功能衰减时，误报尤为严重，近年来使用逐渐被电子围栏所替代。

7.2.1.2 电子围栏周界报警系统

电子围栏是利用高压脉冲对非法入侵进行“阻挡、威慑、报警”的多功能一体的周界防范报警系统，可对企图入侵者能够产生阻碍作用，做到事前威慑、阻挡，对强行入侵进行报警，能够有效延缓入侵时间，具有较强的安全可靠性，可以形成保障房小区周界的安全屏障。

（1）组成：脉冲电子围栏系统由脉冲电子围栏主机、脉冲电子围栏前端和报警中心报警信号管理设备三部分组成。报警中心报警信号管理设备有：报警管理控制主机、声光报警装置、电脑管理软件、周界地形电子地图显示等（图7.2-2）。

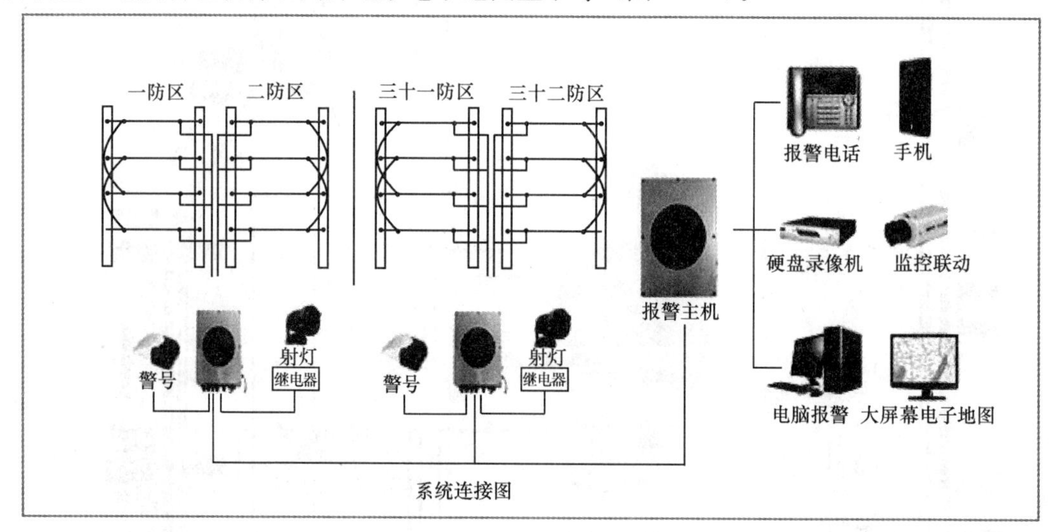

图7.2-2 电子围栏示意图

（2）工作原理：脉冲发生器（主机）通电后发射端口向前端围栏发出脉冲电压，时间间隔大约1.5s发射1次，脉冲在围栏上停留的时间大约0.1s，前端围栏上形成回路后把脉冲回到主机的接收端口，此端口接收反馈回来的脉冲信号；同时主机还会探测两个发射端之间的电阻值。如果前端围栏遭到破坏造成断路或短路，脉冲主机的接收端口接收不到脉冲信号或两个发射端之间的电阻太小，主机都会发出报警。

（3）功能：脉冲电子围栏系统使用6000～10000V低能量的脉冲电压，给予入侵者较难受的警告，动摇其攀越围栏的能力与动机，达到了安全阻挡的目的。目前，成为一种新型的周界报警的，以阻挡（有形围栏，制造入侵障碍）为主，报警（声光报警并可与其他安防系统联动）为辅兼有威慑（降低作案欲望）的周界防护产品。与传统的红外、微波、静电感应等周界安防系统相比，具有误报率低、不受地形和环境限制、安全性高等明显优点。

（4）系统的设计与施工

① 报警装置的安装及选型须考虑预警时间，报警区域原则上 50m 内为一防区，周界配有摄像机的部分 35 m 左右为一防区，如有摄像监视系统应予以联动。

②为了降低触电危险，服务人员不要在电子围栏工作的时候去弄警告牌，也杜绝其他人员随意移动警告牌。

③在给免维护铅酸蓄电池或则其他干电池充电的时候，应先将电池取下来再充电，严禁直接在电子围栏上给蓄电池充电，这样会导致蓄电池以及电子围栏主机损坏。

④不能将两台电子围栏主机给同一套围栏供电，这样会因为电子围栏主机发出的高压脉冲不一致而导致主机损坏，也容易导致人畜伤亡。

⑤严禁在雷雨天气接触或靠近电子围栏，以防雷击事故的发生，对于所有电子围栏，无论防雷与否，都必须严禁此条。

⑥严禁擅自使用市电转 12V 直流电的适配器给主机供电，这样容易因为适配器本身故障导致主机输出电压过高，发生绝缘故障。

⑦在安装好后请确认主机是否工作正常，主机开机灯亮则说明已经正常工作，可放心使用。开机后严禁去接触围栏。

⑧严禁婴幼儿、孕妇触摸电子围栏，无论有无条件，必须防止此类人员接近电子围栏，否则不能安装此类设备

⑨接地必须可靠、夯实，接地系统必须远离生活区。

归纳起来，主动红外线探测报警系统和电子围栏周界报警系统这两种方式都是由前端的探测器与保安监控中心的报警主机相连，前端的报警信号直接在主机上显示，提示保安人员及时处警。

7.2.1.3 视频周界智能分析报警系统

在传统的周界报警系统的实际使用方案中，为了能让保安及时了解报警现场的情况，多采用报警主机与监控系统中的摄像机联动，每段或多段设立一台摄像机，通过报警主机与监控主机联动。当报警发生时，现场画面会在数秒钟内显示在电视墙上。而现在通过视频周界智能分析报警系统，可以直接对摄像机的视频信号进行分析判断报警，具体是在周界摄像机监视的场景范围内，可沿周界的走向，设置警戒区域，每个警戒区域内可任意设置报警绊线，还可以制定非法穿越绊线的方向。当有移动目标按照禁止穿越方向穿越警戒线即产生报警信息，并用告警框标识出该移动目标及其运动轨迹。

绊线报警又可分单向绊线检测（检测是否有人，物体或车辆突然从某个指定方向越过预定边界，单方向进行检测）、双向绊线检测（是否有人，物体或车辆突然从任意方向越过预定边界，双方向进行检测）二种。同样，也可以设置划定区域闯入报警等多种形式。

（1）组成：视频周界智能分析报警系统主要由高分辨率摄像机、传输网络、交换机、智能视频分析服务器、管理工作站、电视墙等几部分组成。

（2）原理：智能视频分析主要涉及图像处理，以及图像识别和搜索二大方面的算法，将主体人或物从监视画面中解析出来，借助在数据库中建立或自学获得的人或物的各种姿

态或状态模型，分析、比对视频监控图像中的各种活动或物体的状态，并针对每路摄像机设备自的活动状态报告规则。若在监视画面中出现与规则相符的情景，系统即报警并发出声光提示，并在指定监视屏上弹出相应的监控画面并录下报警图像备查。

（3）功能：系统具有智能分析功能，可以主动响应现场的侵犯行为，报警出发时间为毫秒级；当发现可疑目标或事件时，自动预警、报警、锁定和跟踪目标。高效的数据检索和分析功能，能够快速在视频录像记录中查询到调查的图像信息，大大提高工作效率。

（4）系统的设计与施工

①视频智能分析报警系统是通过对传到机房的视频信号进行计算机分析来判别，这种技术不仅可以用于新建系统，而且还可以用于旧系统的改造，工程实施较方便，只需更新前端设备，增加中心机房的信号转换设备和数字化处理设备。

②视频智能分析报警需要有较清晰的前端视频图像为基础，设计时，应考虑前端摄像机的配套照明或使用红外摄像机。视频智能分析报警系统使用高清摄像机会有较好的视野和效果（图7.2-3）。

图7.2-3　视频周界智能分析报警示意图

③视频分析是鉴于对系统软件的操作界面应采用电子地图方式，并包含摄像监视部分，具有报警提示、现场及报警图像显示和回放、报警处理信息和值班信息的输入、各类信息的查询、用户及权限的设置等功能，系统应用软件应采用C/S结构。

7.2.2　视频监控系统

视频监控系统是保障房小区安全保障的重要技术手段，保安人员在监控中心通过系统可以实时监控小区公共区域，如小区各进出口、停车场、主要道路、电梯厢等的安全情况；并能够对每路视频图像进行实时纪录、检索回放录像文件。如果建设的是数字网络监控系统，可以通过计算机对视频图像进行分析处理，使系统具有更强大的功能；数字网络监控更适合网络传输。

视频监控系统为物业公司提高了安保能力，扩大了安保监视的范围，增加了监视时间，省去很多人力，提高了安保效率，在实际使用中为一些犯罪案件的侦破提供了线索和证据，对犯罪行为起到了震慑作用，在一定程度上降低了犯罪行为的发生率。但是经常会有监控设施老化或其他问题，如不能及时维护，会导致监控设施不能正常使用，影响物业服务质量。

保障性住房是国家实行的惠民政策，为提高住区的安保和管理服务水平，视频监控系统的有效设置是必要的。随着保障对象的生活水平的逐步提高，视频监控系统可以满足更多的增值服务。

7.2.2.1 系统典型方案

下面介绍一下几种典型的视频监控方案的工作原理，以方便项目建设者了解，并选择采用。

（1）模拟监控系统

①系统组成：模拟监控系统由前端模拟摄像机、信号传输、视频分配器、硬盘录像机和矩阵、电视墙等几部分组成（图 7.2-4）。

②工作原理：模拟监控系统是摄像机的模拟信号经分配，一路用于录像记录，一路通过矩阵切换显示在电视墙上，用于保安人员实时查看。

③系统特点：系统比较稳定，视频传输延迟很小，适合于摄像机数量不多的小区项目；对于摄像机数量较多的中大型小区项目，调看的灵活性和可管理性较差，保安人员通过电视墙集中查看监控图像的效率较低，监控系统侧重于事后的备查功能。

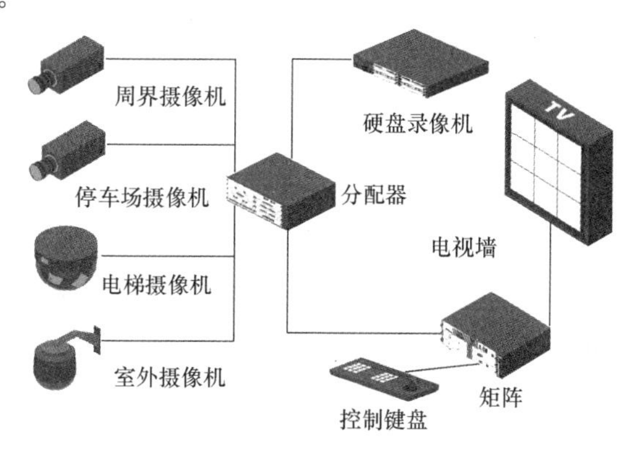

图 7.2-4 模拟监控系统示意图

（2）模数混合型监控系统

1）系统组成：模数混合型监控系统由前端模拟摄像机、编码器、传输网络、视频管理服务器、存储服务器和管理软件、解码器和电视墙等几部分组成（图 7.2-5）。

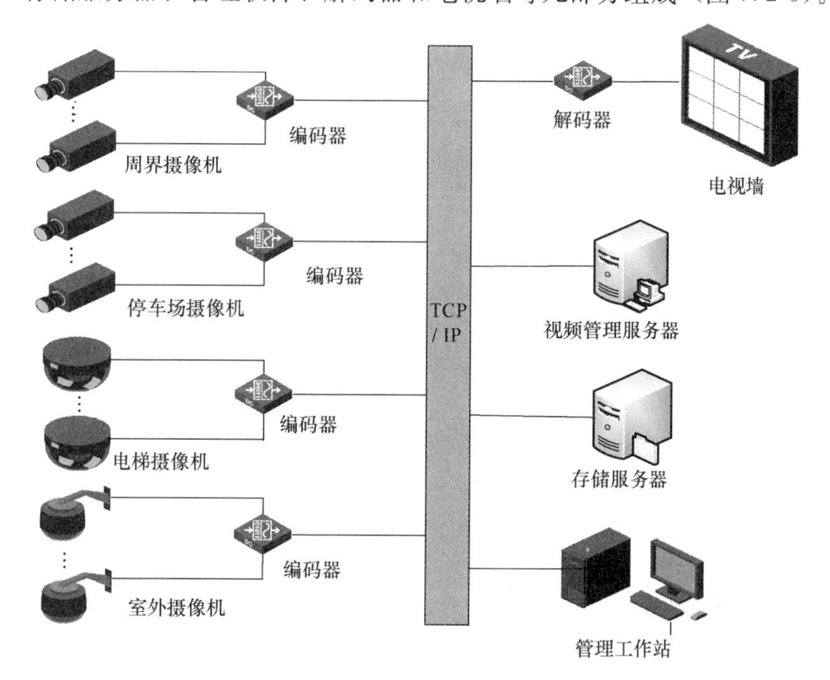

图 7.2-5 模数混合监控系统示意图

2）工作原理：模数混合型监控系统是将摄像机的模拟信号经编码器转换成数字信号在IP网络上传输，存储设备、管理设备和用于显示的解码器均接入交换机，管理人员通过网络管理、存储、分析、查看各路视频信号。

3）系统特点：

①模数混合型监控系统里摄像机的模拟视频信号经数字转换后，数字信号直接在网络里传输、处理和调看，比较适合较大型小区项目。

②系统传输的信号是数字信号，可以按网络权限进行等级进行分配和调看，方便多级授权管理，方便较大型小区的安防系统建设。

③ 数字信号可以使用计算机进行分析，因此将原来的模拟监控系统升级为智能型的实时监控系统，系统可以对摄像机信号进行预分析，将报警视频信号显示在电视墙上，可以有效提高保安人员的工作效率。

（3）数字网络型监控系统

1）系统组成：数字网络型监控系统由前端数字摄像机、传输网络、视频管理服务器、存储服务器和管理软件、解码器和电视墙等几部分组成（图7.2-6）。

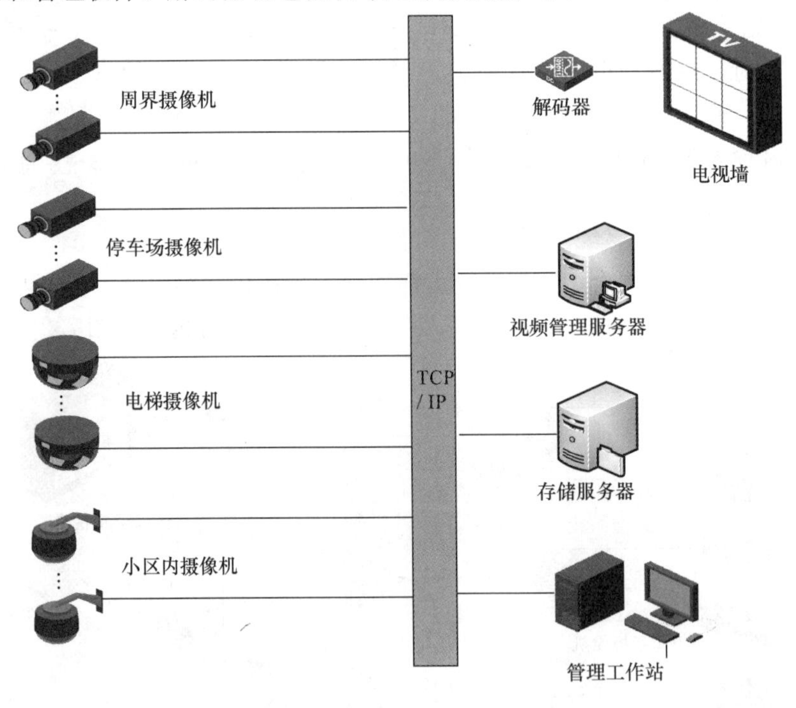

图7.2-6　数字网络监控系统示意图

2）工作原理：数字型监控系统中摄像机直接输出数字信号，存储设备、管理设备和用于显示的解码器均接入网络，管理人员通过网络管理、存储、分析、查看各路视频信号。

3）系统特点：

①数字型监控系统与数模混合型系统区别于前端摄像机也是数字摄像机，直接可以输出数字信号，同时，系统可以直接管理到数字摄像机；

② 数字型监控系统不仅可以在服务器上进行视频分析，还可以直接在前端摄像机上进行视频分析，这样有效地减轻的服务器的压力，对于摄像机数量较多的大型项目，非常

合适。

7.2.2.2 系统的设计与施工

保障性住房小区的数字网络型监控系统应在满足《安全防范工程技术规范》GB 50348 的前提下满足以下要求：

（1）视频监控系统有纯数字、数模混合和模拟三种技术选型，具体需根据项目的特点、系统规模等条件选择进行多种组合方案使用。目前情况下，数模混合将是一个性价比较高的模式。

（2）摄像机设置原则，以出入通道口能清晰记录人员的面像为重点，其他地方宜看清人的特征和行为过程。

（3）通常在小区的主次出入口、围墙周界、河边、小区主要道路、地面停车位、地下车库出入口、地下车库通道、电梯轿厢和消防通道出入口等处应考虑设置摄像监控点。

（4）摄像机的选择应根据各处摄像机察看的位置和要求，而选择不同功能的摄像机，如小区出入口、地下车库出入口及逆光部位的摄像机须具有宽动态逆光补偿功能，要能看清进出车库车辆的车牌号码，其余的室外摄像机须具有自动增益、电子快门功能，镜头具有自动光圈功能，并根据具体环境考虑夜间配套照明或使用红外摄像机。

（5）小区内设置的摄像机距离监控中心在 300m 以内的采用铜缆传输；超出 300m 以外应考虑采用光缆传输视频信号和控制信号。

（6）保安监控中心应根据摄像机的数量与显示的比例配置监视屏，并将多平板显示器组合设置监视电视墙。安装时，监控中心的特点，选择在墙上挂装或立柱安装。

（7）系统录像应能实现多种录像模式，存储空间应保证要求具有 24 小时录像、实时显示及回放等功能，并具有计算机网络接口，软件须具有报警联动及报警图像检索功能，录像储存时间原则上要求 7 天。

（8）监视系统应可以实现多画面显示，还须具有单画面显示，系统能自动或手动将现场画面切换到指定的监视器或计算机上显示。控制中心的监视及录像回放画面上必须具备摄像机的编号、地址、时间、日期等信息显示，电梯轿厢的监视及录像回放画面还须叠加所处楼层数。

（9）安全防范技术系统的配置不宜低于国家现行标准《安全防范工程技术规范》GB 50348基本型要求。

7.2.3 电子巡查管理系统

电子巡查系统是监督保安正常巡查的有效手段，可最大限度保障住宅小区的安全，是综合安防系统中人防的重要部分。对于保障性住房小区，有些地方往往是技防措施不能兼顾的，采用电子巡更管理技术可以杜绝保安人员的漏岗、失职等现象发生，及时发现隐患并处理。

以上功能的实现需要一定的设备及技术支撑，其中很关键的设备是视频监控系统。以保障性住房产业化为前提的视频监控系统，目的是为了给业主带来安全保障，让安保部门人员更方便地工作。按监控区可分为户内监控子系统和户外区域控制子系统。户外区域监控系统为小区公共物业服务的必配系统。视频监控系统宜设计为开放系统，一方面可与户内监控系统联动，另一方面可与广域网安防监控系统联动。如将电信计费系统移植进来，可实现户内监控系统的个性化收费运营。

（1）工作原理：电子巡查管理系统实际上是一卡通系统的一个专项应用，信息钮（IC卡芯片）设置在不同地点，这样其信息钮的序号在系统中就对应着一个地址；保安人同持巡更棒（内置时间的读卡器），分别读取信息钮（IC卡芯片），这样在巡更棒（内置时间的读卡器）内就记录了在某时间读某个信息钮（IC卡芯片）的信息，将巡更棒中的信息导入电脑中，通过软件就可以显示某保安人员的巡更详细情况了。

（2）组成：系统由信息钮、巡更棒、巡更座和管理工作站组成（图7.2-7）。

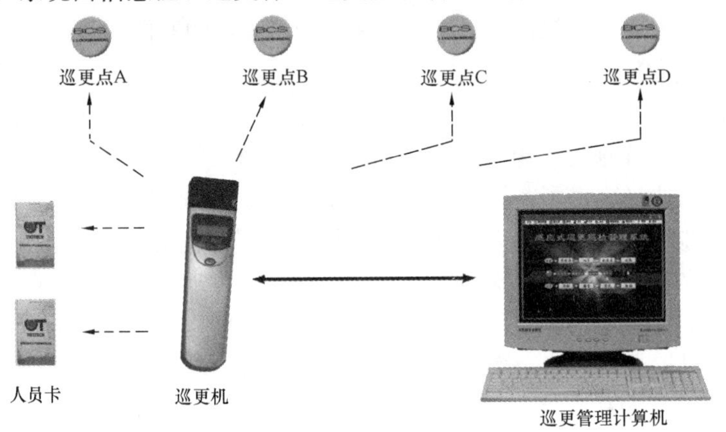

图7.2-7　电子巡查示意图

（3）系统的设计与施工

一般情况下，离线式接触或非接触电子巡查管理系统是常用的方案，其性价比也较高。系统选择时，巡更棒宜选择密封、防水、防热结构材料，且不易损坏的产品；信息钮也宜选择能适应室外恶劣环境且不易损坏的产品。

7.2.4　访客对讲以及小区内部通话功能

小区内部楼宇每个单元都安装有楼宇安全门对讲系统，每户都可以设置可控制楼宇安全门的对讲室内分机，来访客人可以通过对讲系统实现与被访住户的对话，由被访住户遥控开门。联网的对讲系统功能还可实现来访客人在小区的入口处就能与被访住户对话，并能实现与其他住户、保安监控中心通话，以及报警接入等功能。

（1）组成：对讲及门禁管理系统由管理中心机、小区门口、单元门口、户内等部分组成。

（2）工作原理：当单元门或小区门口有来访客人时，按主机面板对应房号，用户机即发出振铃声，如果配置有可视对讲，则同时自动显示访客图像。住户可提机与客人对讲，确认身份后，可通过用户机的开锁键遥控单元门或小区门口人行道电控门锁开锁；客人进入大门后，闭门器使大门自动关闭并锁好。

（3）系统的设计与施工

①保障房住宅小区的主次出入口预留对讲门口机预留管，并根据需要进行设置。

②单元主入口设置对讲单元门口机，宜含有电子门禁，地下室等其他单元入口宜设置电子门禁和单元门口机。弱电机房、监控机房、重要库房、架空层休息区等通道应设门禁系统，其他物管设备用房可根据需求做相应设计。

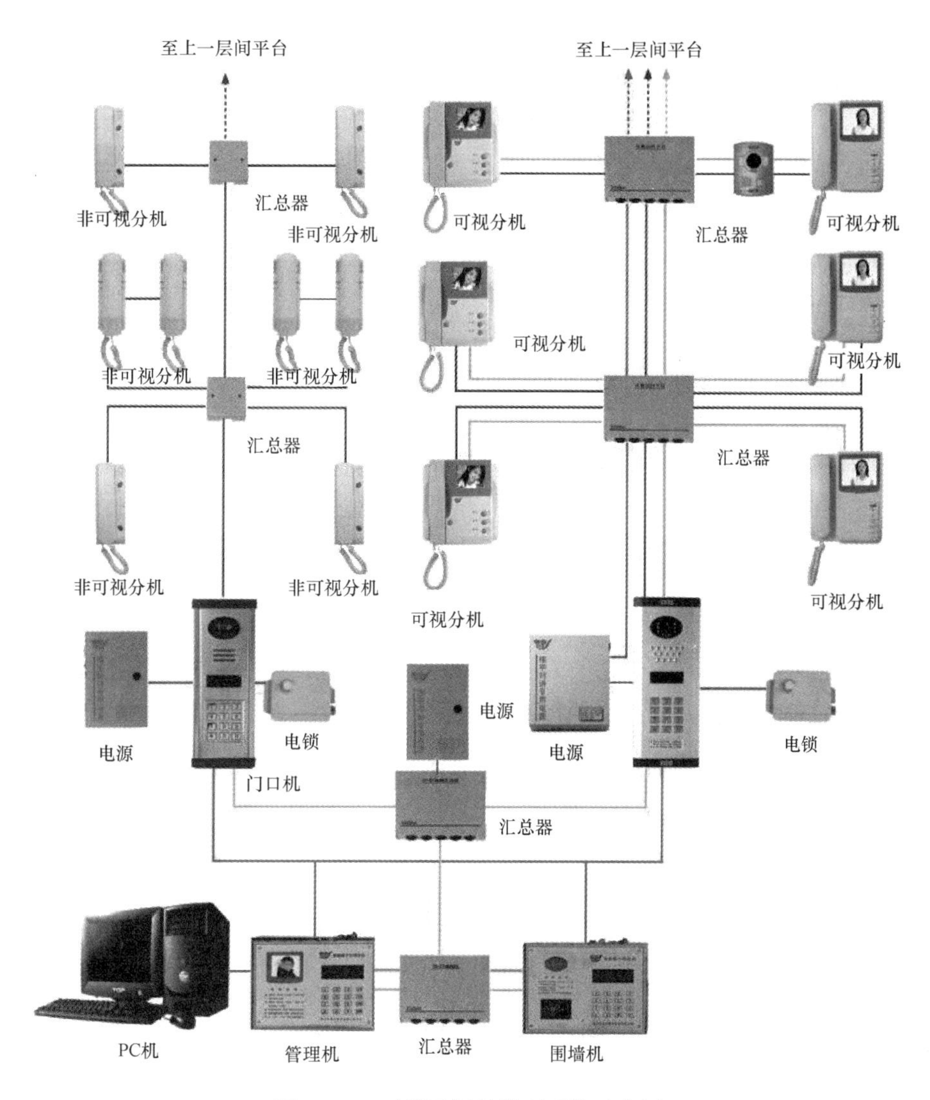

图 7.2-8 对讲及门禁管理系统示意图

③有消防设备、设施区域通道的门禁系统要求与消防系统进行联动，满足消防要求。

④对讲系统主机需在保障房住宅小区内的户数超过一定数量后，考虑选择多个主机，以保证住户在紧急情况下与保安监控中心的对话接通率。

⑤对讲功能：室内分机可以跟管理中心机、小区门口机、单元门口机和其他室内分机实现对讲。

⑥监视功能：室内分机可以主动监视单元门口机的情况，管理中心机可以主动监视单元门口和小区门口机的情况。

⑦报警功能：室内分机应提供报警接入端子，方便室内报警信号的接入；同时还需有紧急求助接口或按钮。

7.2.5 住户室内安全报警系统

住户室内安全报警系统通常有两种模式：住户自建家庭报警主机；利用对讲主机的室

内机进行报警。

7.2.5.1　住户自建家庭报警主机系统

（1）组成：该系统连接多种探测器，如燃气泄漏、红外幕帘、双鉴探测器、窗门磁开关、应急求救按钮等。

（2）工作原理：当报警发生时，家庭报警主机在收到探测器的报警信号时，会发出报警信号；或将报警信号发送到家庭主人的指定手机上；或将报警信号传送到小区的保安监控中心报警主机上，提示保安人员及时处警。

（3）系统的设计与施工

①住户内自建家庭报警主机系统多是应用在对家庭安全要求较高的大户型上，一般的小区项目较少使用；

②系统要实现报警信号的监控，住户家庭报警主机系统多是小区进行统一建设，这样保安监控中心有相应的报警平台，可以接收各住户的报警信号。

7.2.5.2　住户室内对讲报警系统

（1）组成：对讲报警系统是由保安监控中心的对讲报警主机、传输线路和室内对讲分机等组成。

（2）工作原理：对讲报警系统是利用对讲系统的室内分机的报警功能进行报警，通常是室内分机留有报警接口，允许室内的报警开关量信号接入。当发生报警时，报警信号通过对讲系统线路上传到的保安中心主机，在保安监控中心主机上，可以看到住户家的报警信息。

（3）系统的设计与施工

① 如果需要室内报警功能，则在系统设计时，应选型具有报警功能的联网型对讲系统，室内分机需留有报警接口；

② 对于小区规模较大的项目，对讲报警主机还需具有报警信号的存储功能，以方便报警信号的追踪查询；

7.3　保障性住房设备管理与监控信息管理系统

设备管理与监控信息管理系统主要包括户外计量装置或IC卡表具、车辆出入管理、紧急广播与背景音乐、给排水、变配电设备与电梯集中监视、物业管理计算机系统等。与物业管理密切相关，可以利用智能化手段对房屋及配套的设施设备和相关场地进行维修、养护、管理，同时维护物业管理区域内的环境卫生和相关秩序。智能化住宅的物业管理利用计算机网络等先进技术，可以将小区设备管理与监控信息管理等系统统一管理，有效提高现代小区物业管理质量，实现服务与管理的信息化。

7.3.1　设备管理与监控系统概述

7.3.1.1　设备管理与监控系统的内涵

保障房住区设备管理与监控系统主要针对保障房住区的空调通风、供配电、照明、给排水、热源与热交换、冷冻和冷却水、电梯等系统，是以集中管理、监视，分散控制为目的综合监控与管理系统。目前，建筑设备管理与监控系统的设计与施工主要依据的标准有两个，一个是《智能建筑设计标准》GB/T 50314—2006，一个是《智能建筑工程质量验收规范》GB 50339—2003。

《智能建筑设计标准》是智能建筑设计的主要依据，它是由原建设部会同有关部门共同制定的推荐性国家标准。该标准适用于智能办公楼、综合楼、住宅楼的新建扩建改建工程，其他工程项目也可参照适用。该标准分总则、术语和符号、通信网络系统、办公自动化系统、建筑设备监控系统、火灾自动报警及消防联动系统、安全防范系统、综合布线系统、智能化系统集成、电源与接地、环境和住宅智能化等章节。每章包括一般规定、设计要素和设计标准等内容。

《智能建筑工程质量验收规范》是智能建筑检测验收的主要依据，它是由原建设部会同有关部门共同制定的强制性国家标准。该规范使用与建筑工程的新建、扩建、改建工程中的智能建筑工程质量验收。该规范分总则、术语和符号、基本规定、通信网络系统、信息网络系统、建筑设备监控系统、火灾自动报警及消防联动系统、安全防范系统、综合布线系统、智能化系统集成、电源与接地、环境和住宅（小区）智能化等章节。各章的内容包括一般规定、工程实施及质量控制、系统检测和竣工验收等内容。

7.3.1.2 设备管理与监控系统的目的

保障性住房设备管理与监控的重要目的是针对小区内各类机电设备，通过技术手段，提高设备管理水平，降低其运行成本，达到低成本高效运行。对于大量的既有和新建的保障性住房，加强住区设备管理与监控，既符合国家节能减排的大方向，又有利于提高住房保障工作的质量和水平。

（1）通过对设备的启、停和运行进行连锁操作，以确保设备的安全运行；

（2）通过设备的故障自动检测，以保证机电设备的安全和及时维修；

（3）通过优化控制，节能降耗；

（4）通过过程控制自动化，节约设备管理人员；

（5）通过设备运行分析，提升设备管理水平。

7.3.1.3 设备管理与监控系统的功能

保障性住房作为重要的民生工程，设备管理与监控系统要着重突出公共服务功能，尽可能为中低收入家庭提供可靠和稳定的水、电、气、热等基本生活条件和相对舒适的生活环境。其功能主要有：

（1）实现机组和设备的启、停控制和必要的连锁操作；

（2）实时监测和存储设备运行的工作状态；

（3）实时监测和存储设备的故障报警信号；

（4）实时监测和采集系统的主要参数，如温度、湿度、流量、电压、电流、用电量等；

（5）按预定的控制程序对系统的被控参数进行自动调节，使其运行在设定的范围；

（6）实现设备群控和优化运行；

（7）采用综合措施实现节能运行；

（8）在实现自动控制功能的同时，提供远距离操作和就地操作功能；

（9）提供的系统运行状态，故障报警的实时数据和历史数据记录等均可以图形化界面显示。

7.3.2 远程抄表管理系统

远程抄表管理系统是针对用建筑水、电、燃气、热能（有采暖地区）表等的使用消耗进行远程抄表的智能系统，系统通过远程集抄，获取住户水、电、气月消耗量，以核算住户的缴费数据通知用户按时缴费。这些数据也有助于运营商分析决策，以便提供更好的服务。

水表、电表、燃气表、热能（有采暖地区）表的集抄宜与公用事业管理部门系统联网，通常由当地运营商负责设计和施工。

保障房住宅小区的智能化专业单位做设计时，需与当地运营商沟通，了解各家单位的系统结构，综合考虑管道、箱体和机房的预留。

（1）工作原理：远程抄表管理系统主要将末端对每个用户的计量仪表包括远传水表、电表、燃气表等的数据通过通信线连到对应的采集器，并通过通信协议转化，实现末端仪表与计算机之间通信，达到集中远程抄表监控管理的功能。

（2）组成：远程抄表管理系统由管理中心计算机、传输控制器、采集终端组成的三级网络，管理中心计算机是系统的管理核心，它对整个系统进行管理，通过下辖的传输控制器可以随时调用系统内任一水表、电表或燃气表的数据，并对数据进行处理，同时可以对系统内设备发出各种指令（图7.3-1）。

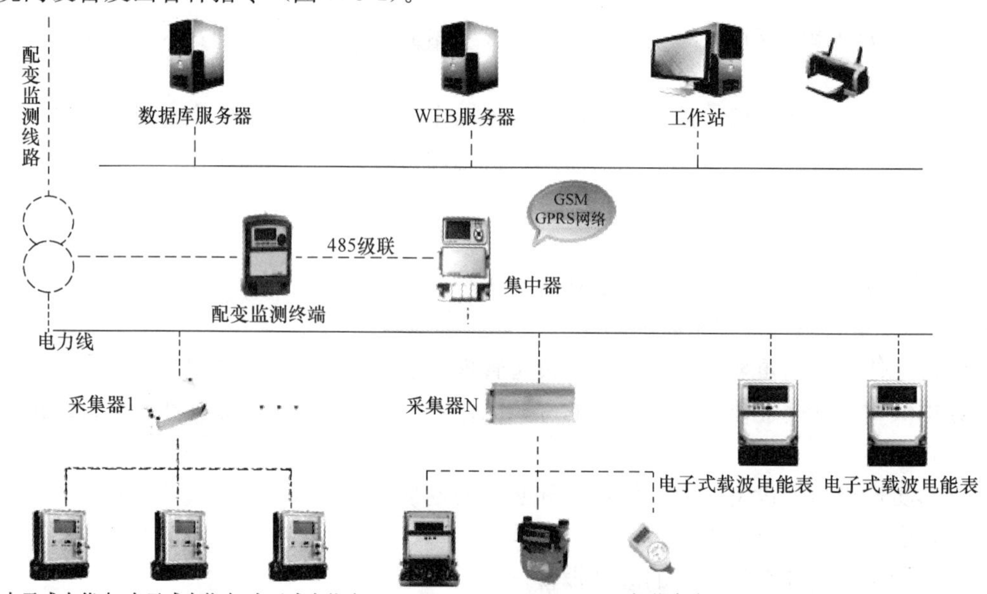

图7.3-1 远程抄表管理系统示意图

（3）系统的设计与施工

①由于脉冲表因环境等诸多原因，误读数据概率较高，智能化专业设计单位在设计时，尽可能采用总线制直读式水、电表抄表系统，减少抄表误差。

②由于通信协议不同，通讯线的长度和型号也有一定的限制，智能化专业设计单位设计管线、箱体和机房预留时，需参照考虑。

③信号线不得与其他线缆穿在同一根管内，信号线/通信线与电力线平行敷设时，应保持一定距离，防止干扰。

④信号线路沿发热体表面上敷设时，与发热体表面的距离应符合设计规定。

7.3.3 停车场（库）管理系统

保障住宅小区的停车场（库）管理系统用于小区车辆的进出控制与收费管理，根据项目需要，可以根据媒介的不同，设计选择不同的技术方案，实现管理出入的管理。系统具防非法闯入、闯出功能，同时也有效控制小区内交通和车辆数量，树立规范的小区形象。

（1）组成：系统由道闸、控制、管理等部分组成。

（2）工作原理：在小区的出入口设道闸，车辆进出时，需经系统认证和记录，获准后通过；未获得将不被放行（图 7.3-2 和图 7.3-3）。

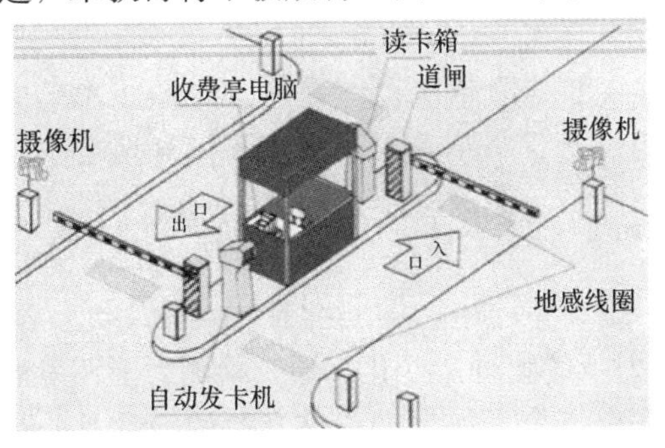

图 7.3-2 感应卡 IC 卡停车场（库）管理系统示意图

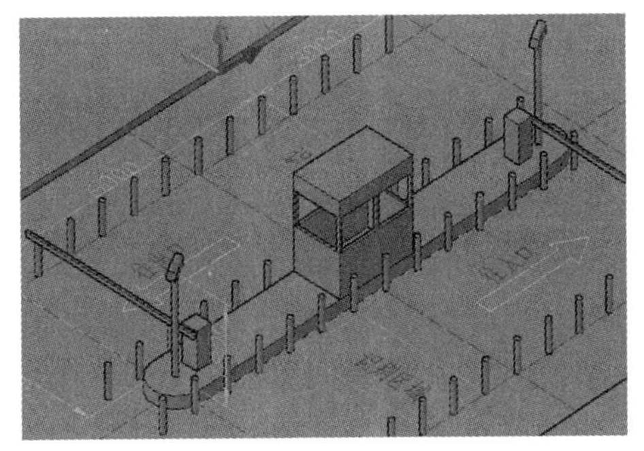

图 7.3-3 车牌识别停车场（库）管理系统示意图

（3）系统的设计与施工

①停车场（库）管理系统设计使用感应卡 IC 卡方案时，在出入口应预留停车取卡和刷卡的位置，此位置不宜留在坡道上或路口。

②停车场（库）管理系统设计使用车牌识别不停车方案时，摄像机宜使用高清宽动态摄像机，并使用相应的快速道闸；车道宜做相应限制，以保证较好的拍摄效果，保证抓拍的准确性。

③停车场（库）管理系统中，出入口的摄像机宜纳入监控系统中，管理人员从视频监控系统调看图像；摄像机的安装位置应保证抓拍效果。

7.3.4 应急广播与背景音乐系统

草坪音响系统主要是为保障房住宅小区住户提供背景音乐服务，同时也可以播放物业通知等信息。

（1）组成：广播系统通常由节目源、功放、传输、监听、传输线路等组成。

（2）系统的设计与施工：

① 草坪音响常用的分模拟定压广播和 IP 网络广播两种解决方案，智能化专业设计单位可以根据两种方案的特点和小区的需求，针对性地设计。

② 模拟广播系统是定压传输，电压较高，布线时线缆应与其他弱电设备线缆分管敷

设，避免对其他系统的干扰。

③ 保障房住宅小区的广播宜根据小区的面积和音箱的数量，分区设备回路，地下室部分应与地面部分分开。

④ 在地下室、会所等大型公共场所的广播应明确与消防的切换界面，本系统应在发生火灾时，与消防广播切换用于疏散人群。

7.3.5　照明节能控制系统

智能照明控制系统是根据住区内各照明区域的功能、用途、时间、照度等要求进行预先设定、编程，动态控制的照明系统，并监测其运行状态和故障报警。

智能照明控制系统可对照明系统进行实时动态跟踪，将照明供电的输出、输入电压信号与最佳照明电压相比较，通过计算进行自动调节，确保照明工作电压能稳定输出不受电网电压波动的影响。

通过系统中的时钟管理器、自动探测设备（如动静感应器、人体感应器、光感应器等），感测诸如人体运动波、周围环境照度、温度等信号变化，再根据不同环境要求、预先设定的假想条件，自动执行相应的操作，如开关，调节灯光的亮度等。

7.3.5.1　照明节能控制系统的控制方式

（1）根据照度自动控制（智能照度传感器）

智能照度传感器利用光敏元件在自然光照射下的物理量变化，通过检测周围环境的亮度（如自然光强、弱），与设定值进行比较后发出指令（如自动调整光源的亮度及分布），保证照明区域所需的最佳照度要求并充分有效利用自然光（智能照度传感器有休眠、工作两种工作状态，处于休眠状态时可认为强制性地进行 ON/OFF）。

在住区的建筑物内，以照度计组成的传感器获得的计测信息为基础，通过限制照明器具的输出功率来实现节能。例如在可以利用自然光的地方，如窗边，通过减少灯光来使桌子上方的照度保持在一定水平。

将亮度传感器和调光装置合为一体，设置于楼内，调光装置通过信号线和照明器具连接在一起，利用传感器作为输入、调光装置作为输出进行反馈控制，通过这种反馈控制的方法来进行自动控制。

智能照度传感器还可以保证照度保持不变，而窗口等处灯具自动调光。

（2）根据时间自动控制（时钟管理器）

时钟管理器可预先设置若干种基本工作状态，通常为“白天”、“晚上”、“日升”、“日落”时间等，根据预先设定的时间自动地在各种状态之间转换工作。

例如，日落时，自动打开相应区域的灯光或系统提前自动将灯打开；日出时，系统自动关闭相应区域的灯光；定时开/关路灯、庭院照明灯。

照明控制系统中最具代表性的就是时间自动控制。定时控制器使用与公共区域照明及道路照明，即住区内的公共道路等无法确定人数的公共部分中。在住区的居民楼内，定时控制器用于楼内的公共场所，如白天强制关灯、防止夜间忘记关灯的应用实例日益增多，这样可以节能。

（3）人体感应自动控制（红外线传感器）

红外线传感器由单元控制器、无源远红外传感器组成，通过探测人体发出的红外线，感知周围环境是否有人存在，从而实现“人来灯亮，人走灯灭”的功能。即自动控制所控区域（如楼道、公共区域、广场等）的照明，并可以自动调整该区域的灯光照度，也可以通过检测到的人员活动，根据预先程序控制其他负载如空调、报警器等的开关。

根据人体发出的红外线来感应有人或没人，从而自动开关灯的做法在很久以前就开始应用了。在日本，人体传感器多用于使用频率低、人员出入少的场所，这点与国内不同。

（4）车辆感应自动控制车库灯光

在车库出入口车道，停车位等合适位置设置智能移动探测传感器，当有人或车移动时，开启相应的局部照明，车停好后或人、车离开后灯延时关闭。

7.3.5.2 照明节能控制系统的优点

（1）降低了运行维护费用

采用智能照明控制系统，可使照明系统以全自动状态运行，系统将按预先设置的若干基本工作状态工作，系统能够智能地利用室外自然光，天气晴朗时，灯会自动调暗，天气阴暗时，灯会自动调亮，以始终保持恒定的亮度（预先要求的亮度）。

智能照明控制系统运用先进的通信技术，不但实现了单点、双点、多点、区域、群组控制、场景设置、定时开关、亮度自动调节、集中监控/遥控等多种照明控制功能，而且还能优化能源的利用，降低运行费用。在实际使用中，由于可以实现远距离监控，在远处就可以控制灯具 ON/OFF，减少了管理人员往返于照明现场的工作量，十分便利。

（2）节约能源

一般照明设计师在对新建的建筑物进行照明设计时，均会考虑到随着时间的推移，灯具效率和墙面反射率不断衰减，而器具在初期阶段的亮度会高出设计照度的 20%～30%，因此设计时，会预先估算并预留出保养率，导致初始照度均设置得比较高，然后再通过调节照度达到设计照度。随着照明器具的使用，灯的亮度逐渐下降，器具污染也使得照度逐步降低，这时进行调光可以使其维持在设计照度的水平。

设计照明照度偏高造成了不必要的能源浪费。采用智能照明控制系统后，虽然照度还是偏高设计，但由于可智能调光，系统将会按照预先设置的标准亮度使照明区域保持恒定的照度，而不受灯具效率降低和墙面反射衰减的影响（见图 7.3-4），这也是安装智能照明控制系统可以节约能源。

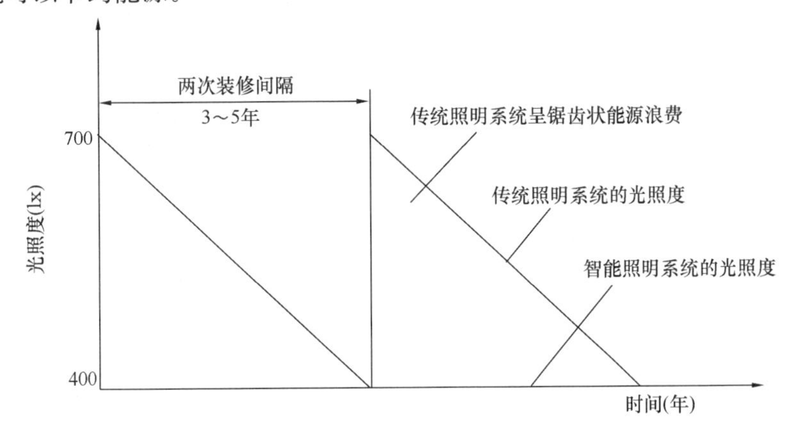

图 7.3-4 照度一致性曲线图

(3) 延长灯具寿命

灯具的使用寿命与工作电压有直接的关系。灯具的工作电压越高，其寿命则成倍降低，因此适当降低灯具的工作电压是延长灯具寿命的有效措施之一。

我国电网的供电电压波动范围通常为10%，其电网过电压是灯具损坏的致命原因。

智能照明控制系统不会因上述原因而过早损坏，而且还可显示电压，提高灯具寿命。智能照明控制系统采用的软启动和软关断技术，避免了开启灯具时电流对灯丝的热冲击，使灯具寿命进一步得到延长。这不仅节省了大量灯具，而且大大减少了更换灯具的工作量，有效降低了照明系统的运行费用。

(4) 安装方便，易于维护

布线由传统的从配电箱断路器接至现场开关，再接负载的方式改为直接从控制模块接至负载，控制模块可在现场安装，从而节省了大截面导线材料消耗量，降低了建筑开发商的维修管理运行费用，缩短了安装工期(20%左右)，提高了投资回报率。

根据用户需求和外界环境的变化，只需修改软件设置，就可以调整照明布局和扩充功能，大大降低了改造费用和缩短改造周期，适用于商业、家居的不同使用要求。区域变化后，控制系统的设定十分方便。

(5) 有利于人身安全

控制回路与负载分离，控制回路的工作电压为安全电压DC12－36V，即使开关面板意外漏电，也不会危及人身安全。

(6) 提高物业管理水平

当建筑物停电时，由于智能照明控制系统中每个传感器元件、驱动器元件均有预存有系统状态和控制指令，因此在恢复供电时，系统会根据预先设定的状态重新恢复正常工作，实现无人值守，提高物业管理水平。

(7) 开放性系统

智能照明控制系统具有开放性，可以和其他物业管理系统、设备集中监控系统、安放和消防系统组合联网，符合住区智能化的发展趋势。

7.3.5.3 照明系统节能运行管理

(1) 门厅大堂照明控制

门厅大堂是建筑的眼睛，是人们进入楼层的第一印象，应充分利用射入的自然光，实现日照补偿。当天气阴沉或夜幕降临，大厅的主照明渐渐调亮；当室外日光明媚，系统将自动调暗灯光，保持要求的亮度，同时配备层次、类型各不相同的灯光，以保证良好的光照效果。人们从楼外进入大厅，是从光线明亮处进入光线昏暗处，如果这个转折过快，会很不适应，睁不开眼睛，所以，灯光的强弱变化应逐步进行。要使每个人的眼睛都能逐步适应光线明暗的变化，可采用不同种类、不同亮度、不同层次、不同照明方式的灯光，配合自然光线达到上述的要求，力求通过智能调光营造出一个明快、舒适的环境。

中央控制计算机通过编程，按早、中、晚、节假日预设相应的灯光场景，既可以定时操作，还可以通过远程控制的方式改变灯光场景。此区域具有日照补偿功能，利用该功能对灯光进行控制，合理地利用自然光以节约能源，通过安装光线感应器感应室内自然光照的强弱，自动调节投向门厅等区域的光线和亮度，既保证满足照明要求，又能及时实现各种自动转换，达到节能的目的。

(2) 走廊楼梯公共照明控制

走廊楼梯照明出保留部分值班照明外，其余的灯在无人及白天可以及时关掉，以节约能源。因此可以按预先设定的时间，编制程序进行开/关控制，并监视开/关状态，例如，自然采光的走道，白天、夜间可以断开照明电源，以节约能源，但在清晨和傍晚，人们上下班的高峰时间应开启。

(3) 景观照明控制

景观灯光照明监控系统，就是把实施户外夜间照明灯光的控制权统一集中到控制室的电脑系统里，通过程序，还可以无线遥控视频监视器，观察灯光的明暗或损坏。程序设置可以根据不同的时间段进行编制，比如景观照明系统每逢周五、周六开启照明 4～5 小时，节假日时间延长。

景观艺术照明智能控制，应做到灯光场景组合，色彩变化、亮度变化及与其他设备在整个系统内同时运行，保证在不同时间、地点与气候环境下，人文景观、自然景观都以多种视觉效果与夜景展示。夜景工程照明不一定要处处、天天亮，有些地段可以应时开放，比如节假日、双休日才亮，每天亮的时间尽量缩短。

(4) 室外照明工程

室外照明是一个系统工程，体现照明技术和文化艺术的完美结合，所设计的内容广泛，主要是道路、广场等场地照明设计。午夜以后人和车辆已经极为稀少，在低交通流量的道路上仍然保持较高照度显然没有必要，可以采用智能光源降压——稳压——调光技术，依据人体工程学中的视觉理论，实现对照度的动态智能化管理，主要优点是在调光的同时也大幅降低了电耗。

泛光照明智能控制系统可实现单灯远程控制、报告与场景编辑，按照不同时间人流量不同，开启相应的灯光，达到有效节能的目的。可实现无人值守机房、远程抄表、照明设备远程监测与控制等，可大大降低运营维护成本，全面提高照明设备管理与维护效率。

(5) 地下车库照明控制

地下车库照明控制是针对住区的地下车库，对地下车库中的照明进行控制，通过在中控室对地下车库中需要开启的照明进行控制，在地下车库中由于管理水平的参差不齐，有的地下车库通常将部分的灯管拆掉，以达到节能的效果，但是这样会造成照明的照度达不到要求。

因此，地下车库照明控制应采用移动传感器对车辆和人员进行监测，通过对照明通知系统的设定，设置监测启动的照明回路。当有车驶入或有人进入到监测的区域中时，将该区域和附近区域的照明开启，当车驶出或人离开该区域后，照明回路延迟消灯。可以在照明控制系统上对地下车库照明回路进行设置，在不同时间段内，在保证照度的要求下，对开启照明场景进行设定。例如在早上和傍晚上班的高峰期时，开启全部的车库照明，在中午时，开启三分之一的照明，以此达到节能的效果。

7.3.6 电梯监控系统

电梯监控系统是监控电梯的工作状态和故障信息，当电梯乘坐者因电梯停电或出现故障被困时，要具有对外进行呼救的救援功能和电梯维修保养时的通信功能。电梯通话功能由电梯轿箱对讲机、对讲控制器、管理员机、电源供应器共同实现（图 7.3-5）。

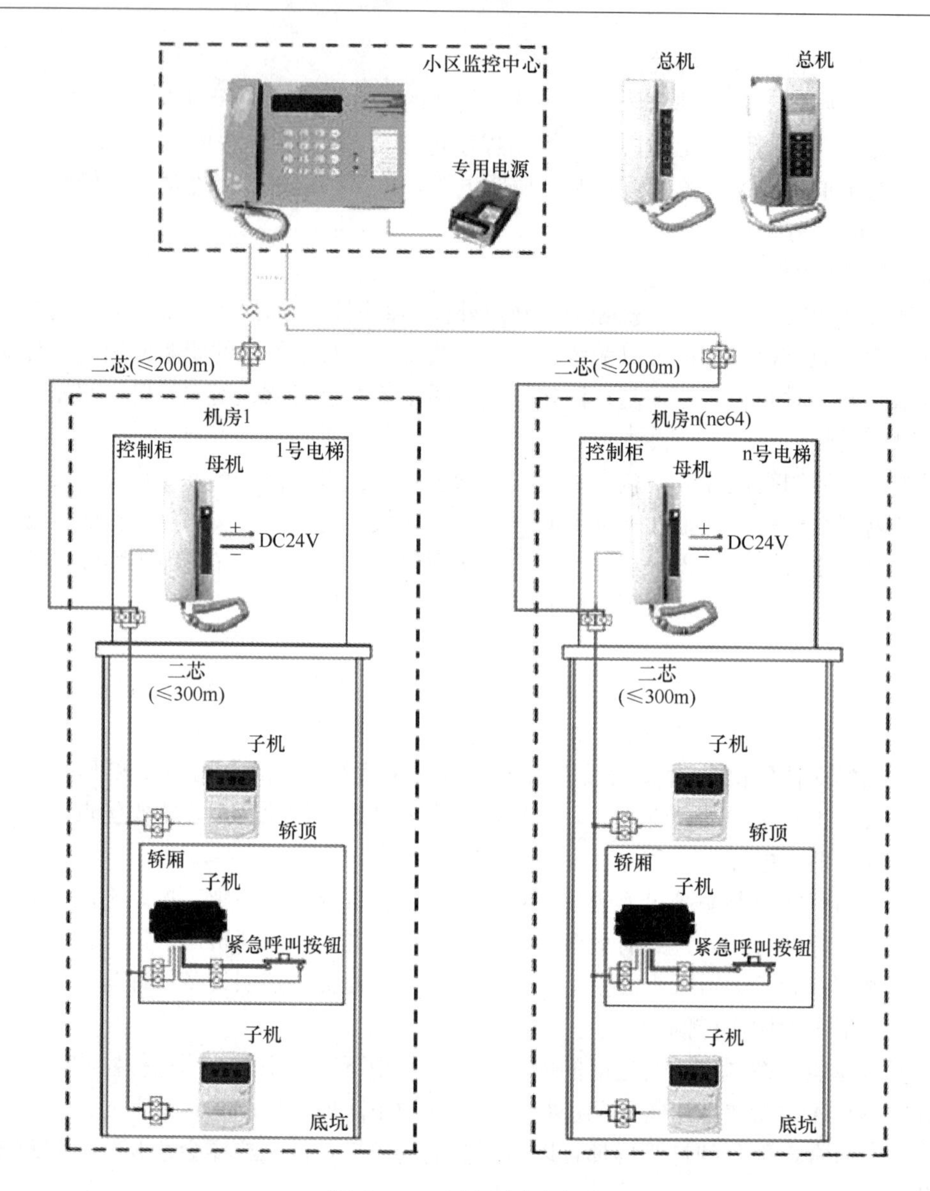

图7.3-5　电梯通话示意图

7.3.7　其他公共设备监控系统

对于较大型、高层的保障房住宅小区，其机电设备数量多、分布广，其他设备也要进行适当的监控，如配电系统、给水排水系统、热源和热交换系统等。

（1）配电系统

对保障房住区的高压供电（一般采用两路独立的10kV电源供电）、变压器、低压配电系统的运行状态和故障报警进行监测，并检测系统的电压、电流、有效功率、功率因数和电度数据等。为安全运行提供实时信息和向物业管理部门提供必要的运行数据。对供配电系统一般只进行监测，不进行控制操作。

（2）给水排水系统

对建筑物的给水系统、排水系统（雨水、污水）、中水系统进行监控。给水系统有高位水箱给水、变频恒压给水等方式。对高位水箱给水方式要求监视水箱的水位信号，根据水位信号按设计要求控制给水泵的启、停，监测其运行状态和故障报警信号；对水泵进行轮换工作控制，当工作泵出现故障时自动投入备用泵工作。对变频恒压给水方式，要求根据供水总管压力控制变频机组的工作频率，使总管压力保持不变。

(3) 热源和热交换系统

控制热交换器一次测的流量来调节热交换器二次水的温度，使其符合设计要求，并控制循环泵的启、停；补水泵的启、停；监测设备的运行状态和故障报警信号。对采用住区自供暖方式采暖的住区，还需要监控热源相关参数。对热源系统一般只监测其运行状态、故障报警信号和运行参数，由其本身的控制器进行控制和调节。

7.3.8 综合管路系统

综合管路是智能化各子系统各种设备及终端连接线缆路由的预置管路总和，包括桥架、管路和箱体等。

智能化专业设计单位在做管路设计时，应遵循《住宅建筑电气设计规范》JGJ 242—2011下，并注意以下几点：

(1) 为了合理地利用小区有限的地面空间资源，并尽量减少人行道，绿化带的弱电检查井，各系统的弱电室外管道尽可能按同沟不同井设计，且定压广播线缆110V应单独穿管敷设，并在小区草坪下敷设。

(2) 室外管子敷设路由应避开水管、强电管等，并方便日后的维护；过路面时，应考虑加强措施，以防路面车辆压坏。

(3) 室外手井、人孔井和管路应有防积水措施，避免线缆长时间被水浸泡；室外管路须保证方便线缆更换。

(4) 室外应采用防水型线缆，且具有高抗干扰性，线缆避免从强电强磁场区域穿越；管路需做封堵。

7.3.9 设备管理与监控系统分级控制技术

建筑设备管理与监控通常都采用分布式控制系统。分布式控制系统通常由多台控制器分别控制多个分散的设备，一般采用分级控制。通常分现场级、控制级和管理级控制。

7.3.9.1 现场级

指现场被控制的设备，如水泵、风机等，也包括传感器和执行器。

(1) 传感器

传感器是对现场各类物理量的检测，如温度、湿度、压力、流量、电压、电流等。传感器应根据被检测物理量的性质、安装部位、变化范围等选择。通常采用具有标准信号输出的传感器，如0～10V、4～20mA。

(2) 执行器

执行器是将控制器的控制输出施加到被控制对象，形成对被控制对象的调节。如管道上的阀门、风道上的风门等。执行器应根据被控对象的结构、工艺参数等选择。

7.3.9.2 控制级

不同厂家生产的控制器的功能、结构和规模均不一样。控制器通常应包括I/O接口、运算单元、通信单元、显示单元的部分。控制器的功能有：

(1) 监测数据的采集。现场设备的数据包括设备的运行状态信息、故障报警信息、参数监测等。通常以数字量形式输入（DI）或模拟量输入（AI）。

(2) 根据对被控制对象的检测结果，通过与设定值进行比较、计算给出相应的控制作用。现场控制器应配备常用的控制算法，从简单的单回路PID控制、顺序控制到复杂得多变量控制等。

(3) 控制作用的输出。根据控制策略给出对执行器的控制作用，控制器的输出信号有数字量输出（DO）和模拟量输出（AO）等，通常以0～10V、4～20mA，或一定高度的脉冲等形式给出。

(4) 可接受由中央管理计算机发出的控制命令。

(5) 控制器与中央管理计算机通常采用网络通信。

(6) 现场控制器应能在系统管理级有故障时仍能独立工作。

7.3.9.3 管理级

系统管理级由管理计算机和软件组成。

管理计算机一般采用商用微机、高可靠性的工业控制机、容错计算机或双计算机热备份，实现对整个系统的集中监测、控制与管理。

管理软件的功能应有：

(1) 可完成复杂的优化运行的计算和其他高级控制功能。

(2) 可方便地设置和修改系统的设定值。

(3) 通过开放式网络通信协议与现场控制器连接。

(4) 采用友好的“组态”软件，极大地方便管理员进行系统组态、参数的设置和修改。

(5) 友好的人机界面。

(6) 对现场设备的远程操作。

7.3.9.4 系统间集成

为将不同厂家的控制级设备集成起来，进行统一监控和管理，还需要运用到系统集成的常用技术。

(1) 网关技术

集成平台系统应该是一套开放的系统，必须能够支持所有常用的通信形式和协议，例如，DDE、RS232、RS485、LonWorks、BACnet等。只要子系统支持这些协议，原则上都可以实现与集成平台的集成。如果某个子系统不支持上述协议，就需要该系统生产商开放其协议，为配合弱电各子系统的集成，子系统供应商必须在签订设备合同时，提供相应的通信协议文本。在子系统调试开通后，提供现场数据的地址详细资料。

网关是一个特殊的设备，它是集成平台系统与第三方系统通信的桥梁，通过通信方式，把第三方系统的实时数据通过特定的通信协议转换成集成平台系统可以识别的数据。网关通常与第三方系统以RS232/RS485或以太网等方式连接。

网关可实现不同结构和协议的通信之间的互联。在不同的网络之间进行重新打包和格式转换，因此一种网络能够理解其他网络的应用数据。因此，网关通常用来连接两个不可能使用相同通信协议和数据格式的系统。

(2) OPC 技术

OPC 全称是 Object Linking and Embedding (OLE) for Process Control，它的出现为基于 Windows 的应用程序和现场过程控制应用建立了桥梁。在过去，为了存取现场设备的数据信息，每一个应用软件开发商都需要编写专用的接口函数。由于现场设备的种类繁多，且产品的不断升级，往往给用户和软件开发商带来了巨大的工作负担。通常这样也不能满足工作的实际需要，系统集成商和开发商急切需要一种具有高效性、可靠性、开放性、可互操作性的即插即用的设备驱动程序。在这种情况下，OPC 标准应运而生。OPC 标准以微软公司的 OLE 技术为基础，它的制定是通过提供一套标准的 OLE/COM 接口完成的，在 OPC 技术中使用的是 OLE 2 技术，OLE 标准允许多台微机之间交换文档、图形等对象。

OPC 服务器通常支持两种类型的访问接口，它们分别为不同的编程语言环境提供访问机制。这两种接口是：自动化接口（Automation interface）；自定义接口（Custom interface）。自动化接口通常是为基于脚本编程语言而定义的标准接口，可以使用 Visual Basic、Delphi、PowerBuilder 等编程语言开发 OPC 服务器的客户应用程序。而自定义接口是专门为 C++ 等高级编程语言而制定的标准接口。OPC 现已成为工业界系统互联的缺省方案，为工业监控编程带来了便利，用户不用为通讯协议的难题而苦恼。

(3) Web Service 技术

Web Service 技术是应用程序通过内联网或者因特网发布和利用软件服务的一种标准机制。他提供了一套分布式的计算技术，在 Internet 或 Intranet 上通过使用标准的 XML 协议和信息格式提供应用服务。使用标准的 XML 协议使得 Web 服务平台、语言和发布者能够互相独立，并以一种高度灵活和自动化方式组织交互活动，建立基础牢固的系统应用集成，是实现系统集成解决方案的一个理想的选择。

作为 Web Service 用户，客户程序可以采用 UDDI 协议发现服务器应用程序（Web Service 供应商）发布的 Service；采用 WSDL 语言确定服务的接口定义；用基于 SOAP 的 XML 文档再通过 HTTP 等常用通信方式交换数据。在 Web Service 的客户应用程序一方，客户程序在本机调用方法，但是被调用的方法会被转换为 XML（基于 SOAP），并通过网络发送给 Web Service 供应商应用程序。供应商再利用 XML 文档（基于 SOAP）发回对方法调用的响应。由于 Web Service 是通过 URL、HTTP 和 XML 访问的，所以运行在任何平台之上、采用任何语言的应用程序都可以访问 XML Web Service。要达到这样的目标，Web Service 要使用两种技术：

① XML

XML 是在 web 上传送结构化数据的方式，Web Service 要以一种可靠的自动的方式操作数据，HTML 不会满足要求，而 XML 可以使 Web Service 与表示的分离十分理想。

② SOAP

SOAP 使用 XML 消息调用远程方法，这样 Web Service 可以通过 HTTP 协议的 post 和 get 方法与远程机器交互，而且，SOAP 更加健壮和灵活易用。

7.4　保障性住房信息网络系统

保障性住房小区信息网络系统应建立居住小区电话、电视与宽带接入网。随着Internet网的发展，其用户呈指数形式增加。人们越来越依赖于通讯网络，网络日益成为现代社会的基础，人类社会正明显地向网络社会发展，为了满足人们对信息需要量的不断增长，保障性住区信息通信系统发展包含且不限于：家庭综合布线系统；宽带网络系统；有线电视网络系统等。上述系统经过多年发展已较为成熟，在保障性住房小区中应用时可以充分借用社会资源。

7.4.1　家庭综合布线系统

目前安防、访客对讲、表具数据远传、智能灯光控制等系统从产品结构上来说大多采用总线制结构，需要单独铺管、布线、建立控制网络，这就使得小区楼内的垂直布线变得十分庞杂，且不便于管理和维护。建议在保障性住房小区内布置家庭综合布线系统，建设初期就统一策划小区的综合布线方式，以及确定所选设备产品数据的传输方式有利于智能化小区的建设，统一信息传输的路径，可以大幅度减少各分系统管路的铺设量和专用线缆用量，有利于节约管路和线缆的投资，节省施工工作量与费用，又有利于组网和管理，减少日后的维修维护工作量。

7.4.2　宽带网络系统

随着计算机技术和网络技术的发展，家庭计算机的普及，各种信息网、服务网已经成为现代人们生活中必不可少的重要内容。小区内设一个高速计算机网，为千家万户提供上网服务。家用计算机除可以管理家庭各种电器设备外，同时可利用内部网与小区的其他住户在网上进行交流、娱乐，还可在管理中心查询数据。每户的小区宽带数据接入网络，以便为住户提供网上综合信息服务。与本地区城域网络建设相结合，实现在家中即可进行网上购物、网上教育、网上医疗、网上股票交易、网上娱乐等。小区的物业管理部门也可以建立自己的信息服务平台，发布小区内部各种信息，从而极大地方便住户生活，学习和休闲的需要。

保障性住房小区网络系统基本要求：小区网络系统是小区综合信息服务中心的基础平台，其设计应充分考虑小区信息流量的需求，以满足21世纪宽带多媒体信息交互的要求。同时网络应具备可管理性、可扩展性和可维护性。

7.4.3　有线电视网络系统

电视是千家万户不可缺少的一项娱乐活动。电视用的来源也是多种多样的，有卫星电视、有线电视、共用天线电视、社区自办电视等。在保障性住房小区中，通过智能综合布线实现的电视系统使住户共同面对一个“电视台”，即小区综合电视网。该系统应布线简单，节目众多，且转换方便，可通过增加用户终端设备可实现可寻址自动播放系统。信号来源主要有：共用天线系统；卫星电视信号；自办电视节目信号；共用天线系统的调频广播节目传播；当地有线电视光纤网络节目。

(第 7 章 保障性住房智能化管理产业化成套技术，参与编写和修改的人员有：
松下电器研究开发（中国）有限公司：蔡明、李洵、王天昀
住房和城乡建设部住宅产业化促进中心：文林峰、刘美霞、刘洪娥、王洁凝
江苏省住房和城乡建设厅住宅与房地产业促进中心：徐盛发、王双军、胡伟朵
江苏省建筑设计研究院：李玉虎
江苏新城地产股份有限公司：高宏杰
浙江灵峰智能建筑设计有限公司：丁信华)

第 8 章　保障性住房太阳能热利用产业化成套技术

8.1　太阳能热利用产业化成套技术发展概述

全球面临的能源危机对人们生活的影响极为深远，节能减排战略的长期性决定了各类家用热水器产品都必须向环保型发展。我国的太阳能资源极其丰富，太阳能热水器使用完全清洁的太阳能为主要能源来源，在使用过程中仅需耗用很少的其他辅助能源如电、燃气等，安全性能较好、技术成熟、产品产业化度高，应当是保障性住房热水器产品采购的首选。太阳能热利用快速发展，反映了我国在开发和利用可再生能源过程中的创新思维和市场意识。

8.1.1　太阳能热利用产业化成套技术发展现状

目前，我国已成为世界上最大的太阳能光热应用市场，也是世界上最大的太阳能集热器制造中心。太阳能集热器 2011 年产量达到 5760 万 m^2，同比增长 17.6%；销售额达到 940 多亿，同比增长 28.2%；2011 年上半年出口国家和地区超过 200 个。在国家建筑节能政策引导下，“十二五”开局之年太阳能热水器产业实现持续平稳发展。

据不完全统计，北京市、山东省、海南省等 20 个省（市、区）和 80 多座城市纷纷出台规定。要求新建 12 层及以下住宅，以及新建、改建和扩建的宾馆、酒店、商住楼等有热水需求的公共建筑，具备条件的应统一设计、安装太阳能热水系统。要求城镇区域内 12 层以上新建住宅建筑应用太阳能热水系统的，必须进行统一设计、安装。有些省市如山东、北京等地对集中安装太阳能热水系统还直接给予资金补贴。这些举措大大地推动了区域市场的发展。

太阳能光热利用的基本原理是将太阳辐射能收集起来，将光能转换成热能再加以利用。目前主要应用在太阳能热水系统和光热发电两大领域。中国太阳能光热产业发源于 20 世纪 80 年代，由于当时能源紧张局面的出现，各大专院校和科研院所开始了太阳能光热利用的研究工作。随着国家“863”计划的实施，全面推动了我国太阳能光热利用的产业化进程。太阳能热水器、太阳能采暖系统、太阳能暖房、太阳灶、太阳能干燥系统等一系列产品迅速发展。

我国太阳能光热产业之所以能快速发展并跃居世界第一，关键因素是掌握了核心技术。我国太阳能光热产业自有技术占 95%以上，在太阳能集热、高温发电集成系统、采暖制冷、海水淡化、建筑节能、设备检测等方面，拥有国际领先的技术。这些主要体现在：在集热技术领域，研发出了具有划时代意义的“铝一氮/铝全玻璃真空集热管”技术，生产出“钛金集热管”和“中温太阳集热管”，大大提高了光热转换效率，研发出了多种平板型太阳能集热器，寿命长、效率高，可以与建筑一体化、与建筑同寿命；在储热技术方面，双效保温桶采用了 6 项中国专利技术，在聚氨酯保温层内再加上 ACRI 绝热材料，有效阻隔热辐射，减少热传导，从而达到双重保温效果；在智能化方面，全自动太阳能热水器采用国际领先的全自动运行技术，实现热水“一键式”操作；在生产工艺方面，从拉封、清洗、排气、镀膜到包装等工艺的全自动化生产，极大地提高了产品生产效率和质量。

在最新发展的太阳能与建筑一体化方面，太阳能与建筑结合创造的低能耗、高舒适度的健康居住环境，不仅让住户家庭生活得更自然、更环保，而且能节能减污，对实现社会可持续发展具有重大意义。经过数年的研究和开发，太阳能与建筑相结合，成为住宅建设中的一个最新亮点。特别是平板型太阳能热水系统集热器、支架、水箱和智能化显示仪于一体，很好地实现了与建筑的完美结合。经过多年技术研发与工程实践，平板太阳能热水器在排空防冻技术方面取得重大进展，解决了平板集热器系统冬季不能使用的缺陷；新增了高层增幅系统、统一安装辅助加热、集中采热集中取热等模式，解决了中高层建筑有效利用太阳能问题。另外平板太阳能承重、抗冲击能力好，除垢简单易行，克服了过去集热真空管脆弱易碎问题，后续维护简单，有利于进一步拓展太阳能热水系统在保障性住房中的应用。

目前太阳能热水器发展具有广阔市场前景，同时也面临着一些不利因素的存在、限制了太阳能热水器的快速长足发展：太阳能热水器市场还存在产品同质化的现象，部分低价太阳能热水器由于技术局限，采用的真空管质量不过关，储水箱的保温效果低，导致吸热能力弱、抗寒能力差。又因为太阳能热水器安装服务不到位，导致太阳能热水器行业发展受到阻碍。因此，对于加入“保障性住房建设材料部品采购信息平台”太阳能热水器企业，不但要经过严格的国家级认证机构的认证，还要签署承诺书，在产品的研发与设计、生产、施工和安装等全过程要确保质量、规范服务。

8.1.2 太阳能热利用产业化成套技术相关政策法规

建筑能耗占社会总能耗的三分之一，是节能减排的重点领域，在建筑节能减排领域我国出台了相关政策。建设部于 2005 年 4 月 15 日发出了《关于新建居住建筑严格执行节能设计标准的通知》强调建筑节能设计规范，从源头控制建筑能耗。2006 年 1 月 1 日起执行的建设部《民用建筑节能管理规定》，进一步明确了建筑节能的相关要求。

太阳能热水器推广应用相关政策包括：2007 年 4 月，国家发改委下发了《推进全国太阳能热利用工作实施方案》，明确提出中国即将制定太阳能热水器的强制安装政策。2007 年 5 月 18 日国家发改委、建设部联合发出《关于加快太阳能热水系统推广应用工作的通知》(发改能源［2007］1031 号) 提出“有条件的医院、学校、饭店、游泳池、公共浴室等热水消耗大户，要优先采用太阳能集中热水系统；新建建筑在设计时，要预设按照太阳能热水系统的位置和管道等构件，尽可能安装太阳能热水系统；对于既有建筑，如具备条件也要支持安装太阳能热水系统；政府机构的建筑和政府投资建设的建筑要带头使用太阳能热水系统；在有条件的农村地区也要积极推广太阳能热水系统及太阳灶等其他经济实用的太阳能热利用技术，把推广应用太阳能热利用技术作为社会主义新农村建设的重要措施予以重视。”2010 年 10 月国务院发布了《国务院关于加快培育和发展战略性新兴产业的决定》(国发［2010］32 号)，把加快太阳能热利用技术推广应用，作为新能源产业的发展重点，宏观政策和消费趋势为太阳能热利用行业的发展创造了良好的宏观环境和市场条件。2012年由国家发改委、中国标准化研究院、全国太阳能标准化技术委员会牵头起草的《家用太阳能热水系统能效限定值及能效等级》首部国家强制性标准，规定了贮热水箱容积在0.6m^3以下的家用太阳能热水系统的能效限定值、能效等级、节能评价值、试验方法和检验规则。

8.1.3 保障性住房运用太阳能热水器未来发展方向

保障性住房在居住面积和设计标准上有严格限制，开发商和建筑商需充分考虑产品的空间占地、性价比和节能环保因素，为住户提供优质舒适的生活环境。在保障房建设中，设计单位需根据建筑物的类型、使用要求，确定太阳能热水系统类型、安装位置，并向建筑给水排水工程师提出对热水的使用要求，由给水排水工程师进行太阳能热水系统设计；结构工程师应考虑太阳能热水系统的荷载，保证结构的安全，并根据产品结构特点埋设预埋件，为集热器的锚固、安装提供安全牢靠的条件。各专业应相互配合，满足太阳能热水系统的正常使用并满足承重、抗风、抗震、防水、防雷等安全要求以及维护、检修的要求。太阳能热水系统产品的供应企业，应向建筑设计单位提供太阳能热水系统热性能等技术指标及其检测报告，保证产品质量和使用性能，保证太阳能热水系统与建筑工程同步进行。为在保障房中拓展太阳能热水器的应用，可重点从如下几方面入手：

（1）保障房建设中加强太阳能热水器与建筑相结合。现代城市建筑越来越注重环境质量，保障房同样要求能够从外观上尽可能与建筑融合成有机的整体。城市建筑可供采光的空间十分有限，必须充分考虑空间布局和分配，在规划和单体设计时把建筑立面和结构与太阳能采光需求统筹考虑，在不破坏整体效果的前提下，为太阳能集热器、水箱等设备和管道井预留出空间。建造与传统房顶共用结构层、保温层、防水层，与建筑一体化、与建筑同寿命的太阳能房顶应该是保障房建设的发展方向。

（2）充分利用智能化控制系统和辅助加热系统提高用水质量。在中小城市，太阳能热水器主要是非承压的紧凑直插型，整机独立安装于每户的屋顶，统一设计，统一安装。但是顶层出水压力较低，使用效果不佳；底层热水管路较长，造成大量管道中冷水资源的浪费，就是所谓“节能不节水”。早期的热水系统一般没有智能化的控制系统和辅助加热系统，使用太阳能热水器是“看天洗澡”，而现在的都市生活要求保证每天甚至随时有热水可以使用。保障性住房中太阳能热水器采用智能化控制系统和辅助加热系统，可根据天气情况和不同住户的使用需求，选择相应的热水保证方案，满足热水的供应。

（3）兼顾多重目标，因地制宜灵活选择太阳能热水系统。根据保障性住房的具体需要提出不同的解决方案，选用太阳能热水系统需兼顾集热效率、外观效果、用水质量、可靠性和造价成本等多重目标。目前在城市建筑中广泛使用的供水系统有集中集热分户供水系统、集中集热分户供热系统和分户集热分户供水系统三种方案。按照保障性住房性价比指标，集中集热供水系统成本低廉，技术较为成熟，用水质量也比较好，是最佳选择。另外，对于高层建筑来讲，仅靠屋顶面积往往不能满足整栋建筑太阳能热水采光需要，而楼宇间相互遮挡使得南立面上的集热空间也受到限制，可根据当地的自然条件，区分背阴、遮挡、低层、中高层用户，利用不同的太阳能热水系统和空气源热泵等多种节能技术相结合，分区解决生活热水需求，求得整体性价比最佳。

（4）开发太阳能热水器多重功能，推动太阳能集热器多功能化。太阳能集热器本身除了吸收太阳辐照的功能外也可以具有遮风挡雨和保温功能，而墙体本身同样具备了遮风挡雨和保温的功能，将相同的功能合并，形成太阳能集热墙体模块或太阳能阳台栏板模块，是太阳能集热器向着建材化发展，就可以减少不必要的浪费，同样可以降低综合成本。

（5）提高太阳能热水器售后维修服务质量。受外部环境的影响，太阳能热水系统的工作环境比一般家用电器要恶劣，加上目前国内售后服务欠缺，在使用热水器过程中难免会出现一些故障。因此，提高售后服务的质量尤为重要。保障性住房建设相对比较集中，设备供应商可以通过互联网建立集中管理及监控系统来了解系统运行情况，为用户提供增值的服务。逐步提高太阳能热水系统标准化水平，实现售后服务社会化。

8.1.4　太阳能热利用产业化成套技术的分类和组成

经过不断地发展，太阳能已经针对不同建筑类型、不同用水要求形成相应的太阳能成套技术应用形式。下面介绍较为典型的工程系统。

8.1.4.1　太阳能热水系统成套技术的分类

太阳能热水系统从功能上可划分成两部分：一部分是太阳能集热系统；另一部分是热水配水系统。根据《民用建筑太阳能热水系统应用技术规范》GB 50364—2005 中的规定，太阳能热水系统有以下几种分类方式。

（1）按集热与供水范围分类：

① 集中供热水系统；

② 集中—分散供热水系统；

③ 分散供热水系统。

（2）按系统运行方式分类：

① 自然循环系统；

② 强制循环系统；

③ 直流式系统。

（3）按生活热水与太阳集热器内传热工质的关系分类：

① 直接系统；

② 间接系统。

（4）按辅助能源设备安装位置分类：

① 内置加热系统；

② 外置加热系统。

（5）按辅助能源启动方式分类：

① 全日自动启动系统；

② 定时自动启动系统；

③ 按需手动启动系统。

不同的建筑类型应根据建筑本身实际情况选择适当的太阳能热水系统形式，从而达到外形美观、性价比高、使用及维护简单的效果。在建筑设计初期可按表 8.1-1 进行初步选择。

太阳能热水系统设计选用表　　　　**表 8.1-1**

建筑类型			居住建筑			住区公共建筑	
			低层	多层	高层	游泳馆	公共建筑
太阳能热水系统类型	集热与供水范围	集中供热水系统	√	√	√	√	√
		集中—分散供热水系统	√	√	—	—	—
		分散供热水系统	√	—	—	—	—
	系统运行方式	自然循环系统	√	√	—	√	√
		强制循环系统	√	√	√	√	√
		直流式系统	—	√	√	√	√
	太阳集热器内传热工质	直接系统	√	√	√	—	√
		间接系统	√	√	√	√	√
	辅助能源安装位置	内置加热系统	√	√	—	—	—
		外置加热系统	—	√	√	√	√
	辅助能源启动方式	全日自动启动系统	√	√	√	—	—
		定时自动启动系统	√	√	√	√	√
		按需手动启动系统	√	—	—	√	√

注：表中"√"为可选项目

8.1.4.2　太阳能热水系统成套技术的组成

一套完整的太阳能热水系统就包含太阳集热器（真空管式、平板式）、贮热水箱、其他能源水加热设备（辅助热源）、循环水泵、管道及附件、控制装置及其他附件。

（1）太阳集热器

太阳能太阳集热器是吸收太阳辐射并将产生的热能传递到传热工质的装置，是太阳能热水系统中最重要的部件。目前主要的太阳集热器型式为真空管式太阳集热器、平板型太阳集热器，如图 8.1-1、图 8.1-2 所示。

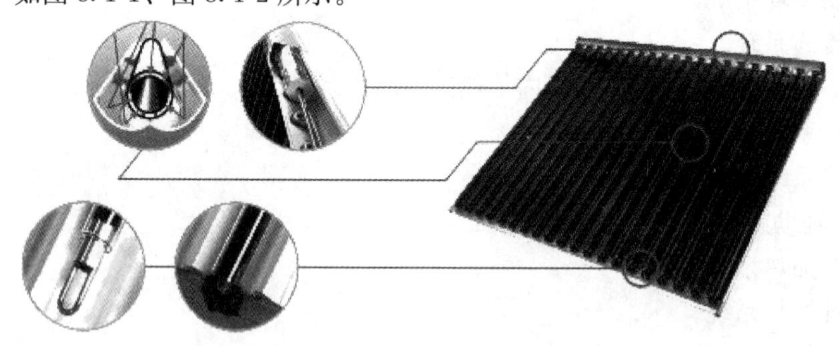

图 8.1-1　真空管式太阳集热器

太阳能成套技术中对太阳集热器类型的选择应与使用太阳能热水系统的当地太阳资源、气候条件以及用水规律相适应，在保证系统安全稳定运行的前提下，选择性价比最高的太阳集热器型式。

评价一款太阳集热器的性能主要从其热性能、光学性能、力学性能及耐久性能出发，各项性能指标应符合相应国家标准或行业标准的要求。

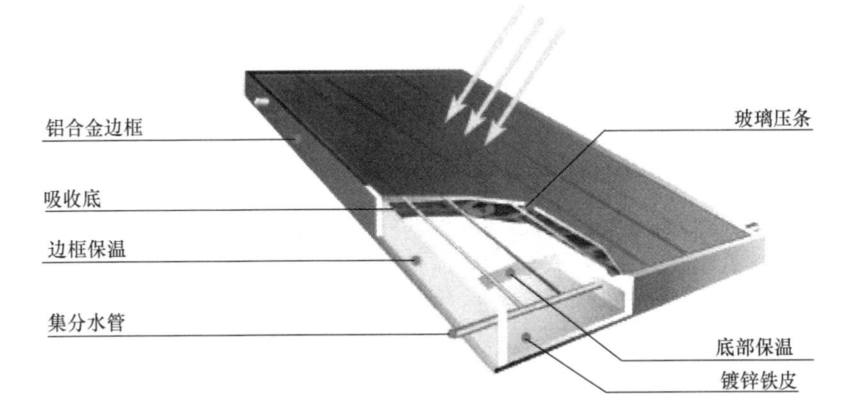

图 8.1-2 平板型太阳集热器

(2) 贮热水箱

太阳能热水系统中储存热水的装置，简称贮水箱。贮热水箱按承压能力可划分为开式常压水箱、闭式承压水箱，如图 8.1-3、图 8.1-4 所示。

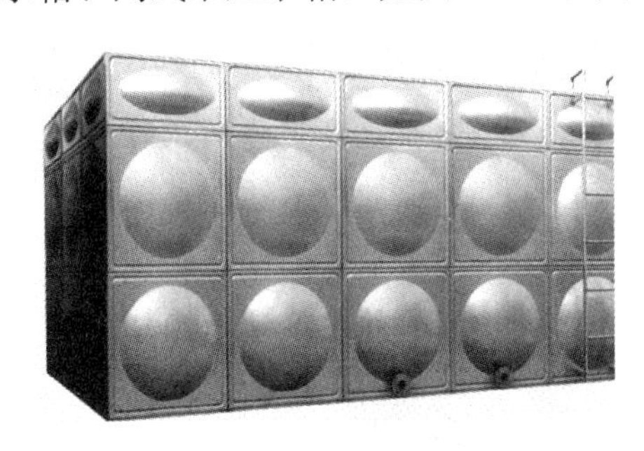

图 8.1-3 开式常压水箱

图 8.1-4 闭式承压水箱

贮水箱类型的选择应与太阳能热水系统形式相对应，其结构设计应满足相应国家标准或行业标准的要求。

(3) 其他能源加热设备（辅助热源）

太阳能热水系统中用于补充太阳能加热系统输出的非太阳能热源。目前使用较多的常规能源形式有电加热、常规锅炉（燃煤、燃油）、热泵（空气源、水源、浅层地源、污水源）、工业余热（废热）及生物质能等，如图 8.1-5～图 8.1-7 所示。

太阳能热水系统配置的其他能源应根据当地普遍使用的常规能源种类、价格、对环境的影响、使用的方便性等多项因素做技术经济比较后综合评定选择，优先考虑环保和节能因素。

(4) 循环水泵

循环水泵是输送流体或使其增压的机械，是强制循环系统和直流式系统中提供系统运行动力的部件，如图 8.1-8 所示。

太阳能成套技术中选用的循环水泵材质应与传热介质相容，应能承受系统设计的最高压力、温度，其型号的选择应根据系统的流量及扬程确定。最终确定的水泵应符合相应的国家标准或行业标准的要求。

自动排气阀
尖端的安全装置(PCB)
SCR辅助PCB
SCR无触点继电器
散热片
电安全保护壳
膨胀水箱
磁性过滤器
循环泵
低水位感应器
温水管
温感器
暖房管
加热器安全保护壳
安全阀
退水阀
压力表
自动补充水阀

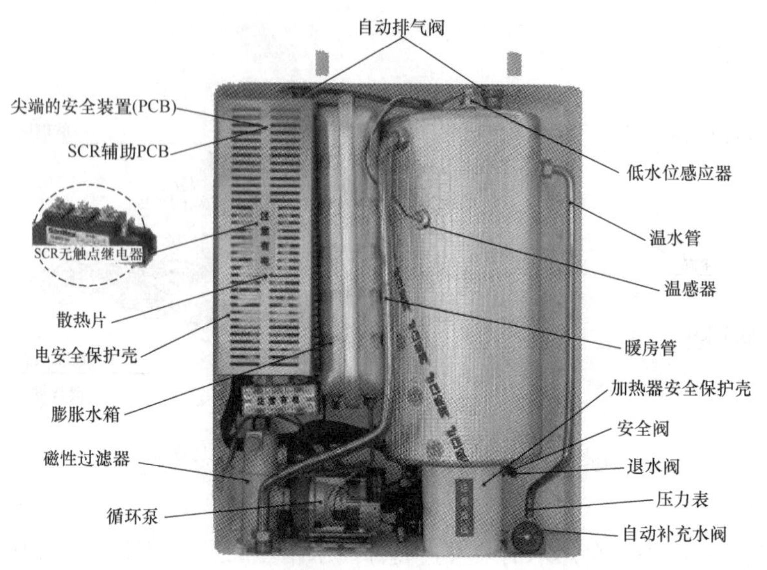

图 8.1-5　电锅炉

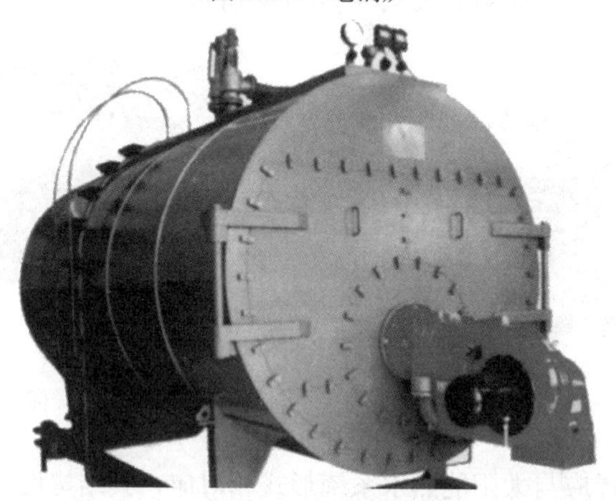

图 8.1-6　燃煤锅炉

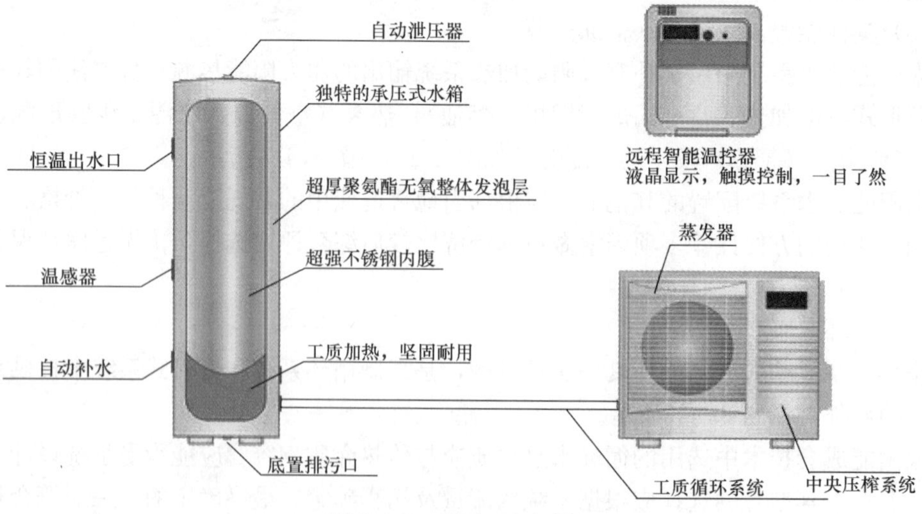

自动泄压器
独特的承压式水箱
恒温出水口
超厚聚氨酯无氧整体发泡层
超强不锈钢内腹
温感器
工质加热，坚固耐用
自动补水
底置排污口
远程智能温控器
液晶显示，触摸控制，一目了然
蒸发器
工质循环系统
中央压榨系统

图 8.1-7　热泵（空气源）

(5) 管道及附件

管道是用管子、管子联接件和阀门等连接成的用于输送传热介质的装置。包含管子、阀门及连接件，如图 8.1-9～图 8.1-11 所示。管子一般可采用薄壁不锈钢管、普通钢管、铜管、塑料热水管、塑料和金属复合管等；阀门一般可采用不锈钢阀门、铸铁阀门、铸钢阀门、铜阀门、塑料阀门、塑料和金属复合阀门等；联接件一般可采用铸铁联接件、铸钢联接件、不锈钢联接件等。

图 8.1-8 循环水泵

图 8.1-9 管道

图 8.1-10 阀门

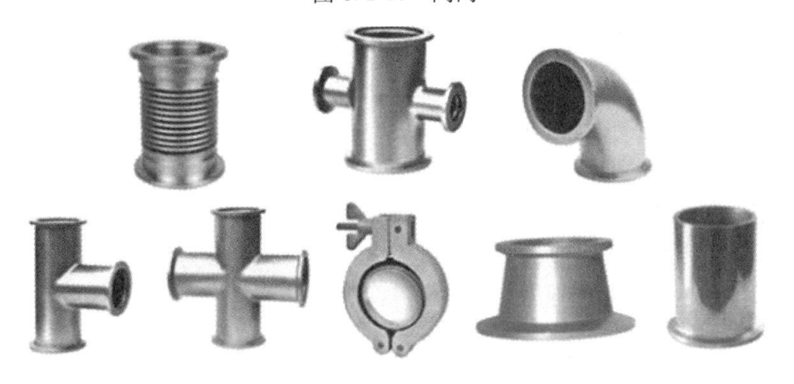

图 8.1-11 联接件

管道及附件的选用应符合相应的国家标准或行业标准。

(6) 控制装置

对太阳能系统进行调节并使之按预定模式安全、可靠、灵活且高效运行所需的部件称为控制装置（图 8.1-12）。

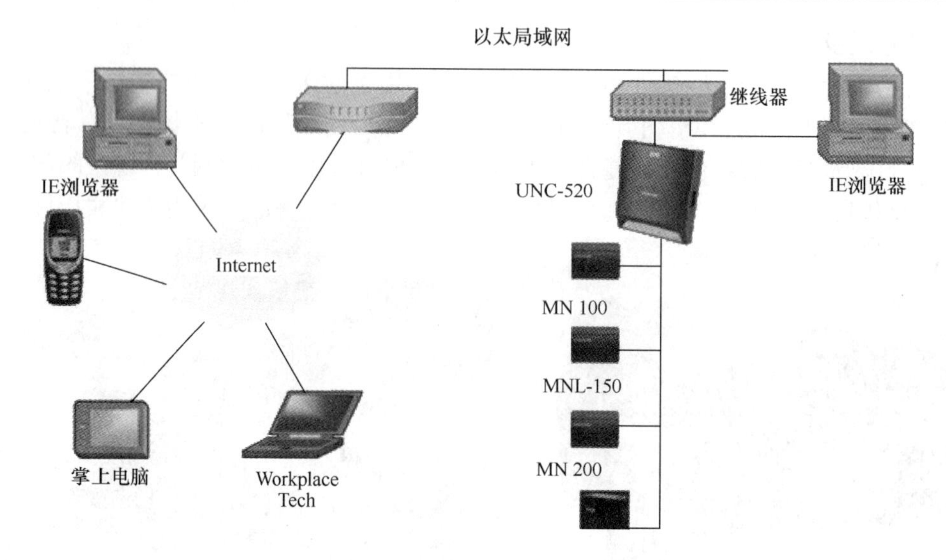

图 8.1-12　控制装置

太阳能成套技术中控制装置是保证系统正常且高效运行的最主要部件，其控制功能一般包含循环控制、温度控制、水位控制、安全保护控制等，可实现自动控制及手动控制，部分控制装置可实现远程监控功能。

控制器内部各元器件应质量可靠、性能优良、抗老化、使用寿命长，其控制功能、控制精度及电气安全性能等参数应符合相应的国家标准或行业标准。

（7）其他附件

其他附件是指在太阳能成套技术中起次要作用的设备或元器件，包含压力表、温度探头、水位探头及管道保温等。

8.1.5　太阳能成套技术的应用形式

太阳能成套技术在建筑中已有广泛应用，下面我们按集热与供水范围的分类对太阳能成套技术的应用形式进行详细说明。

8.1.5.1　集中供热水系统

采用集中的太阳能太阳集热器和集中的贮水箱供给一幢或几幢建筑物所需热水的系统，称之为集中供热水系统（图 8.1-13）。

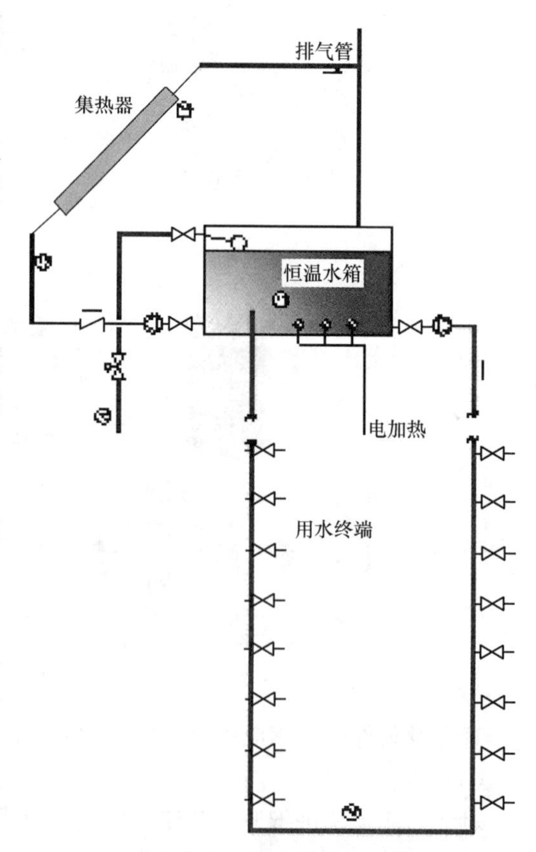

图 8.1-13　集中供热水系统

控制循环水泵将太阳集热器内吸收了太阳能量的循环介质通过管道系统输送至贮热水箱内，太阳能量以热水的形式贮存在贮热水箱内供用户使用，太阳能量不足时由辅助热源补充。该系统工作过程由集热循环、换热循环（间接系统存在）、供水循环、防冻循环、过热保护、系统补水、辅助加热、防冻伴热及故障报警等组成。

该系统具有如下特点：

(1) 太阳集热器模块化组合，可以与各种建筑形式结合，有利于建筑一体化设计；

(2) 太阳集热器屋面放置，采光效果好，太阳能利用率高；

(3) 储热水箱采用不锈钢水箱，水质卫生，耐腐蚀，使用寿命长；

(4) 系统可以与各种能源形式结合，实现能源优化组合；

(5) 系统投资较低，回收期较短；

(6) 采用热水表计量，收费合理。

该系统适用于公共浴室、入住率较高的住宅建筑、游泳馆等。

常用的集中供热水系统如表 8.1-2 所示。

常用集中供热水系统汇总表 **表 8.1-2**

名称	图式	特点	适用条件
强制循环直接加热单水箱系统	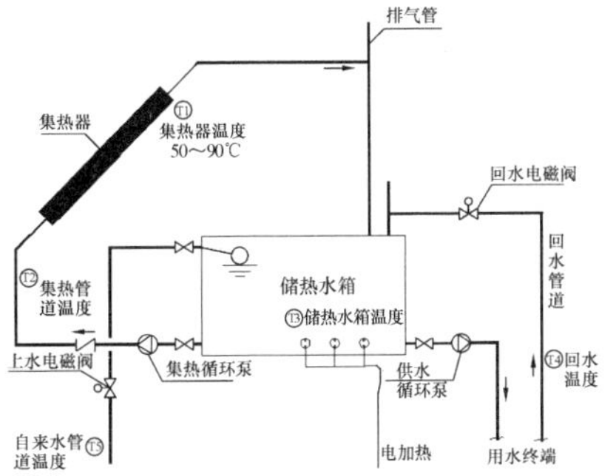 排气管；集热器；集热器温度 50～90℃；回水电磁阀；集热管道温度；储热水箱；储热水箱温度；回水管道；上水电磁阀；集热循环泵；供水循环泵；回水温度；自来水管道温度；电加热；用水终端	① 本系统采用直接系统，系统运行稳定，热效率较高。 ② 本系统为开式系统，热水与外界空气接触，水质易受污染。 ③ 本系统为单水箱系统，储热水箱兼具储热和供热功能，水箱热损减少。 ④ 系统热水供应压力来自高位储热水箱，储热水箱高度应满足系统最不利点的水压。当高位储热水箱的设置高度不能满足最不利点的水压要求时，需设热水增压泵。 ⑤ 本系统采用温差循环控制集热系统运行。 ⑥ 本系统采用电磁阀自动上水，根据需要采用定时上水、定位上水、低水位保护。 ⑦ 太阳集热器选型：本系统宜采用全玻璃真空管太阳集热器，非防冻区域可采用平板太阳集热器，水质较好地区可采用热管太阳集热器。 ⑧ 辅助热源：可采用电加热棒、电锅炉、燃气锅炉、空气源热泵（限东南沿海）等	本系统适用于宾馆、宿舍等定时供水的场合，且屋面可放置储热水箱
强制循环直接加热双水箱系统	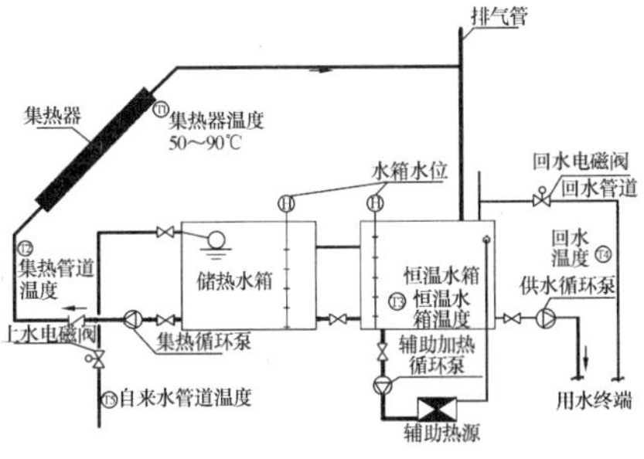 排气管；集热器；集热器温度 50～90℃；水箱水位；回水电磁阀；回水管道；集热管道温度；储热水箱；恒温水箱；恒温水箱温度；回水温度；供水循环泵；上水电磁阀；集热循环泵；辅助加热循环泵；自来水管道温度；辅助热源；用水终端	① 本系统采用直接系统，系统运行稳定，热效率较高。 ② 本系统为开式系统，热水与外界空气接触，水质易受污染。 ③ 本系统为双水箱系统，设置储热水箱提高太阳能利用率，恒温水箱实现恒温供水并减少常规能源消耗。 ④ 系统热水供应压力来自高位储热水箱，水箱高度应满足系统最不利点的水压。当高位储热、恒温水箱的设置高度不能满足最不利点的水压要求时，需设热水增压泵。 ⑤ 本系统采用定温、温差循环控制集热系统运行。 ⑥ 本系统采用电磁阀自动上水，根据需要采用定时上水、定位上水、低水位保护。 ⑦ 太阳集热器选型：本系统宜采用全玻璃真空管太阳集热器。非防冻区域可采用平板太阳集热器，水质较好地区可采用热管太阳集热器。 ⑧辅助热源：本系统可采用电加热棒、电锅炉、燃气锅炉、空气源热泵（限东南沿海）等作为辅助热源	本系统适用于星级酒店、住宅等恒温供水的场合，且屋面可放置储热水箱

续表

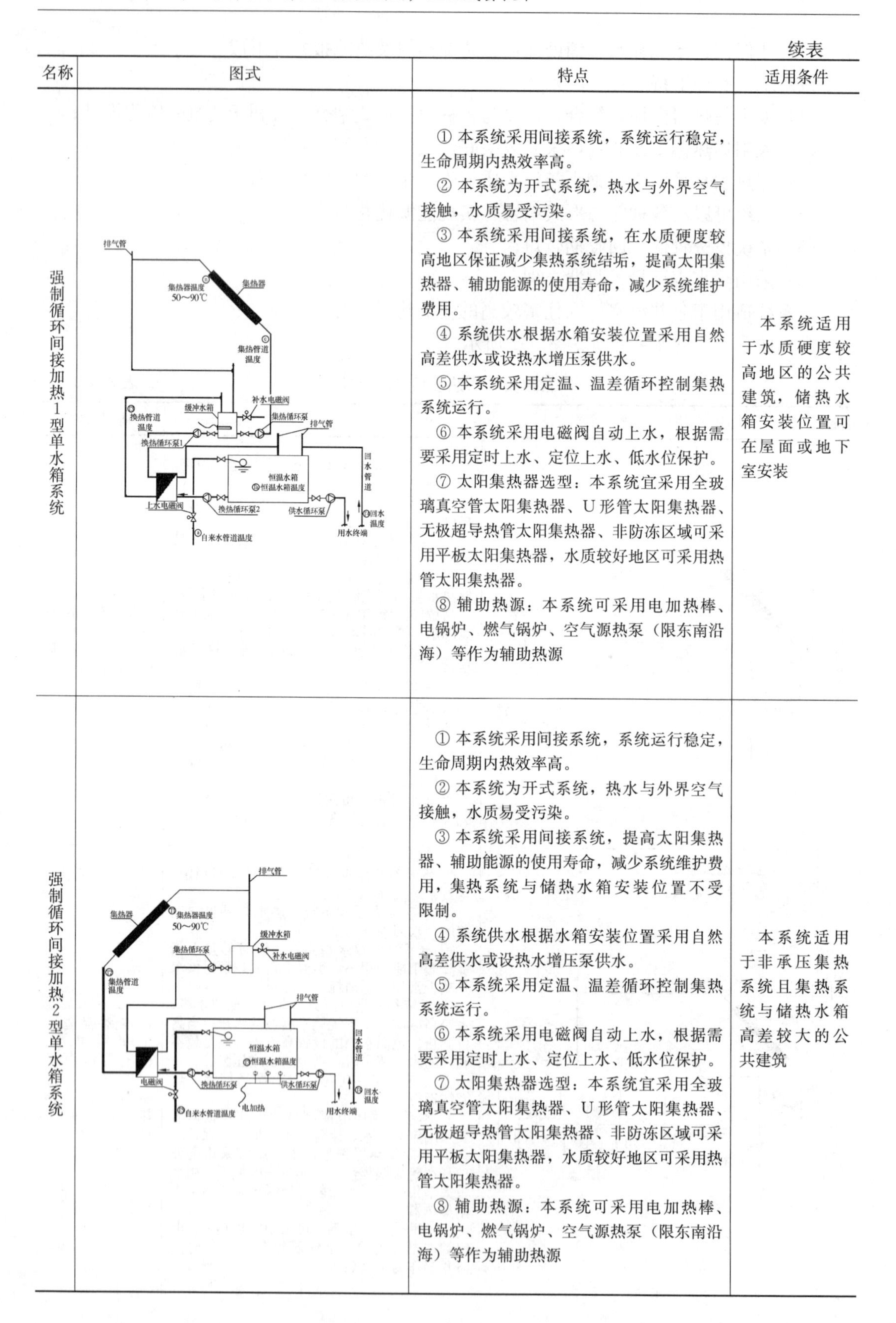

名称	图式	特点	适用条件
强制循环间接加热1型单水箱系统		① 本系统采用间接系统，系统运行稳定，生命周期内热效率高。 ② 本系统为开式系统，热水与外界空气接触，水质易受污染。 ③ 本系统采用间接系统，在水质硬度较高地区保证减少集热系统结垢，提高太阳集热器、辅助能源的使用寿命，减少系统维护费用。 ④ 系统供水根据水箱安装位置采用自然高差供水或设热水增压泵供水。 ⑤ 本系统采用定温、温差循环控制集热系统运行。 ⑥ 本系统采用电磁阀自动上水，根据需要采用定时上水、定位上水、低水位保护。 ⑦ 太阳集热器选型：本系统宜采用全玻璃真空管太阳集热器、U形管太阳集热器、无极超导热管太阳集热器、非防冻区域可采用平板太阳集热器，水质较好地区可采用热管太阳集热器。 ⑧ 辅助热源：本系统可采用电加热棒、电锅炉、燃气锅炉、空气源热泵（限东南沿海）等作为辅助热源	本系统适用于水质硬度较高地区的公共建筑，储热水箱安装位置可在屋面或地下室安装
强制循环间接加热2型单水箱系统		① 本系统采用间接系统，系统运行稳定，生命周期内热效率高。 ② 本系统为开式系统，热水与外界空气接触，水质易受污染。 ③ 本系统采用间接系统，提高太阳集热器、辅助能源的使用寿命，减少系统维护费用，集热系统与储热水箱安装位置不受限制。 ④ 系统供水根据水箱安装位置采用自然高差供水或设热水增压泵供水。 ⑤ 本系统采用定温、温差循环控制集热系统运行。 ⑥ 本系统采用电磁阀自动上水，根据需要采用定时上水、定位上水、低水位保护。 ⑦ 太阳集热器选型：本系统宜采用全玻璃真空管太阳集热器、U形管太阳集热器、无极超导热管太阳集热器、非防冻区域可采用平板太阳集热器，水质较好地区可采用热管太阳集热器。 ⑧ 辅助热源：本系统可采用电加热棒、电锅炉、燃气锅炉、空气源热泵（限东南沿海）等作为辅助热源	本系统适用于非承压集热系统且集热系统与储热水箱高差较大的公共建筑

续表

名称	图式	特点	适用条件
强制循环直接预加热单水箱系统	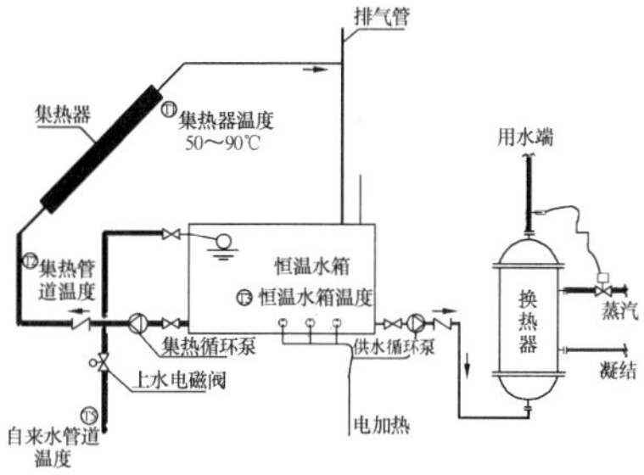	① 本系统采用直接预加热系统，系统运行稳定，热效率较高。 ② 本系统为开式系统，热水与外界空气接触，水质易受污染。 ③ 本系统为单水箱系统，储热水箱兼具储热和供热功能，水箱热损减少。 ④ 系统热水供应压力来自高位储热水箱，储热水箱高度应满足系统最不利点的水压。当高位储热水箱的设置高度不能满足最不利点的水压要求时，需设热水增压泵。 ⑤ 本系统采用温差循环控制集热系统运行。 ⑥ 本系统采用电磁阀自动上水，根据需要采用定时上水、定位上水、低水位保护。 ⑦ 太阳集热器选型：本系统宜采用全玻璃真空管太阳集热器、非防冻区域可采用平板太阳集热器，水质较好地区可采用热管太阳集热器。 ⑧ 辅助热源：本系统可采用电加热棒、电锅炉、燃气锅炉、空气源热泵（限东南沿海）等作为辅助热源	本系统适用于具有常规供热热水系统的太阳能预加热的公共建筑

8.1.5.2 集中—分散供热水系统

采用集中的太阳能太阳集热器和分散的贮水箱供给一幢建筑物所需热水的系统，称为集中—分散供热水系统。

控制装置控制循环水泵将太阳集热器内吸收了太阳能量的循环介质通过管道系统输送至户内贮热水箱换热盘管内，热量通过换热盘管传递至户内水箱，并以热水的形式贮存在储热水箱内供用户使用，换完热量的循环介质在水泵的动力作用下回到太阳集热器内继续吸收太阳能量。太阳能量不足时由辅助热源补充。该系统工作过程由集热循环、换热循环、热水供水、防冻循环、过热保护、系统补水、辅助加热、防冻伴热、防热量逆流及故障报警等组成。

该系统具有如下特点：

(1) 太阳集热器模块化组合，可以与各种建筑形式结合，有利于建筑一体化设计；

(2) 太阳集热器集中放置，系统共用，实现资源共享；

(3) 太阳集热器屋面放置，采光效果好，太阳能利用率高；

(4) 储热水箱可以根据建筑结构及使用功能进行放置；

(5) 储热水箱采用搪瓷内胆承压水箱，水质卫生，承压能力高，耐腐蚀，使用寿命长；

(6) 储热水箱分户设置，分户计量，便于后期物业管理、维护；

(7) 储热水箱分户设置，分户控制，满足用户不同用水习惯需求；

(8) 科学智能控制系统，实现热量均匀分配，防止热量倒流；

(9) 有效解决了入住率较低时，集中供热水系统存在运行费用高收费困难的问题。

该系统适用于多层住宅、高层住宅等。

常用的集中—分散供热水系统如表8.1-3所示。

常用集中—分散供热水系统汇总表　　**表8.1-3**

名称	图　式	特　点	适用条件
双循环系统	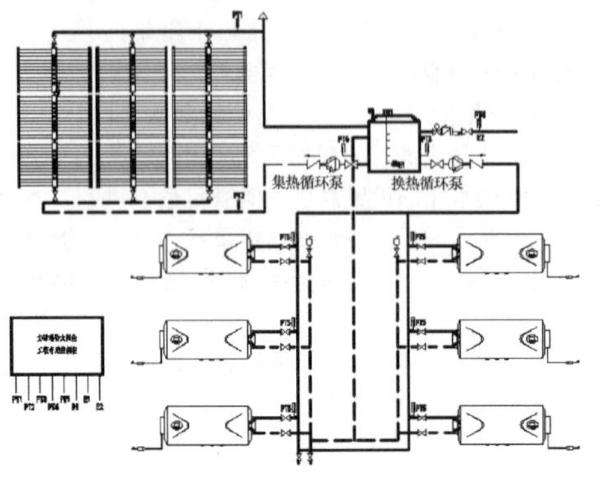 集热循环泵 换热循环泵	① 本系统集热循环为开式系统，热效率高。 ② 集热循环与换热循环相互独立，可设置多个集热循环回路。 ③ 缓冲水箱容量小，屋面设备间占地小。 ④ 贮热水箱分布在用户室内，辅助加热根据用户需求情况启动	高层、多层等屋面选型复杂，太阳集热器分布零散的建筑
单循环系统	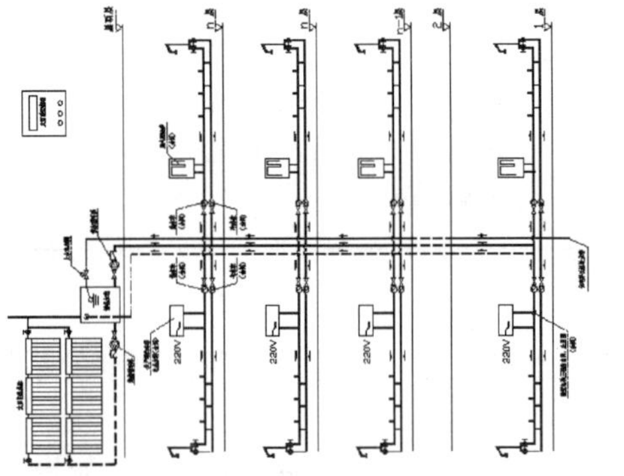	① 本系统集热循环为开式系统，热效率高。 ② 本系统仅有一个循环回路，控制过程简单。 ③ 缓冲水箱容量小，屋面设备间占地小。 ④ 贮热水箱分布在用户室内，辅助加热根据用户需求情况启动	高层、多层等屋面选型复杂，太阳集热器分布集中的建筑

8.1.5.3　分散供热水系统

采用分散的太阳能太阳集热器和分散的贮水箱供给各个用户所需热水的小型系统，称为分散供热水系统。按运行方式的不同，此类系统分为强制循环系统（图8.1-4）和自然循环系统；按太阳集热器与贮水箱相对位置的不同，此类系统分为分体式系统和紧凑式系统。

常见的分散供热水系统如表8.1-4所示。

强制循环系统：控制装置控制循环水泵将太阳集热器内吸收了太阳能量的循环介质通过管道系统输送至户内贮热水箱换热盘管内，热量通过换热盘管传递至户内水箱，并以热水的形式贮存在贮热水箱内供用户使用，换完热量的循环介质在水泵的动力作用下回到太阳集热器内继续吸收太阳能量。太阳能量不足时由辅助热源补充。该系统工作过程由集热循环、换热循环、热水供水、防冻循环、过热保护、系统补水、辅助加热、防冻伴热及故障报警等组成。

该系统具有如下特点：

(1) 太阳集热器与储热水箱分离，易于与建筑外观结合；

(2) 太阳集热器可以安装在建筑南立面，解决高层建筑楼顶太阳能安装面积不足的难题；

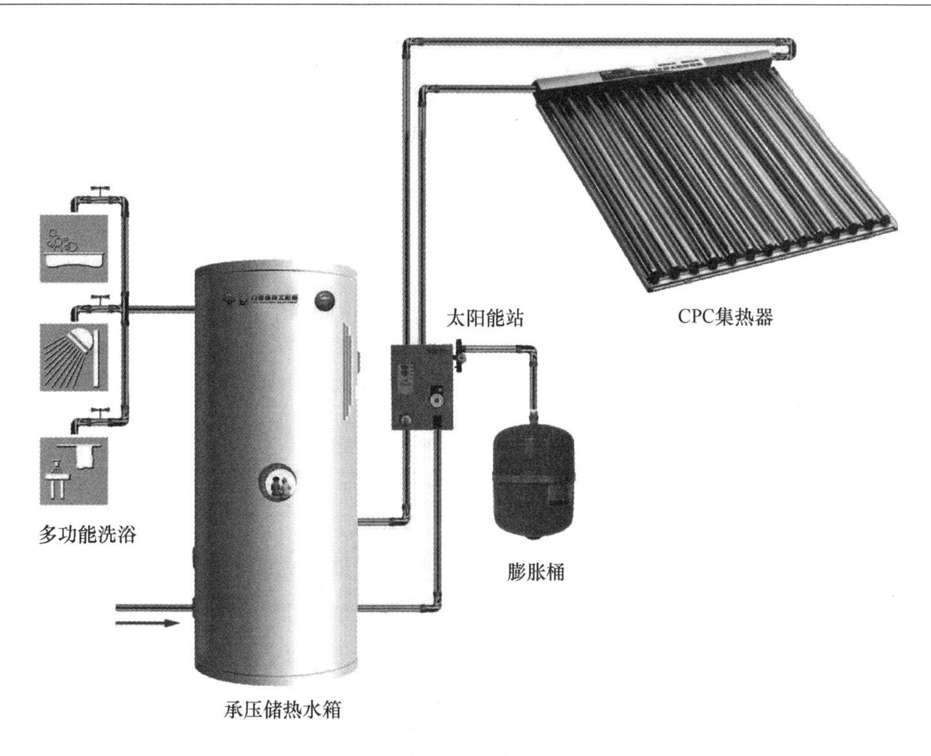

图 8.1-14 分散供热水系统（强制循环系统）

（3）太阳集热器可以安装在各种造型建筑屋面，方便与建筑美观结合；

（4）储热水箱可以根据用户需求适当位置进行放置；

（5）太阳集热器采用进口技术制造，热启动快，效率高，杜绝漏水风险；

（6）储热水箱采用搪瓷内胆承压水箱，水质卫生，承压能力高，耐腐蚀，使用寿命长；

（7）辅助配件均选用国际优质产品，质量可靠；

（8）系统双承压运行，运行稳定；

（9）系统智能控制，使用舒适度高；

（10）系统容量可满足用户不同用量的需求；

（11）每户一套独立系统，用户随住随用，便于后期物业管理维护。

此系统适用于别墅、高层、多层等对用水品质要求较高的建筑。

自然循环系统：太阳集热器内的循环介质吸热后比重降低，在热虹吸作用下上升到贮热水箱内，控制装置控制循环水泵将太阳集热器内吸收了太阳能量的循环介质通过管道系统输送至户内贮热水箱换热盘管内，热量通过换热盘管传递至户内水箱，并以热水的形式贮存在贮热水箱内供用户使用，换完热量的循环介质在水泵的动力作用下回到太阳集热器内继续吸收太阳能量。太阳能量不足时由辅助热源补充。该系统工作过程由集热循环、热水供水、辅助加热及故障报警等组成。

自然循环间接换热的分散供热水系统（图 8.1-15）具有如下特点：

（1）太阳集热器与储热水箱分离，太阳集热器易于与建筑外观结合；

（2）太阳集热器安装在阳台外墙，解决高层建筑楼顶太阳能安装面积不足的难题；

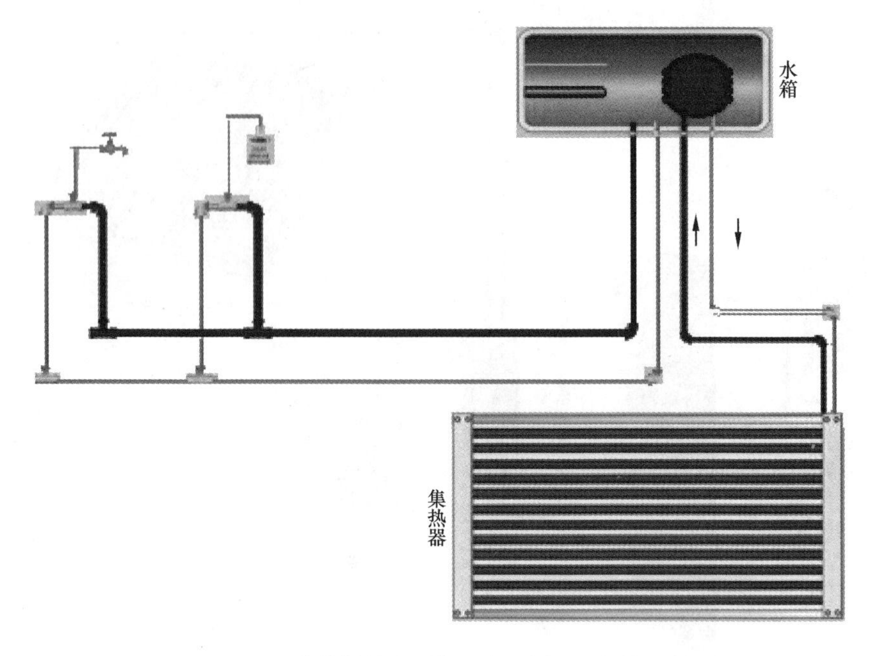

图 8.1-15　分散供热水系统（自然循环、间接系统）

（3）太阳集热器采用进口技术制造，热启动快，效率高，杜绝漏水风险；

（4）储热水箱采用搪瓷内胆承压水箱，水质卫生，承压能力高，耐腐蚀，使用寿命长；

（5）承压系统，密闭循环，间接换热，水质好；承压供水，舒适度高；

（6）每户一套系统，用水和用电分户计量，住户可随住随用无计费纠纷，便于物业管理。

此系统适用于高层、多层等建筑。

常用的分散供热水系统汇总表如表 8.1-4 所示。

自然循环直接换热的分散供热水系统（图 8.1-16）具有如下特点：

（1）产品楼顶集中放置，采光效果好，太阳能利用率高；

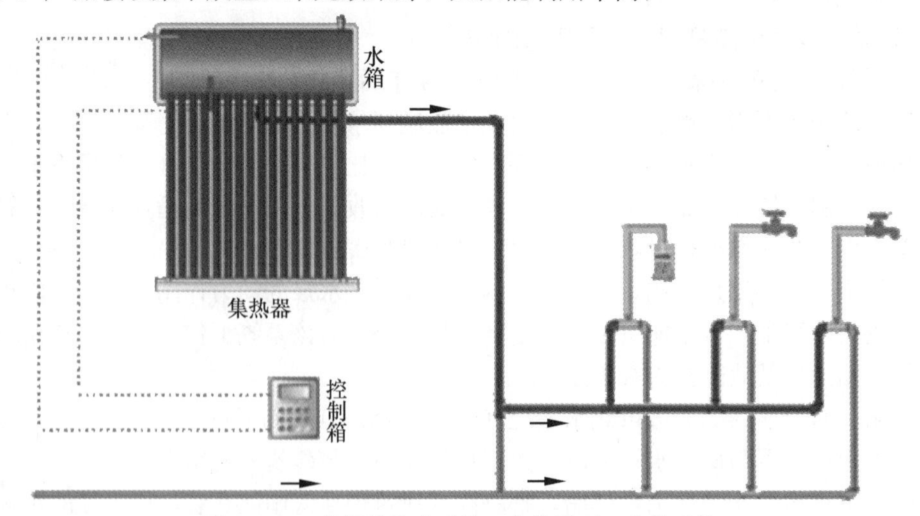

图 8.1-16　分散供热水系统（自然循环、直接系统）

(2) 产品结构简单，技术成熟，运行稳定；

(3) 系统配件普及，便于维护；

(4) 产品价格低廉；

(5) 可满足用户基本需求。

此系统适用于多层建筑。

常用分散供热水系统汇总表　　表 8.1-4

名称	图　式	特　点	适用条件
分散供热水系统（自然循环、间接系统）	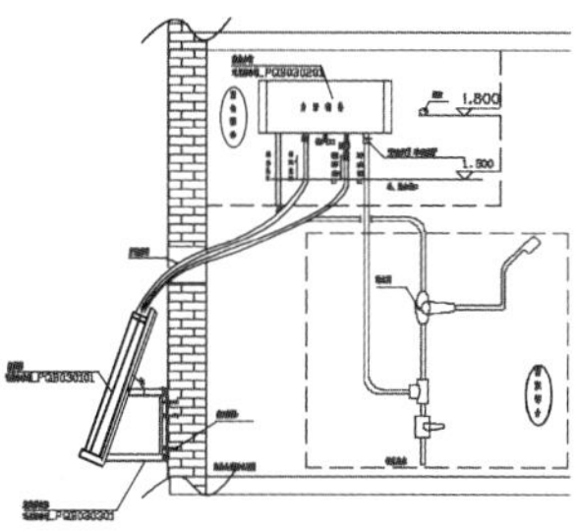	① 太阳集热器与贮热水箱分离，安装灵活。 ② 贮热水箱承压运行，热水使用效果好。 ③ 间接系统，热水卫生。 ④ 每户一套独立的系统，无物业纠纷	高层、多层等屋面无足够面积安装太阳集热器但阳台可以安装太阳集热器的建筑
分散供热水系统（自然循环、间接系统）	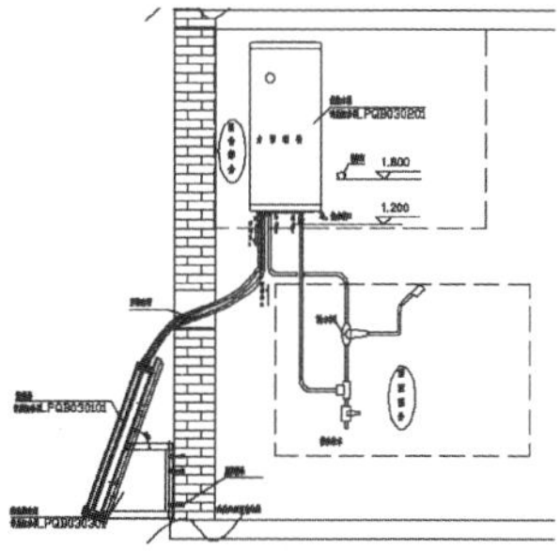	① 太阳集热器与贮热水箱分离，安装灵活。 ② 贮热水箱承压运行，热水使用效果好。 ③ 间接系统，热水卫生。 ④ 每户一套独立的系统，无物业纠纷	高层、多层等屋面无足够面积安装太阳集热器但阳台可以安装太阳集热器的建筑
分散供热水系统（强制循环、间接系统）	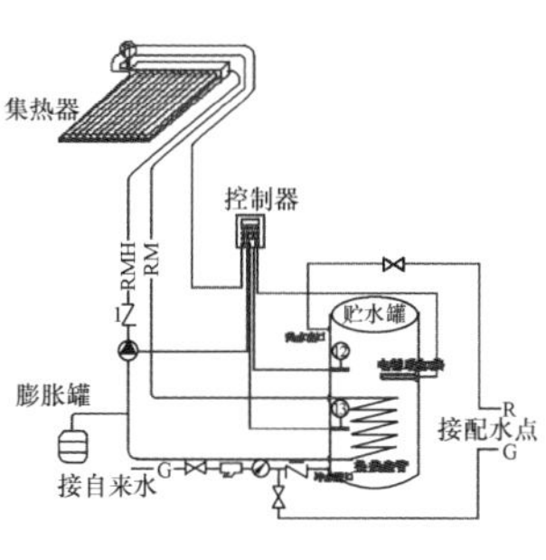 集热器 控制器 RMH RM 贮水罐 膨胀罐 接配水点 R G 接自来水 G	① 太阳集热器与贮热水箱分离，安装灵活。 ② 贮热水箱承压运行，热水使用效果好。 ③ 间接系统，热水卫生。 ④ 每户一套独立的系统，无物业纠纷。 ⑤ 贮热水箱容量较大，提供充足热水。 ⑥ 系统承压运行，稳定性好	别墅等对热水用水品质要求高的建筑
分散供热水系统（自然循环、直接系统）	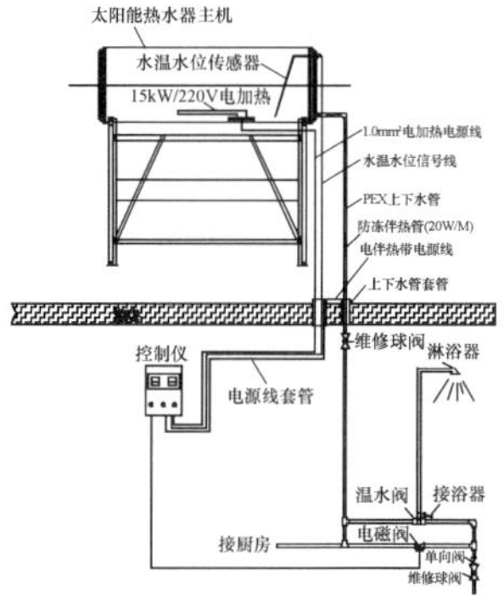 太阳能热水器主机 水温水位传感器 15kW/220V电加热 PEX上下水管 上下水管套管 控制仪 电源线套管 维修球阀 淋浴器 温水阀 接浴器 接厨房 电磁阀 单向阀 维修球阀	① 成套产品，技术成熟，热效率高。 ② 价格低廉。 ③ 安装简便。 ④ 落水式供热水方式，使用效果较差	多层等对用水品质要求不高的建筑

8.2 集中供热水系统

8.2.1 集中供热水系统整体情况

集中供热水系统一般结构简单、系统效率高，适合住宅、学校、宾馆及浴室等集中用热水的场所。随着中高温太阳集热器等新产品的出现，集中供热水系统的应用正逐步扩大到民用采暖、空调以及工业用热方面。

8.2.1.1 系统发展概况

集中供热水系统是在太阳能热水器的基础上发展而来的，基本上遵循了从简单到复杂的发展规律。集中供热水系统经历了自然循环系统、直流式系统和强制循环系统几种系统形式。

自然循环系统是利用传热工质内部的温度梯度产生的密度差所形成的自然对流进行循环的热水。本系统结构简单，不需要水泵等循环动力部件，但为保证热虹吸压力，储水箱应置于集热器上方。其优点是系统结构简单，运行安全可靠，管理方便；其缺点是贮热水箱必须置于集热器的上方才可进行热量交换。此类系统适于小型集中供热水系统，如大型系统采用这种方式会带来建筑布置及荷载承重方面的诸多问题。

直流式系统是传热工质一次流过集热器加热后便进入储热水箱或用水点的非循环热水系统，储热水箱的作用仅为储存集热器所排出的热水，直流式系统有热虹吸型和定温放水型两种。前者靠自然虹吸作用形成动力，后者靠水泵等运动部件形成动力。此类系统适用于定时集中供热水场所。

强制循环系统是利用水泵等动力设备形成循环动力，使热媒工质在太阳集热器与贮热水箱间形成循环而组成的热水系统。强制循环系统热效率高，通过控制装置可以实现热水系统的多种功能及控制，是目前应用最为广泛的一种热水系统形式。在这种系统形式中，根据贮热水箱数量的不同，系统又可细分为单水箱系统和双水箱系统等形式 。

8.2.1.2 系统分类组成介绍

太阳能集中供热水系统一般由太阳集热器、贮热水箱、水泵、辅助热源、控制装置、循环管道系统及热水配水系统组成，各部分有机结合形成一个完整的太阳能集中供热水系统。

（1）太阳集热器

在太阳能的热利用中，关键是将太阳的辐射能转换为热能，太阳集热器即是实现这一过程的关键部件。目前市场上最常见的两类太阳集热器分别为真空管型太阳集热器和平板型太阳集热器。太阳集热器根据是否需要循环动力分为自然循环式太阳集热器与强制循环式太阳集热器。真空管型太阳集热器根据结构形式不同可以细分为全玻璃真空型太阳集热器和玻璃金属型太阳集热器；根据工作温度不同又可以分为高温太阳集热器、中温太阳集热器及低温太阳集热器。平板型太阳集热器根据吸热板结构形式不同可以分为管板式、扁盒式及扁管式；根据涂层不同可以分为电镀涂层式、化学表面转化涂层式以及真空镀涂层式。陶瓷太阳板不采用涂层，其表面阳光吸收层是与陶瓷基体共同经过1200℃一次烧成的立体网状钒钛黑瓷。

因集中供热水系统往往系统容量较大，太阳集热器数量多且安装位置复杂，故这种系统一般采用强制循环类的太阳集热器，根据用户需求和现场条件不同，可选择真空管型或平板型太阳集热器。太阳集热器的安装位置不应有任何障碍物遮挡阳光，并宜选择安装在背风处，以减少热量损失。

(2) 贮热水箱

贮热水箱是太阳能热水系统中贮存热水的装置，一般根据是否承受一定的工作压力分为承压闭式水箱和常压开式水箱两类。采用双水箱的集中供热水系统中根据发挥的作用不同两个贮热水箱可以分为集热水箱与恒温水箱。承压闭式水箱多为碳钢板焊接或不锈钢板焊接制作而成，使用前必须经过严格的压力试验；常压形式水箱多为不锈钢拼装水箱，可工厂化整体加工制作或现场制作。

集中供热水系统中采用的水箱容量一般较大，宜设置在专用的设备间内，专用设备间可设在建筑物的地下室、阁楼层、技术夹层、车库或屋面专用设备间内。也可以设置在建筑物以外的专用区域。

(3) 水泵

水泵是输送液体或使液体增压的机械。集中供热水系统中采用的水泵有热水循环泵、自动增压泵及变频泵等。

集热循环泵在太阳集热器与贮热水箱之间形成集热循环动力，将太阳集热器吸收的能量输送至贮热水箱；供热循环泵在贮热水箱与热水配水系统之间形成供热循环动力，将贮热水箱内的热水输送到各用水点供用户使用。集热循环泵一般采用热水循环泵，供热循环泵多选择使用变频循环泵。

(4) 辅助热源

由于太阳能源是一种不稳定的能源，受当地气候因素影响较大，阴雨天气下几乎不能利用，故需要设置常规能源设备与太阳能联合使用，以保证设计使用效果，这种常规能源设备称作辅助热源。

集中供热水系统一般系统容量较大，通常在太阳能专用设备间内集中设置电锅炉、燃气（油）锅炉以及换热器等辅助能源。但集中设置的辅助热源在入住率不高的情况下会造成辅助能源极大浪费的现象，故可以分户设置辅助热源，热源形式可采用电热水器及燃气热水器等。

(5) 控制装置

控制装置是保证系统内各部件按既定规则有序运行的重要部件，它可以使太阳能系统运行安全、可靠、灵活，达到理想的节能效果。

集中供热水系统宜选用全自动控制系统，以实现对现场各温度点、水位点及压力点等的实时测定取值，同时控制水泵、电动阀门及辅助热源等的启动停止；小型集中供热水系统可选用半自动控制系统，但集热循环部分必须采用自动控制。

8.2.2 集中供热水系统产业化成套技术发展趋势

8.2.2.1 集中供热水系统产业化成套技术应用概况

太阳能热水系统是目前技术成熟，具有广泛应用前景，并符合国家产业化发展方向的成套技术。在实际应用中，各参与方考虑太阳能热水系统与建筑一体化的有机结合，逐步实现太阳能作为建筑的标准产品和完整的建筑安装技术的目标。

集中式供热水系统是太阳能供热水系统重要的组成部分，该系统在学校浴室、生产企业职工浴室、游泳馆、民用住宅及工业生产线等有着广泛应用。集中式供热水系统实现太阳能与建筑一体化安装后有如下特点：

外观方面：太阳能与建筑完美结合，太阳储热器与建筑形成统一整体，两者协调统一。

结构方面：妥善解决建筑承重等问题，确保建筑物的防水、承重等功能不被破坏。

管路布局方面：合理布局储热循环管路及冷热水配水管路，减小管路长度，降低热量损失。

系统运行与管理方面：系统技术成熟，运行稳定、安全、可靠，易于检修维护，合理匹配辅助能源，实现太阳能量的优化利用。智能化自动控制系统有助于减少物业维护费用。

8.2.2.2 集中供热水系统产业化成套技术发展趋势

随着太阳能技术不断创新，市场多样化要求越来越高，集中供热水系统也在技术及管理方面不断创新发展。

系统方面：为解决太阳集热器因长期使用易产生水垢影响使用效果的问题，该系统实现对常规能源锅炉的改造，作为锅炉预热部分使用，在不浪费投资的情况下达到尽可能限度的节能减排效果。

集热器方面：中高温太阳集热器的出现，为太阳能采暖系统与高效的太阳能空调系统的应用提供了更为可靠的保证。新型太阳集热器的推出将会更加符合建筑设计师的要求，太阳能与建筑一体化是发展的根本方向。

辅助加热方面：从集中集热、集中储热、集中辅助加热系统衍生出集中集热、集中储热、分户辅助加热系统，后者较前者的优势在于可以有效降低小区入住率不高的情况下辅助能源的消耗，降低系统运行成本，同时降低物业管理难度，降低高热水费现象；

贮热模式方面：从单水箱系统衍生出双水箱系统，后者提供的热水品位较前者更高。

控制方面：信息技术的发展为集中供热水系统控制系统的升级换代带来了新的动力，控制系统经历了手动控制、半自动控制及自动控制进入了远程监控阶段。目前基于互联网、GPRS无线网络的远程监控平台已成熟应用于集中供热水系统。

管理模式方面：近几年合同能源管理（EMC）模式被引进到集中供热水系统项目，EMC模式具有整合性、多赢性及避险性等特征，EMC可以为客户提供集成化的节能解决方案；为企业节能改造提供诊断、设计、融资、改造、运行、管理一条龙服务。既可为客户选择提供先进、成熟的节能技术和设备；也可为客户的节能项目提供资金，确保客户项目的工程质量；客户、EMCO、和银行等都能从节能效益中分享收益，形成多赢局面。

8.2.3 集中供热水系统典型案例

【案例1】 北京市房山区高教园公租房项目（图8.2-1）

系统形式：集中供热水系统＋入户电热水器

产品类型：全玻璃真空管太阳集热器

工程规模：1800户，2600m^{2}太阳集热器，1800台40L电热水器

突出特点：该系统采用集中供热水系统与电热水器结合的方式进行热水供应，根本上

解决了小区入住率低的情况下辅助能源的浪费问题，同时，实现个性化的辅助加热操作，以满足不同用户的用水习惯，实现24小时不间断供水。控制方面采用力诺瑞特研发的远程监控系统，实现24小时无人值守，降低物业管理工作量，降低管理成本。在系统15年的设计使用期限内，可以累计节省标准煤5500t，减排二氧化碳15000t。

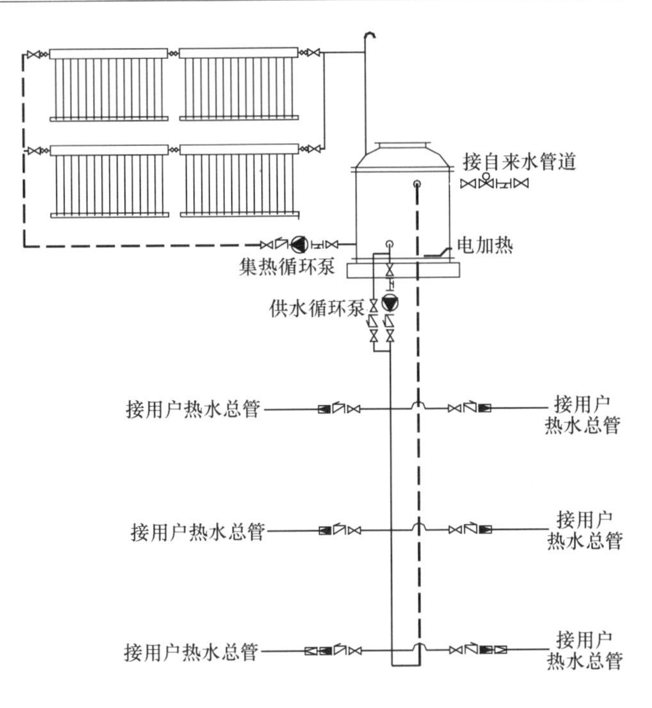

图8.2-1 北京市房山区高教园公租房项目

【案例2】 宁波“维科·水岸心境”住宅小区项目（图8.2-2）

工程名称：宁波“维科·水岸心境”住宅小区

工程类型：高层住宅 集中集热—集中供热太阳能热水系统

工程规模：210t/3360m^2

突出特点：本项目是建设部确定的节能小区，本小区节能措施主要是使用太阳能热水系统。太阳能与建筑一体化设计，既利用太阳能达到节能的目的，又做到了太阳能与建筑一体化设计，形成独特的建筑景观。本项目系统设计使用寿命15年，在寿命期内累计节省标准煤约7000t，减排二氧化碳约18500t。

图8.2-2 宁波“维科·水岸心境”住宅小区项目

8.3 集中—分散供热水系统

8.3.1 集中—分散供热水系统整体情况

集中—分散供热水系统是在集中供热水系统与分散式供热水系统的基础之上发展而来

的，该系统整合了两者的优点，具有系统运行稳定、物业管理简单、系统经济性好等特点，适合多层、高层建筑使用。

8.3.1.1　系统发展概况

集中—分散供热水系统根据集热循环与换热循环是否使用同一循环回路大致可以分为单循环系统与双循环系统。单循环系统中，太阳集热器、循环水泵。缓冲水箱、贮热水箱及循环管道形成一个循环回路，整个系统只需要一套循环水泵。双水箱系统中，太阳集热器、集热循环泵、缓冲水箱及循环管道形成一个循环回路，叫集热循环回路；缓冲水箱、换热循环泵、贮热水箱及循环管道形成另一个循环回路，叫换热循环回路。

单循环系统一般结构简单，适于贮热水箱数量较少的小型集中—分散系统；双循环系统结构较单循环系统复杂，适于贮热水箱数量较多的中、大型集中—分散系统。

8.3.1.2　系统分类组成介绍

集中—分散供热水系统一般由太阳集热器、水泵、控制装置、缓冲水箱、贮热水箱、辅助热源及冷热水配水系统等组成，各部分有机结合形成一个完整的太阳能集中供热水系统。本系统中太阳集热器、水泵及缓冲水箱与集中供热水系统相同。其他部件有与本系统相适应的特点。

(1) 贮热水箱

贮热水箱为承压式保温水箱，容量有60L、80L、90L、100L及120L等规格，该水箱采用进口搪瓷内胆，1250℃高温形成无铅釉层，长效保温，不脱瓷；结合美国霍尼韦尔无氟发泡技术，闭孔率高；采用搪瓷内胆，不含重金属，防垢、防爆瓷，水质健康。

水箱内置控制器，具有自动加热、定时加热、恒温加热、高温保护及故障报警等功能，满足不同用户的需求。水箱控制器可以控制电动阀，实现防止热量倒流同时平衡各户得热量的功能。

(2) 辅助热源：

辅助热源为贮热水箱内置的电加热装置，由贮热水箱上的控制器进行控制，实现手动、自动、定时及恒温等加热功能。

(3) 控制装置

控制装置指的是集热循环与换热循环部分的控制装置，其功能与集中供热水系统类似，可以实现对现场各温度点、水位点及压力点等的实时测定取值，同时控制水泵、电动阀门等的启动停止；集中—分户供热水系统控制装置均使用自动控制系统。

(4) 冷热水配水管网

自贮热水箱至用户用水点之间的管路系统称为冷热水配水管网，由管道、阀门管件及用水装置组成。

8.3.2　集中—分散供热水系统产业化成套技术发展趋势

8.3.2.1　集中—分散供热水系统产业化成套技术应用概况

在容积率高、楼间距小的地方使用太阳能会面临屋面面积不足、窗台阳台日照时间短的问题，这直接导致无法使用集中供热水系统或分散式供热水系统。集中—分散式供热水系统的出现有效地解决了这一难题。该系统在充分利用屋面面积进行太阳能量收集的基础上采用分散式的贮热水箱进行热量储存同时进行分散式的辅助电加热。与前者相比，集中—分散系统降低了缓冲水箱容量，减小了对屋面承重的要求。合理的系统设计保证系统达到设计要求，满足用户使用要求，解决集中供热水系统集中辅助电加热的问题。

该系统技术日趋成熟，已被人们普遍接受，现已大量应用于新建多层住宅、高层住宅及既有建筑改造中，实际使用效果良好，为节能减排工作作出了突出贡献。

8.3.2.2 集中—分散供热水系统产业化成套技术发展趋势

一直以来，集中—分散供热水系统存在热量倒流的问题，即某户储热水箱温度自行辅助加热至设定温度后，会被换热系统中温度较低的热媒将热量带走。为解决这一问题，在户内储热水箱热媒出口处设置电动阀门，根据水箱温度与换热温度的高低对比选择性地开启或关闭该电动阀，以解决热量倒流的问题。

由于集中—分散供热水系统公共部分提供的是热能，一般不做热量计量，那么先用水或用水量大的用户必然会比其他用户从热媒中取得更多的热量，造成热量分配不均匀，影响其他用户使用效果的现象。为解决这一现象，设计出了网络型控制装置。该网络型控制装置能实时收集各用户数据，通过对比判断用户即时或累积得热量状态，根据判断结果发出指令控制用户电动阀的启闭，从而实现热量的平均分配。

在系统控制方面，智能化将是集中—分散供热水系统发展的一个必然趋势。控制装置是集中—分散供热系统的核心部件之一。随着信息技术的发展，物业管理人员通过互联网或 GPRS 无线网络等可以对系统实现远程控制，包含水泵启动停止、阀门开启关闭及系统故障检测等功能。贮热水箱作为一款普通的家用电器，用户可以通过手机利用物联网（IOT）进行自由操控，以实现定时加热、恒温加热或自动加热等功能。通过手机短信可以查询系统实时的温度等状态参数。

在太阳能与建筑一体化方面，太阳能生产企业与业主方、设计方密切配合，坚持同步设计、同步施工、同步验收及同步后期物业管理的合作理念，共同推动太阳能与建筑一体化的发展。

8.3.3 集中—分散供热水系统典型案例

【案例 1】 上海临港新城太阳能工程（图 8.3-1）

产品选型：全玻璃真空管太阳集热器

工程规模：2079 套，4420m^2

图 8.3-1 上海临港新城太阳能工程

施工日期：2010年9月20日

寿命期（15年）内工程总节能（标准煤）：12266t

寿命期（15年）二氧化碳减排量：30664t

【案例2】 济南消防局宿舍项目（图8.3-2）

产品选型：全玻璃真空管太阳集热器

工程规模：176套，太阳集热器总面积$1200m^2$

施工日期：2010年9月17日

寿命期（15年）内工程总节能（标准煤）：3330t

寿命期（15年）二氧化碳减排量：8325t

图8.3-2　济南消防局宿舍项目

【案例3】 宁德·金涵小区项目（图8.3-3）

工程名称："宁德·金涵小区"一期——福建省首个阳光保障房

工程地址：福建省·宁德市

工程类型：集中集热一分户储热太阳能热水系统

工程规模：972户（采用288台LPC1550集热器）

集热面积：$1800m^2$

每日供热水：77.76t（每户安装一台80L力诺瑞特分户水箱）

寿命期（15年）内工程总节能（标准煤）：4995t

寿命期（15年）内二氧化碳减排量：12487t

图 8.3-3 宁德·金涵小区项目

8.4 分散供热水系统

8.4.1 分散供热水系统整体情况

分散供热水系统，该系统特点是热效率高、结构简单、占地小、安装灵活、维护少。目前市场上常见的分散供热水系统有三种：紧凑式系统、阳台壁挂系统及分体式太阳能热水中心系统。

紧凑式系统因其价格便宜、热性能高，主要应用在农村、城乡结合部及城市多层建筑等区域；阳台壁挂产品解决了高层建筑屋面面积不足的问题，在中高层、高层建筑及既有建筑改造中有大量应用；分体式太阳能热水系统价格相对较高，主要适于别墅等场所使用。

8.4.1.1 系统发展概况

分散式热水系统大致经历了三个发展阶段：被动接受、简单相加及太阳能与建筑一体化。三个阶段有其各自的特点。

（1）被动接受阶段（图 8.4-1）

本阶段所有系统均为业主自发安装使用，在很大程度上改变了建筑原有结构，给建筑安全带来隐患；安装不规范，杂乱无章的安装给物业管理造成诸多不便，同时也影响了城市景观；屋面可利用面积有限，不能满足所有住户的使用要求。

（2）简单相加阶段（图 8.4-2）

这个阶段，房地产商开始尝试太阳能工程化应用，与建筑结合的分体式太阳能热水系统（包含阳台壁挂产品与分体式太阳能热水系统）问世，在相继出台的太阳能相关技术标准的规范引导下，太阳能工程逐步规范起来。太阳能热水器的使用也从农村、小城市逐渐

图 8.4-1　济南消防局宿舍项目-1

图 8.4-2　济南消防局宿舍项目-2

向大中城市延伸。太阳能与建筑一体化的概念初步形成，并成为社会热点。

（3）太阳能与建筑一体化阶段（图 8.4-3、图 8.4-4）

太阳能与建筑一体化概念进一步发展，形成切实可行的方案文件。太阳能热水器纳入建筑部品体系，成为建筑不可分割的一部分。新技术、新标准不断完善，产品升级换代，技术越来越成熟，应用范围从热水应用向热能应用过渡延伸。

8.4.1.2　系统分类组成介绍

分散供热水系统包含太阳集热器、贮热水箱、支架、控制器、辅助加热装置及水泵等部件。

太阳集热器是系统中的集热元件，其功能吸收太阳能量。目前市场上最常见的是全玻璃太阳能真空集热管和平板太阳能集热板。

图 8.4-3 济南市历城区西营镇南营爱康公司陶瓷太阳能房顶

图 8.4-4 济南消防局宿舍项目-3

贮热水箱是储存热水的容器。通过太阳集热器的太阳能量必须以热水的形式储存在贮热水箱内，以防止热量损失。紧凑式系统的贮热水箱为常压开式水箱，阳台壁挂系统与分体式太阳能热水中心系统的贮热水箱为承压闭式水箱。紧凑式系统供水时多采用重力供水方式进行，热水压力较低，使用效果稍差；阳台壁挂式与分体式太阳能热水中心采用自来水顶水的方式进行热水供水，热水压力与自来水压力一致，配水终端混水好，使用效果好。

一般家用太阳能热水器需要自动或半自动运行，控制系统是不可少的，常用的控制器是自动上水、水满断水并显示水温和水位，带电辅助加热的太阳能热水器还有漏电保护、防干烧等功能。

8.4.2　分散供热水系统产业化成套技术发展趋势

8.4.2.1　分散供热水系统产业化成套技术应用概况

分散供热水系统因其热效率高、价格较低、产权清晰等特点受到用户肯定，在市场上有着广泛的应用。

紧凑式系统主要应用在农村、城乡结合部、城市多层建筑、城市新建建筑等，安装方式大多是自行安装，在城市新建建筑中多是开发商统一进行工程化安全维护。部分地区小型浴室有采用多套紧凑式系统串并使用现象。

阳台壁挂系统则主要是解决高层建筑屋面面积不足的问题，近年来应用量迅速增长。在城市新建高层住宅建筑中的使用量与集中—分散式供热水系统相当。

分体式太阳能热水中心造价较高，使其应用范围受到一定限制，主要应用地区为别墅建筑，或高档小区。目前应用量正稳步上升。

太阳集热器有真空管式与平板式两种类型，适用性不同，长江以南区域采用平板型太阳集热器的系统居多，长江以北地区因冬季防冻需要，多采用真空管型太阳集热器的系统。

8.4.2.2　分散供热水系统产业化成套技术发展趋势

分散式热水系统技术发展已趋于成熟，主要从太阳能与建筑一体化方面及使用功能方面进行优化改进。

太阳能与建筑一体化要求分散式供系统产品必须要符合建筑设计的要求，与建筑完美结合。太阳能生产企业需对太阳集热器、贮热水箱及循环管路等进行适当的技术改进或系统优化设计，以适应不同的建筑形式，从而达到太阳能与建筑一体的要求。景观型太阳集热器、立式水箱、异形水箱、整体支架及模块化控制器正逐步引入到分散式供热水系统中来。

互联网的出现给家用电器的操作感受带来革命性变革，通过手机短信即可远程监控，并且可以实现实时的数据下载。运行分散式供热水系统其功能定位与普通家用电热水器功能定位相当，必然会向着智能化，人性化方向发展。

8.4.3　分散供热水系统典型案例

【案例1】　上海三湘四季花城项目（图8.4-5）

产品选型：U型管太阳集热器（带反光板）、分体式太阳能热水中心

工程规模：160L系统1816套，集热器总面积5448m^2

施工日期：2007年

寿命期（15年）工程总节能（标准煤）：1.03万t

寿命期（15年）二氧化碳减排量：2.32万t

【案例2】　济南中建文化城项目（图8.4-6）

产品选型：U形管太阳集热器、阳台壁挂系统

工程规模：100L自然循环、间接系统642套；200L强制循环，间接系统42套（总集热面积：1424m^2）

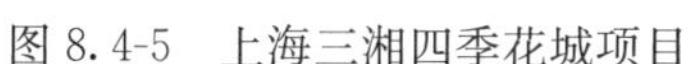

图 8.4-5 上海三湘四季花城项目

图 8.4-6 济南中建文化城项目

施工日期：2008 年

寿命期（15 年）内工程总节能（标准煤）：2538t

寿命期（15 年）二氧化碳减排量：6362t

工程简介：

中建文化城工程项目是力诺瑞特太阳能建筑一体化理念的样板工程。该工程充分体现“同步设计、同步施工、同步验收、同步使用”的思想，集热器垂直安装的情况下采用增加集热面积的措施保证系统热性能，建筑立面美观，室内规范化预留保证室内安装外观效果；标准的施工组织设计及专用的安装节点不降低建筑原有性能；专业化的验收保证系统施工质量，同步投入使用方便后期管理，增加系统运行稳定性。

【案例 3】 济南唐冶新城项目（图 8.4-7）

图 8.4-7 济南唐冶新城项目

产品选型：紧凑式太阳能成套产品

工程规模：8992 台（总集热面积：17984m^2）

施工日期：2007 年

寿命期（15 年）内工程总节能（标准煤）：3.21 万 t

寿命期（15年）二氧化碳减排量：7.25万t

工程简介：

济南市唐冶新城市济南市东部安置小区，通过利用力诺瑞特太阳能热水系统及太阳能光伏技术，既满足了用户生活热水需求，又解决了小区景观及楼道照明用电，同时真正实践了建筑节能减排。该项目设计过程中，充分考虑到太阳能与建筑一体化的需求，通过屋面结构变化为太阳能设备安装预留位置和基础，同时太阳能设备通过调整尺寸与颜色，安装后真正与建筑立面效果融为一体，是太阳能与建筑一体化理念的代表作。

第8章 保障性住房太阳能热利用产业化成套技术，参与编写和修改的人员有：

山东力诺瑞特新能源有限公司：刘磊、马保林、孙彦松

住房和城乡建设部住宅产业化促进中心：文林峰、刘美霞、王广明、叶茜红

济南市住宅产业化发展中心：王全良、李建海、张伟

北京世国建筑工程研究中心：梁津民、鞠树森

山东建筑大学市政与环境工程学院：张克峰

山东建筑大学建筑城规学院：杨倩苗

第9章　保障性住房供暖系统产业化成套技术

供暖又称供热、采暖，是指通过供暖系统设备给建筑物室内空间提供热量，以维持室内一定温度、保证建筑的可居住性和工作生活舒适性的供暖系统。

9.1　供暖系统产业化成套技术发展概述

9.1.1　供暖系统发展情况

建筑供暖在我国有着悠久的历史，但大面积的应用始于20世纪五六十年代，以秦岭和淮河为界，界限以北的三北地区被确定为供暖区，且居住建筑的供暖作为社会福利的一部分，居民可免费享用，供暖形式引进了前苏联的集中供暖方式，即通过区域锅炉房生产热水，由热力管网输送到每家每户，户内散热器把热量以对流传热方式传给房间。集中供暖在我国经过几十年的发展有了很大的技术进步，其优点是能源一次转换效率高、污染物容易治理；但也存在着管网热损失大、管理成本高、热计量难度大等弊端。

改革开放以来，特别是住房分配制度改革以来的最近一二十年，我国建筑供暖技术获得了快速发展，针对不同热源、结合不同建筑供暖需求的各种新型供暖形式应运而生，并有大量成功的应用案例。与传统的集中供热方式不同，产生了许多灵活和方便的分散和独立采暖形式，如：热源与散热末端一体化的电热膜电地暖、具有供热供冷功能的热泵供暖供冷系统等。

我国是世界上供暖形式最为丰富的国家，且不少原创的供暖新技术输出到国外。无论是在能源的综合利用效率、控制污染物排放，还是在供暖系统形式的多样化、系统和设备的智能化控制等方面都有了较为成熟的技术，形成了不同热源、不同系统组成和功能特点的供暖系统共存的局面，供暖系统作为住宅产业化成套技术的重要组成部分，不断地探索着供暖系统与居住建筑的一体化。

9.1.2　供暖系统分类

居住建筑供暖系统可以分为局部供暖系统与集中供暖系统两大类。局部供暖系统是将热源和散热设备集成为一个整体，分散设置在各个房间里的供暖系统。局部供暖系统包括火炉采暖、燃气采暖及电热采暖，如火炉、红外线燃气炉、电暖器、电热膜等。集中供暖系统是由远离采暖房间的热源、输热管道和房间内的散热设备等三部分组成的工程设施，其热媒主要有热水、蒸汽与热空气。长久以来，集中式的热水供暖系统在我国北方地区占有绝对优势地位，而局部供暖的电热采暖系统在最近几年内技术发展迅速，也得到了广泛应用。

9.1.3　供暖系统产业化成套技术在保障性住房的考虑因素分析

对于保障性住房来讲，选择供暖系统的热源是选择供暖系统的第一因素；其次是全寿命周期的运行能源耗费因素；第三是投资建设的费用，如分户独立供暖方式可节省新建锅炉房、换热站的费用，节省计量费用等；第四是是否便于“行为节能”的实施，用户的“行为节能”是节能的一个重要环节，要便于用户可以根据自己的个性需求选择和控制供暖温度与时间；第五要考虑供暖设施维护、供暖质量保证与系统设计质量等因素。

9.1.4 主要供暖形式对保障性住房的适应性分析

9.1.4.1 集中供暖形式

集中供暖形式由于具有热源容量大、热效率高、单位燃料消耗少、节约劳动力和占地面积小等优点，在城市供暖系统中一直占据主导地位。对于保障性住房而言，相比普通商品住房更加需要成本低廉、质量有保证的供暖系统，有条件的项目可以选择集中供暖系统。在选用过程中需要注意的是，无论是城市热网大型集中供暖还是区域锅炉房小型集中供暖，保障性住房选择锅炉集中供暖时，用户末端必须实现热计量、用户可以自行调节和控制室内温度。

选择集中供暖方式时，如果保障性住房与其他建筑共用同一热源，应充分考虑这一特点进行供暖系统的设计、施工。设户内散热末端是选择散热器还是地面辐射末端，也应综合分析、协调决定。

9.1.4.2 分户直接电采暖形式

当保障性住房供暖热源为电力，可选择分户直接电采暖系统。分户直接电采暖形式结构简单，便于实现和建筑一体化设计、施工，通过电量表自然形成用能计量、按用电量收费，符合国家热计量改革政策，用户可以根据需要设置和控制温度，行为节能最为彻底，是十分适合保障性住房特点的供暖方式。分户直接电采暖中电热膜地面辐射采暖（电地暖）优势更为突出，节能效果也最好。但选用电采暖要注意安全保护措施、区域用电紧张度、电力增容等。

9.1.4.3 户内分散热水供暖形式

当保障性住房供热热源为燃气、集中供暖覆盖不到或难以实施热计量时，燃气壁挂炉热水采暖是较好的供暖形式。燃气采暖热水壁挂炉应用发展较快，易于实现与建筑一体化设计、施工，用户可以根据需要自行开启和调节温度，但要注意防燃气泄漏问题。

地面辐射散热末端与散热器相比，不占用室内空间、舒适性高、设计温度可以降低2℃。燃气壁挂炉热水采暖在用于高层建筑时，应考虑局部环境污染问题。

9.1.4.4 供暖供冷供热水等联供形式

当保障性住房热源为电力，而且建筑物有供暖和供冷需求时，热泵也是一种可以选择的应用方式。热泵分为空气源、水源和地源三种形式，应尽量采用空气源热泵热水地暖作为户内分散热水采暖系统，更易于实现建筑一体化设计与施工，同时可实现供热供冷供热水功能，对于安装太阳能热水器有困难或太阳能集热效果差的建筑，空气源热泵可以替代太阳能供应热水，实现“供热供冷供热水”三联供。

9.2 集中热水供暖系统

长久以来，集中热水供暖系统在我国北方地区占有绝对优势地位，技术成熟且应用普遍，本书就不作为重点赘述。

9.2.1 热水供暖系统分类

凡是以热水为热媒的建筑采暖系统统称为热水采暖或热水供暖。热水采暖系统按照热源的不同分为锅炉采暖（燃煤、燃气、燃油、电—热水、余热)、热泵采暖（空气源、水源、地源)、太阳能等单一热源、双热源或多热源采暖系统。热水供暖系统按照散热末端设备和传热方式分为散热器片自然对流供暖、风机盘管热风强制对流供暖和低温热水地面辐射供暖。根据热源功率大小及服务热用户多少的不同，分为城市热网集中供暖、区域锅炉房集中供暖、户内分散供暖。

城市热网集中供热，其热源形式主要包括燃煤热电联产、燃气热电联产、大型燃煤锅炉房、大型燃气锅炉房，热网主要考虑城市管网和庭院管网。区域锅炉房集中供热，其热源形式主要包括燃煤锅炉房、燃气锅炉房，热网主要考虑庭院管网。户内分散采暖主要为居民用户自家采用的采暖方式，主要包括燃气壁挂炉、空气源热泵等采暖方式。

9.2.1.1 城市热网集中供热

城市热力网采暖一般适用于大型高层住宅社区，优点是安全、清洁、方便。缺点是不能按住户需要安排采暖季，采暖费用固定。

城市集中供热中的热电联产方式是我国集中供热主流采暖方式，地热、太阳能等新能源采暖方式在近年来虽然呈上升趋势，但所占比例仍然很小。热电联产方式是利用燃料的高品位热能发电后，将其低品位热能供热的综合利用能源的技术。热电联产具有节约能源、改善环境、提高供热质量、增加电力供应等综合效益。

9.2.1.2 区域锅炉房集中供热

适用于中型住宅社区，其优点是安全、清洁和方便，并且采暖时间可由小区业主协商决定，灵活自由。但是由于市区不允许建燃煤锅炉，只能用燃气、燃油，运行费用相对较高，管理不当还可能存在污染问题。如果不能很好地解决热计量，也会和城市热力管网集中供热出现同样的问题。

9.2.1.3 户内分散热水供暖

燃气壁挂炉天然气供暖是户内分散供暖的一种重要形式，自 20 世纪 90 年代起进入我国，在短时间内有了飞速的发展。虽然集中供暖是我国一直以来主要的供暖方式，但是由于我国采暖地域广阔、需求多样，而且目前正在积极推进分户计量改革，再加上壁挂炉可以实现供暖、生活热水一体化，使得壁挂炉在目前的建筑采暖方式中有着很广泛的应用。燃气壁挂炉供暖和集中供暖相比完全按照每户的燃气使用量收费，避免了目前大多数集中供暖系统按照建筑面积收费的不合理性，可以真正实现舒适性和运行费用的统一。燃气壁挂炉供暖运行的费用主要有燃气费、电费、水费，在这几项费用中，燃气费所占的比例在90%以上，所以燃气价格直接决定了运行成本。

9.2.2 集中热水供暖系统组成

无论是城市热网集中供热、区域锅炉房集中供热，还是户内分散采暖，热水采暖系统均是由热源、管网、用户末端散热设备三部分构成的，热源产生热水或以蒸汽作为热媒，通过管网、末端散热设备给房间提供热量。

集中供热，由一个或多个热源厂（站）通过公用供热管网向整个城市或其中某些区域的众多热用户供热，热源功率大，服务的热用户多。热源可以是热电厂、区域锅炉房、工业余热、地热、太阳能等生产的蒸汽和热水。集中采暖的热源通常是以煤炭为燃料、由蒸汽或热水锅炉直接加热热媒，或以煤、燃气为燃料的热电联产系统设备加热热媒。公用供热管网包括户外管网、热力输送设备和散热站等设施；热用户将管网输送来的热媒通过户内管网、散热末端向房间供给热量。集中采暖系统的优点主要是能源一次转换效率高和污染物排放少，但是管网热损失大、热媒输送能耗高、运行管理成本高，完全实现热计量改革难度大。

集中供暖各采暖用户之间通常具有一定的关联关系，比如：同一住宅小区、同一机关大院等。与集中供暖对应的是独立采暖，相对于大型集中采暖系统而言，独立采暖是热源规模、采暖面积均相对较小的热水采暖系统。独立采暖系统的能源多为天然气、电力等清洁能源，对环境的污染少；管网路程短，热损失少；运行管理相对简单。不足之处在于与集中采暖一样存在同样的热计量问题；以电为能源的电—热水锅炉采暖系统的能源综合利用远远低于以电能为驱动能源的热泵热水采暖系统和直接将电能转换成热能的电热膜采暖系统。

户内分散采暖系统热源主要是清洁能源，如燃气和电，设备以壁挂炉和热泵为主，无户外供热管网，只有室内管路，散热末端分为散热器或地面辐射结构。热水分户采暖系统设备简单、控制灵活、没有管理成本、不存在热计量问题，便于住户的行为节能，是有利于促进实现保障性住房产业化设计和施工的供热采暖系统。

9.2.3 集中热水供暖的核心部品——散热器

散热器作为重要的散热末端之一，是热水供暖系统的重要组成部分。以散热器为末端的热水供暖系统由“热源、热媒、管网、散热器、温控阀、热计量表”等部分构成。散热器在我国有近百年的应用历史。我国最早的散热器来自于国外进口，从20世纪初期开始我国自主生产铸铁散热器。20世纪五六十年代，我国开始推广集中热水供暖系统，散热器几乎是唯一的散热末端，直至今日在我国北方地区多种供暖方式中散热器仍占主导地位，其总发展趋势是“安全可靠，轻薄美新”，走轻型、高效、节能和环保之路。

9.2.3.1 散热器分类及主要属性

市场上常见的技术、工艺比较成熟的散热器，按材质可以分为铸铁、钢制、铜制和铝制以及双（多）金属复合材质散热器。钢制散热器又可分为柱/管型、板型、翅片管型；铝制散热器可分为铝合金和高压铸铝；复合型散热器市场上最常见的是铜铝复合和钢铝复合。

散热器行业协会2010年的调研统计表明，铸铁型散热器占市场总量的37.7%，轻型采暖散热器中的钢制、铜及复合类、铝合金采暖散热器分别占有市场总量的37.6%、17%、6.4 %。

散热器是整个供暖系统的末端，这是散热器的根本属性，决定了散热器的最主要功能——散热，主要指标表现为散热量和金属热强度等；压力容器是散热器的基础属性，主要指标表现为承压力能力、耐腐蚀能力、使用寿命等指标；建筑部品是拓展属性，决定了其风格与装饰审美功能，表现为外观、造型、表面质量、色彩等。

9.2.3.2 散热器产品评价原则及关键指标

表 9.2-1 给出了散热器产品评价原则及关键指标，重点应做到以下几点：

散热器产品评价原则及关键指标 表 9.2-1

序号	评价原则	主要参考指标
1	安全可靠	适用范围（供暖系统和水质要求）、承压能力、耐腐蚀性、使用寿命、水道壁厚
2	舒适节能	辐射 VS 对流、金属热强度、适合温控与低温采暖
3	绿色环保	中国环境标志产品认证、产品排放检测报告、可回收、易清扫
4	经济适用	每瓦热价
5	装饰美观	外形、风格、光洁

(1) 安全可靠

作为压力容器，散热器安全且不腐蚀泄漏是最基本要求。实际上在我国供暖散热器中，铸铁散热器是最为安全可靠的，20 世纪 20 年代安装于大连旅顺历史博物馆中的铸铁散热器历时近百年现在仍在使用。其次是铜铝复合、铜管对流散热器、钢制翅片管对流散热器，紫铜管或厚壁钢管耐氧蚀和酸碱腐蚀，它们的使用寿命较长。钢制薄壁柱型、管型散热器对供暖系统要求较严，钢管散热器行业标准（JG/T 148—2002）规定，供暖系统热媒 pH 值≥8，热媒含氧量≤0.1g/m^3，且为闭式供暖系统时，非供暖期满水保养，在这种情况下，散热器可以使用 15 年以上，使用寿命长，也就降低了业主未来的更换与维护成本。

(2) 舒适节能

采暖散热器散热方式主要有两种，即辐射和对流，辐射带给人们阳光般的温暖，对流则让人感觉温暖如春。散热器还要适合温度调节和热计量以及低温采暖。同类产品金属热强度越大越好，说明产品越节材节能。

(3) 绿色环保

主要是指散热器在生产、使用和处置过程中无污染，不会对生态环境和人体健康带来危害。通过产品认证的各种采暖散热器，在达到现行采暖散热器国标及行标基础上，还要符合我国环境保护部环境保护标准《环境标志产品技术要求 采暖散热器》HJ508－2009。该标准要求的金属热强度指标要超过行业标准的要求，且规定了甲醛、苯等污染物释放限值。

(4) 经济适用

散热器的每瓦热价（元/W）是反映散热器经济性的一个指标，一般说来，对工程初始热价，钢制翅片管散热器价格最低，然后依次是铜管对流器、新型内腔无砂铸铁散热器，钢铝复合散热器最高。铜铝复合散热器和钢制柱式、板式散热器相差不大。如果考虑产品整个使用寿命的成本，铸铁散热器因为寿命可达 50 年以上，所以热价最低。

(5) 装饰美观

外形新颖美观、风格独特、表面光洁让人赏心悦目，现在的新型散热器，包括新型铸铁散热器基本都能做到这一点。在车库、地下室等则不用过多考虑装饰性。

9.2.3.3 不同散热器产品性能综合比较（表 9.2-2）

各种采暖散热器产品性能综合比较表　　表 9.2-2

性能 / 产品	安全性	耐腐蚀性	最大承压(MPa)	使用寿命	装饰性	清扫难易	变形难易	热价(元/W)
内腔无砂铸铁	高	好，耐氧耐碱蚀	热水 1.0 蒸汽 0.2	50 年以上	好	易	不易	较高
铜铝复合	高	好，怕 SO_4^{2-} 和 Cl^-	热水 1.0	25 年	好	易	较易	较高
钢铝复合	较高	较好，耐碱不耐氧	热水 1.0	视水质，较长	好	易	较易	中等
压铸铝	一般	一般，耐氧不耐碱	热水 1.0	视水质，较短	好	易	较易	较高
钢制柱（薄壁型）	一般	一般，耐碱不耐氧	热水 1.0	视水质，较短	好	易	不易	较高
钢制柱（厚壁型）	较高	较好，耐氧耐碱	热水 1.0	视水质，较长	好	易	不易	较高
钢制板型	一般	一般，耐碱不耐氧	热水 1.0	视水质较短	好	较难	不易	较高
钢制高频焊翅片管	高	好，耐氧耐碱蚀	热水 1.0 蒸汽 0.3	25 年	好	较难	不易	最低
铜管对流	高	好，怕 SO_4^{2-} 和 Cl^-	热水 1.0	25 年	好	较难	不易	中等

9.2.3.4 散热器供暖的特点

散热器供暖具有以下特点：

（1）散热器供暖技术成熟可靠，安装简便，；

（2）散热器供暖具有灵活性，便于维修和改动；

（3）装饰性散热器提高室内装饰档次；

（4）低温散热器供暖应用于节能建筑可以获得理想的舒适度。如果布置得当，也可以防止外墙或者窗户对热舒适度的负面影响；

（5）散热器供暖热惰性小，升温速度快。

9.2.3.5 散热器供暖技术发展趋势

（1）新型铸铁散热器

铸铁散热器材质为灰铸铁。按结构型式主要分为柱型、柱翼型和板翼型。在 2000 年以前，在我国“三北”采暖区，铸铁散热器处垄断地位。进入 21 世纪以来，随着我国商品房的大规模建设、公众的环保节能及审美意识的提高和绿色建筑的兴起，传统的铸铁散热器承压低、结构设计不合理导致因为体型不够紧凑及金属热强度不高、美观装饰性不足而为市场用户所诟病，再加之铜、钢和铝等材质散热器的竞争推动，新型铸铁散热器应运而生。我国企业发挥自身技术与工艺优势，率先推出了具有自主知识产权新型铸铁散热器产品，开启了新型铸铁采暖散热器新时代。

近年来，铸铁散热器行业在工艺技术改造上进行了积极的探索，铸铁散热器正朝着轻型化、美观化、配件部品化、生产自动化、生产环保化的方向发展。新型铸铁散热器不仅秉持了传统铸铁散热器“适合各种供暖系统和水质，不怕腐蚀，安全耐用使用寿命超过 50 年，可回收再利用”的全部优点，而且内腔无砂，适合热计量和温控节能技术要求；结构造型优化，金属热强度度提高了 20％～30％，节材节能，更加紧凑；表面喷涂环氧树脂粉末，光滑牢固不脱落，装饰性强，等同于家电；采用了稀土铸铁材质，因此最高热水工作压力可达1.0MPa，可满足中高层建筑采暖压力要求，更加安全可靠。比传统的铸铁散热器工作压力（一般为0.5 MPa，最高为0.8 MPa）提高了60%～100%；同时它也可以用于蒸汽供暖系统，当用于蒸汽系统时，最高工作压力可达0.2 MPa（图9.2-1、图9.2-2、表9.2-3）。

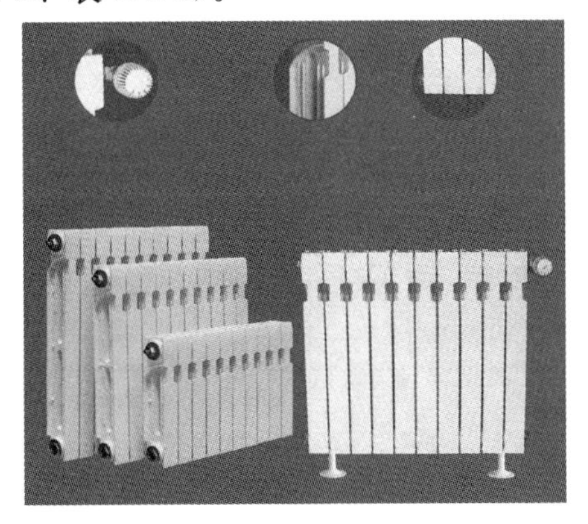

图9.2-1 TBD板型导流新型铸铁散热器

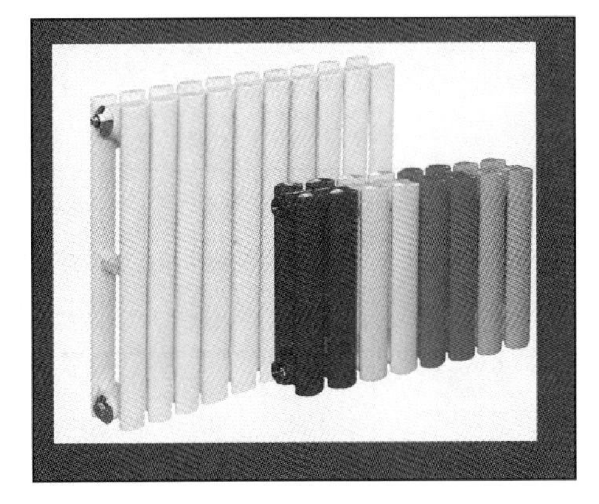

图9.2-2 TSB2008新型铸铁散热器

新型铸铁散热器热工性能参数 **表9.2-3**

产品型号	标准散热量(W)	金属热强度 W/(kg·℃)	国标要求 W/(kg·℃)	高出比例
TBD2-500-10	113	0.373	0.32	16.5%
PTLQ-600-10	116	0.370		16.5%
PTJL4-600-10	138	0.370		16.5%
TSB2008-500-10	109	0.414		29.3%
PTLG-500-10	116	0.410		28.1%

资料来源：国家空调设备质量监督检验中心热工检测报告。

（2）钢制散热器

钢制散热器全部采用钢管或钢板加工而成，根据结构及加工工艺的不同，又可以分为钢制管/柱型散热器、钢制板型散热器和钢制高频焊翅片管散热器，其中，以钢制管/柱型散热器最为常见。因为钢管、钢板是一种最普通的金属管材，相比铜材和铝材，价格适中，且易于焊接、加工，促使钢制散热器所占市场份额最大。根据过水钢管壁厚可以分为薄壁型钢制散热器和厚壁型钢制散热器。不同产品的适用范围及主要性能特点见表9.2-4。

各种钢制散热器适用范围及主要性能特点 **表9.2-4**

项目 / 产品	适用范围	对系统的要求	主要性能特点
钢制柱/管型散热器（薄壁型）	民用建筑热水供暖系统	闭式系统，非采暖期满水保养：pH=8～12，O_2≤0.1mg/L 工作压力：热水≤1.2MPa	壁厚一般为1.2～1.5mm，重量轻，美观。缺点是易氧蚀，安全耐用性一般

续表

项　目 产　品	适用范围	对系统的要求	主要性能特点
钢制柱/管型散热器（厚壁型）	工业与民用建筑热水或蒸汽系统	闭式或开式系统，在闭式系统使用将延长暖气片寿命。 工作压力：热水≤1.2MPa 蒸汽≤0.3MPa	壁厚≥2.5mm，美观。 安全耐用性较高。与供暖管路同寿命（25年）
钢制板型散热器	民用建筑热水系统	闭式系统，对水质和供暖系统管理要求严格：pH＝10～12，O_2≤0.1mg/L，CL^-≤300mg/L	壁厚一般为1.0～1.5mm，缺点是易氧蚀，安全耐用性一般
钢制高频焊翅片管对流散热器	工业与民用建筑热水或蒸汽供暖系统	闭式或开式系统 工作压力：热水≤1.2MPa 蒸汽≤0.3MPa	壁厚≥2.5mm，热效率高，安全耐用性高，与供暖管路同寿命（25年）。热价较低

钢制管/柱型散热器分为对接焊、搭接焊和插接焊三种，主要材料全部均是使用低碳钢管，只不过组焊工艺不同，如对接焊是将冲压成形的片头与钢管焊接成柱形单片，许多柱形单片焊接组合成一组，柱数2～6柱，钢管长短可变，中心距从300～1800mm不等。

图9.2-3　钢制管/柱型散热器

钢制管/柱型散热器的特点在于整组散热器外观线条流畅，刚劲挺拔，表面光滑，不怕磕碰变形，具有较强的装饰审美功能（图9.2-3）。

值得一提的是，由于薄壁钢制散热器易于发生氧蚀，所以，一般钢制散热器采取了内防腐处理，以增强其耐腐能力，但事实证明，效果非常有限。国家相关行业标准中缺乏对散热器内防腐工艺技术的明确规定，也缺乏权威的检测手段。真正的防腐应是主动防腐，即严格规范和管理供暖系统及其水质，非采暖季确保满水保养。因此，选用钢制薄壁散热器的集中供暖建筑物，其供暖系统一定要满足散热器对系统水质和管理维护的要求，否则可能出现大面的泄露，这种腐蚀漏水事故在过去多个项目中已经出现过。

钢制翅片管对流散热器是一种厚壁散热器，水道壁厚等同于供暖管路，所以可以做到与供暖管路同寿命，可以适用于各种供暖系统和水质。它由高频焊工艺加工而成的内芯和冲压成型的外罩组成。该产品对流散热，热效率高，温暖如春；厚壁水道，安全耐用；加工工艺较为简单，因此热价较低，在经济型建筑如各种保障性建筑采暖中大量安装使用（图9.2-4）。

钢制板型散热器是由两片压制水槽板对焊在一起的，由链接弯头或三通将单板、双板、三板连接成一体，构成一个可同侧连接、异侧连接、水平连接和低进低出连接的散热器。为增强散热器的散热效果，在散热器的背面焊接有对流片；为提高散热器的美观性，上端装有隔栅盖板，两侧装有侧盖板。本产品具有重量轻，外形时尚美观，承受压力大，散热性能优良，安装维护方便等特点，但由于是薄壁钢制散热器，其供暖系统一定要满足散热器对系统水质和管理维护的要求。该产品在国内采暖市场所占份额较小。

图 9.2-4 钢制翅片管对流散热器

钢制卫浴散热器又称毛巾架散热器，主要用于卫生间取暖。它是钢制管型散热器的一种，其主散热管呈水平状，而不是普通钢管散热器的竖直状。钢制卫浴散热器通常也是薄壁型，其适用范围和性能特点与钢制管型散热器相同。

钢制散热器的现代化的加工工艺主要包括：三轴数码自动组焊工艺、内防腐工艺、冲压工艺、打压工艺、表面前处理工艺、自动喷涂工艺等。

(3) 铜（钢）铝复合流散热器

如前所述，薄壁钢制水道散热器容易出现氧腐蚀泄露问题，为了克服这一问题，我国一些散热器企业在 21 世纪初发明了铜铝复合散热器，这是我国发明的采暖散热器。这种散热器将挤压轧制拉升紫铜管与铝型材翼片通过胀管方式紧密结合在一起。铜管为水道，铜管壁厚不低于 0.6mm，发挥了铜材耐氧蚀和酸蚀的特点，扩大了散热器的应用范围，延长了散热器的使用寿命，设计寿命一般可达 25 年以上；水容量小，升温迅速，利于温度调节和低温采暖；铜、铝导热性能好，铝翼增大了散热器面积，增大散热量，散热能力强；铝翼密度小、重量轻、铜铝复合，且金属热强度大大高于铸铁散热器和钢制散热器。铜铝复合散热器完全符合“安全可靠、轻薄美新”的产品发展思路（图 9.2-5）。

钢铝复合散热器生产工艺、外形与铜铝复合散热器相同，只不过水道由铜管变为钢厚壁（≥2.0mm）钢管，延长了散热器的使用寿命。铜（钢）铝复合散热器还具有其他几个特点：

图 9.2-5 铜（钢）铝复合弧面柱翼型散热器

①进出水口中心距从 300～2000mm 不等，节省空间，美观装饰性强。

② 最高工作压力可达 1.0MPa。

③ 600mm 中心距单柱散热量可达 140W，铜铝复合散热器金属热强度一般大于 2.0W/(kg·℃)；钢铝复合一般大于 1.52.0W/(kg·℃)。

铜（钢）铝复合散热器主要生产工艺包括：内翻边液压/机械胀接工艺、组焊工艺、打压工艺、表面前处理工艺、喷塑工艺。钢铝复合焊接呈现数码全自动化的趋势。

(4) 铜管对流散热器

铜管对流散热器是指以铜管铝串片为散热元件，外置对流罩的对流散热器，它散热器方式以对流散热为主。对流式散热器与辐射式散热器最大的区别就是：对流式散热器的室内温度场更均匀、人体感觉舒适，没有辐射式散热器由于烘烤带来的干燥感。产品按结构型式分为单体型（独立安装并具有单体外罩）和连续型（外罩连续）。

铜管对流散热器产品主要特点：无缝紫铜管耐腐蚀，使用寿命一般可达25年以上。该产品可广泛适用于各种建筑热水采暖系统，要求 pH＝7～12，SO_4^{2-}≤100mg/L，Cl^-≤100mg/L，一般供暖系统均可满足此要求。金属热强度高于铸铁、钢制和铜铝复合散热器。铜管对流散热器是目前容水量最小的一种采暖散热器，调节室内温度时升温迅速。铜管对流散热器外罩表面温度较低，避免了可能发生的接触性烫伤。如果家里有老人、小孩的话，安全度比较高。外罩专业工艺美术设计，精度高，结实耐用，美观装饰性强，高度、长度、造型、颜色多变，实现与建筑物环境相协调。该产品尤其适合于学校、医院、幼儿园或机场等高大空间采暖。缺点主要是，该产品用于低温采暖，存在一定的低温衰减效应（图9.2-6）。

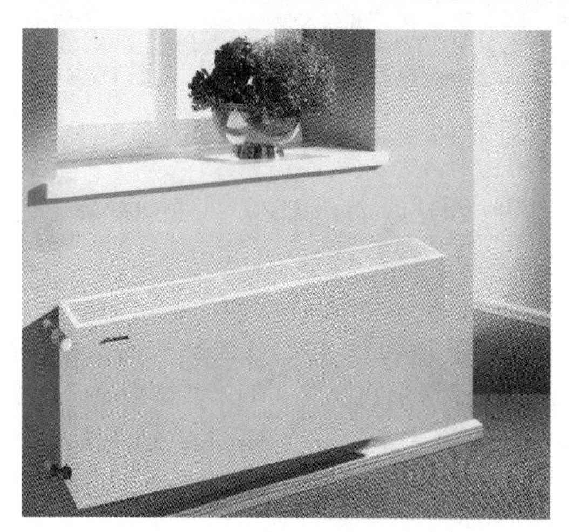

图9.2-6　铜管对流散热器（单体型）

该产品主要生产工艺包括：铜管煨弯；铜管与铝翅片的胀管工艺；铝翅片的二次翻边工艺；外罩钢板剪切工艺；冲压工艺；数控折弯机；外罩喷涂工艺。这些生产工艺呈现数控化、自动化趋势。

主要控制参数是每米标准散热量，厚度、高度、长度，工作压力，水阻特性和工艺外观。

(5) 压铸铝散热器

压铸铝散热器是将高温液态铝，经800～1600t全自动压铸机一次铸造成型。该产品坚韧致密，耐高压，耐高温。全铝质的压铸铝散热器又分为整体压铸铝散热器和分体压铸铝散热器，整体压铸铝散热器是采用液态铝经全自动压铸机一次整体压铸成型，散热器的底部采用同材质熔焊技术封口；分体压铸铝散热器实际上只是散热器的顶端和底部是压铸成型，中间采用的是铝型材，型材的上下留有插槽，顶端和底部与中间的型材连接时采用插接的方式，顶端和底部是插在中间型材的插槽内，中间采用胶水粘接。根据有没有其他金属内芯可分为，全铝质的压铸铝散热器和钢铝、不锈钢铝压铸铝散热器。钢铝、不锈钢铝压铸铝散热器是为了适应于我国的不同水质，延长散热器使用寿命而开发的。全铝压铸铝散热器壁厚不低于1.4mm（图9.2-7）。

各种压铸铝散热器主要特点是：①体型紧凑，占地面积小。②外表面便于清扫。③压铸铝散热器比挤压铝型材焊接的散热器耐腐蚀，使用寿命较长。钢铝、不锈钢铝压铸铝散热器更耐腐蚀，使用寿命长。④铝的导热性好，散热快，热效率高。⑤压铸翼片间形成空气通道，可提高对流散热量，加上表面辐射散热，总的散热量较大，热工性能好。⑥压铸铝散热器整体强度大，工作压力高，适用于高层建筑。⑦外形美观，装饰性好。⑧重量轻，安装和使用都很方便。⑨成品为单片，可根据需要而组装灵活，便于大量生产，可减少库存量。⑩生产和使用过程环保无污染。

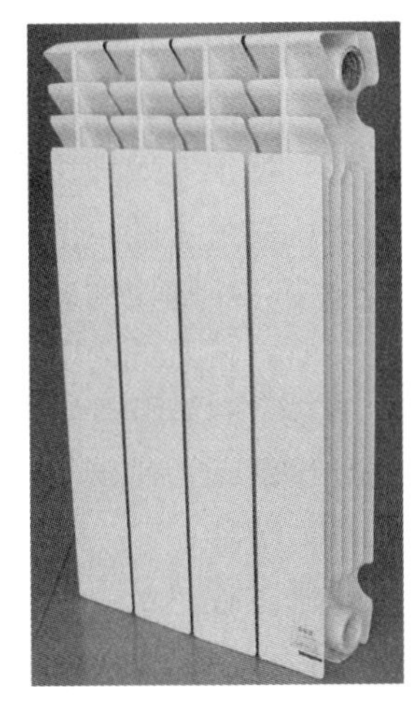
图 9.2-7 压铸铝散热器

该产品适用于以热水为热媒的供暖系统，热水最高温度不超过 95℃。对整体式和组合式压铸铝散热器，热水的 pH 值为 7.0～8.5，氯离子含量不大于 30mg/L，溶解氧不大于 0.1mg/L。对于复合式压铸铝散热器，热水的 pH 值为 7.0～12.0，氯离子含量不大于 300mg/L，溶解氧不大于 0.1mg/L。

压铸铝散热器主要生产工艺有高压铸造工艺，内防腐工艺，自动化前处理工艺，组对工艺，表面静电喷涂工艺，打压工艺，包装工艺等。

整体式和复合式压铸铝散热器的未来发展应用以国内的独立采暖系统和大批量出口欧洲为主；复合式散热器由于水道更为耐腐蚀，可以应用于国内管理规范的集中供暖系统。

9.2.3.6 散热器供暖典型案例

(1) 钢制翅片管对流散热器应用于北京海淀区苏家坨上河涧定向安置房

2011 年，北京海淀区苏家坨上河涧定向安置房 18 万 m^2 建筑面积选用了北京某公司生产的钢制翅片管 6 管散热器。

(2) 新型铸铁散热器应用于大雁矿务局棚户区改造

内蒙古呼伦贝尔大雁矿务局棚户区改造，曾选用钢制管型散热器，但 2～3 年后，出现大面积泄露问题，原因在于供暖系统水含氧量严重超标达几十倍。2009～2010 年，大雁矿务局将以前的钢制管型散热器全部更换为新型的铸铁板型导流二柱、三柱散热器，数量共计 15 万余片，解决了氧腐蚀问题。

(3) 钢制柱型散热器应用于北京空军百子湾经济适用房

空军百子湾经济适用房项目选用了派捷钢制三柱散热器，数量共计 10 万余柱。

9.3 低温热水地面辐射供暖

9.3.1 低温热水地面辐射供暖概述

9.3.1.1 低温热水地面辐射供暖的特点

低温热水地面辐射供暖（以下简称“水地暖”），是以供水温度不高于 60℃的热水为热媒，在埋设于地板中的加热管内循环流动，加热地板并通过地面以辐射传热为主、对流传热为辅，向室内供热的供暖方式。

水地暖是把地面作为散热末端的热水采暖系统，具有以下特点：

(1) 健康、舒适卫生

地暖遵循“温足凉顶”的理想采暖概念，实现“暖从足起”，室内温度分布由下而上逐渐递减，室内热环境温度均匀，体感舒适；减小了室内空气对流所导致的尘埃和挥发异味，空气洁净；可有效促进人体血液循环，改善新陈代谢，尤其适合老人和孩子。

绝热保温层增强楼层间隔声效果，降低噪声干扰，增加私密性。在相对狭小的室内空间，空气浑浊有害健康，环境质量尤为重要。

（2）增加有效使用面积

传统对流采暖，散热器及管道装饰占用一定的室内空间，而地板采暖将加热盘管埋设于地板中，增加使用面积2%～3%，便于内装饰和家具布置，将计入使用面积的阳台铺设加暖管，使其成为暖阳台，给人以良好的空间感受。

减少散热器及管道装修，增加使用面积，便于必备家具的摆放，有利于人身安全和家庭的团聚活动，改善了住宅的格局和品位，具有一定的经济效益。

（3）节能

供暖过程热量主要以辐射传热，室内温度梯度小、分布均匀合理，无效热损失少，热效率高；低温热媒，输送过程热量损失少；在同样舒适感条件下，室内设计温度可比传统对流散热器采暖室内设计温度低2℃、耗热量可节约15%～20%左右。

（4）安全可靠，使用寿命长

地下盘管没有接头，只集中在分集水器处，消除“跑、冒、滴、漏”，维修管理简便，加热管耐腐蚀，合格的地暖管，正确设计、施工、使用，其寿命可达到50年，与建筑物同步，运行维护费用低。

（5）热稳定性好

利用地面作为蓄热和辐射体，使室内围护结构表面温度提高，温度梯度分布合理，维持房间具有较稳定舒适温度状态，下热上凉，造就一种符合人体生理要求的热环境。在有间歇供暖需求或常开门、窗通风的情况下，室温波动变化小，热稳定性好。

（6）热源范围广

水地暖可利用多种热源，包括电能、燃煤、燃气、燃油，以及太阳能、浅表地能（有一定地域和条件限制）、空气能等低品位再生能源。

（7）应用领域广

广泛应用于民用建筑地暖、结构采暖制冷、工业地暖、草坪地暖（足球场馆和绿化等）、道路地暖（机场跑道融雪、车库坡道融雪、高速公路融雪等）、养殖地暖（育苗、花棚、水果蔬菜大棚、动物园、植物园、温室、养鸡场等）。

9.3.1.2　低温热水地面辐射供暖的分类和组成

（1）按热源方式分类

严格地讲，水地暖只是一种散热末端形式，水地暖只有和热源结合在一起才构成采暖系统。水地暖系统按照热源的不同分为：

① 集中热源＋水地暖：以集中热电联产供热、较大区域锅炉房、垃圾焚烧炉，或集中余热水、地热水为热源。

② 分户或独立热源＋水地暖：电—热水炉、燃煤热水炉、燃气热水炉等小型锅炉型水地暖；空气源、水源、地源热泵型水地暖，并可同时实现供热供冷供热水一体化；太阳能以及其他新能源或可再生能源＋水地暖。

（2）按地面散热末端有无填充层分类

① 湿式地暖

湿式地暖是指在地面散热末端结构中有填充层并且要在现场浇注的水地暖。该填充层为厚度在 40～60mm 的 C15 豆石混凝土或水泥砂浆，将热水盘管固定在绝热层之上（图 9.3-1）。

湿式地暖的填充层具有很好的蓄热功能，可增强间歇供暖的热稳定性。缺点是维修困难；水泥砂石等材料用量大、初投资偏高；对高层建筑增加楼板负荷；增加热惰性、升温慢；在许多家庭装修中采用木地板，铺设龙骨时受限等。

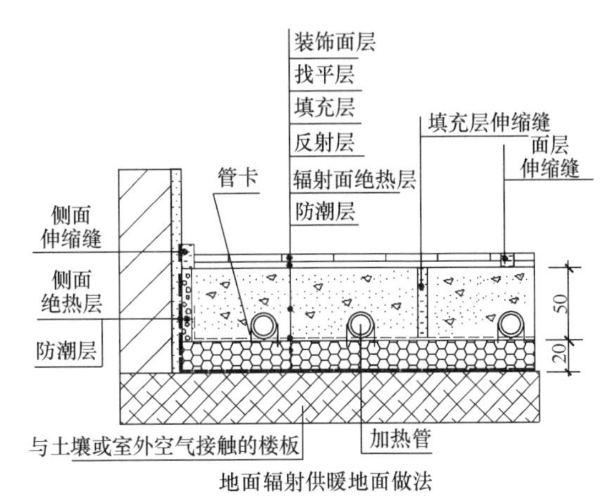

图 9.3-1 湿式地暖地面结构图

② 干式地暖

干式地暖是指没有填充层的水地暖，是将热水盘管置于保温模块板凹槽或榫舌中、导热板槽中，以及预制好的带加热管的薄膜供暖板，上部可直接铺设表面装饰层（图 9.3-2、图 9.3- 3）。

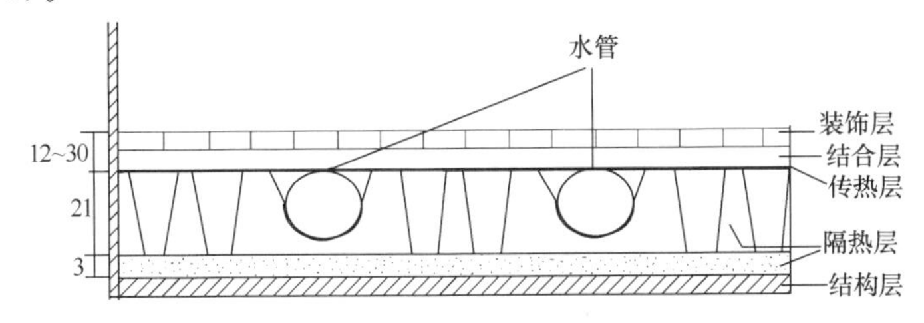

图 9.3-2 干式地暖结构（上）、地暖模块（下）示意图

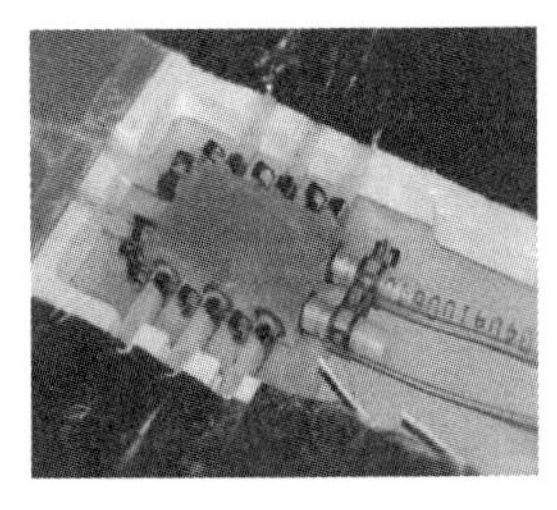

带盘管的模块

结构图

连接件

图 9.3-3 干式预制轻薄型地暖

干式地暖因为没有填充层蓄热，初始升温速度快、负荷轻、地面散热末端占用层高少。缺点使热稳定性差、热量损失快。适用于精装修地暖及改造地暖等场合，尤其适合选用木地板类装饰材料。

(3) 按地暖发展历程分类

① 传统地暖

湿式地暖属于传统地暖，又称第一代地暖。保温层和混凝土填充层厚度约80mm，加热盘管16～20mm，温差约10℃；国内现在也有采用预制沟槽保温板嵌管。

② 轻薄地暖

各种干式地暖均被称为轻薄型地暖或称第二代轻薄地暖。组合式地暖引自日本技术。外径7～9mm的盘管，通过小分配器连接到外径10～11mm的主供回水管，厚度24mm，温差约8℃；工厂预制好一定规格、一定发热量、一定面积的板块，按照使用条件现场拼装，盘管接头承插连接，分配器及连接件要求高，属于干式地暖，又称预制轻薄供热板地暖，施工快，质量有保证（图9.3-3）。

近年来国内陆续发展成多种现场敷设加热管的薄型地暖，采用预制沟槽保温板、成型模块板或带导热板的模块板。

沟槽保温板或模块地暖嵌入板式固定布管，水盘管管径分为12/16或16/20两种。这种构造的水地暖可避免施工过程损伤加热管，可用15mm水泥砂浆保护层取代50mm豆石混凝土蓄热层，也可在顶面上铺设铝质导热层后铺设木地板。

图9.3-4　毛细管网地暖

③ 毛细管网地暖

属于第三代超薄地暖，从德国引进的技术。外径3.5～5mm的毛细管和外径20mm供回水主管构成管网，可安装在地面、墙体、天花板内供暖供冷。安装厚度一般小于5mm，充满水重量600～900g/m^2，温差约5℃（图9.3-4）。

(4) 按铺装施工特点分类

① 现场盘管施工地暖

保温板现场拼装，盘管敷设保温板上、嵌入模块中或保温板沟槽，上铺设铝质导热层。

② 预制组装地暖

由保温基板、支撑木龙骨、塑料加热管、铝箔、配水和集水的装置等组成的，并在工厂制作的一体化的地面供暖部件，到施工现场进行拼装连接。

9.3.2　低温热水地面辐射供暖技术发展趋势

我国的水地暖行业形成于20世纪90年代初，至今仍是以湿式水地暖为主。从保温层至地暖完成面总厚度在80mm（被称为80地暖），因回填50mm厚度豆石混凝土蓄热层，每层高度要增加120mm，楼板的荷载要增加，豆石混凝土有热惰性。

为节能减排，提高能效，管径变小、缩小管间距、结构减薄，成为中国地暖行业的发展趋势。供暖供冷一体化需求增加，以预制薄型地暖模板为代表，预先在工厂组装、可实施各种性能检测、把控质量、搬运方便、安装简便、大幅度缩短工时的产品化地暖模板部件，适合住宅产业化的要求。

地暖模板总厚度为12mm，38kg/m² 高密度聚苯乙烯保温层，几乎不占用室内空间；管间距固定为75mm；专用铜质二级分水器将采暖板内的水管并联起来；储满水时，每平方米模板的重量约2.5kg，不需增加楼板的荷载；安装快，一个工作日完成数百平米的铺装及安装；分室控温；升温快，开启30～40min室温即有明显上升；储水量少；地表装饰材料的选择广。具有集约化、标准化、规模化生产和安装的特点。

9.3.3 低温热水地面辐射供暖典型案例

【案例1】 延安市杨家岭经济适用房

该小区建设用地面积为472.86亩，其中廉租房占地98.65亩，为多层住宅（分A、B、C、D、E、F六种户型）。其商业用房、会所、幼儿园、农贸市场等相应的配套设施，建筑面积为211362m²；廉租房20000m²；经济适用房190214m²。房屋面积90m² 以下占70%，90～120m² 占30%，地形均为陕北特有的丘陵沟壑地，为原生态山地环境，三面环山，东南面较开阔。项目沿沟底与杨家岭现有道路主干道相接。从该小区南边入口到北边建设用地分为六级台地，每阶梯高差为9m，中心广场标高与最高建设用地高差为60m。该项目采用低温热水集中供暖的混凝土填充式地暖，已运行4年（图9.3-5）。

图9.3-5 延安市杨家岭经济适用房地暖

【案例2】 北京市昌平区回龙观经济适用房某小区

铺装时间：2006年3月。

房屋建筑情况：六层板楼的四层，单户建筑面积138m²，采暖面积124m²，室内举架高度2.6m，局部有梁。

室内：三个卧室，地面为实木复合地板，两个卫生间、客厅及厨房地面均为地砖。

系统：热源为燃气壁挂炉，末端散热设备为12mm厚度的能元模板（预制轻薄地暖模板），热源及分集水器安装于厨房外的北阳台，采用锅炉控制器进行温度调控。

运行模式：白天低温运行，傍晚至次日上班正常运行，周末及节假日全天正常运行。

楼板荷载及净高度未受影响。使用效果：第一个采暖季（新房）的室内温度即达到了24℃，运行费用不足周围邻居的1/2。

9.4　电热膜辐射供暖

电热膜辐射供暖是电采暖的一种，是指以电为能源、以电热膜为发热体、以辐射传热为主要热传递形式的电采暖系统。电采暖系统顾名思义是指以电为能源的采暖系统。这里所说的电采暖系统是指以电为能源、将电加热体镶嵌在散热末端结构中，通电后直接将电能转化成热能向房间提供热量而不需要传热介质的采暖形式。电采暖系统按照电加热体类别分为电热膜辐射供暖、发热电缆、导电碳纤维线缆电采暖，电热膜辐射供暖按照电加热体铺设位置又分为电地暖、电墙暖、电热顶棚供暖和辐射电热板采暖等。

与电—热水锅炉、电—热油汀等同样是以电为能源的采暖方式所不同的是，电热膜辐射采暖系统是直接将电能转化成热能给房间提供热量，其中大部分为波长在5～15μm的远红外辐射热（图9.4-1），使人体的体感温度高、舒适性好。

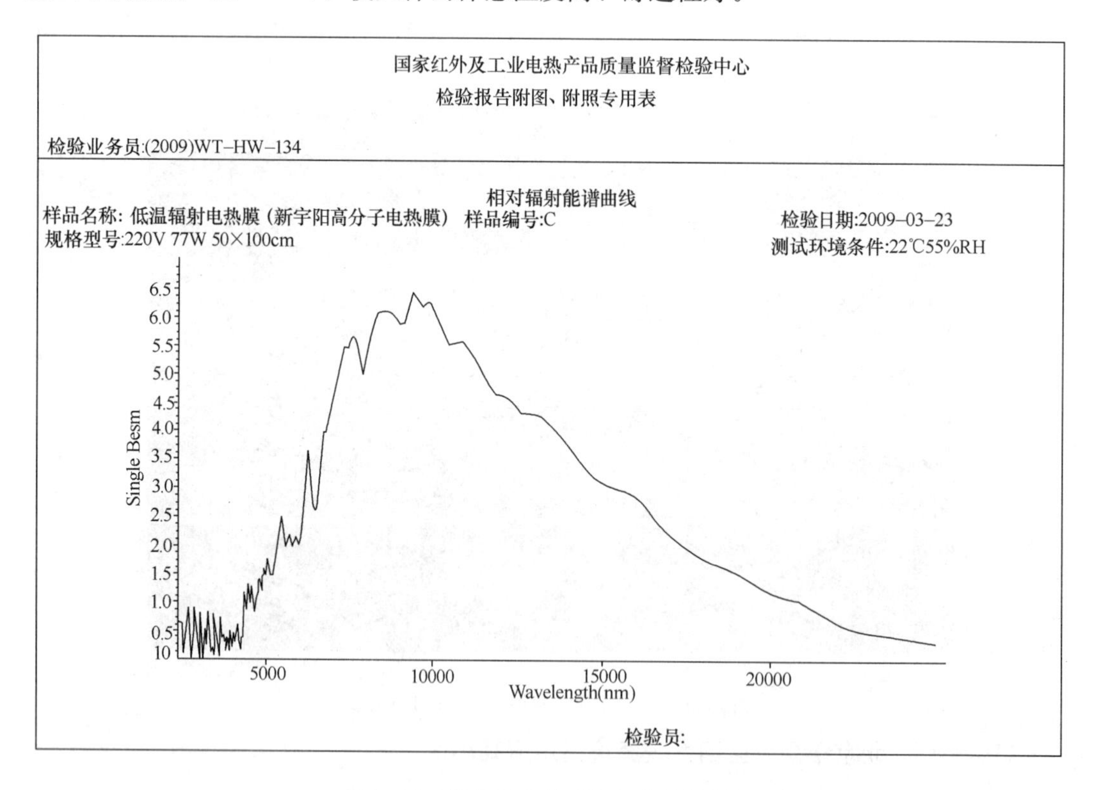

图9.4-1　高分子电热膜远红外检测报告

电采暖每个房间均设置有温度调节和控制器、形成独立的供热单元，可根据需要调节室温，达到室内温暖舒适、节能目的，自然实现了分户计量。电采暖以电热膜电地暖为主，具有加热面积大、热源和室内温差小，辐射热占比大体感温度高、舒适节能、控制方便灵活便于行为节能。缺点是消耗的是高品位的电能，冬季夜间电力紧张地区的保障性住房建设不适宜采用电采暖形式。

9.4.1 电热膜辐射采暖系统概述

9.4.1.1 电热膜辐射采暖系统分类

(1) 按照电热膜类型分类

电热膜辐射采暖系统中的核心材料是发热体电热膜。电热膜材料的性质、产品结构、安全保护措施在很大程度上直接决定了电热膜辐射采暖系统的技术水平、安全性能、使用寿命等等。建筑工业行业标准《低温辐射电热膜》(JG/T 286—2010) 按照电发热体材质的不同将电热膜分为"金属基电热膜、无机非金属基电热膜 (包括碳基油墨和碳纤维)、高分子电热膜"三种类型。因此相应的辐射电采暖系统也分别被命名为金属电热膜辐射采暖系统、无机非金属基碳基油墨电热膜辐射采暖系统，简称印刷油墨电热膜采暖系统、无机非金属基碳纤维电热膜辐射采暖系统，简称碳纤维电热膜采暖系统、高分子电热膜辐射采暖系统。

① 金属基电热膜。发热材料为纯金属或金属合金材料 (图 9.4-2)。金属电热膜的生产工艺是将发热体金属或金属合金材料首先制成金属箔，在聚酯薄膜上粘接制作成电阻线路，再上覆聚酯薄膜形成绝缘结构。常用的金属电热材料有镍、铜镍、铁铬铝等。不同的金属和金属合金材料具有不同的电阻率即导电特性，据此可以根据不同的工作电压、单位面积功率要求选择不同的金属发热材料和设计成不同的电阻线路；而金属材料的不同也将直接影响发热体的性能和成本造价。

② 无机非金属基碳基油墨电热膜。发热材料为石墨、炭黑、金属粉末、金属氧化物 (图 9.4-3)。生产工艺是将上述发热材料与其他填料一起制成油墨状浆料，以丝网印刷工艺定量印刷在预先粘结有金属载流条的聚酯薄膜上，再上覆聚酯薄膜形成绝缘结构，故又称印刷油墨电热膜。碳基油墨电热膜的功率控制主要是通过浆料成分、油墨条厚度和间距等实现。

图 9.4-2 金属基电热膜

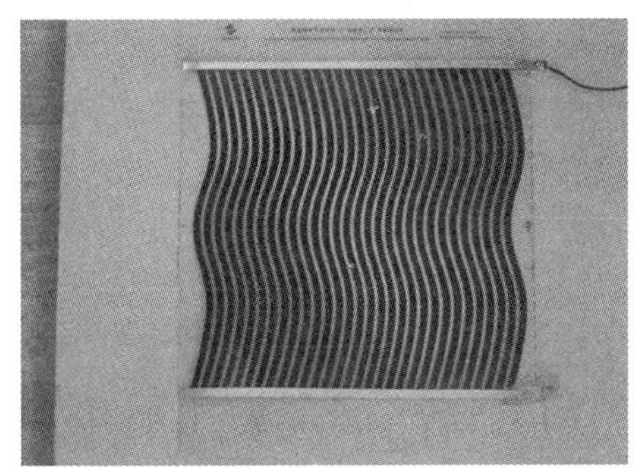

图 9.4-3 无机非金属基碳基油墨电热膜

印刷油墨电热膜的核心是浆料的生产加工技术。其特点是生产工艺简单，原材料成本相对较低，国产化程度大，生产厂家众多，质量参差不齐。

③ 碳纤维电热膜。发热材料为导电碳纤维 (图 9.4-4)。碳纤维是由含碳量较高 (通常在 90%以上) 的原料纤维，放在惰性气体中，经 200～300℃的热稳定氧化、1000～2000℃的碳化及石墨化处理而成。根据基础原料不同可以分为聚丙烯腈 (PAN) 基、沥青基和粘胶基碳纤维，其中 PAN 基碳纤维在全世界的碳纤维生产中占有 90%的比例，目

前世界碳纤维技术主要掌握在日本的东丽公司、东邦 Tenax 集团和三菱人造丝集团，而其他碳纤维企业均是处于成长阶段，生产工艺仍在摸索中。国内碳纤维电热膜生产用碳纤维原材料主要从日本进口。

碳纤维具有耐高温、耐摩擦、导电、导热及耐腐蚀等，外形有显著的各向异性、柔软、可加工成各种织物，比重小，沿纤维轴方向表现出很高的强度。碳纤维能够与树脂、金属、陶瓷等基体复合形成多种复合材料，用于航空航天、汽车、石油钻探、体育及医疗器械等多个领域。

利用碳纤维的导电特性将其做成电热材料，按发热体结构的不同可分为碳纤维发热线缆和碳纤维电热膜两种。其中碳纤维电热膜按生产加工工艺不同又分以下两种，一是直接将碳纤维丝（小丝束或大丝束）作为经线或纬线的一部分通过纺织工艺生产的非均匀性线面状碳纤维电热膜；二是将大丝束碳纤维长丝剪切成短纤维利用造纸工艺形成的碳纤维电热纸。上述碳纤维电热材料按照不同用途和绝缘等级要求外覆不同绝缘层即形成不同绝缘材料的碳纤维电热膜。

国内市场上所谓的“碳晶版”、“硅晶板”等，大多数均是将碳纤维电热纸压接在玻璃钢内（环氧树脂＋玻璃纤维）形成的碳纤维刚性电热膜或电热板。

④ 高分子电热膜。发热材料为导电高分子（图 9.4-5）。1976 年，日本筑波大学白川英树教授发现在聚乙炔薄膜中掺杂 1%的碘物质，可使聚乙炔薄膜的导电度提升十亿倍，电导率接近了金属导体。这项发现突破了传统的导体、半导体和绝缘体的物质范畴，被认为是对传统高分子观念的一个重大突破。导电高分子的发名人 Heeger、MacDiarmid 和 Shirakawa 三位科学家分享了 2000 年诺贝尔化学奖。

高分子电热膜生产工艺，首先利用不同的分子设计手法合成出导电高分子并进行复合形成功能性导电高分子涂料，通过浸渍涂、喷涂或逗号涂工艺将上述导电高分子材料均匀涂敷于预先植入电极的基材上形成裸体电热膜，外覆不同绝缘材料形成高分子电热膜。如北京某公司是目前国内高分子电热膜的唯一生产厂家，拥有“高分子电热膜及其应用”等多项发明专利和专有技术，产品技术上已实现“任意幅宽和形状、任意使用电压（交、直流两用）、任意单位面积功率”等“三个任意”的技术优势，并在多个应用领域开发出不同的系列产品。

高分子电热膜的功率密度是通过调整发热体材料的聚合度、正负极性基团数目和比例以及自由电数来实现，而非通过加减涂敷量。

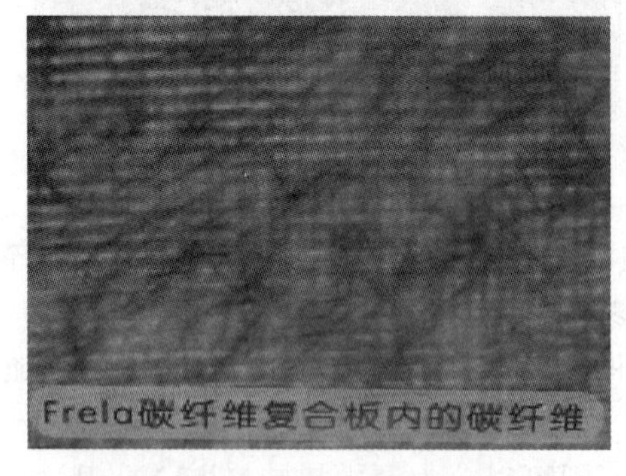

图 9.4-4　无机非金属基碳纤维电热膜

图 9.4-5　高分子电热膜

(2) 按照电热膜铺设位置分类

电热膜辐射供暖系统按照电热膜铺设位置的不同可以分为“顶棚电采暖系统、墙面电采暖系统和地面电采暖系统”，分别是指将电热膜安装在房屋的顶棚、墙壁和地面的电供暖系统，其中地面辐射电采暖系统又叫“电热膜电地暖”，是目前最为常见和通用的电供暖形式。

① 电热膜顶棚辐射采暖。优点是不容易造成过热环境，可以不做局部过热保护系统；安装在顶棚，与人体不直接接触，即使万一因为施工或非正常使用造成电热膜损坏而发生漏电，也轻易不会造成人身伤害。缺点是头热脚冷不符合人体生理需求特点，舒适性差；能耗高，围护结构越差、能耗相对越高。

② 电热膜墙面辐射采暖。优点是不容易造成局部过热；不会产生头热脚冷现象，舒适性好于顶暖而差于地暖。缺点是对家具的摆放位置有一定限制，达到相同供暖效果的能耗介于顶暖和地暖之间。

③ 电热膜地面辐射采暖。优点是在电热膜顶棚、墙暖、地暖三种电供暖形式中舒适性最好、能耗最低，同时可根据需要设计成蓄热式供热系统，有效利用波谷电。缺点一是使用过程中会因覆盖造成局部过热，所以应设置过热保护系统；二是电气安全保护比顶暖、墙暖要求更高，从而加大了系统成本。

把电热膜铺装位置和电热膜类型结合起来命名电采暖系统，能够一目了然地给人们传达最为重要的信息，如：“高分子电热膜电地暖”是指将高分子电热膜铺设于地面的电采暖系统，而“印刷油墨电热膜顶暖”、“金属电热膜墙暖”则分别是指将无机非金属基印刷油墨电热膜铺装在顶棚和用金属基电热膜铺设于墙壁的电采暖系统。

此外，以刚性电热膜为发热体的远红外辐射电热板，电热膜功率密度可以达到 800W/m^2 以上、表面温度超过 70℃，属于中温电热膜，通常作为辅助采暖形式，也可以用于特殊建筑的主供暖，如：工厂车间、高速公路收费亭等。

9.4.1.2 电热膜辐射采暖系统构成

电热膜辐射采暖系统是由“电源、控制、散热末端”三个子系统构成（图 9.4-6）。各部分的构成及作用简介如下：

(1) 电源子系统。提供采暖需要的能源，通常以 220V 交流电源直接与电热膜相连接，也有使用直流电源、36V 以下安全电压，但在用做建筑主供暖时因功率和电流较大，低电压电热膜的供暖应用仅限于辅助供暖。

(2) 控制子系统。是实现用户按需供暖的重要手段，也是系统电气安全的重要保证。保证系统安全运行，并按照供暖要求控制室内温度和运行方式，电采暖系统的安全保护措施主要包括电气安全和局部过热两方面内容，其中电气安全主要包括“短路和过载保护、漏电保护、等电位联结、安全接地保护”，局部过热保护主要是地面电采暖系统。电采暖系统的温度控制

图 9.4-6 电热膜电地暖系统结构示意图

根据供暖需要既可以采用集中控制，如：宾馆、学校等大型公用建筑，也可以采用以房间为单位的独立控制。近年来电采暖系统的智能化控制水平进步很快，使用户能够方便地实现“舒适运行、节能运行、防冻运行”，达到行为节能目的。

（3）散热末端子系统。将电能转换成热能，给房间提供热量。与其他采暖系统的热源通常为独立的子系统不同，电采暖的热源是作为散热末端的一部分，直接镶嵌在其中的。电采暖系统的地面、墙面和顶棚散热末端结构有很大的差别，其中地面散热末段自下而上分别为保温层又叫隔热层或绝热层、电热膜、水泥结合层或填充层、表面装饰层。表面装饰层有木地板（实木和复合地板）、瓷砖、石材、地毯等，其中表面装饰层为木地板或地毯时可以省去填充层而直接将其铺设在电热膜上面。电采暖地面、墙面、顶棚散热末端结构见图9.4-7～图9.4-9。

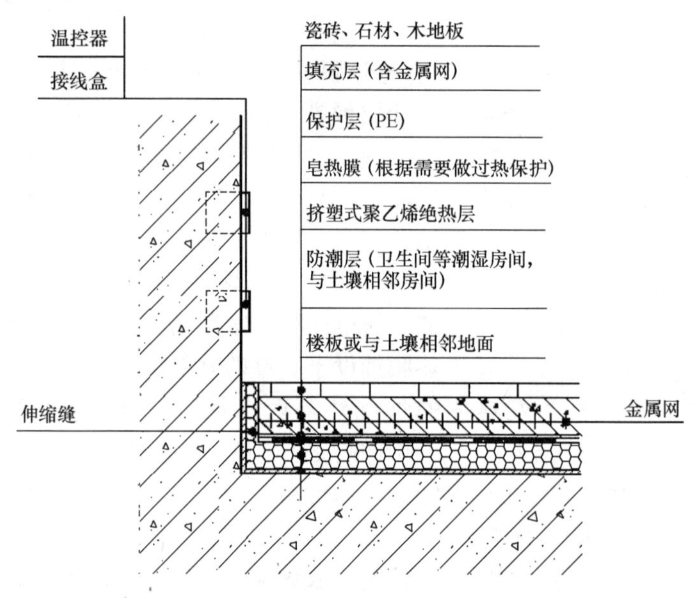

图9.4-7　电热膜电地暖地面散热末端结构示意图

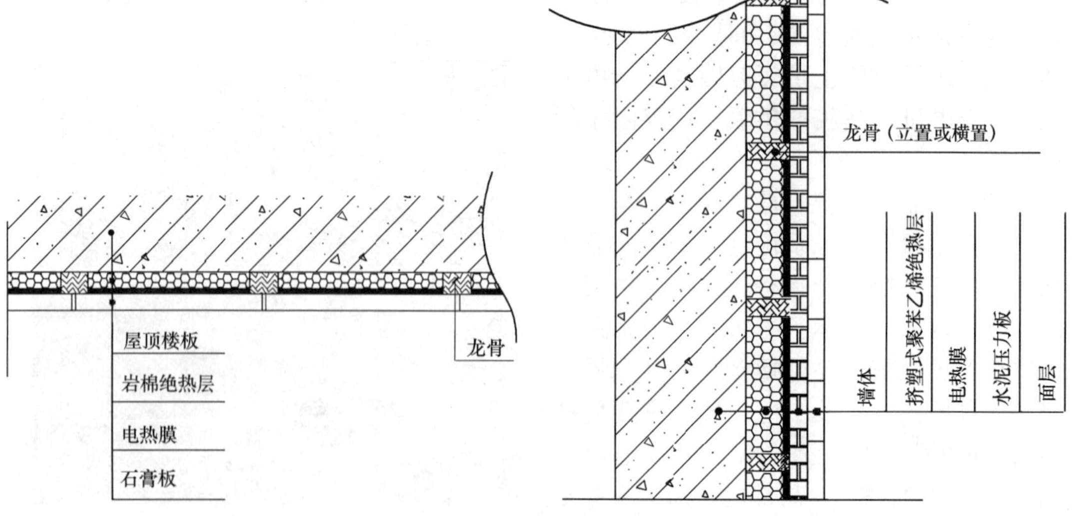

图9.4-8　电热膜顶棚采暖系统散热末端结构示意图　　图9.4-9　电热膜墙面采暖系统散热末端结构示意图

9.4.1.3 电热膜辐射采暖系统特点

(1) 电—热转换效率高，辐射热占比大

电热膜的电一热转换效率是所有电加热元件中最高或并列最高的，在能量转换过程中几乎没有任何其他形式的能量损失，如光能、机械能、化学能等，电一热转换效率几乎100%。其中，电—辐射热转换效率也是相同单位面积功率的电加热元器件中较大的。

(2) 电磁辐射小，对人体无危害

我们经常可以感受到电磁辐射的实例，如：将手机放在座机电话旁，当有来电或短信信号时，座机电话总是早于手机信号发出“吱、吱、吱……”的声音；吸尘器在电视机旁工作时，会影响电视信号质量等。个别厂家的单导发热电缆电地暖系统影响电视机信号质量也是电磁辐射的原因。对于绝大部分电热膜产品，发热体材料和产品结构决定了电热膜在使用过程中的电磁辐射量均很小，约为0.1～1.0μT（100μT＝1高斯）左右，不会构成对人体的危害。

国际非电离放射线防护委员会（ICNIRP）1998年对于电器产品电磁辐射量限定值推荐为：50Hz的电磁辐射量为100μT，20～30kHz的电磁辐射量为6.25μT。电热膜使用中的电磁辐射量比其他家用电器产品的电磁辐射要小的多，如：电子微波炉20μT、吸尘器20μT、手机电话20μT、彩色电视机2μT（据美国环境署公布数据）。另外，电热膜在使用过程中也不会对其他电器产品产生电磁干扰现象。

(3) 有效发热面积大，热均匀性和热舒适性好

电热膜整个表面作为电加热体，发热面积大，热散布快；电热膜表面功率密度均匀，表面温差小，热均匀性好；电热膜以远红外辐射热为主，用于供暖时对空气扰动影响小，体感温度高，热舒适性好。

(4) 物理性能稳定，功率变化小，使用寿命长

不同类型电热膜所用的发热材料不同，材料的性能相对稳定也有差异。但是用于采暖的电热膜使用过程中，总体的物理化学性质变化小，功率密度变化小，使用寿命长，执行《低温电热膜》产品标准的电热膜使用寿命可以达到50年以上。

(5) 厚度薄，柔性好，占用空间小

电热膜是所有电加热体中厚度最薄，通常在1 mm以内，可称为超薄电加热体；外覆绝缘层以聚酯薄膜等柔性产品为主，易于后加工和运输、安装等，同时也是所有电加热产品中占用空间面积最小的。

9.4.1.4 电热膜辐射采暖系统优势

(1) 技术成熟

电热膜辐射采暖在欧洲、日本、韩国等国已经有三十几年的历史，我国于2002年实施高分子电热膜电地暖工程，已经安全运行了十个供暖季。据《中国建设报》发布的统计数字表明，截止到2011年底，全国电地暖的铺设面积已超过3000万m^2。伴随着电地暖的推广应用，建筑工业行业标准《低温辐射电热膜》、《地面辐射供暖技术规程》、《低温辐射电热膜供暖技术规程》也已相继出台，表明该供暖系统技术已经十分成熟。

(2) 环保、无污染

电能是最清洁能源，使用过程中不存在任何污染。虽然在以煤炭为原料的火力发电厂会有污染物排放，但是发电厂远离人口密集的城市，对人类的影响相对于城市供热锅炉要

小的多。而且集中的、大型发电厂的污染物控制，也比供热锅炉要易于治理的多。燃气锅炉包括小型壁挂炉虽然比燃煤锅炉的污染物排放量小，但是与电采暖相比同样存在污染物排放的问题，尤其是小型壁挂炉在用于高层楼房供暖时的局部污染已经引起城市居民和环保部门的高度重视。

(3) 用电具有削峰填谷作用

考察结果证明，在我国任何一个电力紧张的城市，冬季的夜间电力仍然是过剩的。由于电力的不可储存性，致使不少发电厂夜间空转，造成极大的资源能源浪费。而大部分热电联产厂是为解决供暖所建，设备利用效率低，可以说是另一种形式的资源能源浪费。因此，任何一座城市均可以结合当地电力供应侧的实际状况适当发展电采暖。另外，以某公司在其北京怀柔生产基地的电热膜电地暖系统测试数据为例，当电热膜上覆3cm水泥结合后，保证整个冬季全天室温在18℃时的夜间（23：00～7：00）用电比例占65%～70%，具有明显的用电削峰填谷作用。如果在水泥结合层中适当添加低温相变蓄热材料后(技术和产品均是成熟的)，可以实现仅仅使用夜间电力用于全天供暖。

(4) 控制灵活、利于行为节能

对于同样的围护结构条件，供暖能耗的高低主要取决于供暖系统的可控制性，即："节能在于可控"。电采暖尤其电地暖，每个房间都设置有智能化温度控制器，从而形成独立的供暖单元，并可以按房间使用功能分时段、按需要控制温度，系统根据设置条件实现自动开闭。在所有的供暖方式中，行为节能最为彻底。同时，也是最为灵活的供暖方式之一，用户可以根据天气和身体条件选择供暖时间和供暖温度，远比集中供热方便、灵活。

(5) 没有维修维护和管理费用

对于按照国家相关标准经过严格"设计、选材、施工、调试和验收"的电采暖系统，在其寿命周期内几乎没有维护维修，与集中供热方式相比，没有管理费用、不存在收费难的问题。真正实现了"我的费用我做主"，也完全符合国家花大力气推广的供热计量改革和供暖商品化的大政方针。

(6) 初投资和运行成本低

从包括"热源、控制系统到散热末端"的整个供暖系统的设备构成和占地、锅炉房以及采暖建筑物使用寿命周期内不同供暖系统投资进行经济性评价，电采暖系统的投资比集中供热以及其他多种采暖形式要低很多。至于用户的运行成本，从热负荷计算和能源转换效率以及控性的灵活性加上当地的能源价格是可以大概估计出的。而目前不少用户反应电采暖耗电量大、运行成本高的主要原因是围护结构差和"小马拉大车"。因为在高能耗建筑中，尽管使用任何一种供暖方式都存在运行成本高的问题，但是对于独立的电采暖方式来说，对用户的影响显然比集中供热方式要大。因此，不少电采暖企业对于没有做外墙保温的建筑宁可放弃也不会承接设计使用的电采暖工程，以避免以后的诸多矛盾产生。事实上，北方供暖城市大量的电采暖运行结果表明，只要建筑物做了外墙保温，虽然不能达到65%节能标准，用户的冬季运行成本平均水平要低于集中供热收费，对于有峰谷电价政策的城市，运行成本明显低于集中供热收费标准。如果把电地暖所具有的体感温度高、远红外线的辐射热等其他特性，达到同样舒适度的电采暖的运行成本优势则更加明显。

另一方面，如果仅仅从宏观上或单从化石燃料的一次转换效率上对比和评价电采暖，认为从低品位的化石燃料煤炭转化成高品位的电能（转化效率约30%），然后再把高品位的电能用于供暖，比锅炉集中供热效率低很多。但是如果把集中供暖管路的热损失、末端控制的灵活程度、推广热计量的难度，以及水资源的消耗、锅炉房和热中转站的占地及维护维修和设备更新、运行管理的复杂性等综合考虑和评价对比，由于电采暖的电一热转换效率几乎100%，综合效率比较高。

9.4.1.5　电热膜辐射采暖系统应用现状

电采暖在国外的应用始于20世纪80年代，而在我国将电热膜应用于采暖是1990年以后的事，主要是印刷油墨电热膜顶棚采暖系统。2000年前后，在我国北方采暖区域由于不少城市正在为集中采暖方式的诸多弊端所困，急于推出可以分户计量的独立采暖形式，而电采暖恰好具有是按房间独立设置温控器，可以方便实现分户计量，因此在缺乏科学和客观评价的前提调价下，曾试图大力推广电热膜辐射采暖系统，但是由于以下几方面的原因，不少应用工程出现了室内温度达不到设计温度、运行成本过高等问题，致使电采暖行业进入了“冰冻期”。这些原因可以归结为：一是当时的建筑物均为非节能建筑，能耗高是客观现实，而集中供热的高能耗不会体现在用户身上；二是顶棚采暖不符合人体对热的生理需求，基本上不具备蓄热功能加上建筑物围护结构差，电热膜产生的热量还没有经过人体大部分就已经散失；三是电热膜铺设功率普遍较低，存在“小马拉大车”现象，如同“在野外用小火烧开水，薪柴用了一大堆，而水永远烧不开”。四是厂家虚假宣传，使人们的期望值过高，比如“采暖的一次革命”、“节能达到70%以上”、“运行成本只为集中采暖收费的1/3”等。

日本是电热膜电地暖的发源地，国内第一个电热膜电地暖工程是我国某公司于2002年引进日本技术产品用于北京圆明园花园部分用户，开创了国内电地暖的先河，至今已经运行了十个采暖季。近年来，随着建筑物围护结构逐渐达到65%甚至70%节能标准，电采暖产品内和技术的成熟，电采暖相关标准的陆续出台，电热膜采暖逐渐以舒适、节能的电地暖为主，电热膜顶棚采暖逐渐被淘汰，人们开始重新认识电采暖，电采暖尤其电地暖的应用范围和应用面积迅速扩大，据《中国建设报》2010年的统计表明，截止到2010年底，全国电热膜电地暖使用面积超过2000万m^2。最近两年，由于《低温辐射电热膜》产品标准大颁布实施，加上电热膜辐射采暖应用技术规程的编制和即将发布，电热膜采暖系统的应用获得了前所未有的大好形势，成为了北方以集中供暖为主地区的补充或替代采暖形式，而在集中采暖管网覆盖不到、冬季夜间电力过剩、燃煤锅炉受到限制的地区，电采暖成为了最佳的采暖方式之一。而在南方不少地区，由于夏季空调用电负荷高于冬季采暖需要的电力，不存在电力增容问题，所以对于夏热冬冷地区的冬季采暖，电热膜电地暖也是最佳的采暖方式之一。

另一方面，由于电采暖市场前景看好，也因此吸引了不少淘金者涉足电热膜尤其技术含量相对较低的印刷油墨电热膜生产加工和电采暖施工安装行业。加上行业标准编制和发布的滞后，致使不少电地暖工程出现了一些包括电气安全的一些问题，给整个电采暖行业的健康发展带来了不利的影响。

9.4.1.6　电热膜辐射采暖系统行业标准及主要内容

电热膜辐射采暖相关的标准主要有建筑工业行业标准《低温辐射电热膜》（JG/T 286—2010）、即将完成修编的《地面辐射供暖（冷）技术规程》（JGJ 142—20××）、编制并通过专家委员会审查通过的《低温辐射电热膜采暖系统应用技术规程》等三个行业标准和一些地方标准。

《低温辐射电热膜》产品标准对电热膜等做了明确的定义。

电热膜：通电后能够发热的一种薄膜，是由电绝缘材料与封装其内的发热电阻材料组成的平面型发热元件。

辐射电热膜：工作时将电能转化为热能，并将热能主要以辐射的形式向外传递的电热膜。

柔性电热膜：电绝缘材料为柔性薄片的电热膜。

刚性电热膜：电绝缘材料为刚性薄片（或板）的电热膜。

该标准对电热膜的产品性能做了详细的技术要求。其中较为重要的有：电热膜的功率密度偏差小于±10%，正常工作条件下的表面温度不应超过80℃，电热膜表面的最高温度与之差不应大于7℃，工作条件下和潮湿状态下的泄漏电流不应大于0.25mA、耐击穿电压≥3750V，冷态和热态绝缘电阻不应小于50MΩ，电热膜的电—辐射热转换效率不应小于55%，电热膜累计工作时间不应小于3万小时。此外，该产品标准还对电热膜的外观、尺寸偏差、升温时间、异常温度、防水等级、电源引线和连接、抗刮划、剥离强度、冷弯曲性能、冷折性能、耐低温性能、耐热和耐燃、抗坠落性能等均作了具体要求。

《地面辐射供暖（冷）技术规程》（JGJ 142—20××）是《地面辐射供暖技术规程》（JGJ 142—2004）的修订版，首次将电热膜纳入其中，该技术规程主要对电热膜电地暖做了原则规定，电采暖系统的“设计、选材、施工、调试和验收”等实施细则由《低温辐射电热膜采暖系统应用技术规程》具体规定。上述两个技术规程关于电热膜电地暖系统的内容有：

（1）用于电地暖的电热膜产品应符合《低温辐射电热膜》（JG/286—2010）的有关规定；

（2）电热膜地面辐射采暖系统应设置均匀分布的过热保护装置，且电热膜功率密度不宜大于200W/m²；

（3）电地暖系统配电回路应装设过载、短路及剩余电流保护器。剩余电流保护器托扣电流为30mA（强制性条款）；

（4）电地暖系统应做等电位连接，且等电位连接线应与配电系统的PE线连接（强制性条款）；

（5）用于地面辐射采暖系统的电热膜必须有接地层（强制性条款）；

（6）电热膜电磁辐射量不应大于100μT（强制性条款）；

（7）运抵施工现场的电热膜应做好导线连接和电气绝缘，并检验合格。禁止在施工现场裁减电热膜、连接导线、电气绝缘等操作（强制性条款）；

（8）电热膜连接电缆（线）应穿管上墙；

（9）严禁在地面混凝土未固化前通电调试或使用电热膜供暖系统（强制性条款）。

只有严格执行电热膜产品标准和电热膜采暖应用技术规程，才可以保证电采暖系统的运行安全和使用效果。所有电热膜类型的生产厂家和施工企业只有按照统一的标准进行电热膜采暖系统的“设计、选材、施工、调试和验收”，才能在同一个平台进行公平竞争，也才能规范电采暖行业健康发展、促进行业技术进步，电采暖系统的优势才能真正得到发挥。

9.4.2 电热膜辐射采暖系统产业化成套技术发展趋势

9.4.2.1 电热膜产品技术的发展趋势

作为电热膜采暖系统的主要材料，电热膜产品技术的进步在很大程度上决定了电采暖系统的发展趋势，而其中的发热材料，即“电—热转换材料”又是决定电热膜产品的核心材料。发热材料中，单一的金属基材料和碳基油墨无机材料受材料先天性能的影响，不会再有技术突破，而功能性高分子电一热复合材料的技术进步是十分值得期待的。导电高分子的发明者不仅获得了2000年诺贝尔化学奖，其快速的应用技术和产品的开发应用已经为人类的生活提供了很多便利。目前，石墨稀的研究开发正在为世界各国的科学家们所关注和倾心，以环糊精为母体的功能性导电高分子材料研究也已经进入产品应用开发阶段。届时，具有各种功能的导电高分子材料将会为电热膜产品提供其所需要的性能，如：自发热和自蓄热、自我控制、自限温、冷热两用电热膜等等。

作为另一大类发热材料的导电碳纤维也有很大的技术提升和应用开发空间。导电碳纤维的国产化生产、充分利用其优异的电介性能和超强的耐高温性能，开发大功率电热材料不仅用于建筑物的采暖，在其他多个领域均有良好的应用前景。

9.4.2.2 电热膜辐射采暖系统产业化发展趋势

发热材料虽然是电采暖的核心材料，但不是决定电采暖系统安全运行、使用寿命和保证采暖效果的唯一因素。电采暖系统技术综合了电气、控制、暖通、设备和材料生产、工程、检测等多个学科，而每个学科独自的技术进步和相关学科的谐调发展都会对电采暖系统的产业化发展起到推动作用。

《地面辐射供暖（冷）技术规程》JGJ 142—20××和《低温辐射电热膜采暖系统应用技术规程》正在规范和引导电采暖行业的发展，实现规程中的主要条款是电热膜辐射采暖系统产业化未来的发展趋势。严格执行上述技术规程，可使电采暖系统供应商为用户提供“运行安全，操作简便，效果好，无故障”的电采暖系统。其中，“效果好”是目标，“运行安全”是必要条件，“操作简便、无故障”是充分条件。

9.4.3 电热膜辐射采暖系统典型案例

【案例 1】 辽宁本溪市政府办公大楼供暖节能改造

电采暖面积：约8000m^2，采暖节能改造项目。原来采用的是热水锅炉集中采暖系统，冬季室内温度低、能耗高。高分子电热膜电地暖，木地板下直接铺设电热膜。该项目2010年10月施工，已使用两个采暖季，室内温度可以根据需要调节，最高达到28℃。该工程获2010年中国地暖网地暖施工大赛2等奖（图9.4-10）。

【案例 2】 山东滨州阳信嘉合小区

建筑面积38000m^2，2005年施工，高分子电热膜电地暖系统，水泥结合层下铺设电热膜。每户的每个房间独立设置温度控制器，有过热保护、漏电保护、等电位连接等安全措施，已安全运行6个采暖季，无峰谷电价政策，平均运行成本明显低于当地集中供暖收费标准。

【案例3】　云南泸沽湖银湖岛大酒店

五星级酒店加上别墅群采暖，建筑面积共38000²，其中银湖岛大酒店18000m²。高分子电热膜电地暖，发泡水泥做绝热层，水泥结合层下铺设电热膜。面层分别有瓷砖、木地板和地毯。2009年铺设安装，前台集中温度控制和房间独立控制相结合。已运行两个采暖季节图9.4-11。

图9.4-10　本溪市政府办公楼“高分子电热膜电地暖系统”外景图

图9.4-11　云南泸沽湖银岛湖大酒店总统一号外景

【案例4】　河南济源国泰花园

河南省济源市，保障性住房中的经济适用房，建筑面积共18万m²，2010年铺设，新宇阳高分子电热膜电地暖，水泥结合层下铺设电热膜，过热保护、漏电保护等安全措施齐全，面层有瓷砖和木地板。其中的9万m²已经交用户入住，部分用户已经使用了两个采暖季节。（图9.4-12）。

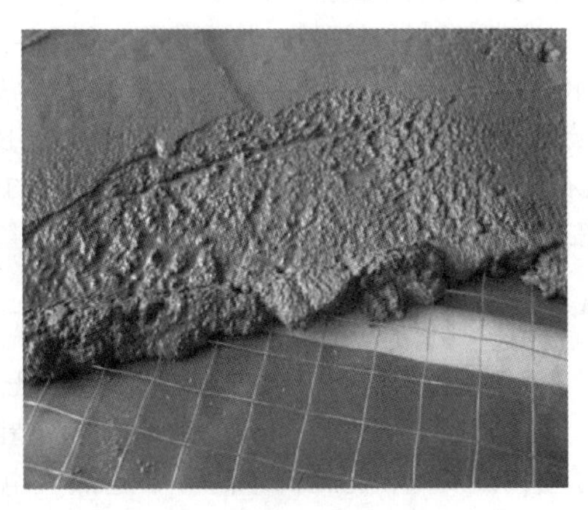

图9.4-12　河南济源国泰花园“高分子电热膜电地暖系统”外景及施工图

【案例5】　内蒙古乌兰察布监狱监舍

办公楼及监舍，面积共28000m²。高分子电热膜电地暖系统，瓷砖面层，集中控制。2010年施工，已运行两个供暖季。

【案例6】　中国人民解放军某部队营房

新宇阳高分子电热膜墙暖，面积约6000m²，每个房间设置有空温控器，电热膜功率密度 350W/m^2。2006 年施工，已经运行六个采暖季节（图 9.4-13）。

图 9.4-13 解放军某部队营房高分子电热膜墙暖系统施工图

9.5 集中供暖热计量和温度控制

对于集中热水供暖系统分类中的城市热网集中供暖和区域锅炉房集中供暖系统中的热用户，由于共用了同一热源，供暖成本和管理费用如何分摊就成了市场经济条件下必须解决的问题。通过一定的控制技术、计量手段，记录用户用热数量、进行收费管理，实现“用热商品化、货币化”。所以，热计量只是针对集中供热系统而言，而对于已经采用了独立热源的户内分散水采暖和直接电采暖，采暖系统中已经包括了热计量和温度调节和智能化控制，不存在热计量问题。

2003 年以来，国家先后出台了一系列关于推进集中供热分户计量的改革措施，其中，《中华人民共和国节约能源法》规定，国家采取措施，对实行集中供热的建筑分步骤实行供热分户计量、按照用热量收费的制度。新建建筑或者对既有建筑进行节能改造，应当按照规定安装用热计量装置、室内温度调控装置和供热系统调控装置。《民用建筑节能条例》规定，实行集中供热的建筑应当安装供热系统调控装置、用热计量装置和室内温度调控装置。

9.5.1 集中供暖热计量制概述

9.5.1.1 供热计量的定义与内涵

供热计量是以集中供热或区域供热系统对象，以适应用户热舒适需求、增强用户节能意识、保障供热和用热双方利益为目的，通过一定的供热调控技术、计量手段和收费政策，实现按户计量和收费的一种方法和手段。简单地说，供热计量就是按用热量的多少收取采暖费，就是用多少热、交多少费。供热计量的目的在于推进城镇供热体制改革，在保证供热质量、改革收费制度的同时，实现节能降耗。

供热采暖计量节能控制包括既有建筑和新建、改扩建建筑三个方面，对于既有建筑来说就是实施供热计量及节能改造。既有建筑供热计量及节能改造主要包括三个方面的内容：对建筑围护结构，即建筑外墙、屋面和外门窗进行节能改造，就像给老建筑“穿衣、戴帽、配口罩”；室内采暖系统热计量及温度调控改造；热源与供热管网的节能改造。对于新建、改扩建建筑来说就是应当按照规定安装用热计量装置、室内温度调控装置和供热系统调控装置。

9.5.1.2 保障性住房供暖热计量的重要意义

长期以来，我国北方城市冬季供暖是居民社会福利的一部分，供暖方式采用集中供热，按面积而不按照实际用热量计费，产生了许多问题，如：管理成本高、收费难度大等，致使政府不但要花费大量资金建设供暖系统，每年还要给热力公司弥补经营性亏损。按面积收费也是热用户不关心行为节能的最直接原因。

保障性住房是一项重要的民生工程，国家正在加大保障性住房的建设力度，进一步改善人民群众的居住条件。大批量的保障性住房中有相当一部分仍然是采用集中供暖系统，热计量显得十分重要。

实施供暖热计量，不仅能理顺供热单位的采暖收费问题，还能有效地促进供热单位节能环保技术的进步，提高供热单位的经营管理水平、促进供热单位经济效益的提高和供热企业的规模扩大与发展，保障社会的和谐稳定。供热采暖计量节能控制是适应社会主义市场经济要求的一项重大改革，是供热企业改变运行机制的重要举措，是促进建筑节能工作的一项根本措施。我们只有遵循市场经济规律，把热作为商品，由用户自行调节控制使用，并按实用热量合理收费，才能调动热和供热两方面的积极性，进而促进建筑节能。

9.5.1.3　集中供暖热计量现状和存在的问题

自从推广热计量改革以来的将近十年间，我国新建建筑的供热计量和既有建筑的热计量改造取得了一定的成绩，但是热计量改革进展的速度远远低于当初的设想，也远没有达到预期的目标。

目前，我国热计量主要存在三方面问题：一是新建建筑热计量设施欠缺严重。大量的新建建筑没有安装供热计量和温控装置，或者安装的是质劣价低的供热计量和温控装置，无法实施供热计量收费。二是既有居住建筑供热计量改造缓慢。大部分既有居住建筑改造没有进行供热计量改造。有的只安装了楼栋热量表，没有安装分户供热计量和温控装置。三是供热计量收费不到位。大多数城市没有计量热价，无法进行计量收费。有些地方即使开展了供热计量收费，但总体上还只是处于试点阶段，面积少，分布散，系统节能效果差。目前北方采暖地区130多个地级市，出台供热计量收费办法地级市仅有40余个，热计量改革还有很长的路要走。

9.5.2　热计量和温度控制技术

9.5.2.1　热计量表与温控设备

实现供暖系统的按实际用热量收费的最终目的是建筑节能，要做到这一点，除了加强建筑保温、降低设计能耗外，室内供暖系统必须有温控装置。温控是实现热计量的前提条件之一，只有计量收费装置而没有室内系统的温控手段，实际上达不到节能的目的，而仅仅是为了收费，这实际上偏离了建筑节能的根本目的，因此热计量和温控往往是密不可分的。热计量的大面积推广一定要在有温控的前提下进行，温控除了节能、节资外，它的另一个作用是提高了室内舒适度，提高热网供热质量。因此计量装置一定要和温控装置配合使用，才能相辅相成，达到计量收费和舒适节能的目的。

（1）热计量仪表

A. 热量表

热量表由一个热水流量计、一对温度传感器和一个积算仪组成。仪表安装在系统的供水管上，并将温度传感器分别装在供、回水管路上。一段时间内用户所消耗的热量为所供热水的流量和供回水的焓差的乘积对时间的积分，热量表就是利用这个原理，用热水流量计测量逐时的流量并用温度传感器测量逐时的供回水温度，将这些数据输入积算仪积分计算就能得出用户所用的热量。

1）按流量计种类划分热量表

热量表按照热表流计结构和原理不同，可分为机械式、电磁式、超声波式等种类。

① 机械式热量表

机械式热量表分为单流束和多流束两种。水在表内从一个方向单股推动叶轮转动的表为单流束表；水在表内从多个方向推动叶轮转动的表为多流束表。单流束表磨损大，使用年限短。多流束表相对磨损小，使用年限长。

② 超声波式热量表（图 9.5-1）

超声波热量表是采用超声波式流量计的热量表的统称。它是利用超声波在流动的流体中传播时，顺水流传播速度与逆水流传播速度差计算流体的流速，从而计算出流体流量。对介质无特殊要求；流量测量的准确度不受被测流体温度、压力、密度等参数的影响。

图 9.5-1 超声波式热量表结构示意图

③ 电磁式热量表

电磁式热量表是采用电磁式流量计的热量表的统称。由于成本高，需要外加电源等原因，所以很少有热量表采用这种流量计。

2）按技术结构划分

根据热量表总体结构与设计原理的不同，热量表可分为

① 整体式热量表

指热量表的三个组成部分（积算器、流量计、温度传感器）中，有两个以上的部分在理论上（而不是在形式上）是不可分割地结合在一起。比如，机械式热量表当中的标准机芯式（无磁电子式）热量表的积算器和流量计是不能任意互换的，检定时也只能对其进行整体测。

② 组合式热量表

组成热量表的三个部分可以分离开来，并在同型号的产品中可以互相替换，检定时可以对各部件进行分体检测。

③ 紧凑式热量表

在型式检定或出厂标定过程中可以看作组合式热量表，但在标定完成后，其组成部分必须按整体式热量表来处理。

3）按使用功能划分

热量表按使用功能可分为：单用于采暖分户计量的热量表，和可用于空调系统的（冷）热量表。（冷）热量表与热量表在结构和原理上是一样的。主要区别在传感器的信号采集和运算方式上，也就是说，两种表的区别是程序软件的不同。

（冷）热量表的冷热计量转换，是由程序软件完成的。当供水温度高于回水温度时，为供热状态，热量表计量的是供热量；当供水温度低于回水温度时，为制冷状态，热量表自动转换为计量制冷量。

由于空调系统的供回水设计温差和实际温差都很小，因此，（冷）量表的程序采样和计算公式的参数也比单用途热表的区域大。

4）按使用功率划分

户用热量表：口径 $DN \leqslant 40$mm；

工业用热量表：口径 $DN > 40$mm。

B. 热量分配表

热量分配表是通过测定用户散热设备的散热量来确定用户的用热量的仪表。它的使用方法是：在集中供热系统中，在每个散热器上安装热量分配表，测量计算每个住户用热比例，通过总表来计算热量；在每个供暖季结束后，由工作人员来读表，根据计算，求得实际耗热量。根据测量原理的不同，热量分配表有蒸发式和电子式两种。

1）蒸发式热分配表

蒸发式热分配表由导热板和测量液体两部分构成。导热板夹或焊在散热器上，盛有测量液体的玻璃管则放在密封容器内，比例尺刻在容器表面的防雾透明胶片上。测量液体的蒸发速度与散热器的表面温度密切相关，散热器表面温度越高液体蒸发越快。某一段时间内测量液体的蒸发量表征了散热器表面温度对时间的积分值，实际上也是反映了散热器的散热量。

2）电子式热分配表

电子式热分配表是用传感器来获得散热器表面温度和房间温度的逐时值，然后测量装置通过 A/D 转换器数字化，然后由计算单元得到结果。相对于电子式热分配表，蒸发式热分配表构造简单、成本低廉，也不用电。但是相对应的，它的测量准确性不如电子式。

以上两种计量装置相比较，热量表测量比较准确、管理方便，但是价格比较贵、维修量大，室内系统一定要分户成环，对旧有建筑多用的单管顺流式和双管式不适用，室内原有系统改造困难。热分配表价格便宜、对系统没有特殊要求，旧有系统改造比较适用，但是其结果受多种因素影响，试验工作量大，计算复杂。

（2）温控设备

用户室内的温度控制是通过散热器恒温控制阀来实现的。散热器恒温控制阀是由恒温控制器、流量调节阀以及一对连接件组成，其中恒温控制器的核心部件是传感器单元，即温包。温包可以感应周围环境温度的变化而产生体积变化，带动调节阀阀芯产生位移，进而调节散热器的水量来改变散热器的散热量。恒温阀设定温度可以人为调节，恒温阀会按设定要求自动控制和调节散热器的水量，从而来达到控制室内温度的目的。

住户最直接的温度控制装置就是温控器，用户可以自由调节室内温度，并能根据实际需要设定各种时间段的开关和在各种预设好的模式下自动运行调节室温，使之达到舒适温度控制，真正达到方便、节能、舒适温度的理想生活环境。温控器的分类标准不一，整体上分为两大类，机械式温控器和电子式温控器。细化分还可分为手动温控器、可编程温控器；无线温控器、有线温控器等等。

9.5.2.2　热计量技术与费用计算方法

分户热计量从计量结算的角度看，分为两种方法，一种是采用楼栋热量表进行楼栋计量再按户分摊；另一种是采用户用热量表按户计量直接结算。其中，按户分摊的方法又有若干种。

(1) 户用热量表法

在每户的供热进户管路上加装一台热能计量表进行计量。并通过网络连接来实现远程抄表及监控。

热计量表分为：机械式、电磁式、超声波式。超声波热量表是采用超声波式流量计的热量表的统称。它是利用超声波在流动的流体中传播时，顺水流传播速度与逆水流传播速度差计算流体的流速，从而计算出流体流量。对介质无特殊要求；流量测量的准确度不受被测流体温度、压力、密度等参数的影响。

本计量方法采用的是系统供热量，比较直观，容易理解。但投资高或者故障率高，故障率主要有两个方面：水质处理不好容易堵塞；仪表运动部件难以满足供热系统水温高、工作时间长的使用环境。无法解决住户间与楼层间的传热问题。

(2) 热量分配表法

利用散热器热分配计所测量的每组散热器的散热量比例关系，对建筑的总供热量进行分摊。有蒸发式、电子式及电子远传式三种。

本计量方法安装简单，适用于新建和改造的散热器供暖系统，对于既有供暖系统的热计量改造比较方便、灵活性强。其前提是热分配计和散热器需要在实验室进行匹配试验，得出散热器的对应数据才可应用，中国散热器型号种类繁多，给分配计的检定工作带来了不利因素。需要入户安装和每年抄表换表等。

(3) 流量温度法

利用每个立管或分户独立系统与热力入口流量之比相对不变的原理，结合现场测出的流量比例和各分支三通前后温差，分摊建筑的总供热量。流量比例是每个立管或分户独立系统占热力入口流量的比例。

适合既有建筑垂直单管顺流式系统的热计量改造，还可用于共用立管的按户分环供暖系统，也适用于新建建筑散热器供暖系统。它计量的是系统供热量，比较容易为业内人士接受，计量系统安装的同时可以实现室内系统水力平衡的初调节及室温调控功能。前期计量准备工作量较大。

(4) 通断时间面积法

以每户的供暖系统通水时间为依据，分摊建筑的总供热量。同一栋建筑物内的用户，在“等面积 (S)、等开阀供热时间 (V)”时，付相等的热费；即为“等温度，等采暖时间、等热费”的分摊原则。将楼栋总表作为结算单元，并把总热量分摊到每一个用户（图9.5-2、图9.5-3）。

本方法更适用于新建节能建筑，能满足各种形式的建筑结构；解决了既有系统的管网平衡和公平分摊问题，改善热能利用率，节约能源；并通过远程计算机监控平台，可对用户的受热、缴费及系统运行状况等进行实时监测，可由用户自身控制室内温度，达到既节能又舒适的目的。特点如下：

① 根据“等面积，等采暖时间、等热费”的热能分摊原则。方法科学、公平，易于被广大用户认可接受。

② 施工简单，无需“一户一表、一户多阀”的现象。可实现远程监控计量管理等功能。

③ 可靠性高，节能效果显著；使用寿命长达15年以上。节能率高达40%以上。

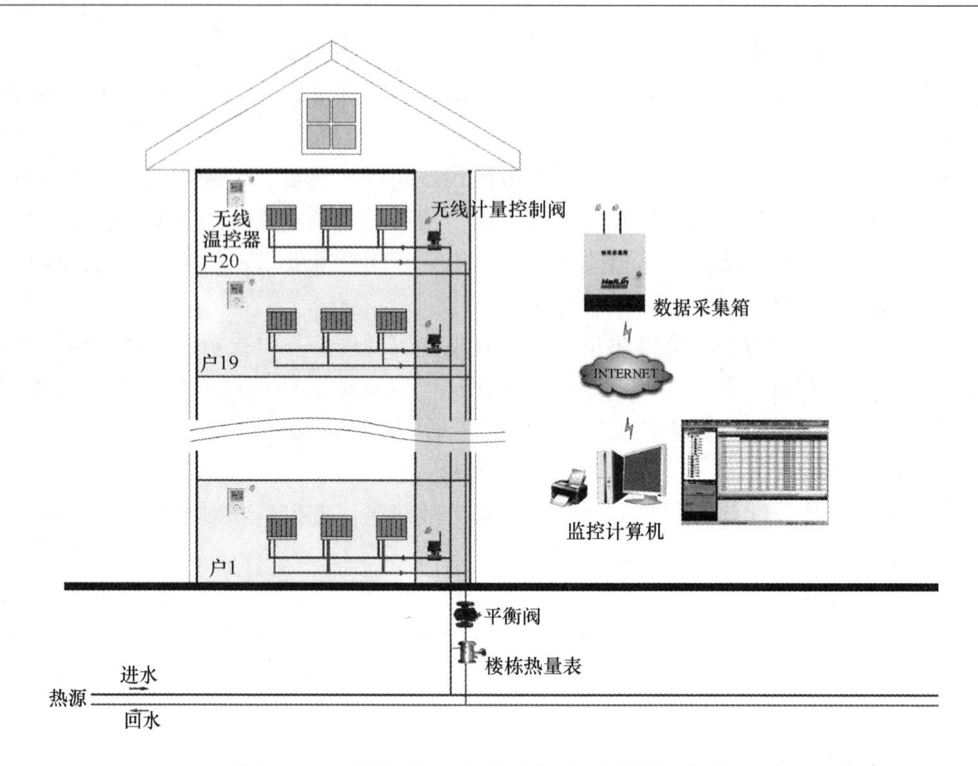

图 9.5-2　通断时间面积法无线通讯计量控制系统

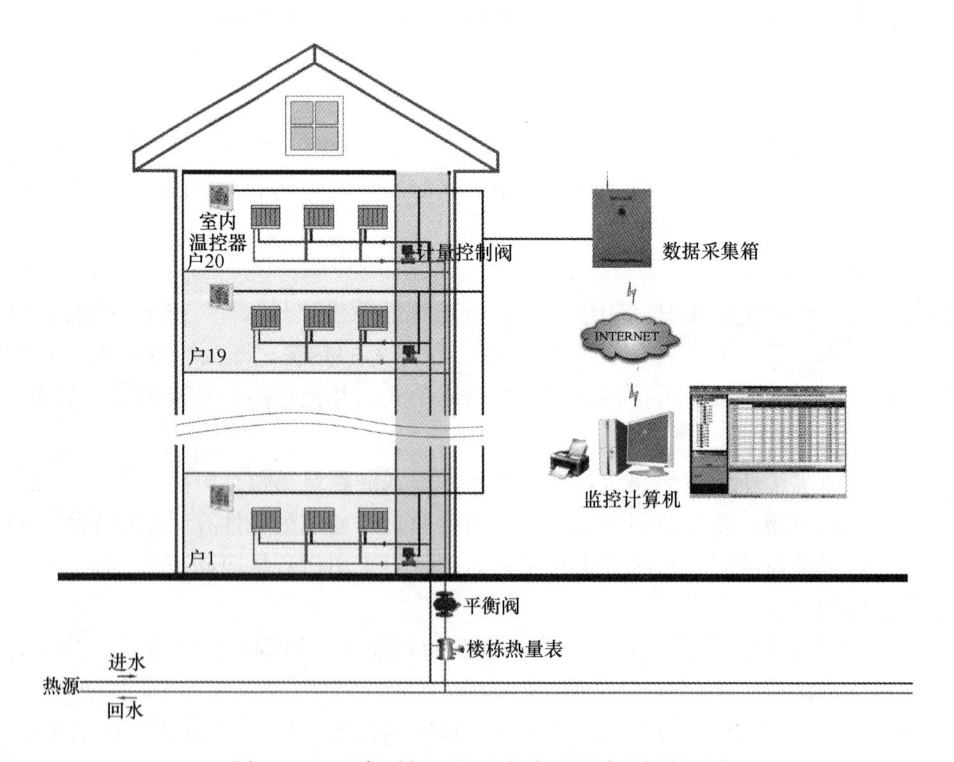

图 9.5-3　通断时间面积法有线通讯计量控制系统

④ 用户现场控制操作方便，并显示设定温度及室内温度，本地控制器具有存储功能，可在各种复杂情况下长期保存计量数据。

⑤ 与供热水质无关，无需考虑堵塞与系统阻力。

⑥ 有线通信，通信可靠，施工简易方便。

(5) 温度面积法

同一栋建筑物内的用户，在“等面积（S）、等温度（T）”时，付相等的热费；即为“等温度，等热费”的分摊原则。据热量表采集的每一单位时间内建筑物内消耗的总热量值和温度传感器采集的室内温度和用户面积，将楼栋总表作为结算单元，并把总热量分配到每一个用户。

本方法不需要改动原有建筑供暖系统，就能够实行对供热的节能改造与计量，根据“等温度，等热费”的热能分摊原则。方法科学、公平，易于被广大用户认可接受。通过远程计算机监控平台，可对用户的受热、缴费及系统运行状况等进行实时监测，可由用户自身控制室内温度，达到既节能又舒适的目的，提供人为节能的可靠环境。

工程案例：昌吉直机关小区住宅等多个小区的热分配都采用了这套系统，做到了分户温控、温度分摊、计算机远程控制，用多少热就付多少钱，有效地调动了节能的积极性，做到行为节能。

9.5.3 热计量和温度控制典型案例

【案例 1】 长春市卷烟厂

本项目为吉林某公司“十一五”易地技术改造，建设地点在长春经济技术开发区洋浦大街和自由大路西北角（图 9.5-4）。

图 9.5-4 长春市卷烟厂项目

采用海林中央空调及新风机组监控系统、供暖分集水器等产品。

设备包括：①监控系统软件；②数据采集箱；③网络温控器；④电动球阀；⑤电动调节阀；⑥新风机组控制箱；⑦压差开关；⑧低温断路控制器；⑨温湿度传感器；⑩分集水

器及箱体。

【案例2】 北京奥运会运动员村

此项目提供了控制点数多达18000多点的4套计算机监控及计费系统及配套设备，实现了奥运村的中央空调、供暖及生活热水的节能控制及计费（图9.5-5）。

图9.5-5 北京奥运会运动员村项目

【案例3】 北京工人体育场

项目涉及换热站机房、空调机房、工人体育场周边新建的独立建筑，采用海林供热计量与节能控制系统解决方案，包括超声波能量表、电动调节阀、DDC控制器、水管道温度传感器、控制箱、手操器、USB/RS485转换器（图9.5-6）。

图9.5-6 北京工人体育场项目

【案例 4】 广西南宁永凯现代广场

采用海林中央空调计费系统设计、现场布线以及系统产品，是海林时间型/能量型典型的技术方案，其涉及时间型计费 1000 多点，能量型 100 多点。此项目在华南计费市场都具有代表性，也是目前华南地区计费方案最为全面，涉及点位较多复杂性计费样板项目之一。

【案例 5】 昌吉直机关小区住宅一、二期

工程概况：昌吉直机关小区住宅位于新疆昌吉市，规划总用地面积 196822.1m²，建筑占地面积 31177.3m²，总建筑面积：208890.04m²，总共 30 栋住宅楼，1860 户。小区还包括社区服务中心、文化活动站、卫生站、商业服务用房、警务用房、储蓄所、幼儿园等。其采暖系统采用 M7 供热节能及热能管理系统实现热能计量（图 9.5-7）。

图 9.5-7 昌吉直机关小区住宅一、二期项目

系统介绍：系统组成：由“分户温控”、“温度面积分摊法计量”、“远程计算机管理系统”三部分组成，分别有房间温控器（内含温度传感器）、恒温控制电热阀、分户控制器、通讯交换机、超声波热能表、热能表读表器、服务器；服务器接入互联网，实现远程监测。

温度面积分摊法计量原理：分户控制器将房间温度与设定温度信息，通过 RS485 通讯方式，传达给通讯交换机。热能表读表器读取超声波热能表上的数据，传送到通讯交换机上。通讯交换机再将数据传到服务器。服务器按照该用户用热量和面积进行分摊。超声波热能表是整个系统中最关键的计费点，因此要选配精度高、性能稳定、防堵塞能力强的热能表。

通过供热节能及热能管理系统，做到了分户温控、温度分摊、计算机远程控制、用多少热就付多少钱，有效地调动了节能的积极性。

【案例 6】 北京海淀区政府公共租赁住房项目

工程概况：本工程为清河龙岗路公租房工程，位于北京市海淀区清河，总建筑面积 103459m²，高度为：60m。本建筑由 5 栋住宅楼，及敬老院、幼儿园组成，主要功能为住宅。空调冷热源由 6 台水源热泵机组提供，空调末端风机盘管安装温控器、电磁阀的 M2…冷热计量系统实现供热计量（图 9.5-8）。

系统介绍：整个系统由计算机、8口串口卡、中继器、控制端（由中央空调风机盘管控制系统与房间控制器组成）以及系统软件和各种通信网络组成。可实现以下功能：

（1）用户管理：监控各房间空调设备的使用状态、房间的温度变化情况等。可远程控制每个监控点的空调使用，避免浪费。

（2）集中管理：每日下班后对所有房间的空调统一进行关闭操作，如个别房间加班需要使用空调，可使用自备遥控器再次开启，同时系统对其进行延时监控，当自行开启1小时（可设定）后，系统将对其再次下发关闭指令。

（3）实时监测：系统10s钟刷新一次运行参数，并自动发出、保存与查看报警提示信息。

（4）报表统计：自动统计空调设备的使用情况，房间的温度变化情况以时间排序的历史数据，并以坐标曲线、柱状图、格式报表的形式显示、输出和打印。

（5）系统管理：提供了系统用户权限的管理、系统日志、系统错误信息、系统数据备份、系统数据自动恢复、系统数据词典解释以及系统参数的设置功能。

（6）费用管理：根据用户设定的温度、风机转速、开阀和关阀次数，风机盘管的制冷/制热功率、当月的总电费、计算机显示的总耗电量，计算出每户用户需缴纳的电费。

图9.5-8　北京海淀区政府公共租赁住房项目

第9章　保障性住房供暖系统产业化成套技术，参与编写和修改的人员有：
北京新宇阳科技有限公司：王安生、杨永华
济南市住宅产业化发展中心：王全良、张伟
北京海林节能设备股份有限公司：李海清、李琳
清本元国际能源技术发展（北京）有限公司：许丽、杨轶
北京派捷暖通环境工程技术有限公司：孙持录、王义堂

山东建筑大学市政与环境工程学院：张克峰
山东建筑大学建筑城规学院：杨倩苗
山西双银电热能有限公司：王和平
曼瑞德自控有限公司：陈立楠
辐射供暖供冷委员会：张宝红

第10章　保障性住房适老化设计和成套技术

按照国际标准，当一个国家或地区65岁以上人口占总人口7%或60岁以上人口占总人口10%以上时，即为老龄化社会。“十二五”期间，随着第一个老年人口增长高峰的到来，我国人口老龄化进程将进一步加快。从2011年到2015年，全国60岁以上老年人将由1.78亿增加到2.21亿，平均每年增加老年人860万；老年人口比重将由13.3%增加到16%，平均每年递增0.54个百分点[1]。我国进入老龄化社会已经成为不争的事实，老年人的居住问题也成为我国住宅开发建设中需要重点关注和解决的问题。

自20世纪70年代中期我国实行计划生育政策以来，三口之家现已成为社会的主力家庭结构，许多独生子女成家之后，面临的是每对中青年夫妇在较大的工作压力和现实的生存发展竞争条件下照料四个老人和一个孩子，时间和精力严重不足，这就需要老年人必须生活在一个适合自己身体条件的环境中，来减少生活上对子女的依赖。在国家大力发展保障性住房的今天，我们建设的保障性住房必须能够为老年人的生活提供便利，为日趋严重的老龄化社会减轻负担。

10.1　适老化设计和成套技术概述

住宅的适老化设计与“老年住宅”不是同一概念。适老型住宅与普通住宅相比，增加了诸多便利老年人日常生活的体贴设计。同时，这样的体贴设计对年轻人而言也同样便利实用，并可通过预留空间为今后老年人的入住提供改造上的便利。适老化设计主要从老年人生活的便利性和安全性入手，在住宅的各个空间内做适宜尺度的设计，增加适当的设施来达到适老的要求。

在国家大力发展保障性住房的今天，我们要求保障性住房能够对老年人的生活提供便利，就需要在保障性住房的规划和建设中体现适老化设计，合理运用适老设施和产品。比如社区道路的无障碍设计，地面的防滑材料运用，墙面扶手的安装，墙角圆形护角的使用等，都能体现对老年人和残疾人的人文关怀，为日趋严重的老龄化社会减轻负担。

10.1.1　我国住宅适老化设计和成套技术发展现状

从总体上来看，目前我国住宅的适老化设计和成套技术还处于学习和探索阶段，除了老年公寓、养老院和疗养院等专业的老年护理机构之外，居民住宅和普通社区中的适老化设计和成套技术运用比较欠缺。主要表现在以下几个方面：

(1) 既有住宅适老化改造难度大

我国大部分既有住宅是从身体机能健全的成年人需求出发来规划设计的，普遍缺乏针

[1] 《国务院关于印发中国老龄事业发展“十二五”规划的通知》(国发［2011］28号)

对老年人需求的考虑，在住宅类型和室内外空间布局上都缺少适老化设计。比如卫生间门洞较小，轮椅无法通行；起居室和阳台存在高差，老年人进出不便；淋浴器在浴缸内，老年人出入易滑倒等问题，不能满足老年人基本居住生活需要。随着老年人口规模的迅速增加，住宅适老化需要也不断加大，既有住宅的适老化改造成为解决这一问题的关键。但既有住宅适老化改造也存在种种问题，如多层住宅没有预留空间，增设电梯很难；住宅楼内走廊过窄，轮椅和急救担架通行困难；厨房开间小且四周为承重墙，难以改造成为无障碍厨房；卫生间空间狭小，很难满足坐轮椅的老年人使用等，这些问题很难通过改造来满足适老化要求。

(2) 新建住宅适老化程度低

近几年，在新开发的住宅小区中，已经有部分项目增加了适老化设计，但大部分局限在住宅入口设置坡道、楼内走廊尺寸加宽等方面，而无障碍设计、扶手设置、防滑措施等更细致的设计往往被忽视，缺乏全方位、精细化的适老性设计。在保障性住房开发建设中，涉及适老化设计的项目微乎其微。总之，住宅开发和设计中，适老性配套少、尺度设计偏小、室内存在高差等问题，不符合老年人体能心态特征对建筑物和居住区的安全、卫生、适用等基本要求。

(3) 社区养老配套服务不足

2006年，国务院《关于加快发展养老服务业的意见》提出“按照政策引导、政府扶持、社会兴办、市场推动的原则，逐步建立和完善以居家养老为基础、社区服务为依托、机构养老为补充的服务体系”。但截至目前，我国尚未出台住宅区养老配套设施建设规范，大部分住宅小区都没有配备养老服务设施，所以住宅小区在居家养老还存在许多软件和硬件上的不足，如住宅出入口无坡道设计，公共通道比较狭窄，多层住宅没有安装电梯，安全报警系统等设施不完备等养老配套设施不足问题。社区适老化程度低，养老服务不到位，不能满足老年人日常生活的需要，为我国“居家养老”目标的实现带来了很大难度。

10.1.2 我国住宅适老化发展滞后的原因

目前我国住宅的适老化设计和技术发展滞后，究其原因主要有客观和主观两个方面。客观因素是我国已经进入老龄化社会，老年人数量规模发展迅速；主观因素是长期以来，我国住宅建设以解决基本居住问题为主要目标，社会各界对适老化认识程度不足。

(1) 老龄化发展迅速

目前，我国人口老龄化已经进入快速发展期。预计到“十二五”期末，全国老年人口将增加4300多万，达到2.21亿，届时80岁及以上的高龄老人将达到2400万，65岁以上空巢老人将超过5100万[1]。国内“四二一”(一对夫妇同时赡养四个老人和一个小孩)的家庭结构越来越多，乡镇年轻劳动力大量流向城市，导致空巢老人的比例增加，子女对老人的照顾压力越来越大，造成越来越多的老年人会长期处于独自生活的状态，加大了居家养老的需求。

(2) 适老化认识不足

多年来，我国处于住宅大规模建设时期，解决人民群众的基本居住问题成为首要目

[1] 2012年全国老龄工作会议

标，而适老化往往被忽视。我国从20世纪90年代开始关注老年人行为和需求以及护理，除1999年原建设部和民政部共同颁布了《老年人建设设计规范》外，适老化设计和技术在相关住宅建设规范中体现较少，对住宅和社区的适老化的设计和应用水平都比较低，相关从业人员对适老住宅设计的专业水平不到位，适老化设计和技术发展滞后，不能适应我国社会人口结构老龄化，住宅和住区的规划设计不能满足老年人的安全、卫生、适用等基本要求。

10.1.3　借鉴发达国家经验，发展我国的适老化住宅

目前在欧洲、美国和日本等发达国家住宅的适老设计技术发展较为先进，是我国现阶段学习和参考的对象。同时，我们也要根据国情和国内老年人的生活养老习惯来研究和发展符合国情住宅适老化设计技术。

（1）以老年人需求为根本出发点

居住区规划设计应充分研究老年人生理、心理特点，在住宅套型面积、空间布局、社区服务配套等方面，增加适老化考虑，如套型面积符合老人居住要求，不宜一味求大，减少老年人平时打扫的时间和精力，保证老年人居住生活的安全和舒适。

（2）以无障碍设计为主要手段

无障碍设计是住宅和居住区适老化设计的关键，适老化设计应本着以人为本的原则，进行人性化设计，符合老年人、残疾人等群体的需求。无障碍设计包括室内和室外的通行无障碍、操作的无障碍以及感知的无障碍等方面，为老年人的居住和生活提供便利，充分体现对老年人的照顾和关爱。

（3）深入研究精细化设计

在居住区适老化设计时，在充分研究老年人生理和心理特点的基础上，应精心推敲每个一设计环节，如室内地面采用防滑无反光的装修材料；门框和墙角设置防碰撞措施；卫生间坐便器和洗浴区配备必要的扶手；厨房和卫生间选用推拉门或内外均能开启的门；门厅提供坐凳、扶手或扶手替代物；卧室宜布置在南向获得良好的采光等，实现全方位、精细化，真正满足老年人的需要，为老年人提供一个安全、舒适的居住生活环境。

（4）预留适老可改造空间

我国住宅设计年限为50年，普通住宅虽然与老年住宅要求不同，但普通住宅在规划设计开发阶段，应考虑日后适老化改造的需要，做好预留性设计。如厨房和卫生间避免四周都为承重墙，以便日后改造适宜乘坐轮椅的老年人出入；卫生间应满足两人同时逗留的空间，满足需要有人陪伴照顾的老年人的需要；室内管线设计时预留紧急呼叫按钮，方便日后安装，以供老年人使用等。

10.2　保障性住房适老化设计的必要性和原则

我国已经步入老龄化社会，老年人的生活环境和居住质量已经成为我国亟待考虑和解决的问题。目前，我国保障性住房进行入快速建设期，在大量建设的同时，应在保证建设数量和质量的基础上，重视设计的标准化、精细化和适老化，推进保障性住房的可持续发展。

10.2.1 保障性住房适老化设计的必要性

根据《国务院关于印发中国老龄事业发展“十二五”规划的通知》(国发[2011] 28号),到2015年,要“建立以居家为基础、社区为依托、机构为支撑的养老服务体系,居家养老和社区养老服务网络基本健全,全国每千名老年人拥有养老床位数达到30张。”所以,除少部分老年人选择到养老院养老外,我国97%的老年人主要是居家养老,住宅的适老化设计和改造亟待解决,以适应老年人的居家养老需要。保障性住房规划设计应如何适应老龄社会,如何满足老年人的住房需求,已成为迫切需要考虑的问题。但现在的住房建设规划方面,缺乏针对老年社会到来的具体应对措施,有关老年人配套设施的建设指标还不够明确。老年人相关建筑类型还未加以明确与细化,住宅设计方面缺乏对老年人住宅和老年公寓的面积指标、精细化设计等方面的规定。

(1) 有利于提高老年人的居住生活水平

居住条件和生活环境长期以来一直为人们所关注,在居民生活质量中占据着特殊地位。老年人精神和身体的健康、生活的舒适等许多方面更是与居住密不可分。随着年龄增高,老年人对居住空间的特殊需求和依赖程度也相应增加,因此居住环境在老年人的生活中占有突出地位。保障性住房通过适老化设计,可以切实提高老年人的居住和生活水平,可以有效满足老年人的住房需求,为老年人居住生活、休闲娱乐提供便利。

(2) 有利于完善我国老年保障体系

我国大力建设保障性住房的目的就是解决社会中低收入人群的住房问题,缓解社会矛盾,体现社会公平。目前,我国现有社会养老体系还不完善,社会化养老覆盖面还很低,应在符合经济、社会发展水平的前提下,提高老年人的居住条件和环境,解决老年人居住问题,充分发挥家庭养老的功能,缓解老龄化给社会带来的压力。当社会动用资源、人力来组织、支持老年保障时,它在广度上和深度上就远远超过政府福利制度所能提供的保障,不仅使全社会福利水平得以提高,而且对完善我国老年保障体系有很大帮助。

(3) 有利于促进和谐社会的建立

老年居住环境不仅是体现国家国力和物质文明的重要标志,而且是体现社会文明、政治文明的重要标志。老年人的居住状况,很大程度上决定了老年人的活动范围和空间,决定了老年人的物质生活状况和交往的空间,也决定了老年人对社会和政府的满意度,直接影响社会的稳定与发展。关注老年人、关爱老年人,也逐渐成为我国社会各阶层的共识。如果老年人的居住问题解决不好,不能提供充足的社会养老设施,必然会引老年人及家人对社会产生不满情绪,影响和谐社会的建立。

(4) 有利于推进住宅产业健康发展

自20世纪90年代起,住宅产业在我国得以较快发展,取得了较显著的成果。住宅产业通过建筑和部品的设计标准化、配置通用化和生产供应的社会化,对于提高住宅质量和性能、降低资源和能源消耗起到了重要作用。目前,我国保障性住房大规模建设阶段,许多地方政府迫于土地、资金、工期等压力,只注重保障性住房建设满足基本生活需求,很少关注老年人和残疾人的特殊需要,造成保障性住房不能满足老年人的居住需求。适老化设计能够提高住宅标准化设计水平,对部品标准化配置也有良好的促进作用,一定程度上有利于促进我国住宅产业的健康发展。

10.2.2　保障性住房适老化设计的原则

（1）保障性住房在设计时，应避免出现高低差，如有高低差应警示并增设扶手。

随着年龄的增长与健康状况的变化，老年人身体机能下降，行走能力也随之下降，所以在上下楼梯，迈过台阶和从坐姿转为站姿时动作不自如，腿部力量不够，导致羁绊，滑倒和从楼梯滚落下来的事故时常发生。因此，要消除各种地面台阶的不利影响，在台阶附近应增设彩色警示牌，并增设扶手。消除日常生活中的各种障碍和不利因素，为老年人的独立生活能力提供方便。

（2）保障性住房在设计时，可综合考虑轮椅适用场所。

保障性住房的设计要求尽量将空间集约化，以达到节约的目的。而在设计老年住宅时往往参考轮椅的活动尺度来确定各类交通空间和生活空间的尺度，在保障性住房的设计中，要综合考虑轮椅适用场所，在走廊宽度、户内过道宽度的设计上，可充分利用门厅、过厅等公共空间来满足轮椅的回转要求。

（3）保障性住房的室内装修应注重安全、方便和舒适。

适合老年人的室内装修应以安全、方便和舒适为重。由于老年人腿脚不便，行动迟缓，骨骼质脆易折，应尽量避免摔跤。调查发现，目前我国城市住宅的门厅、走廊等公共空间为了方便清理，大多采用表面光滑的硬质铺地，给老年人的行动带来了很大的不便。所以，公共空间的地面饰面材料应保证合适的摩擦系数，室内厨房和卫生间的地面材料应当充分保证着水后依然有良好的防滑性能。材料本身应安全可靠，不应采用易燃、易碎、化纤及散发有害有毒气体的装修材料，同时应尽量选用便于清洁、维护的地面材料，减轻老年人的劳动负担。

（4）住宅设计应增设潜伏设计措施，以方便将来的改造。

保障性住房在设计时，应当预先考虑居住者进入老年以后，为适应老年人的需要和照料的方便，增设潜伏设计的措施。而大部分既有住宅的设计，由于对老年人居住需求的考虑不足，后期改造极为困难。如果随着老年人身体机能的下降可以更换或安装新设备，就可以方便老年人的独立生活，同时也减轻看护人员的负担。各房间的面积、主体结构、配管配线、接口插座等，如果有充分潜伏设计的话，就比较容易更换设备和安装新设备，所以，保障性住房的设计和建设，要优先考虑CSI住宅建筑体系。

（5）保障性住房中应加强对突发事件的应急处理设计。

随着我国老年人数量的增加，老年人在家中突发事故和疾病的情况也相应增多，因此有必要采取相应措施，完善住宅的应急功能。如配置安全报警系统并提供端口，通过合理配置走廊、楼梯的尺寸，配置可容纳担架的电梯，提高住宅楼栋内担架的通行能力。为了在发生灾害、事故等紧急时刻及时采取措施，同时为了在必要时能够安装器械，事先铺设管线、配线、安装电源插座也是非常必要的。

10.3　保障性住房社区的适老化设计和成套技术

面对社会老龄化的挑战，根据“以家庭养老为基础，社区居家养老服务为依托，机构集中养老为补充”的养老服务政策，根据老年人特殊的心理、生理和社会活动特点，充分考虑老年人的生活方式、习惯、爱好等方面的需求，加强老年住区的研究，不断完善我国老年居住体系，创造适宜老年人居住和生活的环境，让老年人平等享用社会公共基础设施，积极参与社会生活，真正体现以人为本的理念，促进社会主义和谐社会的构建。

10.3.1 社区道路无障碍设计

（1）减少社区地面高差的出现，设置上下坡道

在保障性住宅社区内，为了方便老年人在社区内通行，在道路设计时应尽量减少出现地面高差。当社区道路出现高差时，除上下台阶外，还应设置上下坡道。台阶踏步级数超过3级时必须设置扶手，坡道最好比设计标准更平缓一些，坡度一般不应大于1∶20，宽度一般不应小于1.8m，坡道应设置防跌落保护设施，使腿脚不便和乘坐轮椅的老年人能顺利通行，方便快捷地到达住宅社区中适宜活动的场地。

（2）避免使用光滑的地面材料，配备防滑措施

保障性住宅社区道路铺设时，应避免使用光滑质感的地面材料，要尽量采用具有防滑、无反光的粗涩石材或地砖铺设。步行道应避免采用卵石、碎石、砂子等材料，多选用软质材料。在步行道出现变化时应采用红色、黄色等易于辨别的颜色。充分考虑雨雪天气等因素，在社区道路地面设置相应防滑措施，保证老年人在社区内通行和锻炼的安全。

（3）避免社区内人车同道，注重环境的导向性

由于中国汽车市场保有量不断攀升，保障性住宅社区内应注重交通的安全性，实行人车分流。做好小区内的方位指引，增加道路的可达性，并设置醒目的坡道、电梯、卫生间等无障碍设施的指示标志，标识文字应字体大、颜色鲜明，为老年人提供一个安全、便捷、舒适的居住生活环境。

（4）完善道路系统照明，保障夜间通行安全

为增强社区夜间的可识别性，应设置社区道路、出入口绿化、广场及景观小品的夜间照明，界定区域，提供安全的夜间环境。应选择全寿命使用周期下经济的照明光源与灯具，保证老年人所需要的较高亮度，并避免眩光。采用分时段多模式控制，节约能源。社区内濒水区域或敷设管线不便的部分区域，应选择太阳能灯具照明。

10.3.2 社区开放空间设计

（1）增设活动场地，丰富老年人生活

保障性住宅社区的环境设计方面，不仅仅要单纯强调环境的优美，更要创造便于老人与社会生活相融的、便于老人活动的室外空间环境。住宅社区内应在适当位置，创造适宜老年人活动的场地，如舞蹈、球类、拳术以及带小孩等小群体活动场地，满足老年人社会交往和健身娱乐等多方面的需求，增进老年人之间的相互交往，丰富老年人单调、寂寞的生活。使老年人得到精神上的慰藉，感觉到社会的关爱。

（2）设置公共绿地，方便老年人活动

在保障性住宅社区中，根据居住区不同的规划布局，满足规定的日照要求，设置适宜老年人和儿童活动的公共绿地，树种以常绿树为主，配置花色鲜艳、季相分明的花灌木，避免选用有毒、带刺或根茎外露的植物，并设置游憩活动设施，为老年人创造一个良好的活动休闲环境，满足老年人外出呼吸新鲜空气、锻炼身体等户外活动的需要。

（3）安放休憩座椅，创造优良坐息空间

老年人在室外除锻炼散步外，大部分户外活动是休息、聊天和带小孩，所以保障性住房社区应为老年人提供良好的坐息空间，在室外活动区域、公共建筑廊檐下、住宅出入口等位置设置休息座椅，应充分考虑老年人的特点，座椅应优先选用木质，高度应在30～45cm之间，宽度在40～60cm之间，并保证坐息空间具有良好的通风和充足的阳光。

（4）增设遮阳设施，提升室外空间环境

保障性住宅社区在配置文化活动场地的同时，还应加强室外环境的人性化设计，老年人喜欢聚集在社区中的热闹地段，锻炼身体和聊天来打发时间。住宅社区内除进行硬铺装和种植漂亮的草地外，应种植一些树冠较大的树种，发挥遮阴功能，或配备遮阳设施，在炎热的夏季，减少太阳直射，利于老人在社区内活动。

10.3.3 社区公共服务设施配置

（1）提供社区医疗服务，保障老年人及时就医

许多老年人患有一些高血压、糖尿病等慢性疾病，常年依靠药物治疗，去大医院开药，路程较远，排队时间长，给老年人日常就医带来许多不便。应完善社区医疗服务体系，让患有常见病和多发病的老年人，不用走出社区，就能享受社区医疗服务带来的快捷和便利。

（2）完善养老服务体系，满足老年人日常需要

目前住宅小区中普遍缺少老年服务设施，社区公共服务应重视老年人的需求，在小区建设规划中配备日间照料中心、托老所、星光老年之家、互助式社区养老服务中心等社区养老设施，并完善上门服务、便利餐饮及护理服务等，为老年人提供方便快捷的服务，充分发挥社区养老的作用。

（3）设置健身活动器械，提高老年人健身环境

保障性住房社区应配备室外健身器材，满足老年人开展户外健身活动的需求。在充分考虑老年人使用特点的基础上，选择安全系数高、适合老年人活动要求的器械，在明显位置标注出器械的使用说明，并采取防跌倒措施，保障老年人的使用安全。在活动区周边设置休息区，供健身运动的老年人休息和存放物品。

（4）配置公共卫生间，解决老年人生理需求

老年人由于身体机能衰退，容易尿频尿急，如果住宅小区内没有配备公共卫生间，老年人在户外活动时，需要返回家中如厕，非常不方便，因此很多老年人不得不被动地减少在室外活动的时间和频率，对老年人自身的身心健康非常不利。在保障性住宅社区中，应适当设置公用卫生间，以方便老年人在需要的时候就近如厕。

（5）设置老年活动室或老年托管中心

居住在保障性住房中的老年人一般来说不具备进入条件良好的养老院养老的经济条件，因此应尽量在社区中配备多功能的老年活动室或老年托管中心，配备卫生保健室、康复训练活动室、娱乐室、阅览室等场所，提供生活照料、康复养护、文化娱乐、体育健身等公益性、综合性服务项目。老年人一是可以在老年托管中心中过上群体生活，有更多聊天、活动的伙伴；二是需要看护的老年人，可以在家中无人照顾时由社区工作人员照料，给老年人以更方便的看护保障。

10.4 保障性住房室内适老化设计和成套技术

在进行保障性住房室内适老化设计时，应深入研究老年人的生理和心理特征，从实际生活需求出发，以老年人的视度来考虑在日常生活中可能遇到的障碍，以便提出合理的解决方案。同时，以老年人的人体工学数据作为设计参照，充分考虑居室内各功能空间布局、家具设备的尺寸和摆放，以及老年人的活动尺寸要求，来设计出适合老年人居住的住宅内部各空间的布局形式，以及细部设计时的侧重点。其中，单元内公共空间、居室内厨房和卫生间的设计尤其重要。

10.4.1 单元内公共空间适老化设计和成套技术

10.4.1.1 楼宇出入口和电梯间

建筑物出入口是连接建筑物内外两侧的空间，任何人外出时都需要使用，同时，从建筑物出入口到各层之间的通道，也是紧急时刻的避难通道，因此除了考虑安全性，还应使这一区域设计得简单明了。

在进行规划的阶段，就应针对建筑物出入口，考虑如下事项：

（1）建筑物出入口应位于从道路上容易发现，且步行或乘车便于接近的位置。

（2）从建筑物出入口前往电梯间的途中，应尽可能避免出现有高低差的立面结构。

对于出入口存在高低差的处理有以下方法可供参考（图 10.4-1）：

（1）采用坡度在 1/12 以下的倾斜路面以及台阶，且各自的有效宽度在 900mm 以上。

（2）高低差在 80mm 以下时，设计坡度为 1/8 以下，且有效宽度为 1200mm 以上的

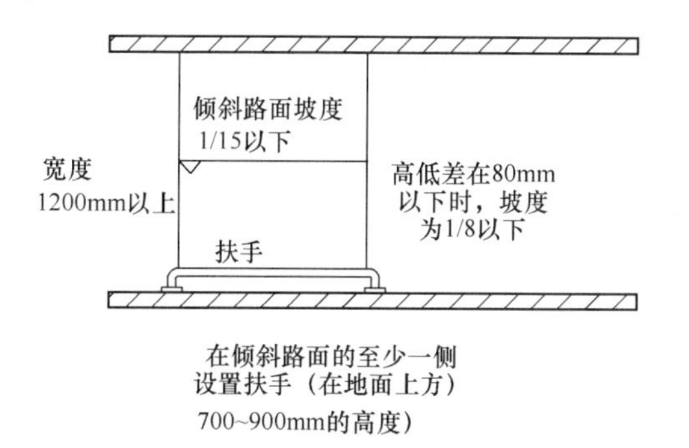

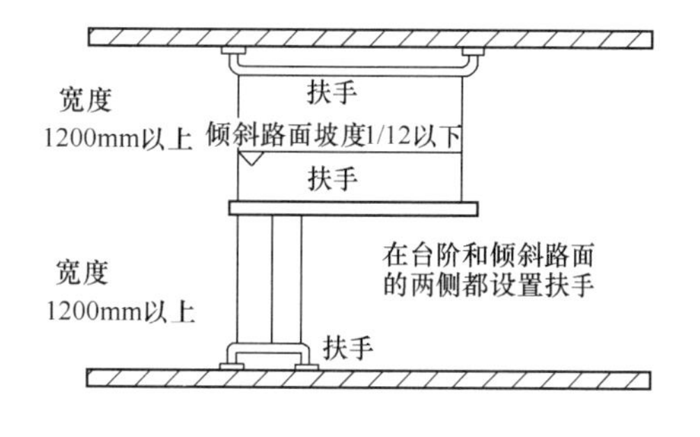

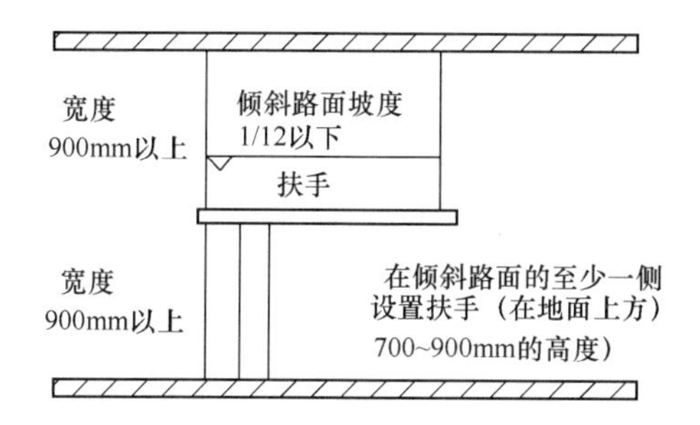

图 10.4-1 出入口存在高低差的处理方法

倾斜路面。

（3）设计为坡度在1/15以下，且有效宽度为1200mm以上的倾斜路面。

（4）倾斜路面上的一侧设置扶手，且位于地面上方700～900mm的高度上。

另外，建筑物的出入口地面装修应考虑防滑、防绊倒等安全措施，照明设备应考虑安全性因素，确保足够的亮度。

10.4.1.2　公用楼梯

公用楼梯是纵向连接各楼层的空间，从孩子到老人，很多人都要使用。但是，当老年人随着年龄的增加，身体机能开始下降之后，上下楼梯对他们就成了负担。与此同时，因绊倒、摔倒、踩空等原因，从楼梯上跌落的事故也更容易发生了。为了让任何人，尤其是老年人都能安全而便利的上下楼梯，特别是在未设置电梯的情况下，对公用楼梯的坡度、台阶立面缩进深度、宽度加以考虑，是非常重要的。

因此，在对公用楼梯进行规划的阶段，就应考虑如下事项：

（1）在布局方面，从各户门口前往楼梯的动线应避免复杂化。

（2）如果在户外设置楼梯，则考虑到下雨天时的安全性，应设置遮雨棚。

（3）预先确保充裕的面积，以便设置一个安全的、在坡度和形状方面便于使用者上下的楼梯。

（4）在未设置电梯的情况下，为使老人和护理人员都能安全而方便地上下楼梯，应确保足够的宽度。

（5）楼梯的形状也要做适老化设计调整。楼梯的上方不可深入过道，下方台阶不可突出于过道。如果上方深入过道，下方突出于过道，则有可能导致踩空或者绊脚等危险（图10.4-2）。

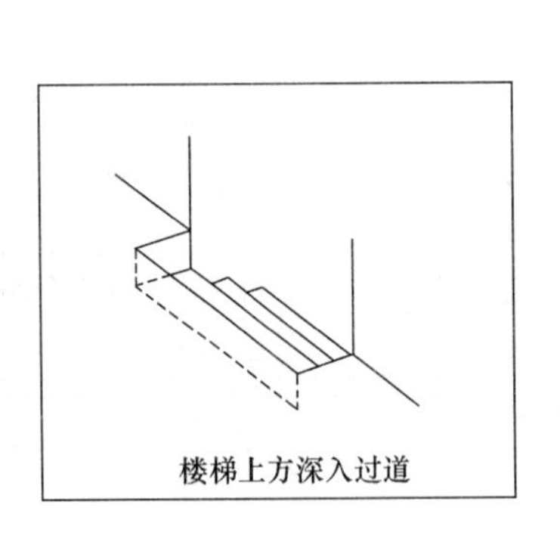

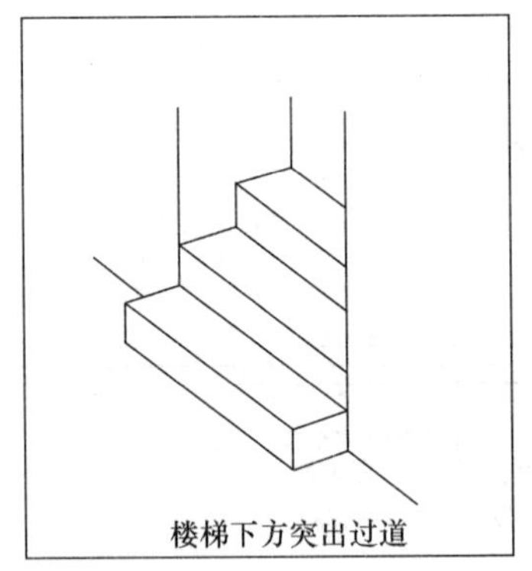

图10.4-2　楼梯的形状

连接各楼层的公用楼梯之中，至少一个应采用带缓步台的折线楼梯或直线楼梯。由于螺旋楼梯的拐弯部分，踏步板形状会发生变化，有可能导致踩空事故，因此不采用。如果不得不采用螺旋楼梯，则可以通过设置缓步台，减少跌落距离，降低受伤的危险。

在无法使用电梯的楼层中，该楼层到建筑物出入口所在层或电梯停止层的公用楼梯之中，应有一条楼梯的有效宽度为900mm以上。如条件允许，楼梯及缓步台的有效宽度尽可能为1200mm以上。

连接各楼层的公用楼梯之中，至少有一个应设置一侧以上的辅助步行扶手，且设置于踏步板上方 700～900mm 的高度。

楼梯扶手设置要求（图 10.4-3）：

（1）扶手设置应具有连续性。

（2）扶手应尽可能在顶端部分向水平方向延伸 200mm 以上。

（3）扶手的顶端应尽可能弯向下方或墙体一侧，避免挂到衣服，引起跌落事故。

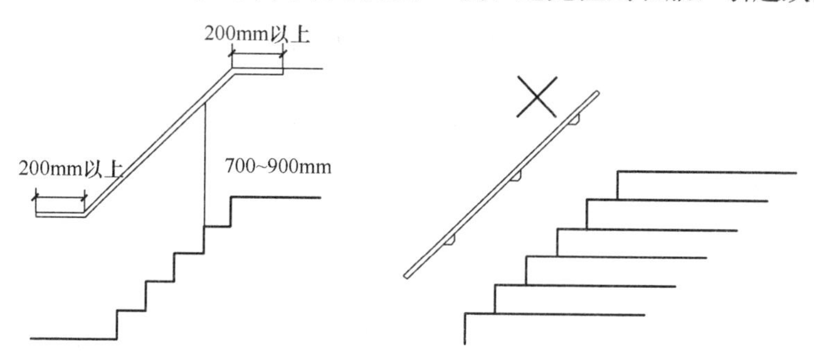

图 10.4-3　楼梯扶手的设置

公用楼梯的照明设备应考虑安全性因素，确保足够的亮度。楼梯的照明，应多处设置，避免踏步板出现阴影，或者在亮度、角度和位置方面予以考虑，确保能看清楚踏步板。但还应避免光线直接射入眼睛。另外，最好能在楼梯里设置地脚灯。

10.4.1.3　公用走廊

公用走廊是连接居室与户外之间的空间，考虑到从孩子到老年人都要使用，就需要保证任何人的安全。其中轮椅使用者从建筑物出入口或电梯间前往各居室是需要着重考虑的因素。此外，公用走廊也是紧急情况下的避难通道。

（1）公用走廊规划阶段考虑事项

①为了使轮椅使用者能安全而便利地从建筑物出入口等处前往各居室，以及紧急情况下的避难需求，前往户外的动线应该简明而不致过长。

②为了使轮椅使用者能安全而便利的活动，应确保公用走廊的宽度。

③在规划中应注意避免扶手出现过多的中断，同时沿着扶手步行的动线不致过长。

（2）走廊的宽度

公用走廊的宽度应为 1200mm 以上，最好能在 1400mm 以上。在一些位置上，要有能够确保轮椅交错通过的空间。

（3）走廊的高低差处理

如果公用走廊出现高低差，可采用坡度在 1/12 以下（高低差在 80mm 以内的为 1/8 以下）的倾斜路面，或者既设置倾斜路面，同时又设置台阶。

（4）走廊扶手的设置

在走廊中扶手的高度以 700～900mm 为标准。扶手的直径以 30～40mm 为标准，扶手与墙的间距，应有 30～50mm 为标准，便于抓握。为了避免挂住使用者的衣服，水平扶手的顶部应尽量弯向墙面或地面一侧。

（5）走廊扶手及墙面安装

为确保扶手本身及墙面安装部分的强度，可采用以下方法处理：

①扶手本身及墙面安装部分，应确保足够的强度，能够承受外部净荷载、冲击荷载以及两者的重复荷载。

②木结构墙：在扶手设置位置，应施以支撑材料或贴附胶合板，予以加强。

③钢筋混凝土结构墙：除特殊情况外，不需要对底座进行预备处理（使用膨胀螺栓直接固定在钢筋混凝土墙上）。

④石膏板装饰面墙的刚性较低，扶手的金属底座有可能深陷其中，因此可通过胶合板对支撑材料进行加固。

10.4.2　居室内适老化设计和成套技术

10.4.2.1　居室内的门窗

老年人卧室门的有效宽度及可通过宽度在750mm以上。另外应减少玻璃在老年人房门中的使用，即使使用了玻璃门，也应该使用安全玻璃（钢化玻璃、夹层玻璃等）。避免老年人使用轮椅时磕碰玻璃，发生事故。

在老人房内，门吸最好用墙装门吸或暗装门吸，避免使用地门吸，减少绊倒事故的发生。门的把手、拉手及锁应采用便于使用的形状，平开门避免使用球形把手，而应使用手柄形产品，同时把手的顶端应考虑安全性，例如尽可能没有尖锐突起，或者弯向门扇一侧，以免挂到袖口。推拉门采用槽式拉手，大致尺寸应为宽30mm，高70mm，如果深度为15mm以上，则更便于使用。

在老人房内的窗户上，应尽可能使用开闭用的大型把手或大型月牙锁，并设置在方便操作的位置，窗框也尽可能使用操作性好的产品。

10.4.2.2　居室内的地面和墙面

老年人卧室地面应采用无垂直高低差的结构，地面材料的选择除了应对滑倒、摔倒等方面的安全问题加以注意外，还要在手感、颜色方面适合老年人，避免出现冰冷的感觉。卧室墙面在需要的位置预设辅助扶手。卧室墙体应保证隔声性能好，因为听力会随着年龄的增加而下降，老年人对电视和说话对象等的音量要求也会更高，所有最好能够提高墙体的隔声效果。

10.4.2.3　居室内的收纳空间

老年人通常拥有大量的闲置物品，因此为老年人设计充分且方便的储藏收纳空间非常重要。日常使用的物品应放在抬手可及的地方，老年人使用的各种储藏柜均以中部储藏为宜，避免过高和过低的柜子，但是在有人照料或有定期帮忙的服务人员的情况下，可以适当的利用高柜储藏一些平时很少使用的闲置物品。

10.4.2.4　居室内的电器设备

（1）开关、插座：尽可能使用宽大的开关或带照明的开关，最好能在枕头附件也设置照明用开关。

（2）照明设备：除了充分利用自然光，还应在照明设计中保证整个房间的亮度。在房间中，老年人视力下降时的适宜亮度为40lx，阅读时为1000lx，阅读时所需的1000lx可通过局部照明获得。但此时全体照明的亮度最好能达到局部亮度的1/10以上。

(3) 安全设备：老年人的房间内最好设置火灾报警器。

(4) 呼救装置：老年人的房间内应设置呼救装置，且呼救装置的开关应设置在便于操作的位置。

(5) 空调设备：为了尽量消除与其他房间之间的温差，老年人的房间在结构上应考虑保温和换气。采暖设备可选择暖气和空调等。但安装空调设备时，应考虑避免空调的出风口直接冲着床或座椅。

10.4.3 厨房适老化设计和成套技术

厨房是做饭和收拾餐具的空间，需要站立的时间很长，即使老年人没有因身体机能下降而无法做饭，长时间的家务也是很不轻松的。因此，除了要使做饭能更加轻松，还要考虑老年人做饭的情况，对用火等安全方面加以注意，这是非常重要的。

10.4.3.1 厨房空间适老化设计的适宜尺度

带有适老化设计的厨房和一般厨房设计在尺度上基本一致，但对于活动空间，要比一般厨房设计的大，以 1200mm 的宽度为宜。另外，为了使上菜和收拾餐具更加便利，在厨房规划时应尽量避免厨房与餐厅之间的距离过远。

10.4.3.2 厨房空间布局的适老化考虑

适合老年人的厨房以开敞式为佳，厨房开敞后对于老年人的好处：

(1) 可增强厨房的自然采光和通风性能；

(2) 其他家庭成员可以一目了然地看到老年人的情况，当老年人发生危险时能够及时得到救助；

(3) 老年人烹饪时可以与他人进行沟通交流；

(4) 使用轮椅的人进出及操作更加方便。

厨房的布局以 L 形为宜，能最大化减少操作动线的长度。厨房 L 形布局以冰箱为起点，依次为水槽、操作台、灶具排列，形成完整连贯的操作流线，以便坐轮椅能够方便操作使用。厨房吊柜高度不宜太高，并在必要部位增设扶手，保证老年人不用太费力就能拿取餐具。

适老设计厨房空间布置图，见图 10.4-4。

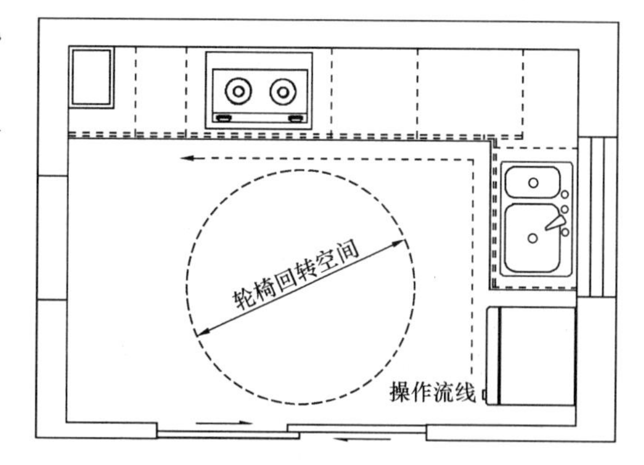

图 10.4-4 适老设计厨房空间布置图

采用推拉门，保证开启宽度；正确合理的操作流线，降低劳动强度；足够的轮椅回转空间，确保坐轮椅的老人在厨房的自由行动。

10.4.3.3 厨房的门窗

厨房门可采用平开门和推拉门两种形式，但两种门的形式各有利弊。平开门气密性和隔声性好，上锁方便，但开关时可能发生碰撞或者夹手，门开闭时需要较大的空间，同时还易受风的影响。推拉门开闭时所需空间小，操作时身体无需较大动作，但气密性和隔声性较差如果厨房门使用了玻璃门，应该使用安全玻璃（钢化玻璃、夹层玻璃等），避免老年人使用轮椅时磕碰玻璃，发生事故。门的把手、拉手及锁应采用便于使用的形状，平开门避免使用球形把手，而应使用手柄形产品，同时把手的顶端应考虑安全性，例如尽可能没有尖锐突起，或者弯向门扇一侧，以免挂到袖口。推拉门采用槽式拉手，大致尺寸应为宽 30mm，高 70mm，如果深度为 15mm 以上，则更便于使用。

10.4.3.4 厨房的地面和墙面

厨房地面应采用无垂直高低差的结构，装修材料应对滑倒、摔倒等方面的安全问题加以注意。墙面材料应易于清洗打理，防止油烟附着。

10.4.3.5 厨房的设备和照明

（1）厨房设施

①操作台：厨房应该采用方便使用的高度，如果要使用座椅操作，则有必要在灶台和水槽下方留出空间，方便伸腿。

②冷水和热水设备：水龙头应采用手柄式等操作方便的形状，同时能够安全的调整水温。

③灶具：灶具设备应使用带有安全装置的产品，让老年人放心使用，同时要保证点火和调节火力的方便性。

④开关、插座：厨房中尽可能使用宽大的开关或带照明的开关。在吊柜下方的灯具开关最好选用自动控制型的产品。换气扇和烟机的开关，应考虑老年人的使用，设置于伸手能够到的位置。

⑤安全设备：老年人使用的厨房应设置燃气泄漏感应器（使用燃气的情况下）及火灾报警器。

（2）厨房照明

厨房照明设备除了要设置在安全和必要的位置，还应确保足够的亮度。老年人出现视力下降时的适宜亮度：厨房为 150lx（灶台和水池为 700lx）。灶台和水池所需的 700lx 可通过局部照明获得，在吊柜底部安装灯具和采用带有照明设备的烟机。

10.4.4 卫生间适老化设计和成套技术

10.4.4.1 卫生间空间适老化设计的适宜尺度

卫生间是老年人使用频率较高的空间，即使老年人的身体机能下降之后，他们也希望尽可能独自完成如厕行为，因此，卫生间的设计要充分考虑老年人的身体条件，保证老年人能够安全方便的进出并使用。适老型卫生间的空间尺度应尽可能确保较大的面积，以便将来需要护理的时候，能够方便地进行护理和生活活动。所以，应确保卫生间的长边净尺寸大于 1300mm，坐便器与墙之间的距离（坐便器的前方或左右一侧）为 500mm 以上。

卫生间空间适老化设计尺度参考标准，见图 10.4-5。

10.4.4.2 卫生间空间布局的适老化考虑

适合老年人使用的卫生间应对如厕、沐浴、盥洗等不同功能设施进行独立分室。常见形式有卫浴两分离（图 10.4-6）和三分离（图 10.4-7）结构。

10.4.4.3 卫生间的门窗

适合老年人使用的卫生间的门应设计为向外开或使用推拉门，门锁应采用能从外侧打开的类型，保证老年人在卫生间内发生事故后能够及时开门对老人施救。卫生间的出入

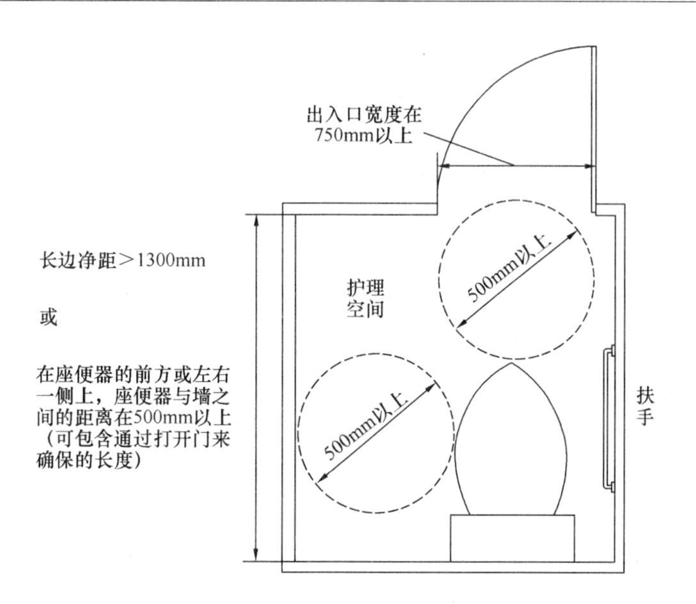

图 10.4-5 卫生间空间适老化设计尺度参考标准图

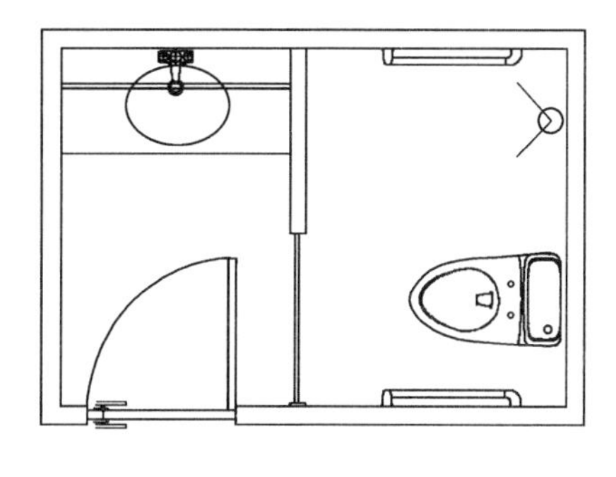

图 10.4-6 两分离结构布局

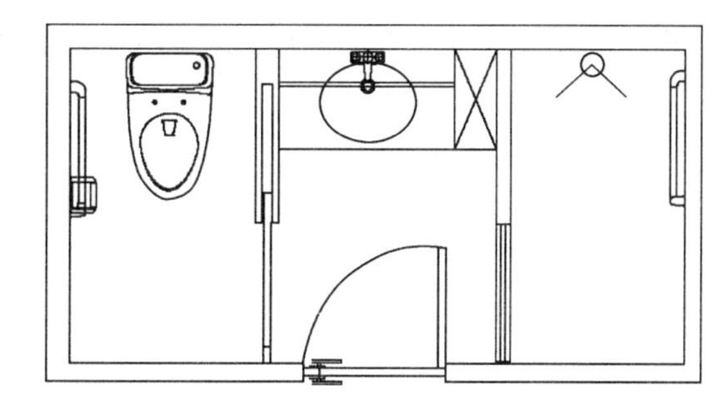

图 10.4-7 三分离结构布局

口应确保步行辅助用具或护理轮椅能够通行的有效宽度，至少 750mm 以上，最好能做到 800mm。

在没有自然采光条件的卫生间最好使用玻璃等透光材料的门，但必须使用安全玻璃（钢化玻璃、夹层玻璃等），避免老年人使用轮椅时磕碰玻璃，发生事故。设置换气、采光用的窗户时，应避免设置在隔着浴缸的另一侧，如果窗户与浴室的使用部分之间隔着浴缸，则开窗换气的时候，就不得不采用费力的姿势，有摔倒在浴缸里的危险。

10.4.4.4 卫生间的地面和墙面

卫生间的地面装修材料的选择应对滑倒、摔倒等方面的安全问题加以注意，防滑材料在沾水时也要保证防滑性能。卫生间的墙面上，应在适当部位设置帮助蹲站的扶手。扶手应分水平方向和垂直方向两个部分，从而对蹲站和移动行为起到辅助作用。

10.4.4.5 卫生间的设备和照明

（1）卫浴设备

适合老年人的卫生间便器应采用坐便器形式。卷纸器应设置在坐在坐便器上能够方便够得着的地方。如果卫生间内设置浴缸，则浴缸沿高度应注重安全性，不使老人入浴发生困难，浴缸沿的高度应为浴室地面上方 350～450mm，缸沿应采用能坐在上面出入浴缸的形状。

洗手盆应设置在方便使用的位置，洗手盆下方应留出空间，方便老年人坐姿洗漱。

（2）冷热水设备

卫生间的冷热水除了要考虑安全性，还应采用操作方式简单的产品。水龙头应采用手柄式等操作方便的形状，同时能够安全的调整水温。

（3）开关、插座

卫生间中尽可能使用宽大的开关或带照明的开关。还可以考虑使用自动开关、照明和换气扇联动的开关，对忘记关掉的换气扇自动关机的开关等。

（4）照明设备

卫生间照明设备除了要设置在安全上必要的位置，还应确保足够的亮度，老年人出现视力下降时卫生间的适宜亮度为 150～200lx。

第 10 章 保障性住房适老化设计和成套技术，参与编写和修改的人员有：
博洛尼精装研究院：徐永刚、王兴鹏、邱晨燕、杨大斌、曾松
住房和城乡建设部住宅产业化促进中心：文林峰、刘美霞、刘洪娥、王洁凝
博洛尼家居用品（北京）股份有限公司：吴怀民、张少光

第11章　保障性住房CSI住宅建筑体系成套技术

11.1　CSI住宅的概念

CSI住宅是针对当前我国传统住宅建设方式造成的住宅寿命短、耗能大、质量通病严重和二次装修浪费等问题，在吸收支撑体（SAR）和开放建筑（Open Building）理论特点的基础上，借鉴日本KSI住宅和欧美国家住宅建设发展经验，确立的一种具有中国住宅产业化特色的住宅建筑体系。CSI住宅是将住宅的支撑体部分和填充体部分相分离的住宅建筑体系（图11.1-1），其中C是China的缩写，表示基于中国国情和住宅建设及其部品发展现状而设定的相关要求；S是英文Skeleton的缩写，表示具有耐久性、公共性的住宅支撑体，是住宅中不允许住户随意变动的一部分；I是英文Infill的缩写，表示具有灵活性、专有性的住宅内填充体，是住宅内住户在住宅全寿命周期内可以根据需要灵活改变的部分。

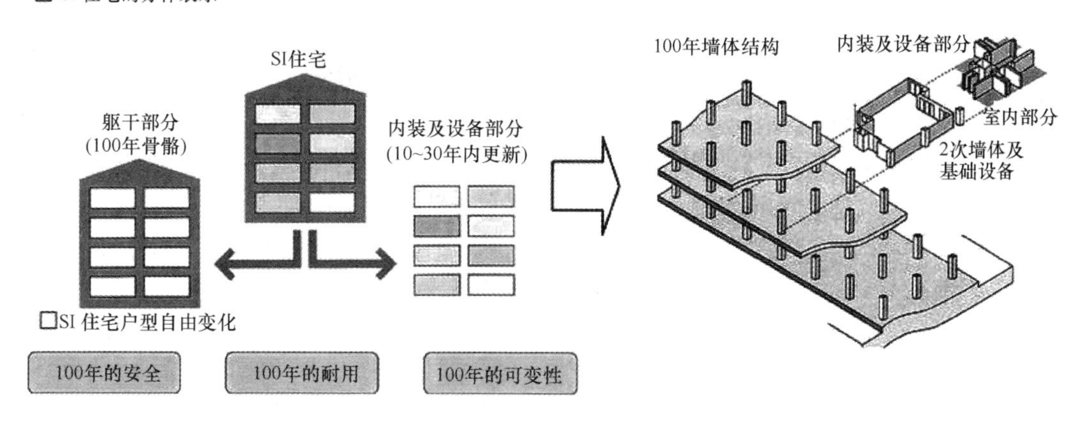

图11.1-1　住宅支撑体（S）与填充体（I）分离示意图

11.2　CSI住宅建筑体系的发展历程

11.2.1　SI住宅的提出

SI住宅源于20世纪的60年代。1961年，荷兰的哈布瑞肯教授出版的《Support，an Alternative to Mass Housing》（骨架——大规模住宅的选择）一书中提出了“骨架支撑体”理论。荷兰建筑师们创办了建筑师研究会专门研究“支撑体”理论，简称SAR。“支撑体”理论（SAR理论）的核心就是将住宅设计和建造分成“支撑体”和“填充体”，是哈布瑞肯教授在荷兰建筑师协会上首次提出。其中S是英文Skeleton的缩写，即有耐久性、公共性的住宅支撑体，是住宅中不可变动的一部分；I是英文Infill的缩写，即具有灵活性、专有性的住宅的填充体，是住宅内住户可以在住宅全寿命周期内根据需要改变的部分。

20世纪90年代，日本都市再生机构充分学习和借鉴了支撑体住宅的相关理论，并依据本国国情进行创新发展，开发了“机构型SI住宅”（简称KSI住宅）。KSI住宅是由日本都市再生机构开发的，是指采用结构支撑体和填充体完全分离的方法进行施工的住宅。KSI住宅K指的是日本“都市再生机构”；S是英文Skeleton的缩写表示支撑体；I是英文Infill的缩写表示内部填充体。支撑体（S）是固定的部分，包括承重结构、楼板、屋顶及设备管道等，采用高耐久性材料，延长其使用寿命；内部填充体（I）是灵活可变的，主要包括分隔墙、各类管线、地板、厨卫等，这两部分都可以通过系列化、标准化以及工厂化生产达到减少现场作业目的，确保产品质量，减少环境污染，是一种很具有优势住宅产业化建筑体系。

进入21世纪之后，基于减少资源浪费、提倡绿色环保、促进节能低碳型社会发展的大背景，日本对建筑业的发展也提出了新要求，在原来“100年住宅计划”的基础上，又提出了“200年长寿住宅”的构想，这对住宅的结构体系和填充体系提出了更高要求，也带来了相关技术研发上的新进展。

11.2.2　SI住宅的引进与CSI住宅的提出

早在20世纪80年代，鲍家声教授发表了《支撑体住宅》一书，学习和借鉴了荷兰的支撑体住宅理论，研究和探讨了适合我国国情的支撑体住宅形式，开始第一次引入SI住宅理念。1984年建成的我国第一个支撑体住宅，这是我国住宅建筑史上的一座丰碑，坐落于江苏省无锡市。之后，在支撑体住宅理论的指导下，我国陆陆续续出现了一些实践项目，包括适应性住宅、可移动的隔墙住宅、大开间住宅等等。然而，这些实践并没有被系统总结与大面积推广。近年来，随着住宅产业化理念的深入人心，寻求适合工业化建设并且兼具多样性与适应性的住宅体系的热情又空前高涨起来，这是促使我国探寻CSI住宅的重要起因。

2007年原建设部组织了一批住宅产业化专家和部分地市的产业化负责人，赴日本学习考察日本的住宅产业化技术，并实地参观了日本KSI住宅实验楼。考察结束后原建设部住宅产业化促进中心联合数家产业化机构和住宅部品企业系统研究了适合中国国情的住宅产业化体系，提出了CSI住宅（China Skeleton Infill，中国的支撑体住宅）概念。

CSI住宅是针对当前我国住宅建设方式造成的住宅寿命短、耗能大、质量通病严重和二次装修浪费等问题，在吸收支撑体（SAR）和开放建筑（Open building）理论特点的基础上，借鉴日本KSI住宅和欧美住宅建设发展经验，确立的一种新型的具有中国住宅产业化特色的住宅建筑体系。通过S（Skeleton支撑体）和I（Infill填充体）的分离使住宅具备结构耐久性，室内空间灵活性以及填充体可更新性等特点，同时兼备低能耗、高品质和长寿命的优势。

CSI住宅是将住宅的支撑体部分和填充体部分相分离的住宅建筑体系，其中C是China的缩写，表示基于中国国情和住宅建设及其部品发展现状而设定的相关要求；S是英文Skeleton的缩写，表示具有耐久性、公共性的住宅支撑体，是住宅中不允许住户随意变动的一部分；I是英文Infill的缩写，表示具有灵活性、专有性的住宅内填充体，是住宅内住户在住宅全寿命周期内可以根据需要灵活改变的部分。

CSI住宅是中国住宅产业化研究者根据中国国情提出的，它不仅是我国住宅设计与建造领域的一个具有里程碑意义的新突破和新理念，而且由于其具有适宜大规模工业化生产和产业化运营的显著特征，更是推进和提升我国住宅产业发展的新思维和新模式。CSI住宅区别于SI住宅和日本KSI住宅的核心是住宅部品的“家电化”与住宅结构部件的“工厂化”。第一，CSI住宅能够把管线合理分开，厨房和卫生间可以实现“家电化”，室内的格局能够实现更改和变化，住宅也能够实现智能化。第二，CSI住宅可以满足住房消费者的个性化需求。CSI住宅所提倡的“百年住宅”实现的基础就是在设计之初就把结构主体和内部的管线、设备、内装、电线进行分离。只有实现了这种分离，里面的设备设施可以相应地进行改变，而主体结构依然可以保留一百年的时间，才能实现整体结构达到百年的可能性。CSI住宅技术的核心是构件的部品化与“家电化”，主要技术核心包括：①厨房、卫生间实现同层排水和干式架空；②支撑体部分与填充体基本分离；③室内布局具有部分可变更性；④套内接口标准化；⑤部品模数化、集成化；⑥强调住宅维修和维护管理体系；⑦按耐久年限和权属关系划分部品群。

11.3 CSI住宅建筑体系的特点

CSI住宅以实现住宅主体结构百年以上的耐久年限、厨卫居室均可变更和住户参与设计为长期目标。CSI住宅将大量的东西集中到工厂制作，实行的是工业化生产方式，其核心特点包括：

（1）支撑体部分与填充体基本分离

支撑体与填充体的分离是实现“百年”住宅的基础和必要条件，也是CSI住宅建造的基本原则。当前城市中最为普遍的高层集合式住宅，集成了大量部品，仅管线就有给水、排水、消防、中水、强电、电视、电话、网络等，将不同使用年限的管线、门窗、分接器等部品和主体结构埋设在一起，必然使装修和改造时开墙凿洞，破坏主体结构，影响主体结构的使用寿命。CSI住宅将各类管线敷设于架空地板、吊顶和墙面夹层等室内六面体上的架空层内，便于维修和更换，实现了支撑体与填充体的基本分离。

（2）卫生间实现同层排水和干式架空

我国现有集合式住宅卫生间内排水管线的敷设多穿越楼板进入下层空间，由此造成了一系列麻烦和隐患，包括房屋产权分界不明晰、噪声干扰、渗漏隐患、空间局限等。CSI住宅通过架设架空地板或设置局部降板，将户内的排水横管和排水支管敷设于住户自有空间内，实现同层排水和干式架空。

（3）住宅部品模数化、集成化、标准化

CSI住宅作为一个开放的平台为各类工业化部品部件提供摆放空间，同时也可以是一个过滤平台，将不符合模数协调原则的部品过滤掉。部品集成是一个由多个小部品集成为单个大部品的过程，大部品可通过小部品不同的排列组合增加自身的自由度和多样性，部品部件的集成化不仅可以实现标准化和多样化的统一，也可以带动住宅建设技术的集成。CSI住宅实现套内接口标准化是可以有效地提高各类部品维修、更换的便捷性和效率，推动整个住宅生产的标准化。

（4）CSI住宅室内布局的灵活性

室内布局的可变性受限于住宅结构形式、公共管线布局、建筑层高等因素，要想实现包括厨房、卫生间等空间布局的完全可变性，在经济和技术上存在一定的难度，而厨房、卫生间等部位改变位置的可能性又较小，故CSI住宅当前以实现室内主要居室布局具有可变性为目标。在支撑体、填充体分离的基础上，主要通过合理的结构选型，减少或避免套内承重墙体的出现，并使用工业化生产的易于拆卸的内隔墙系统来分割套内空间，来实现套内主要居室布局可以随着生活习惯和家庭结构的变化而变化。

（5）CSI住宅具有长效的住宅维修和维护管理体系

长期而完善的住宅维修、维护管理是实现住宅长寿命和不断优化的必然手段。相比于当前普通住宅在使用维护环节的计划缺失和管理缺位，CSI住宅通过制定详细的《CSI住宅维修和维护管理计划》，结合住宅性能认定与住宅质量保证制度，以保修、有偿维修维护和售后服务为主要实施方式，建立了一套长效的住宅维修和维护管理体系。

11.4 CSI住宅建筑体系在保障性住房的适用特点

（1）CSI住宅建设效率高，促进加快保障性住房建设速度

长期以来，我国住宅建设科技含量低，由于采用手工或半机械化操作，住宅建设劳动生产率低下，施工周期长、建筑成本高，建筑质量难以保障。CSI住宅通过采用工业化建设、现场装配化施工，大大提高了建设效率，节约了大量人力物力，可大幅提升保障性住房的建设效率。

（2）CSI住宅具有套型可变性，有助于解决未来居住结构变化难题

CSI住宅通过现代技术手段，使传统建筑方式中位置固定不变的卫生间、厨房、内部隔墙等住宅填充体，转化为CSI住宅中不同档次、可移动的住宅部品，可以实现像冰箱、彩电等家用电器一样任意摆放和自由更换，能够满足不同居民在不同时期对功能舒适度和户型多样性的需求，并为未来发展智能化住宅奠定良好基础。

这个技术特点应用于保障性住房建设，有助于创造可变的套型，应对随经济发展、家庭结构变化而来的居住空间需求变化，使保障性住房的适用性、耐久性更强，实现有限公共资源的效益最大化。

（3）CSI住宅大多采用工业化部品，可提高保障性用房的建设质量

第一，CSI住宅是一个开放的工业化部品的摆放平台，通过模数化、集成化，将工厂内生产的整体厨房、整体卫生间、架空地板、设备管线、精装内隔墙等部品集合在一起，实现了住宅建设的由工地到工厂的转变，改善了住宅的综合品质。

第二，卫生间实现同层排水和干式架空，大大改善保障性住房室内环境。我国现有集合式住宅卫生间内排水管线的敷设多穿越楼板进入下层空间，由此而造成的一系列麻烦和隐患，包括房屋产权分界不明晰、噪声干扰、渗漏隐患、空间局限等。CSI住宅通过架设架空地板或设置局部降板，将户内的排水横管和排水支管敷设于住户自有空间内，实现同层排水和干式架空，避免了传统住宅卫生间跑、冒、滴、漏等质量通病的存在，提高了保障性住房的建设质量。

第三，室内设备接口的标准化，提高的部品的精度，提高了维修更换的效率。CSI住宅建设技术导则，通过明确规定将套内水、电、气、暖管线系统、内隔墙系统、储藏收纳系统、架空系统之间的连接进行规范和限定，使各类部品按照统一的标准生产，统一的标准进行安装，可以有效地提高各类部品维修、更换的便捷性和效率。

（4）CSI住宅部品维修维护方便，可实现与主体结构同寿命

CSI住宅建筑体系通过划分部品群和使用权属，实现填充体与结构体的同寿命。CSI住宅按照耐久年限的不同将部品划分为05型、10型、20型、30型和50型，使填充体的维修更换简单方便，实现了耐用年限较短部品的维修和更换不破坏耐用年限较长部品，达到了与主体结构同寿命的目的。

同时CSI住宅按照权属关系的不同将部品划分为共用部品和住户专用部品。通过住户专用部品的维修与更换不影响共用部品，住户专用部品的维修与更换不影响其他住户，解决了保障性用房的物业权属，为实现保障性用房的长寿命提供法律依据。

（5）CSI住宅延长住宅的使用寿命，可避免保障性住房的重复建设

保障性住房是政府主导建设的政策性住房，应尽量提高其耐久性，避免重复建设，持续地为中低收入家庭提供住房保障。

CSI住宅通过支撑体与填充体的分离，可以有效提高保障性住房的使用寿命。当前传统住宅中集成了大量部品，仅管线就有给水、排水、消防、中水、强电、电视、电话、网络等，将不同使用年限的管线、门窗、分接器等部品和主体结构埋设在一起，必然会使装修和改造时开墙凿洞，破坏主体结构，影响主体结构的使用寿命。CSI住宅将各类管线敷设于架空地板、吊顶和墙面夹层等室内六面体上的架空层内，便于维修和更换，实现了支撑体与填充体的基本分离。支撑体通过技术手段，可使寿命达到百年以上，大大提高了实用性。

11.5 CSI住宅建筑体系在中国的实践

“百年住宅”建筑体系的基础是CSI住宅。自从由住房和城乡建设部住宅产业化促进中心主编的“CSI住宅建设技术导则”以建住中心［2010］57号文下达，全国各地对于CSI住宅建筑体系的推广表现出了极大的热情。在全国政协十一届四次会议中，多位委员以个人联名的形式上交了“关于积极推进百年CSI住宅建设的提案”，强调住宅产业必须转变发展方式，利用CSI住宅建筑体系建造“百年住宅”，由大量消耗资源转变为低碳环保，实现可持续发展。

近年来，CSI在我国的实践不断增多。济南市加快住宅产业化进程，逐年加大CSI住宅建设量；第九届中国国际住宅产业博览会上推出“明日之家2号”，展示了CSI工业化住宅建筑体系的蓝本；龙信建设集团有限公司在所开发的精装修住宅项目“海门运杰龙馨园”12号楼101室进行了改造实践，针对CSI住宅中比较关键的系统做法进行了探索。CSI住宅如果能够大范围推广，不仅会对全国保障房的建设产生积极的推动作用，也有利于帮助百姓实现由蜗居到安居的梦想。目前，CSI住宅体系在中国已经有许多很好的实践。

11.5.1 济南市的CSI实践

济南的CSI住宅一直走在全国前列。2010年4月份，济南住宅产业化基地在济南经济开发区正式揭牌；同年，三箭汇福山庄、鲁能领秀城被列为济南市首批CSI住宅试点项目。根据《济南房地产业中长期发展规划》，未来10年，CSI住宅将进入重点推广阶段；“十二五”期间将规划建设150万m^2的CSI住宅项目，如果项目进展顺利，济南市30%的住宅建设将采用CSI方式。从山东省来看，根据相关规划，“十二五”期间CSI住宅比例也将达到10%。

济南市住宅产业化发展中心曾透露，在CSI住宅中，住户私有部分的内装修、房间内隔墙、地板、厨房、卫生间等非结构部分，都具有可变性。各个房间多大，怎么隔开，都可以按照住户的需要进行操作。而厨房、卫生间等，则完全可以像冰箱、彩电一样，被随意摆放。济南市致力于利用CSI住宅体系培育房地产新的经济增长点，加快住宅产业化进程，加大CSI住宅建设量，实现住宅建造的工业化，提高住宅品质，延长住宅使用寿命。依托济南经济开发区住宅产业基地建设，发展住宅产业集群，打造全国住宅部品部件集散地，做大做强住宅工业，培育新的经济增长点。同时加强基础技术和关键性技术研究，制定实施优惠扶持政策，大力建设节能省地型住宅。大力推进住宅部品认证、淘汰制度，加快住宅技术、部品的更新换代步伐。完善商品住宅性能评定制度，在适用、安全、耐久、环境、经济五个方面提升新建居住区综合品质。

济南市市政府办公厅提出，要用3～5年时间，通过试点推进产业培育和产业化推广，提高住宅产业规模化、标准化、产业化水平，打造全国住宅工业部品生产研发前沿阵地和住宅工业部品集散地。开展工程试点示范，力争2011年、2012年和2013年济南市CSI住宅试点项目年度建筑面积分别达到10万m^2、50万m^2、100万m^2；2014～2015年，全市CSI住宅项目建筑面积力争达到房地产年度开发总量的30%以上。

另外，济南将采取贷款贴息、财政补贴等扶持方式，加快住宅产业化项目示范和推广。实施产业化试点开发企业的开发项目，在法律法规和政策许可范围内，经相关部门批准认可，试点部分的建筑面积可享受城市建设配套费减缓优惠。

11.5.2 第九届中国国际住宅产业博览会“明日之家2号”的CSI实践

第九届中国国际住宅产业博览会以“发展低碳经济，共筑明日之家”为主题，展览包括“明日之家2号”主题示范展及推广活动、城市和房地产项目展、国际住宅技术与部品展和住宅产业十大重点推广技术展。“明日之家2号”是四个展览部分中最引人注目的部分。

“明日之家2号”由住房和城乡建设部组织相关专家精心设计、采用国内外20余家著名建筑部品生产企业提供的符合低碳经济的技术及产品，在北京展览馆中心广场现场仅用30h搭建的实体样板房。在第八届住博会推出的“明日之家1号”的基础上，“明日之家2号”重点展示CSI工业化住宅建筑体系，侧重于营造未来住宅的国内外最新最前沿的技术和部品的原理和工法，重在直观地展现未来住宅的构造和技术。

CSI住宅采用结构体与填充体分阶段、分离施工，实现内部厨房、卫生间等部品的家电化，提供了工业化部品的摆放平台。CSI住宅解决了传统住宅寿命短、二次装修浪费严重、耗能大、舒适度差、户型不可变、质量通病严重等缺点，可以充分满足不同收入层次用户的个性化居住需求；同时CSI住宅作为工业产品的摆放平台，也为发展低碳经济、促进环境保护创造了空间，因此具有传统住宅不可比拟的巨大优势。

11.5.3 雅世·合金公寓的CSI实践

北京合金公寓项目是针对当前我国住宅寿命短、耗能大、建设通病严重等问题，采用CSI住宅建筑体系实施的一个建设实践。项目立足于探索新时期我国普适型集台住宅可持续发展的建设之路，统筹考虑住宅生产工业化等技术基础条件，实行了产、学、研、用相结合的技术创新体系模式。

项目在实践中应用了具有我国自主研发和集成创新能力的住宅体系与建造技术，力求建成我国普适型工业化住宅体系与集成技术的示范基地北京合金公寓项目针对当前我国住宅寿命短、耗能大、建设通病严重供给方式上的二次装修浪费等问题，以及居住方式上的居住性和生活适应性差等影响我国住宅可持续发展的建设问题，提出了整体解决方案。这将为今后我国住宅建设中，在保证居住品质且提高住宅全生命周期的综合价值的前提下，实现节省能源消耗的可持续居住环境方面起到积极的推动作用。

北京合金公寓项目作为中日两国住宅科技企事业机构共同合作的“中日技术集成示范工程”，是在引进国际先进理念其技术的基础上，吸收代表当代国际领先水准的SI住宅技术系统等成果，进行普及性、适用性和经济性研究并整体应用的我国首个住宅示范项目。其SI住宅理念是：实现承重结构部分（S）与内装、设备部分（I）的分离，即最大程度上保障社会资源的充分、循环利用，使住宅成为全寿命、耐久性高的保值型住宅。所采用的集成技术应用包括：

（1）管线与结构体分离技术（架空隔音地板、双层墙体双层顶棚、轻钢龙骨石膏板隔墙干式地暖等）

（2）卫浴空间集成技术（卫生间分室、整体浴室、给水分水器、同层排水、洗衣机托盘及地漏）

（3）厨房空间集成技术（烟气水平直排24小时通风换气等）

由于中国相对落后的工业化技术制约了建筑方式和技术的发展创新，项目面对新时期住宅建设与发展所需的集合住宅工业化核心领域的技术进行研究和开发，围绕住宅内装修建设与设计技术等住宅发展关键集成技术进行了全面的探索，推广普及所开发的集成技术，以建设具有国际水准的性能优质的住宅和居住环境。北京合金公寓项目在推动住宅的设计、生产、维护和改造的新型工业化住宅关键技术系统研发、体系化的国内外先进适用性技术的整体集成应用、具有优良住宅性能的普适型中小套型住宅的建设实践等方面具有开创性的意义，传播了国际先进住宅科技理念与成果，推动了我国住宅建设的可持续发展。

11.5.4 龙信建设集团的CSI实践

龙信建设集团有限公司为房屋建筑工程施工总承包特级资质企业，公司下设12个控股子公司，拥有一个工程类甲级设计院和一个建筑智能化系统集成专项工程甲级设计院。未来几年集团将致力于住宅全装修房的建设、CSI百年住宅技术研究、预制结构（PC）

技术的研究。自从2010年10月《CSI住宅建设技术导则（试行）》正式发布以后，龙信建设集团有限公司在所开发的精装修住宅项目“海门运杰龙馨园”12号楼101室进行了改造实践，主要目的是针对CSI住宅中比较关键的架空层系统（如地面架空层、吊顶架空层、外墙面架空层、内隔墙架空层）、架空层内管线系统、整体厨房及整体卫浴系统、厨卫间墙地面取消湿作业工艺等进行了探索（图11.5-1～图11.5-8）。

图11.5-1 整体厨房效果图

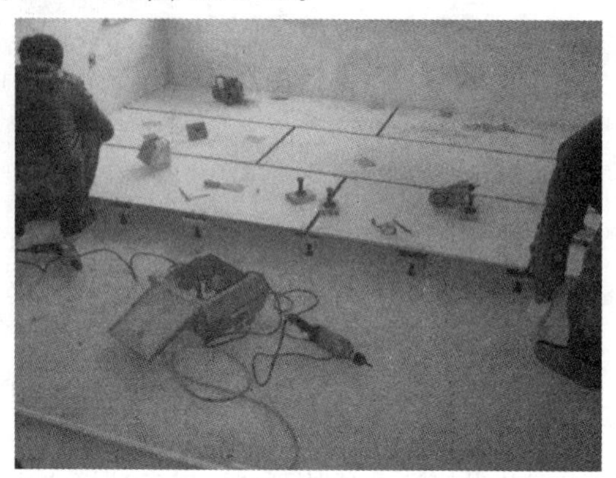

图11.5-2 地面架空层施工

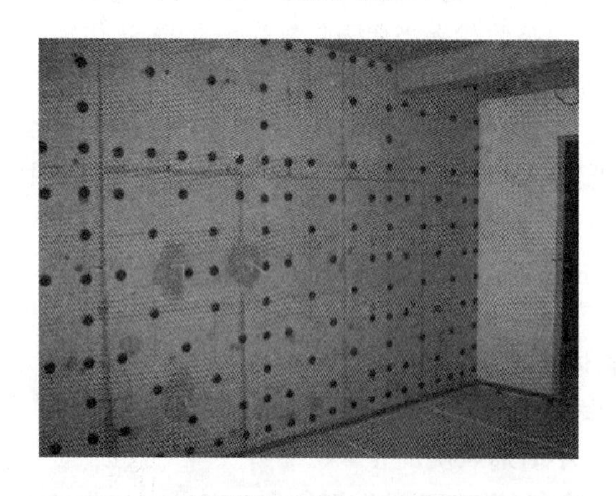

图11.5-3 墙面架空层树脂螺栓施工

图11.5-4 墙面架空层基层板施工

图11.5-5 整体橱柜安装

图11.5-6 整体卫浴安装

图 11.5-7 内隔墙施工

图 11.5-8 架空层（吊顶）内管线施工

第11章 保障性住房CSI住宅建筑体系成套技术，参与编写和修改的人员有：
住房和城乡建设部住宅产业化促进中心：文林峰、刘美霞、王洁凝
济南市住宅产业化发展中心：王全良、李建海
株式会社吴建筑事务所：吴东航
山东建筑大学市政与环境工程学院：张克峰
山东建筑大学建筑城规学院：杨倩苗